普通高等教育工程类新形态 MOOC 教材
机械工程创新人才培养系列教材

互换性与测量技术

第 2 版

主　编　胡业发　张　宏
副主编　石　绘　庄可佳　吴彦春
参　编　娄　燕　齐洪方　高忠梅
　　　　杜百岗　郑银环　江连会
主　审　华　林

机械工业出版社

本书是高等院校机械类各专业技术基础课必修教材。本书按照专业的理论知识体系、实践经验、学科发展来组织各章内容，将现行公差标准的内容融入到专业基础理论知识中，将公差标准的应用融入解决实际问题的过程之中，并按照教学规律阐述本课程的基本知识，便于学生自学。全书共10章，前6章阐述互换性的基本概念、尺寸公差、几何公差、表面粗糙度、几何量测量和尺寸链等精度设计的基本理论知识；后4章阐述滚动轴承、键、螺纹以及渐开线圆柱齿轮等典型零部件各项公差的应用实例及其检测。

本书利用新媒体技术，使内容形式更加多样化、立体化，除了纸质的文本、图片外，还以二维码的形式嵌入音视频、教学课件、在线测试、在线习题等拓展资源，使教材的展现形式丰富多彩。这种富媒体化的新形态教材有效整合了教材与网络平台的优势，将教材与线上资源链接，使教材文本与线上动态教学活动互为支持、优势互补。

本书可作为高等院校、高等职业教育学校及继续教育院校机械类各专业教学用书，也可作为机械工程技术人员的参考用书。

图书在版编目（CIP）数据

互换性与测量技术/胡业发，张宏主编. —2版. —北京：机械工业出版社，2022.8（2024.6重印）
普通高等教育工程类新形态MOOC教材
ISBN 978-7-111-70644-1

Ⅰ.①互… Ⅱ.①胡… ②张… Ⅲ.①零部件-互换性-高等学校-教材 ②零部件-测量技术-高等学校-教材 Ⅳ.①TG801

中国版本图书馆CIP数据核字（2022）第070243号

机械工业出版社（北京市百万庄大街22号 邮政编码100037）
策划编辑：余 皞 责任编辑：余 皞
责任校对：潘 蕊 刘雅娜 封面设计：王 旭
责任印制：常天培
北京机工印刷厂有限公司印刷
2024年6月第2版第2次印刷
184mm×260mm · 14印张 · 343千字
标准书号：ISBN 978-7-111-70644-1
定价：45.00元

电话服务
客服电话：010-88361066
010-88379833
010-68326294

网络服务
机 工 官 网：www.cmpbook.com
机 工 官 博：weibo.com/cmp1952
金 书 网：www.golden-book.com
机工教育服务网：www.cmpedu.com

序

互换性与测量技术课程是机械类各专业的一门重要基础课程，所涉及的内容是机械设计、机械制造、机械装备等后续课程中的几何量公差配合与检测技术。一方面，随着我国高端装备的迅猛发展，机械装备的精度设计变得非常重要；另一方面，随着信息技术的发展，网络课程的丰富，传统的教材编写方法与内容越来越不适应当前高等教育的教学需要。该教材结合我国高端装备的发展与课程专业知识的要求，配套网上国家精品资源课程的建设，将科技前沿内容与专业基础知识结合起来，将线上线下教学内容与教学手段结合起来，形成了特色鲜明、内容丰富、表现形式多样的专业基础课程教材。该教材具有以下特点：

1）积极探索基于 MOOC 背景下的适宜于新工科的互换性与测量技术新形态教材的体系与内容，满足 MOOC 教学的教材要求，将网上资源与线下教学内容很好地结合起来。

2）适用于不同学科专业、不同发展方向学生的学习需求，结合后续课程设计，有针对性地展开课程的内容，及时把机械学科现行标准、新发展成果和教改教研成果引入教材，精选内容，利于教学。

3）将现行公差标准的内容融入到专业基础理论知识中，将公差标准的应用融入解决实际问题的过程之中。按照教学规律阐述学科的基本知识，便于自学。

编者多数来自武汉理工大学互换性与测量技术课程建设团队，长期从事该课程的教学和教研工作，2017 年该课程被评为首届国家级精品课程，2020 年该课程又被评为第一批国家一流课程，其中该教材是其重要成果支撑之一。

全国机械类专业教学指导委员会委员

华　林

前　言

互换性与测量技术课程是机械类各专业课程体系中一门重要的技术基础课程。随着各院校机械设计课程体系改革的不断展开、深入以及对外交流的日益增加，原有课程正面临着变革和发展的新机遇，同时，新课程体系对该类课程提出了新的要求。为了更好地适应当前课改要求，我们编写了本教材，供各院校开设互换性与测量技术课程使用。

本课程内容特点是涉及面广，它不仅将制造业的基础标准与计量技术结合在一起，而且涉及机械设计、制造、质量控制、生产组织管理等许多领域。它是教学计划中联系设计课程与工艺课程的纽带，是从基础课学习过渡到专业课学习的桥梁。根据本科的教学特点，强调卓越工程师能力的培养，以此确定本教材的内容导向。本教材编写的指导思想是：以学生为本，以让学生看懂，便于自学，培养卓越工程师能力为目标。在课程内容体系上下功夫，以学生易于接受的逻辑思路，帮助学生完成由基础课学习向专业课学习的过渡。

本教材主要特点：

融入性：将现行国家标准的内容融入到专业基础理论知识中，将公差标准的应用融入到解决现代机械工程实际问题的过程之中。

新形态：本教材是以纸质教材为核心，通过互联网尤其是移动互联网，将多媒体的教学资源与纸质教材相融合的新形态教材，它不仅仅是一本书，而是围绕教材展开的一个课程体系。

平台化：本教材在纸质文本之外还配有电子教材、动画、教学视频等丰富的数字课程资源，构成课程信息化平台，并按照教学规律阐述本学科的基本知识，便于学生随时随地自学，便于教师在课堂上或线上随时随地与学生互动。

为了满足不同学科专业、不同发展方向的学生的学习需求，结合后续机械设计课程设计，及时把本课程现行标准、新发展成果和本课程教学团队教改教研成果融入本教材，重点突出，简明扼要，适合教学。

全书共 10 章，内容包括绪论、尺寸公差与配合、几何公差与检测、表面粗糙度与检测、几何量测量基础、尺寸链、滚动轴承的公差与配合、键连接的公差配合与检测、渐开线圆柱齿轮的公差与检测、圆柱螺纹公差与检测。

本教材由武汉理工大学胡业发、张宏任主编，石绘、庄可佳、吴彦春任副主编，全书由张宏统稿，华林教授任主审。具体编写分工：第 1 章由胡业发、张宏、石绘编写；第 2 章由石绘、胡业发、庄可佳编写；第 3 章由张宏、庄可佳、郑银环（武汉理工大学）编写；第 4 章由张宏、吴彦春、江连会（武汉理工大学）编写；第 5 章由石绘、娄燕（深圳大学）编写；第 6 章由张宏、娄燕编写；第 7 章由吴彦春、庄可佳、齐洪方（华夏理工学院）编写；第 8 章由石绘、杜百岗（武汉理工大学）、齐洪方编写；第 9 章由吴彦春、胡业发、高忠梅（武汉理工大学）编写；第 10 章由吴彦春、娄燕编写。

编写教材是一项艰巨而又细致的工作。本书的编写得到了武汉理工大学有关方面和机械工业出版社的大力支持，在此表示衷心的感谢。

由于编者水平有限，书中难免有疏忽和错误之处，敬请读者批评指正。

编　者

目录

序
前言
第1章 绪论 …… 1
1.1 研究对象 …… 1
1.2 基本概念 …… 2
1.3 新一代GPS对制造业信息化的发展至关重要 …… 7
第2章 尺寸公差与配合 …… 10
2.1 基本术语与定义 …… 10
2.2 常用尺寸公差带与配合标准 …… 18
2.3 常用尺寸公差与配合的选择 …… 32
2.4 线性尺寸的未注公差 …… 46
第3章 几何公差与检测 …… 47
3.1 基本概念 …… 47
3.2 几何公差 …… 49
3.3 公差原则 …… 68
3.4 几何公差的选择 …… 78
3.5 几何误差评定与检测原则 …… 85
第4章 表面粗糙度与检测 …… 92
4.1 基本概念 …… 92
4.2 表面粗糙度的评定 …… 94
4.3 表面粗糙度的标注 …… 97
4.4 表面粗糙度的选择 …… 101
4.5 表面粗糙度的检测 …… 103
第5章 几何量测量基础 …… 105
5.1 概述 …… 105
5.2 计量单位 …… 106
5.3 测量方法 …… 110
5.4 测量误差 …… 115
5.5 各类测量误差的处理 …… 118
5.6 等精度测量结果的数据处理 …… 122
5.7 测量不确定度 …… 125
第6章 尺寸链 …… 130
6.1 尺寸链的基本概念 …… 130
6.2 用完全互换法计算尺寸链 …… 135
6.3 用大数互换法计算尺寸链 …… 138
6.4 用其他方法解装配尺寸链 …… 140
第7章 滚动轴承的公差与配合 …… 142
7.1 滚动轴承概述 …… 142
7.2 滚动轴承的精度 …… 143
7.3 选择滚动轴承与轴颈、轴承座孔配合时应考虑的主要因素 …… 146
7.4 与滚动轴承配合的轴颈和轴承座孔的精度设计 …… 149
第8章 键联结的公差配合与检测 …… 154
8.1 平键联结的公差与配合 …… 154
8.2 矩形花键联结的公差与配合 …… 157
8.3 单键槽与矩形花键的检测 …… 162
第9章 渐开线圆柱齿轮的公差与检测 …… 166
9.1 齿轮传动的使用要求和加工误差 …… 166
9.2 单个齿轮精度指标（强制性检测精度指标） …… 172
9.3 评定齿轮精度时可采用的非强制性检测精度指标 …… 176
9.4 齿轮精度等级 …… 179
9.5 齿轮精度设计 …… 185
9.6 应用示例 …… 194
第10章 圆柱螺纹公差与检测 …… 196
10.1 普通螺纹精度设计概述 …… 196
10.2 普通螺纹几何参数误差对其互换性的影响 …… 200
10.3 普通螺纹的标记 …… 203
10.4 普通螺纹精度 …… 205
10.5 螺纹的检测 …… 212
参考文献 …… 216

第 1 章 绪论

1.1 研究对象

随着人类社会科学技术的发展，各类机械层出不穷：天上飞的飞机、地面跑的汽车、水上漂的轮船、海底游的潜艇、太空中的载人飞船……所有这些机械都离不开机械设计、制造和维护，而互换性与测量技术与之密切相关，特别是我国载人神舟飞船准确对接，更是离不开这一关键性技术。

互换性与测量技术课程是机械类各专业的一门重要的综合性应用技术基础课，它的研究对象是机械设计、制造和维护过程中的几何量公差配合与检测技术。

机械设计一般可分为三个阶段：

（1）系统设计　用于机器的传动系统，主要内容为选择适当的机构与构件，实现预定的运动规律，满足系统及其组成部分在运动学和动力学方面的要求。

课程的内容体系视频讲解

（2）结构设计　用于确定系统及其组成部分的具体结构，满足强度、刚度及工作能力等方面的要求。

（3）精度设计　用于确定互换性参数允许的变动量及其评定方法，包括合理地确定机器、零部件质量参数的各项几何量的公差与极限偏差，以及制造中对这些几何量参数的检测和评定方法，保证机器能正确地进行装配，满足工作精度的要求。

几何要素是指形成机械零件几何特征的点、线、面。几何量是表示几何要素大小、形状、位置及其精度的参量。几何量包括：尺寸（线性尺寸，简称尺寸；角度尺寸，简称角度）、几何误差、表面精度（表面粗糙度）评定参数、典型零件（齿轮、螺纹等）精度评定参数等。对实际零件来说，由于制造过程的多种因素造成了这些要素所形成的尺寸、位置、形状和表面质量都存在一定的加工误差。机械零部件几何精度设计的任务就是根据使用要求，对经过参数设计阶段确定的机械零件的几何参数，合理地给出尺寸、位置、形状和表面粗糙度的公差值，用以控制加工误差，从而保证产品的各项性能要求。在装配图上，必须标注配合代号，如图 1-1 所示。

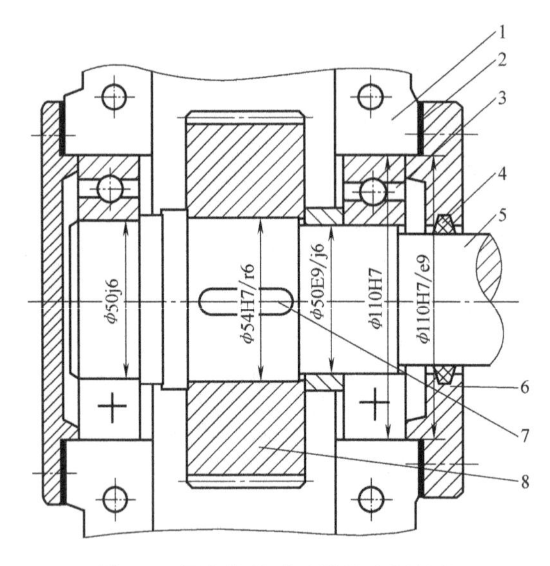

图 1-1 圆柱齿轮减速器装配图局部

1—箱体 2—垫片 3—滚动轴承 4—油封 5—阶梯轴 6—端盖 7—平键 8—齿轮

在零件图上，必须标注各项公差代号，如图 1-2 所示。

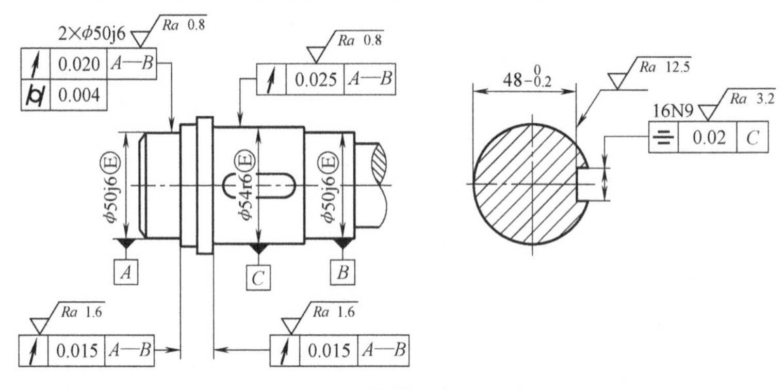

图 1-2 阶梯轴零件图局部

机器的制造过程分为机械加工和检测两部分。机械加工以设计为依据，完工产品是否满足设计要求需要通过检测来判断。

在机械专业的学科基础课程中，机械原理课程主要讨论运动与动力学设计，机械设计课程主要讨论结构设计，金属工艺学主要讨论制造工艺基础，本课程的内容主要是针对机械设计过程中的精度设计以及机械制造过程中的检测等内容。因此，本课程是教学计划中联系设计课程与工艺课程的纽带，是从基础课学习过渡到专业课学习的桥梁。

1.2 基本概念

1.2.1 互换性

1. 互换性的含义

一级圆柱齿轮减速器如图 1-1 所示，它由箱体 1、垫片 2、滚动轴承 3、油封 4、阶梯轴5、端盖6、平键7和齿轮8等零部件组成，这些零部件分别在不同工厂、不同车间、由不同工人生产，为什么可以装配成为满足预定使用功能要求的减速器呢？这是因为这些零部件具有互换性。

互换性是指某一产品（包括零件、部件、构件）与另一产品在尺寸、功能上能够彼此互相替换的性能。在人们的日常生活中，有许多现象涉及互换性。例如汽车、自行车、洗衣机、计算机等，若其中某一零部件坏了，只要换上同一规格的零部件，便能继续使用。机械产品零部件的互换性是指在制成的同一规格的零部件中任取一件，装配时不需经过任何挑选或修配，就能安装在整机上，并且能够达到规定的功能要求的特性。

为了满足互换性要求，最理想的是同一规格的零部件的几何参数做的完全一样。由于任何零件都要经过加工，无论设备的精度和操作工人的技术水平多么高，要使加工零件的尺寸、形状和位置关系做到绝对准确，是不可能的。实际上，只要将同规格的零部件的几何参数控制在一定的范围内就能达到互换的目的。

因此，要保证零部件具有互换性，只能使其几何参数的实际值充分接近，其接近程度取决于产品的质量要求。为保证产品几何参数的实际值对其理论值的充分接近，就必须将其实际值的变动量限定在一定范围内，这个范围就是公差。公差是指为了保证零件的功能要求而规定的零件几何量允许的变动范围。在满足功能要求的前提下，公差应尽量规定得大些，以获得最佳的技术经济效益。

2. 互换性的分类

在不同场合，零部件互换的形式和程度有所不同。因此，互换性可分为完全互换性和不完全互换性两类。

互换性
视频讲解

完全互换性简称互换性，一批零件在装配或更换时，不需选择，不需调整与修理，装配后即可达到使用要求的性能。如圆柱齿轮减速器中的齿轮、齿轮轴、输出轴、螺钉、螺母等都具有完全互换性。

不完全互换性也称为有限互换性，同种零部件加工好以后，在装配前需经过挑选、调整或修配等辅助工序处理，在功能上才能具有彼此相互替换的性能。根据零件满足互换要求所采取的措施不同，不完全互换又可分为分组法、调整法和修配法。

（1）分组法　同类零部件加工好后，装配前要先进行检测分组，然后按组装配，仅仅同组的零部件可以互换，组与组之间的零部件不能互换。例如发动机活塞孔与活塞销在装配前按实际尺寸的大小各分成几组，装配时大孔配大销，小孔配小销，来满足配合要求。

（2）调整法　同种零部件加工好后，装配时用调整的方法改变它在部件或机构中的尺寸或位置，才能满足功能要求。如在减速器中使用几种不同厚度尺寸的垫片来调整轴承的一端与对应端盖的底端之间的间隙大小。

（3）修配法　同类零部件加工好后，在装配时要用去除材料的方法改变它的某一实际尺寸的大小，才能满足功能上的要求。

一般来说，对于厂际协作，应采用完全互换；而厂内生产的零部件的装配，可以采用不完全互换。例如，滚动轴承作为由专业化工厂生产的高精度标准部件，它与厂外其他零件具有装配关系的各尺寸应该具有完全互换性。而在轴承厂内加工的零件（如内、外圈和滚子等零件），由于精度要求极高，如果也要求具有完全的互换性，就会给制造带来极大的困难，所以往往采用不完全互换，即采取分组装配法，才能取得较好的经济效果，又不影响整

个轴承的使用性能。

3. 互换性的作用

互换性对现代化机械制造业具有非常重要的意义。只有机械零部件具有互换性，才有可能将一台复杂的机器中成千上万的零部件分散到不同的工厂、车间进行高效率的专业化生产，然后再集中到总装厂或总装车间进行装配。因此，互换性是现代化机械制造业进行专业化生产的前提条件，不仅能促进自动化生产的发展，也有利于降低成本、提高产品质量。

从设计看，按互换性要求进行设计，可以最大限度地采用标准件、通用件，如滚动轴承、螺钉、销钉、键等，大大减少计算、绘图等工作量，使设计简便，缩短设计周期，有利于产品的多样化和计算机辅助设计，有利于开发系列产品，不断地改善产品结构、提高产品性能。

从制造看，互换性有利于组织大规模专业化生产，有利于采用先进工艺设备和高效率的专用设备，有利于进行计算机辅助制造，有利于实现加工和装配过程的机械化、自动化，从而减轻劳动强度，提高生产效率，保证产品质量，降低生产成本。

从使用看，零部件具有互换性，可以及时更换已经磨损或损坏了的零部件，减少了机器的维修时间和维护费用，增加了机器的平均无故障的工作时间，保证机器能够连续而持久地运转，提高了设备的利用率。在诸如航天、航空、核工业、能源、国防等特殊领域或行业，零部件的互换性所起的作用是难以用具体价值来衡量的，其意义更为重大。

由此可见，在机械制造和设计中，遵循互换性原则不仅能显著提高劳动生产力，而且能有效地保证产品质量和降低成本。互换性原则是机械设计和制造过程中的重要原则，它对于产品顺应市场经济的发展至关重要。

1.2.2 标准化

标准是指为了在一定的范围内获得最佳秩序，经协商一致并由公认机构批准，规定共同使用的和重复使用的一种规范性文件。标准应以科学技术和实践经验的综合成果为基础，以促进最佳社会效益为目的，经一定程序批准后，在一定范围内具有约束力。

标准化是指为了在一定的范围内获得最佳秩序，对现实问题或潜在的问题制定共同使用和重复使用的条款的活动。上述活动主要包括编制、发布和实施标准，以及对标准的实施进行监督，并且对标准不断完善、不断修订的循环过程。没有这一过程，标准将是一纸空文。

根据《中华人民共和国标准化法》的规定，标准按使用范围分为国家标准、行业标准、地方标准、企业标准。对需要在全国范围内统一的技术要求，应当制定国家标准；国家标准由国务院标准化行政主管部门制定。对没有国家标准而又需要在全国某个行业范围内统一的技术要求，可以制定行业标准；行业标准由国务院有关行政主管部门制定，并报国务院标准化行政主管部门备案，在公布相应的国家标准之后，该项行业标准即行废止。对没有国家标准和行业标准而又需要在省、自治区、直辖市范围内统一的工业产品的安全、卫生要求，可以制定地方标准；地方标准由省、自治区、直辖市标准化行政主管部门制定，并报国务院标准化行政主管部门和国务院有关行政主管部门备案，在公布相应的国家标准或者行业标准之后，该项地方标准即行废止。企业生产的产品没有国家标准和行业标准的，应当制定企业标准，作为组织生产的依据，企业的产品标准须报当地政府标准化行政主管部门和有关行政主管部门备案；已有国家标准和行业标准的，企业还可以制定严于国家标准和行业标准的企业标准，在企业内部使用。

按标准的法律属性将国家标准、行业标准分为强制性标准和推荐性标准。涉及人身安全、健康、卫生及环境保护等的标准属于强制性标准。强制性国家标准的代号为 GB。对于这些标准，国家通过法律、行政和经济等手段及措施来维护并加以实施。其余的标准属于推荐性标准。推荐性国家标准的代号为 GB/T。由于标准是人类科学知识的沉淀、技术活动的结晶、多年实践经验的总结，代表着先进的生产力，对生产具有普遍的指导意义，能够促进技术交流和合作，有利于产品的市场化，因此，在生产活动中，推荐性标准也应积极采用。

我国政府十分重视标准化工作，从 1958 年发布第一批 120 个国家标准起，至今已制定 2 万多个国家标准。在公差标准方面，陆续制定并发布了公差与配合、几何公差、公差原则、表面粗糙度等标准。随着经济建设发展的需要，有关部门本着立足于我国国情，对国际标准进行认真研究，积极采用，区别对待，组织大批力量对原有公差标准进行修订，以国际标准为基础制定新的公差标准和等同采用国际标准。

标准化是组织现代专业化协作生产的重要手段，是实现互换性的必要前提，是一个国家现代化水平的重要标志之一。公差与配合设计必须遵守标准化原则选择标准公差与配合。因此，公差与配合设计往往被称为公差与配合的选择。

1.2.3 优先数系

优先数系是指技术参数数值的标准——标准数值系列。

1. 技术参数数值标准化的意义

在机械产品设计中，需要确定机械零件的各种几何参数。其中，许多参数涉及加工、测量、储存、运输等生产的各个环节，这些参数一旦确定，就会按照一定规律向一切有关的制品和材料中有关参数指标传播扩散。例如，当选定某螺孔直径（螺纹尺寸）时，与之相配合的螺钉尺寸、加工用的丝锥尺寸、检验用的螺纹塞规尺寸，甚至在螺孔用丝锥攻螺纹之前的钻孔尺寸和钻头尺寸，也随之而定。并且，由于上述螺孔直径数值的确定，与之相关的垫圈尺寸、扳手尺寸也随之而定。由于数值如此不断关联，不断传播，常常形成牵一发而动全身的现象，这就牵涉到许多部门和领域。在技术参数上即便有微小的差别，经过反复传播之后，就会造成尺寸规格的繁杂混乱，以致给组织生产、协作配套及使用维修带来很大困难，因此对技术参数必须实现数值系列的标准化。国家标准 GB/T 321—2005《优先数和优先数系》就是其中最重要的一个标准。优先数和优先数系适用于各种量值的分级，特别是在确定产品的参数或参数系列时，必须按该标准的规定最大限度地采用，这就是“优先”的含义。

2. 优先数系的种类和代号

国家标准 GB/T 321—2005 规定：优先数系是由公比为 $\sqrt[5]{10}$、$\sqrt[10]{10}$、$\sqrt[20]{10}$、$\sqrt[40]{10}$ 和 $\sqrt[80]{10}$，且项值中含有 10 的整数幂的理论等比数列导出的一组近似等比的数列。各数列分别用符号 R5、R10、R20、R40 和 R80 表示，称为（Rr 系列）R5 系列、R10 系列、R20 系列、R40 系列和 R80 系列。各系列的公比为

R5 系列　　$r=5$　　$q_5=\sqrt[5]{10}\approx 1.60$

R10 系列　　$r=10$　　$q_{10}=\sqrt[10]{10}\approx 1.25$

R20 系列　$r=20$　$q_{20}=\sqrt[20]{10}\approx 1.12$

R40 系列　$r=40$　$q_{40}=\sqrt[40]{10}\approx 1.06$

R80 系列　$r=80$　$q_{80}=\sqrt[80]{10}\approx 1.03$

其中，R5、R10、R20、R40 为基本系列，R80 为补充系列。

R5 中的项值包含在 R10 中，R10 中的项值包含在 R20 中，R20 中的项值包含在 R40 中，R40 中的项值包含在 R80 中。

优先数系中的任一项值均为优先数。

按公比计算得到的优先数的理论值（除 10 的整数幂外）都是无理数，不能直接用于实际工程中。实际应用的数值都是近似值，根据取值的精确程度，数值可以分为：

1）计算值：取五位有效数字，供精确计算用。

2）常用值：即通常所称的优先数，取三位有效数字，是经常使用的。

3）化整值：是将基本系列中的常用值进一步化整后所得的数值，一般取两位有效数字。例如，对常用值 3.15，化整为第一化整值 3.2 和第二化整值 3.0。

优先数系的基本系列（常用值）见表 1-1。

表 1-1　优先数系的基本系列（常用值）（摘自 GB/T 321—2005）

R5	1.00		1.60		2.50		4.00		6.30		10.00
R10	1.00	1.25	1.60	2.00	2.50	3.15	4.00	5.00	6.30	8.00	10.00
R20	1.00	1.12	1.25	1.40	1.60	1.80	2.00	2.24	2.50	2.80	3.15
	3.55	4.00	4.50	5.00	5.60	6.30	7.10	8.00	9.00	10.00	
R40	1.00	1.06	1.12	1.18	1.25	1.32	1.40	1.50	1.60	1.70	1.80
	1.90	2.00	2.12	2.24	2.36	2.50	2.65	2.80	3.00	3.15	3.35
	3.55	3.75	4.00	4.25	4.50	4.75	5.00	5.30	5.60	6.00	6.30
	6.70	7.10	7.50	8.00	8.50	9.00	9.50	10.00			

3. 优先数系的优点

优先数系是国际上统一的数值制度，可用于各种量值的分级，以便在不同的地方都能优先选用同样的数值，这就为技术经济工作上统一、简化和产品参数的协调提供了基础。一种产品（或零件）往往同时在不同的场合，由不同的人员分别进行设计和制造，而产品的参数又常常影响到与其有配套关系的一系列产品的相关参数。如果没有一个共同遵守的选用数据的准则，势必造成同一种产品的尺寸参数杂乱无章，品种规格过于繁多。所以说优先数系运用主要作用在于通用化、标准化和系列化，以提高整个行业的生产效率，大大降低生产成本。

按优先数系确定的参数和系列，在以后的标准化过程中（从企业标准发展到行业标准、国家标准等）有可能保持不变，这在技术上和经济上都有很大意义。企业自制自用的工艺装备等设备的参数，也应当选用优先数系。这样，不但可简化、统一品种规格，而且可使尚未标准化的对象从一开始就为走向标准化奠定基础。

优先数中包含有各种不同公比的系列，因而可以满足较密和较疏的分级要求。由于较疏系列的项值包含在较密的系列项值中，在必要时可插入中间值，使较疏的系列变成较密的系列，而原来的项值保持不变，与其他产品间配套协调关系不受影响，这对发展产品品种是很顺利的。在参数范围很宽时，根据情况可分段选用最合适的基本系列，以复合系列的形式来组成最佳系列。

优先数的积或商仍为优先数，这就进一步扩大了优先的适用范围。例如，当直径采用优先数，其圆周速度、切线速度，圆柱体的面积和体积，球的面积和体积等也都是优先数。

优先数系是等比数列，而优先数的对数则是等差数列。

4. 优先数系派生系列

优先数系派生系列是指从 R*r* 中每逢 *p* 项选一项所构成的优先数系："R*r*/*p*"。例如，从 R5 系列每逢 2 项选一项所构成的优先数系"R5/2"：

R5　…，1.00，1.60，2.50，4.00，6.30，10.0，16.0，25.0，40.0，63.0，100，…

R5/2　…，1.00，2.50，6.30，16.0，40.0，100，…

从 R10 系列每逢 3 项选一项所构成的优先数系"R10/3"：

R10　…，1.00，1.25，1.60，2.00，2.50，3.15，4.00，5.00，6.30，8.00，10.0，12.5，16.0，20.0，25.0，31.5，40.0，50.0，63.0，80.0，100，…

R10/3　…，1.00，2.00，4.00，8.00，16.0，31.5，63，…

5. 优先数系的选用原则

1）在确定产品的参数或参数系列时，只要能满足技术经济上的要求，就应当力求选用优先数，并且按照 R5、R10、R20 和 R40 的顺序，优先用公比较大的基本系列；当一个产品的所有特性参数不可能都采用优先数，也应使一个或几个主要参数采用优先数；即使单个参数值，也应按上述顺序选用优先数。

2）当基本系列的公比不能满足分级要求时，可选用派生系列。选用时应优先采用公比较大和延伸项中含有项值 1 的派生系列。

3）当参数系列的延伸范围很大，从制造和使用的经济性考虑，在不同的参数区间，需要采用公比不同的系列时，可分段选用最适宜的基本系列或派生系列，以构成复合系列。

4）按优先数常用值分级的参数系列，公比是不均等的。在特殊情况下，为了获得公比精确相等的系列，可采用计算值。

5）如无特殊原因，应尽量避免使用化整值。因为化整值的选用带有任意性，不易取得协调统一，而且误差较大。如系列中含有化整值，就使以后向较小公比的系列转换变得较为困难，化整值系列公比的均匀性差，化整值的相对误差经乘、除运算后往往进一步增大。

1.3　新一代 GPS 对制造业信息化的发展至关重要

《互换性与测量技术》教材主要介绍产品几何技术规范标准体系的有关机械精度设计和检测的内容。目前，大部分相关教材都是讲解基于几何学的第一代产品几何技术规范 F-GPS（First-generation Geometrical Product Specification and Verification）标准体系，第一代 F-GPS 标准体系只能描述零件的理想几何形状，没有将产品的几何规范与产品的功能要求联系起来，不能精确地表述对几何特征误差控制的要求，常常导致产品的功能要求失控。还有在机械精度设计过程中没有限定测量和评定方法，因此在产品的测量认证过程中缺乏唯一的合格性评定标准，造成产品质量评定过程中的纠纷时常发生。基于几何学的 F-GPS 标准体系存在的主要问题有：

1）精度设计与产品功能联系不紧密。

2）公差理论与检测、评定方法不吻合。

3）三坐标测量机（CMM）与传统检测原理完全不同，出现测量结果与评判原则不同的现象。

4）不便于CAD/CAM/CAT/CAQ的集成。

5）标准体系结构不完善。

随着信息化和数字化的发展，国际标准化组织提出了新一代产品几何技术规范N-GPS（New-generation Geometrical Product Specification and Verification）标准体系，新一代N-GPS标准体系是基于计量学的适用于现代化发展的一套完整的标准体系。我国在2020年前后发布了一系列的适用于我国制造业的新一代产品几何技术规范N-GPS标准体系，我国的新一代N-GPS标准体系规范了尺寸公差、几何公差、表面结构及其产品几何误差的检测，诸如：GB/T 38368—2019《产品几何技术规范（GPS） 基于数字化模型的测量通用要求》、GB/T 1800.1—2020《产品几何技术规范（GPS） 线性尺寸公差ISO代号体系 第1部分：公差、偏差和配合的基础》、GB/T 1182—2018《产品几何技术规范（GPS） 几何公差形状、方向、位置和跳动公差标注》、GB/T 307.3—2017《滚动轴承 通用技术规则》和GB/T 197—2018《普通螺纹 公差》等。新一代N-GPS标准体系保证产品的尺寸、形状和位置精度，还确保了产品的功能要求，同时设计给定的公差和检测规范从源头上实现了设计、制造、检测之间的协调统一，不会产生歧义，如图1-3所示。

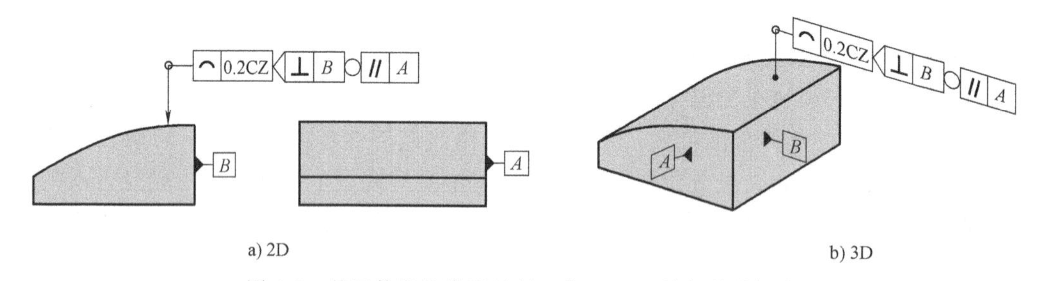

a) 2D　　b) 3D

图1-3 基于数字化模型的新一代N-GPS几何公差标注

以计量学为基础建立的新一代N-GPS标准体系是对第一代F-GPS标准体系质的变革，它标志着标准和检测进入了一个崭新时代，它将几何产品的设计规范、生产制造和检验认证及不确定度的评定贯穿于整个生产过程，为产品设计、制造及认证提供了一个更加完善的交流工具。新一代N-GPS标准体系提出了表面模型（数字化表示模型）、操作/操作算子、对偶性原理等一系列新概念，通过应用数学描述、定义、建模以及信息传递的方法，有效地解决由于测量方法的不一致而引起的纠纷，解决了以几何学为基础的第一代F-GPS标准体系中所存在的难题。

新一代N-GPS标准体系提供了一个适合CAD/CAM/CAT集成环境的、更加清晰明确的、系统规范的尺寸公差、几何公差和表面结构的定义和数字化设计、计量规范体系，来满足几何产品的功能要求，智能数字化精度设计有利于实现CAD/CAM/CAT等的集成。长期以来，由于产品尺寸、形状和位置精度信息之间以及结构、工艺、测量、评估等相关信息之间的内在关系的复杂性，导致尺寸、形状和位置精度的内在规律性及其数学描述缺乏统一的规范，可操作性差，无法与CAD/CAM/CAT实现真正的集成。新一代N-GPS标准体系面向几何产品在“功能描述、规范设计、检验评定”过程的数学表达，统一规范，通过科学的建模、分类、规范与数字化操作集成方法，实现了“几何要素”及其“规范/特征值”从定义、描述、规范设计到实际检验过程的数字化体现，如图 1-4 所示，具体内容可参考 GB/T 1958—2017《产品几何技术规范（GPS）几何公差　检测与验证》等一系列的产品几何技术规范（GPS）。新一代 N-GPS 标准体系将产品的规范、加工和认证作为一个整体来考虑，为产品功能需求的表达提供了更为精确的方法，为 CAD 系统的软件设计者、计量操作法则的软件设计者以及标准制订者提供了统一的、标准的表达方式，这不仅仅对促进新一代 N-GPS 标准体系数字化的发展、提升尺寸、形状和位置精度设计与制造水平有着极其重要的意义，而且几何精度信息的集成共享对于从根本上实现制造业信息化、数字化更是至关重要。因此，新一代 N-GPS 标准体系在理论和技术上的突破，更适应数字化制造新科技的发展，作为影响最广、最重要的基础标准体系，将会为制造业整体水平的提高做出贡献。将来企业的 GPS 系统就是产品精度信息的资源库，它与产品数据管理（PDN）、企业资源管理（ERP）和质量管理相结合，这也是制造业数字化和信息化发展的必然结果。

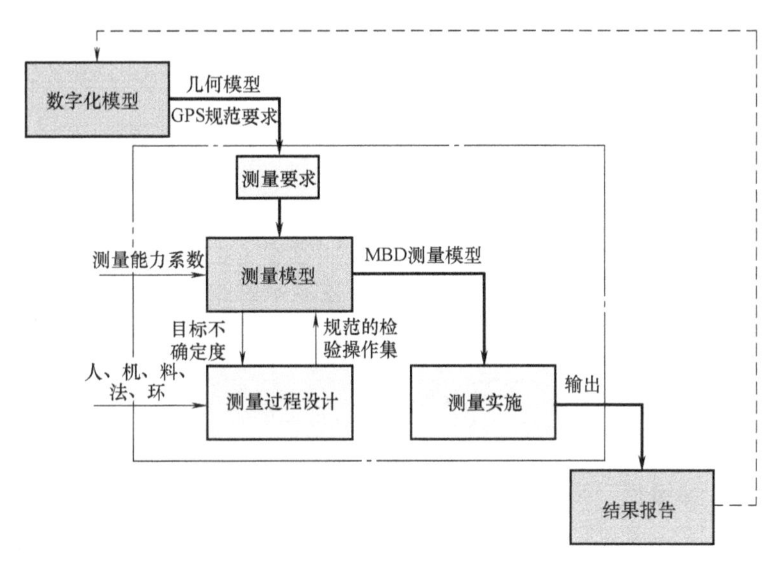

图 1-4　基于数字化模型的测量流程

第 1 章习题

第2章 尺寸公差与配合

2.1 基本术语与定义

国家标准（GB/T 1800. 1—2020）规定了以下基本术语和定义。

2.1.1 有关孔、轴的定义

1. 孔

通常，孔是指工件的内尺寸要素，也包括非圆柱形的内尺寸要素（由两平行平面或切面形成的包容面），如键槽、凹槽的宽度表面，如图 2-1 所示。

2. 轴

通常，轴是指工件的外尺寸要素，也包括非圆柱形的外尺寸要素（由两平行平面或切面形成的被包容面），如平键的宽度表面，如图 2-1 所示。

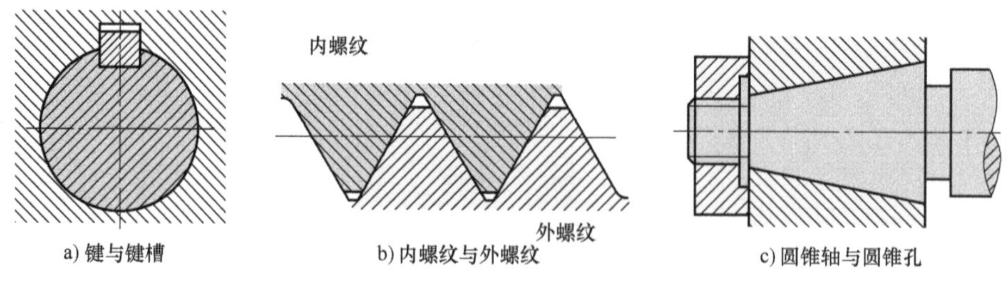

图 2-1 孔与轴

从加工的角度来理解孔和轴，孔的尺寸越加工越大，轴的尺寸越加工越小。从配合的角度看，孔是包容面，轴是被包容面。

2.1.2 有关线性尺寸的术语与定义

尺寸通常分为线性尺寸和角度尺寸两类。线性尺寸（简称尺寸），指两点之间的距离。

按尺寸的产生和存在状态，尺寸分为公称尺寸、实际尺寸和极限尺寸。

1. 公称尺寸

公称尺寸是指由图样规范定义的理想形状要素的尺寸。用符号 D 和 d 分别表示孔、轴的公称尺寸，如图 2-2 所示。例如，图样上标注的 $\phi50^{+0.025}_{0}$、50、$50^{+0.025}_{-0.013}$ 中的 50 都是公称尺寸。图样上公称尺寸的特定单位为 mm。

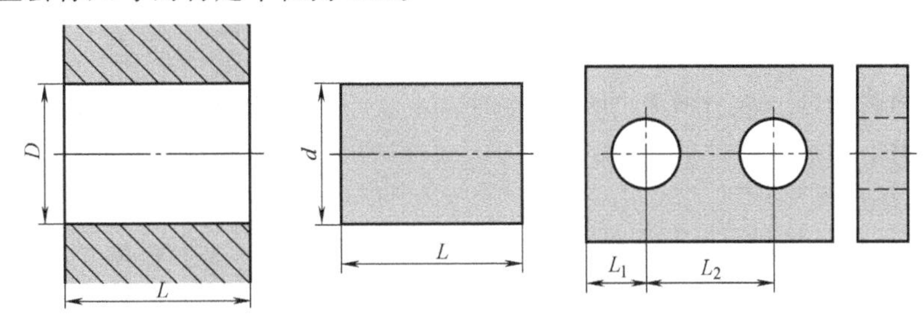

图 2-2 公称尺寸

2. 实际尺寸

实际尺寸是指拟合组成要素的尺寸。零件加工后通过测量得到。孔和轴的实际尺寸分别用 D_a 和 d_a 表示。这里的测量，特指用两点法测量（指两相对点之间的距离的测量），如图 2-3 所示。

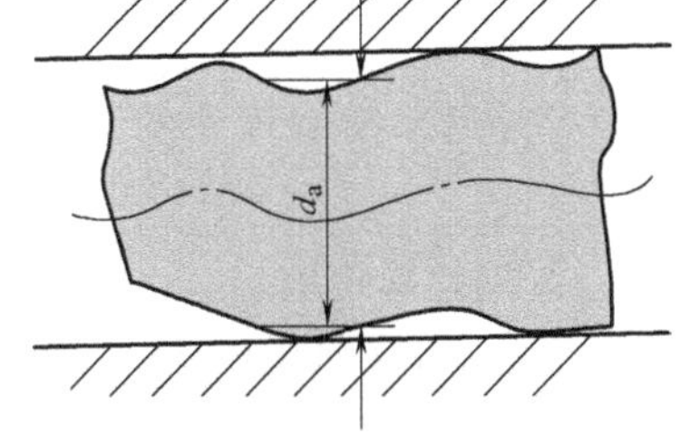

图 2-3 两点法测量实际尺寸示例

对于实际尺寸，需要注意两个问题：①由于形状误差的存在，孔、轴的实际尺寸不唯一；②实际尺寸是含有测量误差的非真实尺寸。

3. 极限尺寸

极限尺寸是指尺寸要素的尺寸所允许的极限值。允许的最大尺寸称为上极限尺寸，孔和轴的上极限尺寸分别用符号 D_{max} 和 d_{max} 表示；允许的最小尺寸称为下极限尺寸，孔和轴的下极限尺寸分别用符号 D_{min} 和 d_{min} 表示。

极限尺寸是由精度设计确定的。合格的零件实际尺寸应位于上、下极限尺寸之中，即

$$D_{min} \leqslant D_a \leqslant D_{max}$$

$$d_{min} \leqslant d_a \leqslant d_{max}$$

极限尺寸可大于、小于或等于公称尺寸。

2.1.3 有关尺寸偏差和公差的术语与定义

1. 尺寸偏差

尺寸偏差（简称偏差）是指某一尺寸与其公称尺寸之差。实际尺寸减其公称尺寸所得的代数差称为实际偏差；极限尺寸减其公称尺寸所得的代数差称为极限偏差，其中上极限尺寸减其公称尺寸所得的代数差称为上极限偏差，下极限尺寸减其公称尺寸所得的代数差称为下极限偏差。孔（轴）的实际偏差用符号 Ea（ea）表示，上、下极限偏差分别用 ES（es）、EI（ei）表示，如图 2-4 所示。

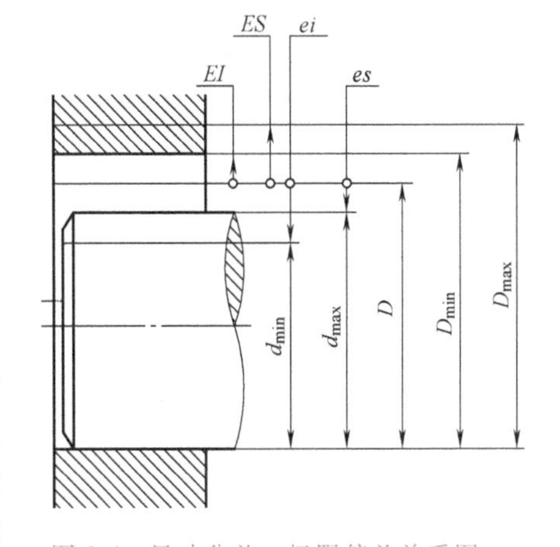

图 2-4 尺寸公差、极限偏差关系图

由极限偏差的定义，有

$$ES=D_{max}-D \qquad EI=D_{min}-D$$

$$es=d_{max}-d \qquad ei=d_{min}-d$$

尺寸偏差及公差
视频讲解

有了偏差的概念后，尺寸合格的条件可表示为

上极限偏差≥实际偏差≥下极限偏差

偏差是代数值，其值可正、可负、可零，但同一个公称尺寸的两个极限偏差不能同时为零。在计算和图纸标注时，上、下极限偏差（除了零以外）必须带有“+”或“-”号。

2. 尺寸公差

尺寸公差（简称公差）是上极限尺寸减下极限尺寸之差，或上极限偏差减下极限偏差之差。它是尺寸的允许变动量。

鉴于上极限尺寸总是大于下极限尺寸，上极限偏差总是大于下极限偏差，所以公差是一个没有符号的绝对值。孔和轴的公差分别用 T_D 和 T_d 表示。公差、极限尺寸及极限偏差的关系为

$$T_D=D_{max}-D_{min}=ES-EI$$

$$T_d=d_{max}-d_{min}=es-ei$$

公差是用来控制尺寸的变动量的，绝不能为负值或零；极限偏差是用来控制实际偏差的。

3. 尺寸公差带图

由于公差的数值比公称尺寸的数值小得多，不便用同一比例表示。如果只为了表明尺寸、极限偏差及公差之间的关系，可以不必画出孔、轴的全形，而采用简单明了的示意图表示，这种示意图称为尺寸公差带图，如图 2-5 所示。

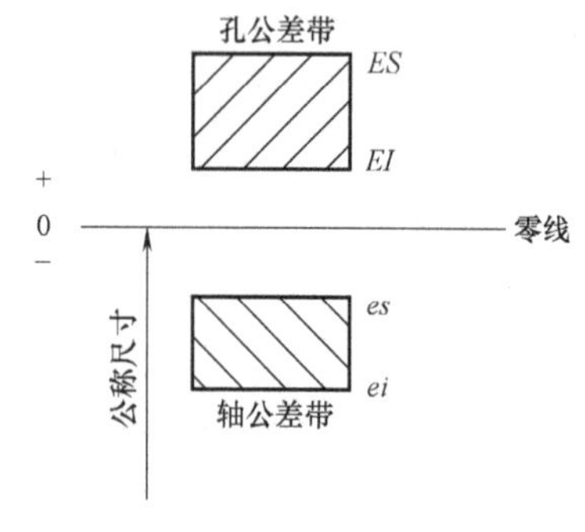

图 2-5 尺寸公差带图

尺寸公差带图由两部分组成：零线和公差带。零线是确定偏差的一条基准直线，即公称尺寸所指的线，是偏差的起始线。通常，零线沿水平方向绘制，零线以上为正偏差，零线以下为负偏差，位于零线上的偏差为零。将代表孔或轴的上极限偏差和下极限偏差或者上极限尺寸和下极限尺寸的两条直线所限定的一个区域称为公差带。它是由公差大小和其相对零线的位置（如基本偏差）来确定的。公差带在垂直于零线方向上的宽度代表公差值，沿零线方向的长度可适当选取。

在同一个尺寸公差带图中，孔、轴公差带的位置、大小应采用相同的比例，并注意采用不同方式区分开来。一般采用斜线表示孔、轴公差带，也可用 T_D、T_d，或用汉字区分。

在公差带图中，公称尺寸的单位采用 mm，上、下极限偏差的单位可以采用 μm 或 mm。当公称尺寸与上、下极限偏差采用不同单位时，要标写公称尺寸的单位，如图 2-6a 所示；当公称尺寸与上、下极限偏差采用相同单位时，不标写公称尺寸的单位，如图 2-6b 所示。

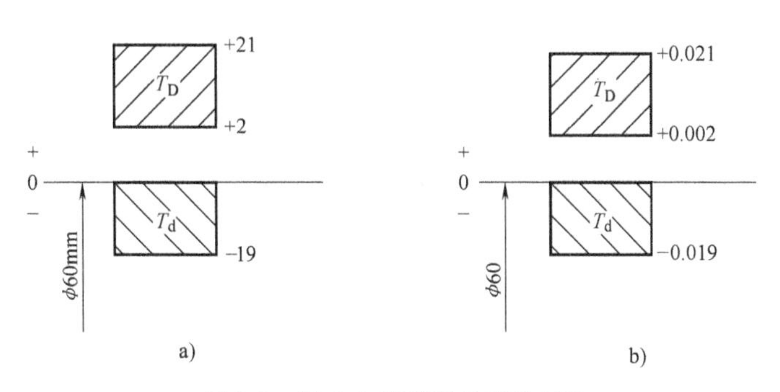

图 2-6 尺寸公差带图的两种画法

4. 标准公差与基本偏差

由国家标准规定的尺寸公差值称为标准公差，用符号 IT 表示。由国家标准规定的极限偏差（一般为靠近零线的极限偏差）称为基本偏差。

例 2-1 已知孔、轴公称尺寸 $D(d)=\phi25\text{mm}$。孔：$D_{max}=\phi25.021\text{mm}$，$D_{min}=\phi25\text{mm}$。轴：$d_{max}=\phi24.993\text{mm}$，$d_{min}=\phi24.98\text{mm}$。确定孔、轴的上、下极限偏差和尺寸公差，并画出尺寸公差带图。

解：

孔：上极限偏差 $ES=D_{max}-D=(25.021-25)\text{mm}=+0.021\text{mm}$

下极限偏差 $EI=D_{min}-D=(25-25)\text{mm}=0\text{mm}$

尺寸公差 $T_D=ES-EI=0.021\text{mm}$

轴：上极限偏差 $es=d_{max}-d=(24.993-25)\text{mm}=-0.007\text{mm}$

下极限偏差 $ei=d_{min}-d=(24.98-25)\text{mm}=-0.020\text{mm}$

尺寸公差 $T_d=es-ei=0.013\text{mm}$

尺寸公差带图如图 2-7 所示。

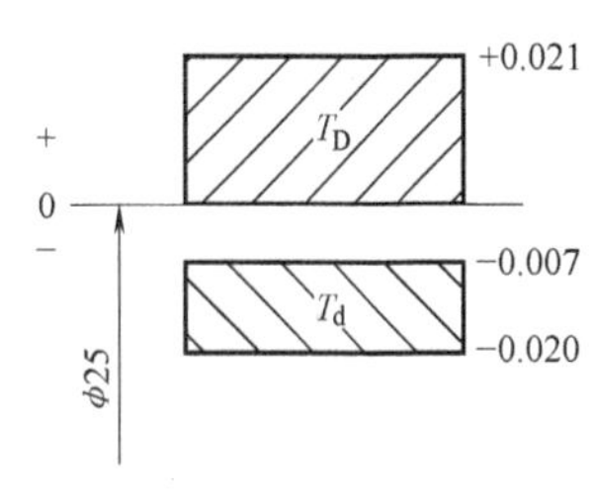

图 2-7 尺寸公差带图

2.1.4 有关配合的术语与定义

1. 配合

配合是指类型相同且待装配的外尺寸要素（轴）和内尺寸要素（孔）之间的关系，它也是相互配合的孔和轴公差带之间的关系。

由上述定义可知，相互配合的孔、轴公称尺寸相等；孔是包容面，轴是被包容面。

2. 间隙与过盈

间隙与过盈是指孔的尺寸减去轴的尺寸的代数差，其值为正时称为间隙，其值为负时称为过盈。如图 2-8 所示。

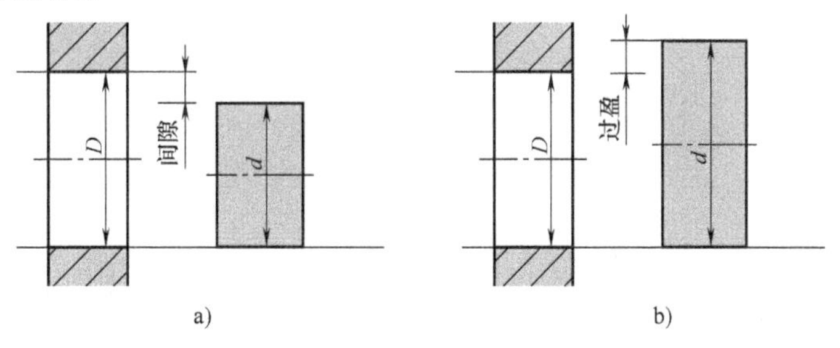

图 2-8 间隙或过盈

3. 配合类别及其特征参数

根据孔、轴公差带相对位置关系，配合分为三类：间隙配合、过盈配合和过渡配合。

（1）间隙配合　具有间隙（包括最小间隙等于零）的配合称为间隙配合。此时，孔的公差带在轴公差带的上方（包括相接），如图 2-9a 所示。

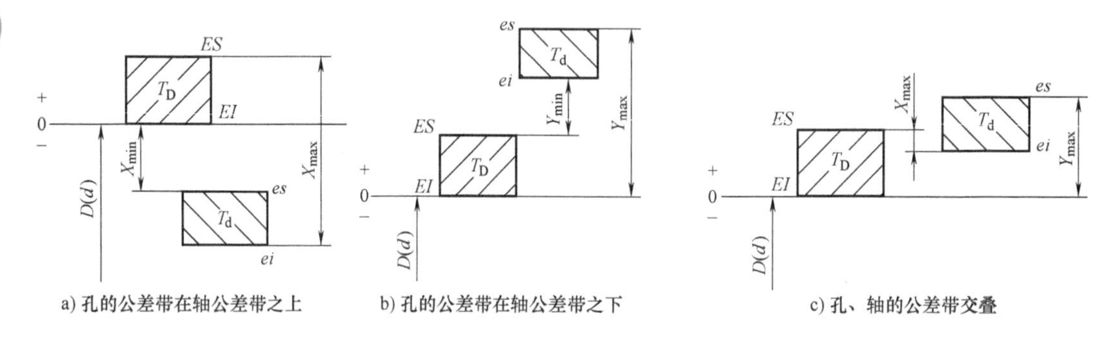

图 2-9　孔和轴尺寸公差带之间的位置关系

间隙配合的特征参数用最大间隙 X_{max}、最小间隙 X_{min} 和平均间隙 X_{av} 表示。最大间隙是指孔的上极限尺寸减轴的下极限尺寸所得的代数差。最小间隙是指孔的下极限尺寸减轴的上极限尺寸所得的代数差。平均间隙，即最大间隙与最小间隙的平均值。

上述定义的计算式如下：

$$X_{max} = D_{max} - d_{min} = ES - ei$$

$$X_{min} = D_{min} - d_{max} = EI - es$$

$$X_{av} = \frac{1}{2}(X_{max} + X_{min})$$

当孔的下极限尺寸与轴的上极限尺寸相等时，最小间隙为零。

（2）过盈配合　具有过盈（包括最小过盈等于零）的配合称为过盈配合。此时，孔的公差带在轴公差带的下方（包括相接），如图 2-9b 所示。

过盈配合的特征参数用最大过盈 Y_{max}、最小过盈 Y_{min} 和平均过盈 Y_{av} 表示。最大过盈是指孔的下极限尺寸减轴的上极限尺寸所得的代数差。最小过盈是指孔的上极限尺寸减轴的下极限尺寸所得的代数差。平均过盈，即最大过盈与最小过盈的平均值。

上述定义的计算式如下：

$$Y_{max} = D_{min} - d_{max} = EI - es$$

$$Y_{min} = D_{max} - d_{min} = ES - ei$$

$$Y_{av} = \frac{1}{2}(Y_{max} + Y_{min})$$

过盈数值的前面必须冠以负号。

（3）过渡配合　过渡配合是指可能具有间隙或可能具有过盈的配合。此时，孔的公差带与轴的公差带相互交叠，如图 2-9c 所示。

过渡配合的特征参数用最大间隙 X_{max}、最大过盈 Y_{max} 和平均间隙 X_{av} 或平均过盈 Y_{av} 表示。计算式如下：

$$X_{max}=D_{max}-d_{min}=ES-ei$$

$$Y_{max}=D_{min}-d_{max}=EI-es$$

$$X_{av}(或\ Y_{av})=\frac{1}{2}(X_{max}+Y_{max})$$

公差带及配合
视频讲解

按公式计算所得的数值为正值时是平均间隙，为负值时是平均过盈。

$X_{av}(Y_{av})$、$X_{max}(Y_{max})$、$X_{min}(Y_{min})$ 是表示孔、轴配合松紧程度的参量。

4. 配合公差

配合公差是指组成配合的两个尺寸要素的尺寸公差之和，用符号 T_f 表示。它表示配合所允许的变动量。配合公差还可表示配合精度，是评定配合质量的一个重要指标。

间隙配合中：$T_f=X_{max}-X_{min}=T_D+T_d$

过盈配合中：$T_f=Y_{min}-Y_{max}=T_D+T_d$

过渡配合中：$T_f=X_{max}-Y_{max}=T_D+T_d$

例 2-2　比较图 2-10 各图中点画线两侧的各种配合的配合精度。

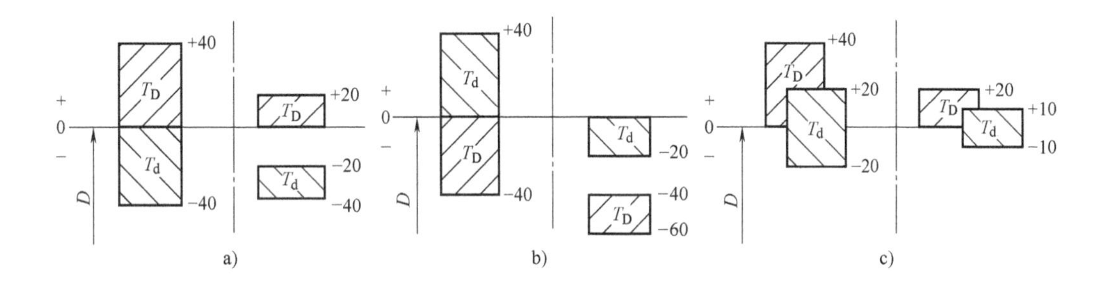

图 2-10　配合示例

解：

图 2-10a、b、c 所示点画线左侧的各种配合的配合公差分别为

图 2-10a 左侧配合　　$T_f=X_{max}-X_{min}=80\mu m$

图 2-10b 左侧配合　　$T_f=Y_{min}-Y_{max}=80\mu m$

图 2-10c 左侧配合　　$T_f=X_{max}-Y_{max}=80\mu m$

该三种配合的配合精度相同；

图 2-10a、b、c 所示点画线右侧的各种配合的配合公差分别为

图 2-10a 右侧配合　　$T_f=X_{max}-X_{min}=40\mu m$

图 2-10b 右侧配合　　$T_f=Y_{min}-Y_{max}=40\mu m$

图 2-10c 右侧配合　　$T_f=X_{max}-Y_{max}=40\mu m$

该三种配合的配合精度相同。左右两侧的三种配合相比，右侧的配合精度较高。

三种配合的配合公差的计算式是相同的，均为 $T_f=T_D+T_d$。该公式除了表示配合精度以外，还有如下作用。

1）说明配合精度取决于孔、轴精度。T_D、T_d 小，孔、轴精度高，则配合精度高。

2）进一步说明公差实质。体现使用要求与加工工艺的矛盾。从使用要求上讲，T_f 越小越好；但 T_f 越小（即 T_D、T_d 越小），则孔、轴加工难度越大，加工成本越高。

3）该公式是重要的尺寸精度设计公式。

值得注意的是，配合公差 T_f 是绝对值，没有正、负之分，并且不能为零。

例 2-3　有一过盈配合，公称尺寸为 ϕ45mm，过盈在 −0.045mm～−0.086mm 范围内，$EI=0$，$T_D=1.5T_d$，试确定孔和轴的极限偏差，并画出孔、轴尺寸公差带图。

解：

$T_f=Y_{min}-Y_{max}=(-0.045)\text{mm}-(-0.086)\text{mm}=0.041\text{mm}$

$T_D=1.5T_d$

$T_f=T_D+T_d=1.5T_d+T_d=0.041\text{mm}$

得 $T_d=0.016\text{mm}$，$T_D=0.025\text{mm}$

因 $EI=0$，故

$ES=T_D+EI=+0.025\text{mm}$

由 $Y_{min}=ES-ei$，得

$ei=ES-Y_{min}=0.025\text{mm}-(-0.045)\text{mm}=+0.070\text{mm}$

而 $es=ei+T_d=(+0.070+0.016)\text{mm}=+0.086\text{mm}$

孔、轴尺寸公差带，如图 2-11 所示。

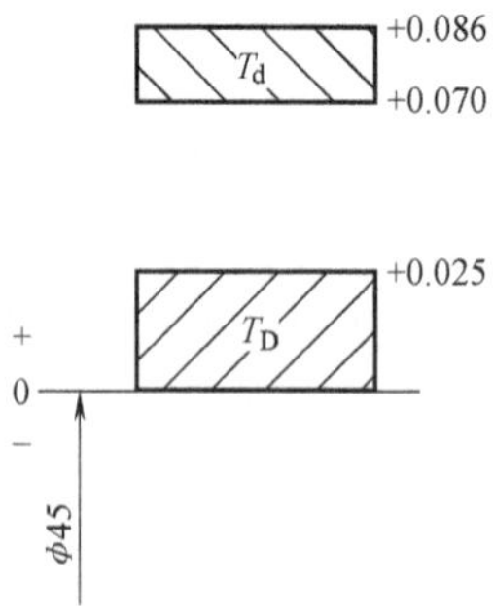

图 2-11　孔、轴尺寸公差带图

5. 配合基准制

在机械产品中，有各种不同的配合要求，这就需要各种不同的孔、轴公差带来实现。为了获得最佳的技术经济效益，把其中孔公差带（或轴公差带）的位置固定，而改变轴公差带（或孔公差带）的位置，来实现所需要的各种配合，这种制度称为配合基准制。GB/T 1800.1—2020 中规定了两种配合基准制，即基孔制配合和基轴制配合。

基孔制配合就是基本偏差为一定的孔的公差带，与不同基本偏差的轴的公差带形成各种配合的一种制度。此时，取孔的下极限尺寸与公称尺寸相等，孔的基本偏差（下极限偏差 EI）为零，如图 2-12 所示。

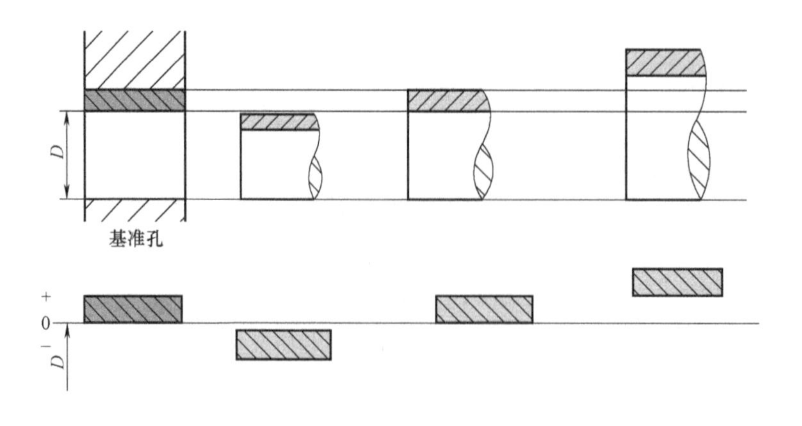

图 2-12　基孔制配合示意图

基孔制配合中的孔称为基准孔，它是配合的基准件，此时，轴是非基准件。国家标准规定基准孔的下极限偏差是基本偏差，用代号“H”表示，基准孔的上极限偏差为正值，即 $EI=0$，$ES=T_D$。这时，通过改变轴的基本偏差大小（即公差带的位置）而形成不同性质的配合。

基轴制配合就是基本偏差为一定的轴的公差带，与不同基本偏差的孔的公差带形成各种配合的一种制度。此时，取轴的上极限尺寸与公称尺寸相等，轴的基本偏差（上极限偏差 es）为零，如图 2-13 所示。

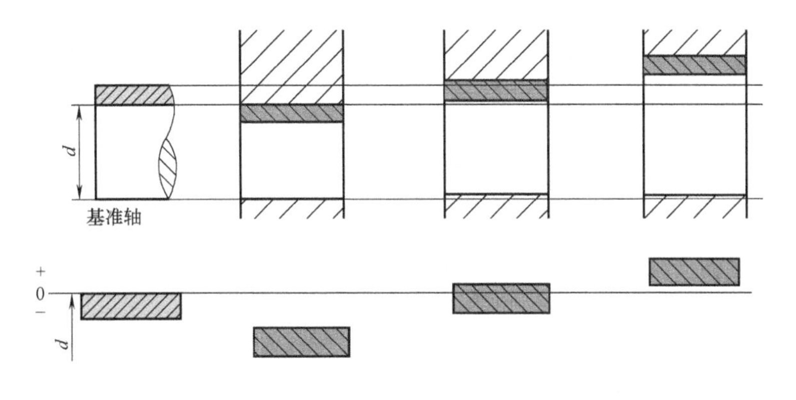

图 2-13 基轴制配合示意图

基轴制配合中的轴称为基准轴，它是配合的基准件，此时，孔是非基准件。国家标准规定基准轴的上极限偏差是基本偏差，用代号“h”表示，基准轴的下极限偏差为负值，即 $es=0$，$ei=-T_d$。这时，通过改变孔的基本偏差大小（即公差带的位置）而形成不同性质的配合。

基孔制配合和基轴制配合构成了两种平行等效的配合系列，即在基孔制配合中规定的配合种类，在基轴制配合中也有相应的同名配合。

2.1.5 补充有关尺寸的概念

1. 常用尺寸与大尺寸

常用尺寸是指小于或等于 500mm 的尺寸（其中小于或等于 1mm 的尺寸通常称为小尺寸），该尺寸段在实际生产中应用最广。大尺寸是指大于 500mm 的尺寸。

2. 配合尺寸与非配合尺寸

配合尺寸是指有配合要求的孔、轴尺寸。非配合尺寸是指没有配合要求的孔、轴尺寸。配合尺寸和非配合尺寸示例及特点，如图 2-14 所示。

配合尺寸的精度要求较高，非配合尺寸的精度要求较低。

3. 注出公差尺寸与未注公差尺寸

注出公差尺寸是指在零件图上，标注出公差的尺寸；未注公差尺寸是指在零件图上，没有标注出公差的尺寸，如图 2-15 所示。

未注公差尺寸主要用于在车间一般加工条件下能够保证的非配合线性尺寸和倒圆半径、倒角高度等精度要求不高的尺寸。

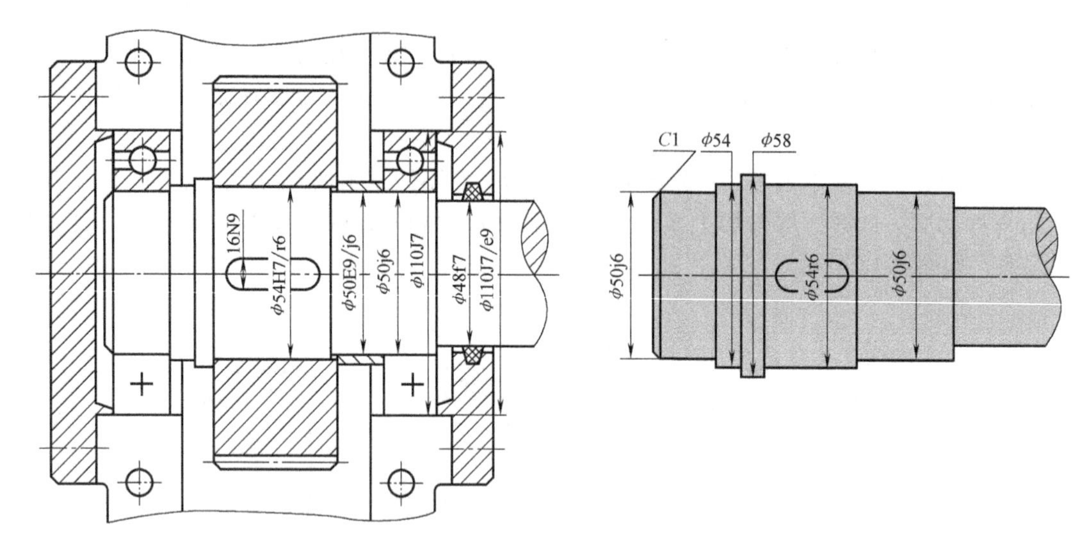

图 2-14　配合尺寸和非配合尺寸示例及特点

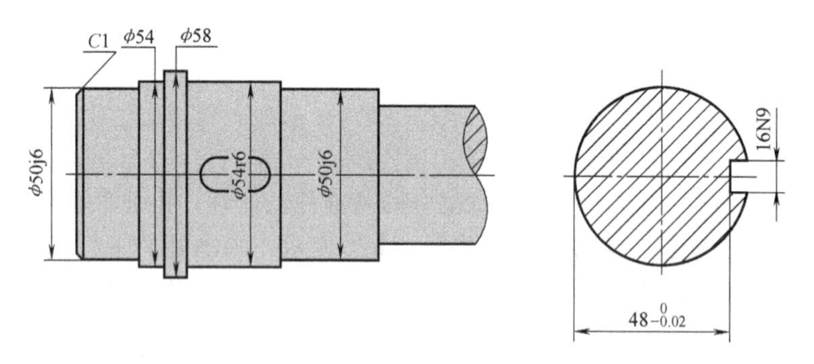

图 2-15　注出公差尺寸和未注公差尺寸示例

2.2　常用尺寸公差带与配合标准

标准公差系列
视频讲解

2.2.1　标准公差系列

标准公差系列是国家标准极限与配合制中所规定的一系列标准公差数值。标准公差是国家标准极限与配合制中所规定的任一公差。标准公差确定公差带大小，即公差带垂直于零线方向的高度。

标准公差系列由三项内容组成：公差等级、公差值和公称尺寸分段。

1. 标准公差等级

标准公差用代号“IT”表示。在公称尺寸≤500mm 的范围内，根据不同的应用场合，标准公差分为 20 个等级：01，0，1，…，18，记为 IT01，IT0，IT1，…，IT18，等级依次降低。同一公称尺寸段内，标准公差值随等级降低而增大。在公称尺寸介于 500～3150mm 范围内，规定了 1，2，3，…，18 共 18 个标准公差等级，记为 IT1，IT2，IT3，…，IT18。

2. 计算标准公差值

标准公差的计算公式见表2-1。

对于IT01、IT0、IT1这三个高精度公差等级，主要考虑测量误差，其标准公差与零件尺寸呈线性关系，公式中的常数项和系数均按R10优先数系的派生系列R10/2取值，公比1.6。

IT2、IT3、IT4三个等级的标准公差，是在IT1和IT5之间按等比数列插值的方式获得的，其公比 $q=(\mathrm{IT5}/\mathrm{IT1})^{1/4}$。

IT5~IT18的标准公差按下式计算：

$$\mathrm{IT}n=a\times i$$

式中，a 是公差等级系数。IT6~IT18的标准公差等级系数 a 取值符合R5优先数系的规律，公比为1.6，每隔5项 a 值增加10倍。IT5的 a 取7。i 是标准公差因子。

表2-1 标准公差的计算公式

公差等级	标准公差	公称尺寸/mm		公差等级	标准公差	公称尺寸/mm	
		≤500	500~3150			≤500	500~3150
01	IT01	$0.3+0.008D$		9	IT9	$40i$	$40i$
0	IT0	$0.5+0.012D$		10	IT10	$64i$	$64i$
1	IT1	$0.8+0.020D$	$2i$	11	IT11	$100i$	$100i$
2	IT2	$(\mathrm{IT1})(\mathrm{IT5}/\mathrm{IT1})^{1/4}$	$2.7i$	12	IT12	$160i$	$160i$
3	IT3	$(\mathrm{IT1})(\mathrm{IT5}/\mathrm{IT1})^{1/2}$	$3.7i$	13	IT13	$250i$	$250i$
4	IT4	$(\mathrm{IT1})(\mathrm{IT5}/\mathrm{IT1})^{3/4}$	$5i$	14	IT14	$400i$	$400i$
5	IT5	$7i$	$7i$	15	IT15	$640i$	$640i$
6	IT6	$10i$	$10i$	16	IT16	$1000i$	$1000i$
7	IT7	$16i$	$16i$	17	IT17	$1600i$	$1600i$
8	IT8	$25i$	$25i$	18	IT18	$2500i$	$2500i$

标准公差等级的延伸和插值计算：

向高精度延伸 $\mathrm{IT02}=\mathrm{IT01}/1.6=0.2+0.005D$

向低精度延伸 $\mathrm{IT19}=\mathrm{IT18}\times1.6=4000i$

中间插值 $\mathrm{IT8.5}=\mathrm{IT8}\times q_{10}=1.25\mathrm{IT8}=31.25i$

$$\mathrm{IT8.25}=\mathrm{IT8}\times q_{20}=1.12\mathrm{IT8}=28.125i$$

$$\vdots$$

标准公差因子是计算标准公差的基本单位，也是制定标准公差数值系列的基础。标准公差的数值不仅与标准公差等级的高低有关，而且与公称尺寸的大小有关。标准公差因子是以生产实践为基础，通过专门的试验和大量的统计数据分析，找出孔、轴的加工误差和测量误差随公称尺寸变化的规律来确定。在相同的加工条件下加工一批零件（孔或轴），加工误差与零件的公称尺寸基本上呈三次方抛物线的关系，也就是说尺寸误差与尺寸的立方根成正比；对于大尺寸零件，测量误差的影响增大，测量误差与零件的公称尺寸基本上呈线性关系。因此，考虑到上述两个因素，国家标准总结出了标准公差因子的计算公式。

公称尺寸≤500mm时，IT5~IT18的标准公差因子按下式计算：

$$i=0.45\sqrt[3]{D}+0.001D$$

式中，D 为公称尺寸分段的计算尺寸（mm）；i 为标准公差因子（μm）。

式中的第一项反映加工误差的影响，第二项反映测量误差的影响，主要是温度变化对测量误差的影响。

公称尺寸在 500~3150mm 区间时，IT5~IT18 的标准公差因子按下式计算：

$$i=0.004D+2.1$$

式中，D 为公称尺寸分段的计算尺寸（mm）。

3. 尺寸分段

从理论上讲，每一个公称尺寸都对应一个相应的标准公差值。但在实际应用中，公称尺寸很多，会导致标准公差数值表极其庞大，这样给生产、设计带来很多困难。另一方面，由标准公差因子的计算公式可知，当公称尺寸变化不大时，其产生的误差很接近。尤其随着公称尺寸的增大，这种现象更明显。因此，为了减少标准公差值的数目、统一标准公差值和便于使用，国家标准对公称尺寸进行了分段。公称尺寸分段后，相同公差等级同一公称尺寸分段内的所有尺寸的标准公差数值相同。

表 2-2 是标准公差数值表。

公称尺寸≤500mm 的尺寸，被分成 13 个尺寸段。分段后以每段的几何平均值 $D=(D_{首}\ D_{尾})^{1/2}$ 作为标准公差 IT 的计算尺寸。对于公称尺寸≤3mm 的尺寸段，$D=(1\times3)^{1/2}$。

对于相同的公称尺寸，其公差值的大小能够反映公差等级的高低。公差值越大，则公差等级越低；相反，则公差等级越高。对于不同的公称尺寸，公差值不能反映公差等级的高低。这时，要看公差等级系数。公差等级越高，越难加工；公差等级越低，越容易加工。

例 2-4　试比较轴 $d_1=\phi120$mm，$T_{d1}=22\mu$m 和 $d_2=\phi10$mm，$T_{d2}=15\mu$m 的公差等级高低。

解：由于两根轴的公称尺寸不同，要通过比较公差等级系数来比较其公差等级。

查表 2-2，$d_1=\phi120$mm，$T_{d1}=22\mu$m，可知轴 1 的公差等级为 IT6。

$d_2=\phi10$mm，$T_{d2}=15\mu$m，可知轴 2 的公差等级为 IT7。

结果表明，虽然轴 1 比轴 2 的公差值大，但轴 1 比轴 2 的公差等级高，即轴 1 比轴 2 难加工。

表 2-2　标准公差数值（摘自 GB/T 1800.3—2020）

公称尺寸/mm	标准公差等级																			
	IT01	IT0	IT1	IT2	IT3	IT4	IT5	IT6	IT7	IT8	IT9	IT10	IT11	IT12	IT13	IT14	IT15	IT16	IT17	IT18
	μm													mm						
≤3	0.3	0.5	0.8	1.2	2	3	4	6	10	14	25	40	60	0.10	0.14	0.25	0.40	0.60	1.0	1.4
>3~6	0.4	0.6	1	1.5	2.5	4	5	8	12	18	30	48	72	0.12	0.18	0.30	0.48	0.75	1.2	1.8
>6~10	0.4	0.6	1	1.5	2.5	4	6	9	15	22	36	58	90	0.15	0.22	0.36	0.58	0.90	1.5	2.2
>10~18	0.5	0.8	1.2	2	3	5	8	11	18	27	43	70	110	0.18	0.27	0.43	0.70	1.10	1.8	2.7
>18~30	0.6	1	1.5	2.5	4	6	9	13	21	33	52	84	130	0.21	0.33	0.52	0.84	1.30	2.1	3.3
>30~50	0.6	1	1.5	2.5	4	7	11	16	25	39	62	100	160	0.25	0.39	0.62	1.00	1.60	2.5	3.9
>50~80	0.8	1.2	2	3	5	8	13	19	30	46	74	120	190	0.30	0.46	0.74	1.20	1.90	3.0	4.6

（续）

公称尺寸/mm	标准公差等级																			
	IT01	IT0	IT1	IT2	IT3	IT4	IT5	IT6	IT7	IT8	IT9	IT10	IT11	IT12	IT13	IT14	IT15	IT16	IT17	IT18
	μm													mm						
>80~120	1	1.5	2.5	4	6	10	15	22	35	54	87	140	220	0.35	0.54	0.87	1.40	2.20	3.5	5.4
>120~180	1.2	2	3.5	5	8	12	18	25	40	63	100	160	250	0.40	0.63	1.00	1.60	2.50	4.0	6.3
>180~250	2	3	4.5	7	10	14	20	29	46	72	115	185	290	0.46	0.72	1.15	1.85	2.90	4.6	7.2
>250~315	2.5	4	6	8	12	16	23	32	52	81	130	210	320	0.52	0.81	1.30	2.10	3.20	5.2	8.1
>315~400	3	5	7	9	13	18	25	36	57	89	140	230	360	0.57	0.89	1.40	2.30	3.60	5.7	8.9
>400~500	4	6	8	10	15	20	27	40	63	97	155	250	400	0.63	0.97	1.55	2.50	4.00	6.3	9.7

2.2.2 基本偏差系列

基本偏差系列
视频讲解

基本偏差为国家标准极限与配合制中，用以确定公差带相对于零线位置的极限偏差（上极限偏差或下极限偏差），一般是指靠近零线或位于零线的那个极限偏差。

1. 基本偏差及其代号

基本偏差是用来确定公差带相对于零线位置的，各种位置的公差带与基准件将形成不同的配合。因此，有一种基本偏差，就会有一种配合，即配合种类的多少取决于基本偏差的数量。兼顾满足各种松紧程度的配合需求和尽量减少配合种类，国家标准对孔、轴分别规定了28种基本偏差，分别用大、小写英文字母表示。26个字母中去掉5个容易与其他参数相混淆的字母I、L、O、Q、W（i、l、o、q、w），加上7个双字母CD、EF、FG、JS、ZA、ZB、ZC（cd、ef、fg、js、za、zb、zc），形成了28种基本偏差代号，反映公差带的28种位置，构成了基本偏差系列，如图2-16所示。

孔的基本偏差中，A~G的基本偏差为下极限偏差EI，其值为正；H的基本偏差$EI=0$，是基准孔；J~ZC的基本偏差为上极限偏差ES，其值为负（J和K除外）；JS的基本偏差$ES=+\mathrm{IT}n/2$或$EI=-\mathrm{IT}n/2$，对于公差等级IT7~IT11，当公差值为奇数时，$ES=+(\mathrm{IT}n-1)/2$或$EI=-(\mathrm{IT}n-1)/2$。

轴的基本偏差中，a~g的基本偏差为上极限偏差es，其值为负；h的基本偏差$es=0$，是基准轴；j~zc的基本偏差为下极限偏差ei，其值为正（j和k除外）；js的基本偏差$es=+\mathrm{IT}n/2$或$ei=-\mathrm{IT}n/2$，对于公差等级IT7~IT11，当公差值为奇数时，$es=+(\mathrm{IT}n-1)/2$或$ei=-(\mathrm{IT}n-1)/2$。

各种基本偏差的孔与基准轴、各种基本偏差的轴与基准孔所形成的配合类别的一般规律，如图2-17所示。

之所以称为“孔、轴配合类别的一般规律”，是因为图中只给出了孔、轴尺寸公差带的位置，未给出大小。而每个位置可以有若干个不同大小的公差带，例如，在基本偏差代号为A（a）的位置就有公差带大小分别为IT01~IT18共20个公差带。因此，对间隙配合部分可以肯定地说孔的公差带在轴的公差带之上，但对过渡配合部分，基本偏差为N的孔与基准轴h的配合（N/h）或基本偏差为n的轴与基准孔H的配合（H/n），某些情况下会因为孔、轴尺寸公差带大小的原因而出现孔公差带在轴公差带的下方；同理，对于过盈配合部分，基本

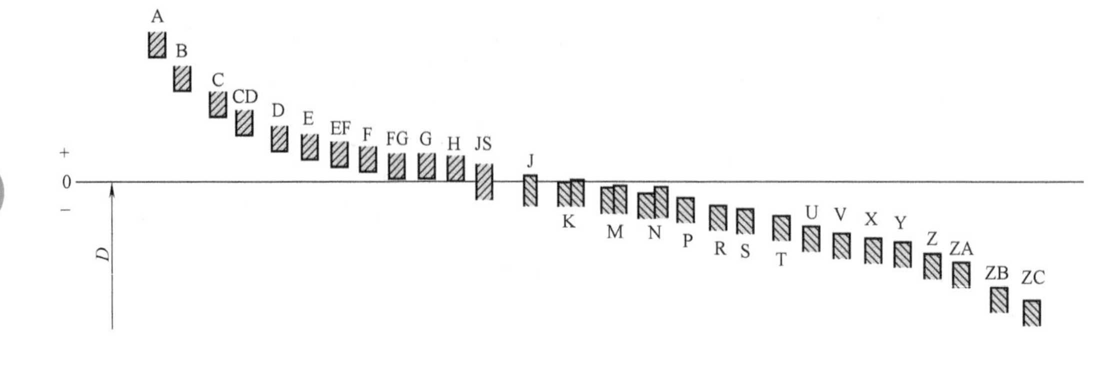

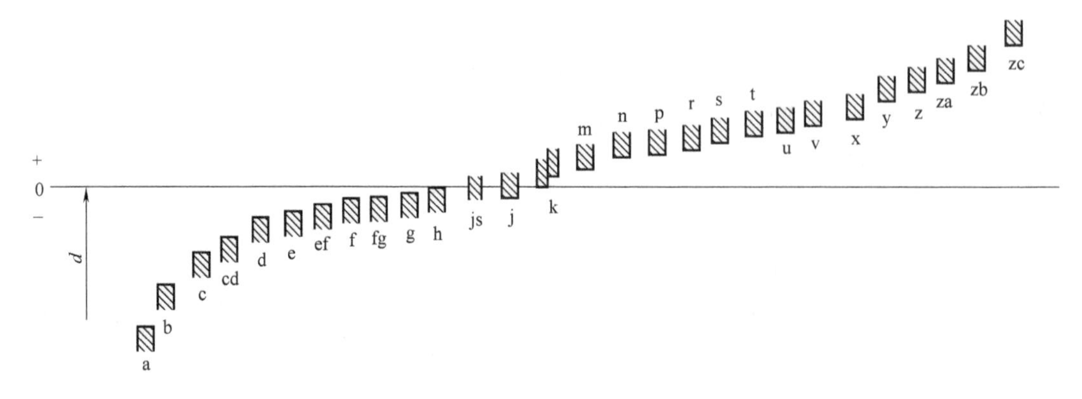

图 2-16 孔、轴的基本偏差系列

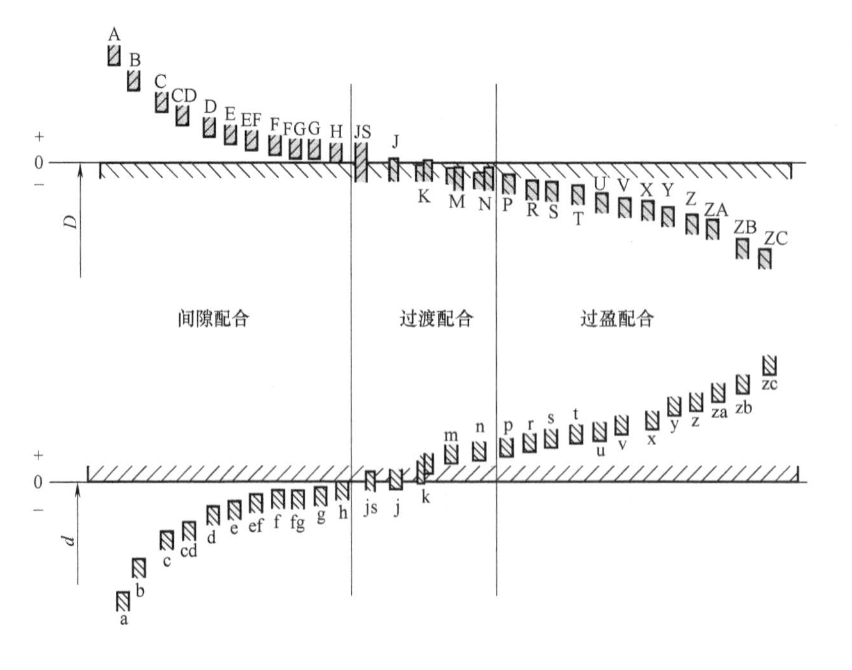

图 2-17 孔、轴配合类别的一般规律

偏差为 P 的孔与基准轴 h 配合（P/h）或基本偏差为 p 的轴与基准孔 H 的配合（H/p），某些情况下会因为孔、轴尺寸公差带大小的原因而出现孔、轴公差带交叠的情况。

2. 孔、轴的基本偏差值的确定

由于基本偏差决定着孔、轴尺寸公差带的位置，孔、轴尺寸公差带的位置关系决定着配合类别，因此基本偏差需要在配合的前提下确定。孔、轴的各种基本偏差数值是根据基孔制、基轴制各种配合的要求，经过生产实践和大量试验，对统计分析的结果进行整理，得到一系列公式，由这些公式计算出来的。表 2-3 列出了轴的基本偏差数值的计算公式。计算结果要按国家标准中尾数修正规则进行圆整。

表 2-4 和表 2-5 分别是孔、轴基本偏差数值表。

实际应用中，孔、轴的基本偏差数值不必用公式计算，可以直接从表 2-4 和表 2-5 中查得。孔、轴的基本偏差确定之后，另一个极限偏差可根据孔、轴的基本偏差数值和标准公差数值（查表 2-2）分别按下列关系计算：

$$EI = ES - T_{\mathrm{D}}$$

$$ES = EI + T_{\mathrm{D}}$$

$$ei = es - T_{\mathrm{d}}$$

$$es = ei + T_{\mathrm{d}}$$

表 2-3　公称尺寸至 500mm 的轴的基本偏差计算式

基本偏差代号	适用范围	基本偏差 es 计算公式/μm	基本偏差代号	适用范围	基本偏差 ei 计算公式/μm
a	$D \leqslant 120$mm	$-(265+1.3D)$	j	IT5～IT8	经验数据
	$D > 120$mm	$-3.5D$	k	≤IT3 及 ≥IT8	0
b	$D \leqslant 160$mm	$-(140+0.85D)$		IT4～IT7	$+0.6D^{1/3}$
	$D > 160$mm	$-1.8D$	m		$+(\mathrm{IT7}-\mathrm{IT6})$
c	$D \leqslant 40$mm	$-52D^{0.2}$	n		$+5D^{0.34}$
	$D > 40$mm	$-(95+0.8D)$	p		$+\mathrm{IT7}+(0\sim5)$
cd		$-(c \cdot d)^{1/2}$	r		$+(p \cdot s)^{1/2}$
d		$-16D^{0.44}$	s	$D \leqslant 50$mm	$+\mathrm{IT8}+(1\sim4)$
e		$-11D^{0.41}$		$D > 50$mm	$+\mathrm{IT7}+0.4D$
ef		$-(e \cdot f)^{1/2}$	t		$+\mathrm{IT7}+0.63D$
f		$-5.5D^{0.41}$	u		$+\mathrm{IT7}+D$
fg		$-(f \cdot g)^{1/2}$	v		$+\mathrm{IT7}+1.25D$
g		$-2.5D^{0.34}$	x		$+\mathrm{IT7}+1.6D$
h		0	y		$+\mathrm{IT7}+2D$
js		$es=+\mathrm{IT}/2$ 或 $ei=-\mathrm{IT}/2$	z		$+\mathrm{IT7}+2.5D$
			za		$+\mathrm{IT7}+3.15D$
			zb		$+\mathrm{IT9}+4D$
			zc		$+\mathrm{IT10}+5D$

注：D 是公称尺寸段的几何平均值，单位是 mm；基本偏差值单位是 μm。

表 2-4 尺寸至 500mm 轴的基本偏差数值（摘自 GB/T 1800.1—2020）

公称尺寸/mm		基本偏差数值(上极限偏差 es)/μm											
		所有标准公差等级											
大于	至	a	b	c	cd	d	e	ef	f	fg	g	h	js
—	3	-270	-140	-60	-34	-20	-14	-10	-6	-4	-2	0	偏差 = ±ITn/2，式中 ITn 为标准公差数值
3	6	-270	-140	-70	-46	-30	-20	-14	-10	-6	-4	0	
6	10	-280	-150	-80	-56	-40	-25	-18	-13	-8	-5	0	
10	14	-290	-150	-95	—	-50	-32	—	-16	—	-6	0	
14	18												
18	24	-300	-160	-110	—	-65	-40	—	-20	—	-7	0	
24	30												
30	40	-310	-170	-120	—	-80	-50	—	-25	—	-9	0	
40	50	-320	-180	-130									
50	65	-340	-190	-140	—	-100	-60	—	-30	—	-10	0	
65	80	-360	-200	-150									
80	100	-380	-220	-170	—	-120	-72	—	-36	—	-12	0	
100	120	-410	-240	-180									
120	140	-460	-260	-200	—	-145	-85	—	-43	—	-14	0	
140	160	-520	-280	-210									
160	180	-580	-310	-230									
180	200	-660	-340	-240	—	-170	-100	—	-50	—	-15	0	
200	225	-740	-380	-260									
225	250	-820	-420	-280									
250	280	-920	-480	-300	—	-190	-110	—	-56	—	-17	0	
280	315	-1050	-540	-330									
315	355	-1200	-600	-360	—	-210	-125	—	-62	—	-18	0	
355	400	-1350	-680	-400									
400	450	-1500	-760	-440	—	-230	-135	—	-68	—	-20	0	
450	500	-1650	-840	-480									

（续）

公称尺寸/mm		基本偏差数值(下极限偏差 ei)/μm																		
大于	至	IT5,IT6	IT7	IT8	IT4~IT7	≤IT3 >IT7	所有标准公差等级													
		j			k		m	n	p	r	s	t	u	v	x	y	z	za	zb	zc
—	3	−2	−4	−6	0	0	+2	+4	+6	+10	+14	—	+18	—	+20	—	+26	+32	+40	+60
3	6	−2	−4	—	+1	0	+4	+8	+12	+15	+19	—	+23	—	+28	—	+35	+42	+50	+80
6	10	−2	−5	—	+1	0	+6	+10	+15	+19	+23	—	+28	—	+34	—	+42	+52	+67	+97
10	14	−3	−6	—	+1	0	+7	+12	+18	+23	+28	—	+33	—	+40	—	+50	+64	+90	+130
14	18													+39	+45	—	+60	+77	+108	+150
18	24	−4	−8	—	+2	0	+8	+15	+22	+28	+35	—	+41	+47	+54	+63	+73	+98	+136	+188
24	30											+41	+48	+55	+64	+75	+88	+118	+160	+218
30	40	−5	−10	—	+2	0	+9	+17	+26	+34	+43	+48	+60	+68	+80	+94	+112	+148	+200	+274
40	50											+54	+70	+81	+97	+114	+136	+180	+242	+325
50	65	−7	−12	—	+2	0	+11	+20	+32	+41	+53	+66	+87	+102	+122	+144	+172	+226	+300	+405
65	80									+43	+59	+75	+102	+120	+146	+174	+210	+274	+360	+480
80	100	−9	−15	—	+3	0	+13	+23	+37	+51	+71	+91	+124	+146	+178	+214	+258	+335	+445	+585
100	120									+54	+79	+104	+144	+172	+210	+254	+310	+400	+525	+690
120	140	−11	−18	—	+3	0	+15	+27	+43	+63	+92	+122	+170	+202	+248	+300	+365	+470	+620	+800
140	160									+65	+100	+134	+190	+228	+280	+340	+415	+535	+700	+900
160	180									+68	+108	+146	+210	+252	+310	+380	+465	+600	+780	+1000
180	200	−13	−21	—	+4	0	+17	+31	+50	+77	+122	+166	+236	+284	+350	+425	+520	+670	+880	+1150
200	225									+80	+130	+180	+258	+310	+385	+470	+575	+740	+960	+1250
225	250									+84	+140	+196	+284	+340	+425	+520	+640	+820	+1050	+1350
250	280	−16	−26	—	+4	0	+20	+34	+56	+94	+158	+218	+315	+385	+475	+580	+710	+920	+1200	+1550
280	315									+98	+170	+240	+350	+425	+525	+650	+790	+1000	+1300	+1700
315	355	−18	−28	—	+4	0	+21	+37	+62	+108	+190	+268	+390	+475	+590	+730	+900	+1150	+1500	+1900
355	400									+114	+208	+294	+435	+530	+660	+820	+1000	+1300	+1650	+2100
400	450	−20	−32	—	+5	0	+23	+40	+68	+126	+232	+330	+490	+595	+740	+920	+1100	+1450	+1850	+2400
450	500									+132	+252	+360	+540	+660	+820	+1000	+1250	+1600	+2100	+2600

注：公称尺寸小于或等于 1mm 时，基本偏差 a 和 b 均不采用。公差带 js7~js11，若 ITn 数值为奇数，则取偏差 = $\pm\frac{\text{IT}n-1}{2}$。

表 2-5 尺寸至 500mm 孔的基本偏差数值（摘自 GB/T 1800.1—2020）

公称尺寸/mm		基本偏差数值/μm																					
		下极限偏差 *EI*												上极限偏差 *ES*									
大于	至	所有标准公差等级												IT6	IT7	IT8	≤IT8	>IT8	≤IT8	>IT8	≤IT8	>IT8	≤IT7
		A	B	C	CD	D	E	EF	F	FG	G	H	JS	J			K		M		N		P 至 ZC
—	3	+270	+140	+60	+34	+20	+14	+10	+6	+4	+2	0	偏差 = ±ITn/2，式中 ITn 为标准公差数值	+2	+4	+6	0	0	−2	−2	−4	−4	在大于 IT7 的标准公差等级的基本偏差数值上增加一个 Δ 值
3	6	+270	+140	+70	+46	+30	+20	+14	+10	+6	+4	0		+5	+6	+10	−1+Δ	—	−4+Δ	−4	−8+Δ	0	
6	10	+280	+150	+80	+56	+40	+25	+18	+13	+8	+5	0		+5	+8	+12	−1+Δ	—	−6+Δ	−6	−10+Δ	0	
10	14	+290	+150	+95	—	+50	+32	—	+16	—	+6	0		+6	+10	+15	−1+Δ	—	−7+Δ	−7	−12+Δ	0	
14	18																						
18	24	+300	+160	+110	—	+65	+40	—	+20	—	+7	0		+8	+12	+20	−2+Δ	—	−8+Δ	−8	−15+Δ	0	
24	30																						
30	40	+310	+170	+120	—	+80	+50	—	+25	—	+9	0		+10	+14	+24	−2+Δ	—	−9+Δ	−9	−17+Δ	0	
40	50	+320	+180	+130																			
50	65	+340	+190	+140	—	+100	+60	—	+30	—	+10	0		+13	+18	+28	−2+Δ	—	−11+Δ	−11	−20+Δ	0	
65	80	+360	+200	+150																			
80	100	+380	+220	+170	—	+120	+72	—	+36	—	+12	0		+16	+22	+34	−3+Δ	—	−13+Δ	−13	−23+Δ	0	
100	120	+410	+240	+180																			
120	140	+460	+260	+200	—	+145	+85	—	+43	—	+14	0		+18	+26	+41	−3+Δ	—	−15+Δ	−15	−27+Δ	0	
140	160	+520	+280	+210																			
160	180	+580	+310	+230																			
180	200	+660	+340	+240	—	+170	+100	—	+50	—	+15	0		+22	+30	+47	−4+Δ	—	−17+Δ	−17	−31+Δ	0	
200	225	+740	+380	+260																			
225	250	+820	+420	+280																			
250	280	+920	+480	+300	—	+190	+110	—	+56	—	+17	0		+25	+36	+55	−4+Δ	—	−20+Δ	−20	−34+Δ	0	
280	315	+1050	+540	+330																			
315	355	+1200	+600	+360	—	+210	+125	—	+62	—	+18	0		+29	+39	+60	−4+Δ	—	−21+Δ	−21	−37+Δ	0	
355	400	+1350	+680	+400																			
400	450	+1500	+760	+440	—	+230	+135	—	+68	—	+20	0		+33	+43	+66	−5+Δ	—	−23+Δ	−23	−40+Δ	0	
450	500	+1650	+840	+480																			

（续）

公称尺寸/mm		基本偏差数值/μm 上极限偏差 *ES*												Δ=ITn-IT(n-1)					
		标准公差等级大于 IT7(低于7级)												孔的标准公差等级					
大于	至	P	R	S	T	U	V	X	Y	Z	ZA	ZB	ZC	IT3	IT4	IT5	IT6	IT7	IT8
—	3	-6	-10	-14	—	-18	—	-20	—	-26	-32	-40	-60	0	0	0	0	0	0
3	6	-12	-15	-19	—	-23	—	-28	—	-35	-42	-50	-80	1	1.5	1	3	4	6
6	10	-15	-19	-23	—	-28	—	-34	—	-42	-52	-67	-97	1	1.5	2	3	6	7
10	14	-18	-23	-28	—	-33	—	-40	—	-50	-64	-90	-130	1	2	3	3	7	9
14	18						-39	-45	—	-60	-77	-108	-150						
18	24	-22	-28	-35	—	-41	-47	-54	-63	-73	-98	-136	-188	1.5	2	3	4	8	12
24	30				-41	-48	-55	-64	-75	-88	-118	-160	-218						
30	40	-26	-34	-43	-48	-60	-68	-80	-94	-112	-148	-200	-274	1.5	3	4	5	9	14
40	50				-54	-70	-81	-97	-114	-136	-180	-242	-325						
50	65	-32	-41	-53	-66	-87	-102	-122	-144	-172	-226	-300	-405	2	3	5	6	11	16
65	80		-43	-59	-75	-102	-120	-146	-174	-210	-274	-360	-480						
80	100	-37	-51	-71	-91	-124	-146	-178	-214	-258	-335	-445	-585	2	4	5	7	13	19
100	120		-54	-79	-104	-144	-172	-210	-254	-310	-400	-525	-690						
120	140	-43	-63	-92	-122	-170	-202	-248	-300	-365	-470	-620	-800	3	4	6	7	15	23
140	160		-65	-100	-134	-190	-228	-280	-340	-415	-535	-700	-900						
160	180		-68	-108	-146	-210	-252	-310	-380	-465	-600	-780	-1000						
180	200	-50	-77	-122	-166	-236	-284	-350	-425	-520	-670	-880	-1150	3	4	6	9	17	26
200	225		-80	-130	-180	-258	-310	-385	-470	-575	-740	-960	-1250						
225	250		-84	-140	-196	-284	-340	-425	-520	-640	-820	-1050	-1350						
250	280	-56	-94	-158	-218	-315	-385	-475	-580	-710	-920	-1200	-1550	4	4	7	9	20	29
280	315		-98	-170	-240	-350	-425	-525	-650	-790	-1000	-1300	-1700						
315	355	-62	-108	-190	-268	-390	-475	-590	-730	-900	-1150	-1500	-1900	4	5	7	11	21	32
355	400		-114	-208	-294	-435	-530	-660	-820	-1000	-1300	-1650	-2100						
400	450	-68	-126	-232	-330	-490	-595	-740	-920	-1100	-1450	-1850	-2400	5	5	7	13	23	34
450	500		-132	-252	-360	-540	-660	-820	-1000	-1250	-1600	-2100	-2600						

注：1. 公称尺寸小于或等于 1mm 时，基本偏差 A 和 B 及大于 IT8 的 N 均不采用。公差带 js7~js11，若 ITn 数值为奇数，则取偏差=$\pm\frac{\mathrm{IT}n-1}{2}$。

2. 对小于或等于 IT8 的 K、M、N 和小于或等于 IT7 的 P 至 ZC，所需 Δ 值从表内右侧选取。例如 24~30mm 分段的 K7，Δ=8μm，所以 *ES*=-2μm+8μm=+6μm；24~30mm 分段的 S6，Δ=4μm，所以 *ES*=-35μm+4μm=-31μm。特殊情况：250~315mm 段的 M6，*ES*=-9μm（代替-11μm）。

对照表 2-4、表 2-5 可知，轴、孔的基本偏差之间存在以下两种换算规则。

1）通用规则：同名代号的孔、轴的基本偏差的绝对值相等，符号相反，即

$$EI=-es$$

$$ES=-ei$$

通用规则的应用范围：对 A～H，不论孔、轴公差等级是否相同；对 J、K、M、N，公称尺寸≤500mm，标准公差等级低于 IT8（IT9 及以下）（但>3mm 的 N 除外，其基本偏差 $ES=0$）；对 P～ZC，公称尺寸≤500mm，标准公差等级低于 IT7（IT8 及以下）。

2）特殊规则：孔、轴基本偏差的符号相反，绝对值相差一个修正值 Δ，如图 2-18 所示。

考虑到孔、轴加工工艺上的等价性，国家标准规定在一定范围内，孔的公差等级比轴的公差等级低一级。

在图 2-18 中，基孔制配合时，$Y_{min}=ES-ei=\text{IT}n-ei$；基轴制配合时，$Y_{min}=ES-ei=ES-[-\text{IT}(n-1)]$。根据同名配合的配合性质不变的特性，$\text{IT}n-ei=ES-[-\text{IT}(n-1)]$，得

$$ES=-ei+[\text{IT}n-\text{IT}(n-1)]。$$

令 $\Delta=\text{IT}n-\text{IT}(n-1)$，则 $ES=-ei+\Delta$

式中，ITn、IT$(n-1)$ 为公称尺寸段内某一级和比它高一级的标准公差值。

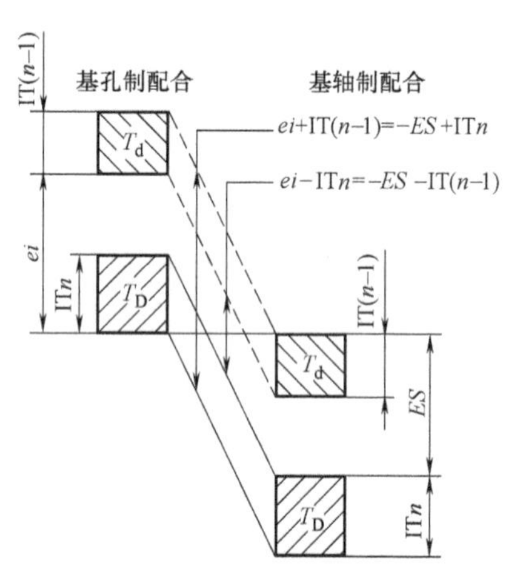

图 2-18 孔的基本偏差换算

特殊规则的应用范围仅为：公称尺寸>3mm、标准公差等级高于等于 IT8（IT8、IT7 及以上）的 K、M、N 和标准公差等级高于等于 IT7（IT7、IT6 及以上）的 P 到 ZC。

所谓同名配合是指在相配孔、轴精度等级对应不变的条件下，当基轴制配合中孔的基本偏差代号与基孔制配合中轴的基本偏差代号相互对应时，相配的孔或轴与相应的基准轴或基准孔所形成的配合，如图 2-19 所示。

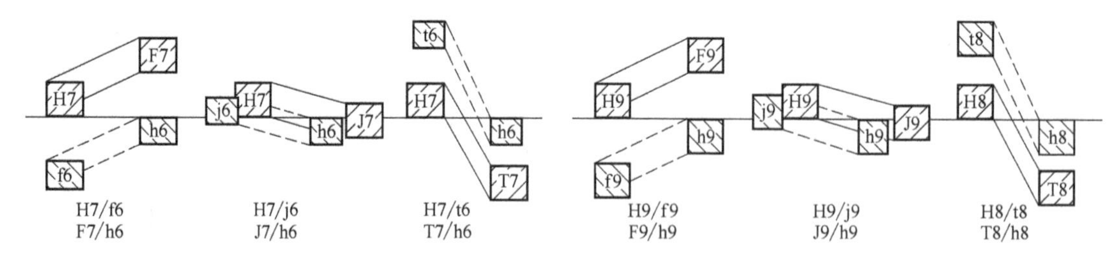

图 2-19 同名配合示例

所谓同名配合的配合性质不变是指同名配合的极限间隙（过盈）不变，如图 2-20 所示。

3. 孔、轴的另一个极限偏差的计算

孔的另一个极限偏差（上极限偏差或下极限偏差）的计算公式为

$$\text{A～H}, \quad ES=EI+T_D$$

$$\text{J～ZC}, \quad EI=ES-T_D$$

轴的另一个极限偏差（下极限偏差或上极限偏差）的计算公式为

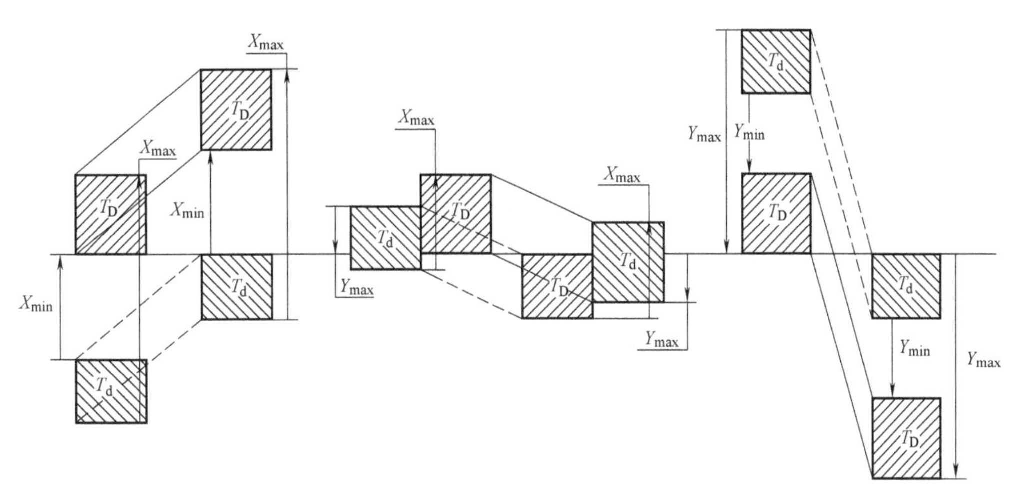

图 2-20 同名配合性质不变示例

$$a \sim h,\quad ei = es - T_d$$

$$j \sim zc,\quad es = ei + T_d$$

例 2-5 查表确定 ϕ30H7/p6、ϕ30P7/h6 孔、轴的极限偏差数值和极限过盈。

解：

公称尺寸 30mm，查表 2-2 得 IT6 = 13μm，IT7 = 21μm。

孔 ϕ30H7，$EI=0$，$ES=+21\mu m$；

轴 ϕ30p6，$ei=+22\mu m$，$es=+35\mu m$；

轴 ϕ30h6，$es=0$，$ei=-13\mu m$；

孔 ϕ30P7，$ES=(-22\mu m)+\Delta$，而 $\Delta=T_D-T_d=IT7-IT6=8\mu m$；

所以，$ES=(-22)\mu m+8\mu m=-14\mu m$；$EI=-35\mu m$。

计算 ϕ30H7/p6 配合的极限过盈

$$Y_{max}=EI-es=0\mu m-(+35)\mu m=-35\mu m$$

$$Y_{min}=ES-ei=(+21)\mu m-(+22)\mu m=-1\mu m$$

计算 ϕ30P7/h6 配合的极限过盈

$$Y_{max}=EI-es=(-35)\mu m-0\mu m=-35\mu m$$

$$Y_{min}=ES-ei=(-14)\mu m-(-13)\mu m=-1\mu m$$

计算结果表明，ϕ30H7/p6 和 ϕ30P7/h6 两组配合的最大过盈、最小过盈分别相等，这说明配合性质相同。

例 2-6 查表确定 ϕ50H8/g7、ϕ50G8/h7 孔、轴的极限偏差数值和极限间隙。

解：

公称尺寸 50mm，查表 2-2 得 IT8 = 39μm，IT7 = 25μm。

孔 ϕ50H8，$EI=0$，$ES=+39\mu m$；

轴 ϕ50g7，$es=-9\mu m$，$ei=-34\mu m$，

轴 ϕ50h7，$es=0$，$ei=-25\mu m$；

孔 ϕ50G8，$EI=+9\mu m$；$ES=+48\mu m$。

从而有：$\phi50H8=\phi50_{0}^{+0.039}mm$，$\phi50g7=\phi50_{-0.034}^{-0.009}mm$

$\phi50G8=\phi50_{+0.009}^{+0.048}mm$，$\phi50h7=\phi50_{-0.025}^{0}mm$

计算 $\phi50H8/g7$ 配合的极限间隙：

$$X_{max}=ES-ei=39\mu m-(-34)\mu m=+73\mu m$$

$$X_{min}=EI-es=0\mu m-(-9)\mu m=+9\mu m$$

计算 $\phi50G8/h7$ 配合的极限间隙：

$$X_{max}=ES-ei=48\mu m-(-25)\mu m=+73\mu m$$

$$X_{min}=EI-es=+9\mu m-0\mu m=+9\mu m$$

计算结果表明，$\phi50H8/g7$ 和 $\phi50G8/h7$ 两组配合的最大间隙、最小间隙分别相等，这说明配合性质相同。

2.2.3 极限与配合在图样上的表示

1. 配合的表示

装配图上需要标注配合代号。把孔、轴的尺寸公差带代号组合，用分数的形式表示：“公称尺寸+孔尺寸公差带代号/轴尺寸公差带代号”。例如：$\phi50H8/g7$ 和 $\phi50\dfrac{H8}{g7}$。

2. 注出公差尺寸的表示

零件图上，用“公称尺寸+公差带”或“公称尺寸+上、下极限偏差值”的形式来表示注出公差尺寸。例如：$\phi50H7$，$\phi50js6$，$\phi50_{+0.009}^{+0.048}$，$\phi50g7$（${}_{-0.034}^{-0.009}$）或 $\phi50_{-0.034}^{-0.009}$（g7）。

2.2.4 优先选择

1. 公差带代号的优先选择

理论上，标准公差系列和基本偏差系列可组成的孔的公差带有 543 种，轴的公差带有 544 种。如此众多的孔、轴公差带若全部采用显然不经济，这将导致定值刀具和量规规格的繁杂。此外还有一些与实际应用显然不符的尺寸公差带，如 a4（大间隙配合的高等级）、js12（过渡配合的低等级）等。所以对孔、轴公差带应进行筛选后择优加以使用。

根据国家标准，公差带代号应尽可能从图 2-21 和图 2-22 给出的孔和轴公差带代号中选取。框中所示的公差带代号应优先选取。

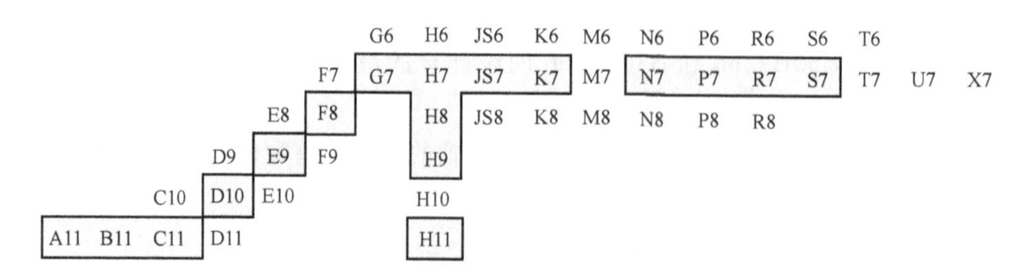

图 2-21 孔的常用、优先公差带

图中的公差带代号仅应用于不需要对公差带代号进行特定选取的一般性用途。例如，键槽需要特定选取。在特定应用中若有必要，偏差 js 和 JS 可被相应的偏差 j 和 J 替代。

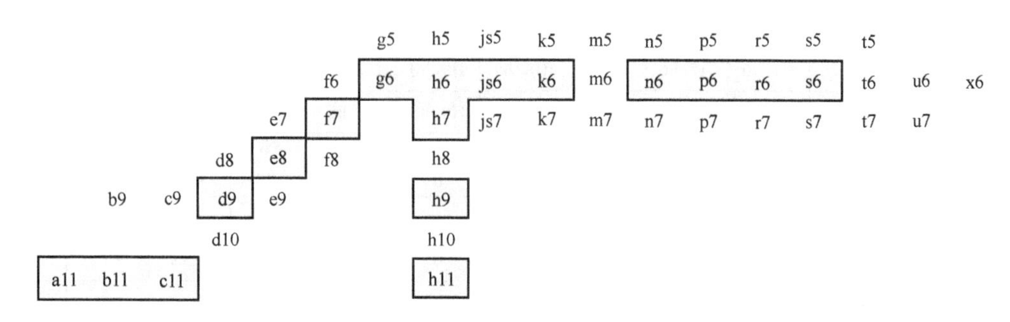

图 2-22 轴的常用、优先公差带

2. 配合的优先选择

对于通常的工程目的，只需要许多可能的配合中的少数配合。表 2-6 和表 2-7 中分别列出了基孔制配合的优先配合与基轴制配合的优先配合。这些配合可满足普通工程机构需要。基于经济因素，如有可能，配合应优先选择框中所示的配合。

表 2-6 基孔制配合的优先配合

基准孔	轴公差带代号																	
	间隙配合							过渡配合				过盈配合						
H6						g5	h5	js5	k5	m5		n5	p5					
H7					f6	g6	h6	js6	k6	m6	n6		p6	r6	s6	t6	u6	x6
H8				e7	f7		h7	js7	k7	m7					s7		u7	
			d8	e8	f8		h8											
H9			d8	e8	f8		h8											
H10	b9	c9	d9	e9			h9											
H11	b11	c11	d10				h10											

表 2-7 基轴制配合的优先配合

基准轴	孔公差带代号																	
	间隙配合							过渡配合				过盈配合						
h5						G6	H6	JS6	K6	M6		N6	P6					
h6					F7	G7	H7	JS7	K7	M7	N7		P7	R7	S7	T7	U7	X7
h7				E8	F8		H8											
h8			D9	E9	F9		H9											
h9				E8	F8		H8											
			D9	E9	F9		H9											
	B11	C10	D10				H10											

国家标准还给出了基孔制和基轴制优先配合的极限间隙和极限过盈数值。本章只列出部分基孔制和基轴制优先配合的极限间隙和极限过盈数值，见表 2-8。

根据孔、轴配合的使用要求确定了极限间隙或极限过盈后，可利用表 2-8 进行配合设计，极为方便。

表 2-8 部分基孔制和基轴制优先配合的极限间隙和极限过盈数值 （单位：μm）

基孔制		H7/g6	H7/h6	H8/f7	H8/h7	H9/h8	H7/k6	H7/n6	H7/p6	H7/r6	H7/s6
基轴制		G7/h6	H7/h6	F8/h7	H8/h7	H9/h8	K7/h6	N7/h6	P7/h6	R7/h6	S7/h6
公称尺寸/mm	>10~18	+35 +6	+29 0	+61 +16	+45 0	+70 0	+17 -12	+6 -23	0 -29	-5 -34	-10 -39
	>18~24	+41	+34	+74	+54	+85	+19	+6	-1	-7	-14
	>24~30	+7	0	+20	0	0	-15	-28	-35	-41	-48
	>30~40	+50	+41	+89	+64	+101	+23	+8	-1	-9	-18
	>40~50	+9	0	+25	0	0	-18	-33	-42	-50	-59
	>50~65	+59	+49	+106	+76	+120	+28	+10	-2	-11 -60	-23 -72
	>65~80	+10	0	+30	0	0	-21	-39	-51	-13 -62	-29 -78
	>80~100	+69	+57	+125	+89	+141	+32	+12	-2	-16 -73	-36 -93
	>100~120	+12	0	+36	0	0	-5	-45	-59	-19 -76	-44 -101
	>120~140	+79	+65	+146	+103	+163	+37	+13	-3	-23 -88	-52 -117
	>140~160									-25 -90	-60 -125
	>160~180	+14	0	+43	0	0	-28	-52	-68	-28 -93	-68 -133

例 2-7 公称尺寸为 ϕ30mm 的孔、轴配合，要求间隙 X 在+0.017~+0.076mm 之间，请设计该孔、轴配合。

解：

根据“所选的极限间隙 X_{min}，X_{max} 不超过允许的极限间隙 $[X_{min}]$，$[X_{max}]$”的原则，查表 2-8 知

$X_{min}=+20\mu m \geqslant [X_{min}]=+17\mu m$；$X_{max}=+74\mu m \leqslant [X_{max}]=+76\mu m$；

所以，该孔、轴配合为 ϕ30H8/f7 或 ϕ30F8/h7。

常用公差带与配合及其标注视频讲解

2.3 常用尺寸公差与配合的选择

在公称尺寸确定之后，要对尺寸精度进行设计。它是机械设计与制造的一个重要环节。尺寸精度设计是否恰当，将直接影响产品的性能、质量、互换性及经济性。尺寸精度设计的内容包括选择配合基准制、确定标准公差等级和选择配合种类（即非基准轴或非基准孔的基本偏差代号）三个方面。

配合基准制有基孔制、基轴制和非基准孔、轴配合三种选择，可通过分析确定。标准公差等级有 IT01~IT18 共 20 种选择；基本偏差代号有 A（a）~ZC（zc）共 28 种选择。尺寸精度设计的原则是：在满足使用要求的前提下，尽可能获得最佳的技术经济效益。

标准公差等级和配合种类的选择方法有类比法、计算法和试验法。

类比法是一种借鉴的方法。借鉴使用效果良好的同类产品，借鉴相关技术资料，结合产

品的具体要求，通过综合比较分析，确定孔、轴公差等级和基本偏差代号。这是目前进行精度设计常用的方法。由于缺乏理论依据和严格的计算，该方法在取值上往往偏保守。

计算法是由相关专业理论，计算出孔、轴配合所需要的间隙（过盈）范围：$X_{min}(Y_{min})\sim X_{max}(Y_{max})$，或者允许的极限间隙（过盈）：$X_{max}(Y_{max})$、$X_{min}(Y_{min})$，由此计算出孔、轴的尺寸公差数值和基本偏差数值，给出相应的孔、轴公差等级和基本偏差代号。极限间隙（过盈）的计算较复杂，特别是目前其计算模型都是把条件理想化和简单化，计算结果不一定完全符合实际。但由于计算法理论依据比较充分、科学，有指导意义，故这种方法是发展趋势。

试验法是通过专门的试验和统计分析来确定孔、轴配合的最佳工作性能所需要的极限间隙（过盈）范围：$X_{min}(Y_{min})\sim X_{max}(Y_{max})$，由此计算出孔、轴的尺寸公差数值和基本偏差数值，得出相应的孔、轴公差等级和基本偏差代号。显然，试验法最为可靠，但费用颇高，主要用于对产品质量和性能有极大影响的重要配合。

2.3.1 配合基准制的选择

应综合考虑、分析机械零部件的结构、工艺性和经济性等方面的因素选择配合基准制。

1. 优先选用基孔制

在机械制造中，从工艺和宏观经济效益方面考虑，一般情况下优先选用基孔制。这是因为加工孔的刀具多是定值的，选用基孔制便于减少孔用定值刀具和量具的数目。而加工轴的刀具大都不是定值的，因此改变轴的尺寸不会增加刀具和量具的数目。常用尺寸孔、轴加工方法和检测方法成本的比较如图 2-23 所示。

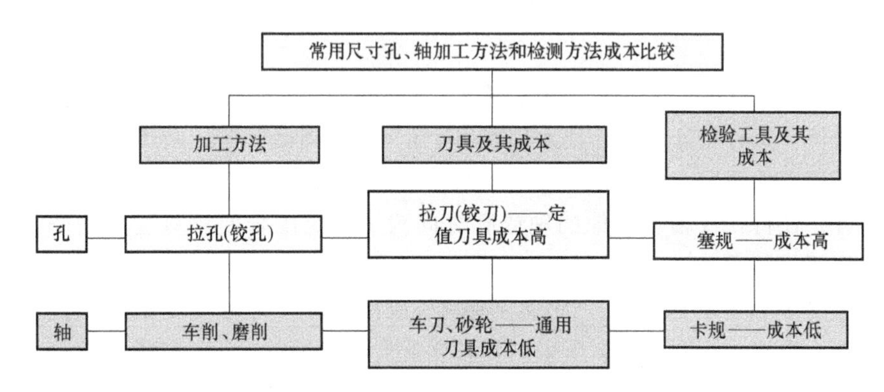

图 2-23 常用尺寸孔、轴加工方法和检测方法成本比较

2. 下列情况选用基轴制

1）同一根轴在不同部位与几个孔配合，并且各自有不同的配合要求，这时应考虑采用基轴制配合。例如，图 2-24 所示的发动机活塞连杆机构。活塞销轴与活塞孔之间应采用过渡配合，与连杆孔之间应采用间隙配合。若采用基孔制配合，活塞销轴需加工成如图 2-24b 所示的中间小两端大的阶梯轴，这样既不利于加工也容易在装配过程中划伤销轴表面，影响装配质量。而采用基轴制配合，可以将活塞销轴加工成光轴，这样既有利于加工，降低孔、轴加工的总成本，又能够避免在装配过程中活塞销轴表面被划伤，从而保证配合质量。

2）当采用具有一定精度（一般为 8~11 级）、外圆表面不需加工的冷拔钢材直接作轴时，应采用基轴制。例如，农机、纺机常用冷拔钢材（IT11）直接作轴不需加工，即可形成各种需要的配合。

3）加工尺寸小于1mm的精密轴要比加工同级的孔困难得多，因此在仪器仪表制造、钟表生产、无线电和电子行业中，通常使用经过光轧成形的细钢丝直接作轴，这时选用基轴制配合要比基孔制经济效益好。

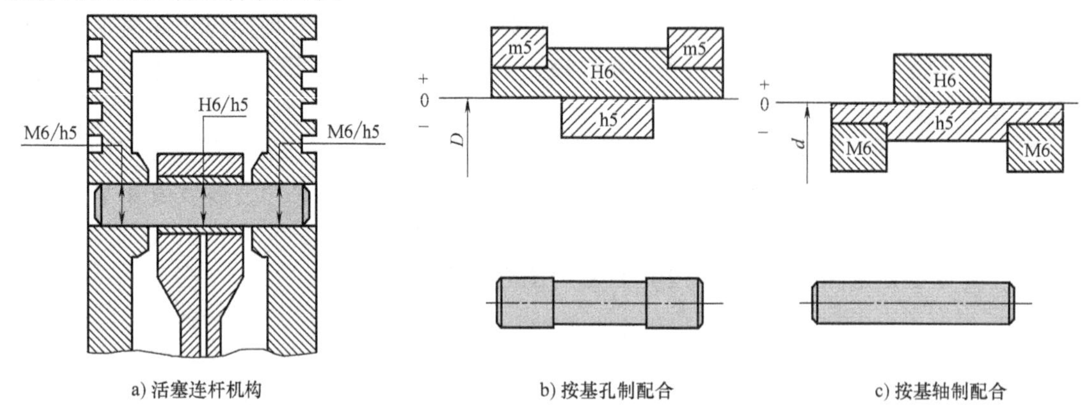

图 2-24　发动机活塞连杆机构

3. 与标准件配合

若与标准件（零件或部件）配合，应以标准件为基准件选择基准制。例如，在滚动轴承支撑结构中，滚动轴承外圈与箱体孔的配合应采用基轴制，轴承内圈与轴颈的配合应采用基孔制，如图2-25所示。

4. 特殊要求

为满足配合的特殊要求，允许选用非基准制的配合。非基准制的配合就是相配合的孔、轴均不是基准件。这种特殊要求往往发生在一个孔与多个轴配合或一个轴与多个孔配合且配合要求又各不相同的情况，由于孔或轴已经与多个轴或孔中的某个轴或孔之间采用了基孔制或基轴制配合，使得孔或轴与其他的轴或孔之间为了满足配合要求只能采用非基准制。这时，孔、轴均不是基准件。

例如，在图2-25中，箱体孔一部分与轴承外圈配合，一部分与轴承端盖配合。考虑到轴承是标准件，箱体孔与轴承外圈应采用基轴制配合（过渡配合），箱体孔为J7。这时，若箱体孔与轴承端盖之间仍然采用基轴制的过渡配合，从轴承端盖经常拆卸考虑，这种配合偏紧，为了很好地满足使用要求，应选择间隙配合。这就决定轴承端盖尺寸的基本偏差代号不能是h，只能从非基准轴的基本偏差代号中选取。综合考虑端盖的性能要求和加工的经济性，选择箱体孔与轴承端盖之间的配合为J7/e9。

综上所述，只要将设计任务与上述几种情况对照，就不难确定基准制。

2.3.2　标准公差等级的选择

确定标准公差等级就是确定零件的加工精度。零件公差等级的高低直接关系到产品的性能指标、加工成本、产品在市场上的竞争力和企业的效益。实际上，标准公差等级选用得偏高或偏低都不利于产品的市场竞争。选用偏高的公差等级虽然产品的使用性能得到保证，但

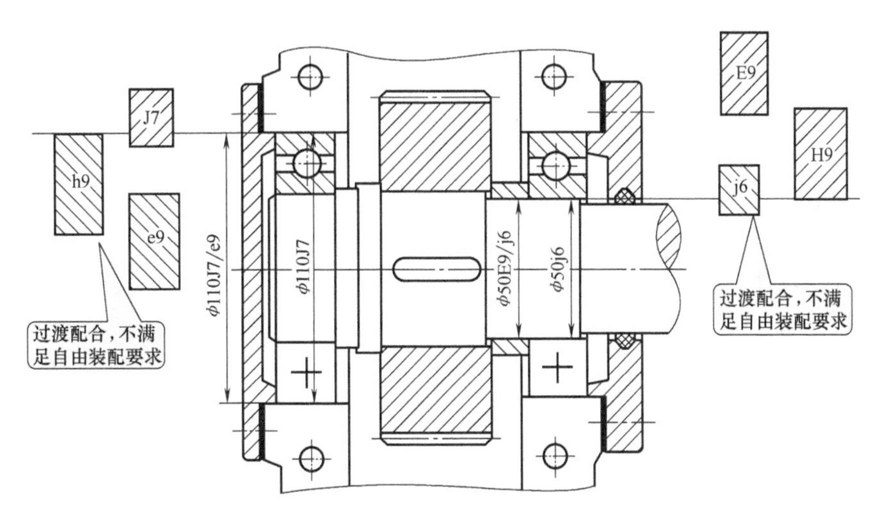

图 2-25　滚动轴承配合的基准制

制造成本会因此而增加，结果要么产品价格过高，消费者难以接受；要么企业利润过低，不利于企业的经营和发展。选用偏低的公差等级，生产出来的产品会因为质量差而导致在市场上没有竞争力。所以，在为机器或设备的各个零部件选择标准公差等级时，设计人员要正确处理好使用要求与加工经济性之间的关系。

选用标准公差等级的基本原则是：在满足使用要求的前提下，尽可能选用较低的标准公差等级，以利于降低加工成本，为企业获得尽可能多的经济效益。

选择标准公差等级常用类比法，即以从生产实践中总结、积累的经验资料为参考，依据实际设计要求对其进行必要、适当的调整，形成最后的设计结果。各个标准公差等级的应用范围如下。

1）IT01～IT1 用于量块。

2）IT1～IT7 用于量规，常用于检验 IT6～IT16 的孔、轴（量规工作尺寸的标准公差等级比被测孔、轴的公差等级高得多）。

3）IT2～IT5 用于精密配合，如滚动轴承各零件的配合、高精度（1～4 级）齿轮的基准孔或轴径、航空及航海工业用仪器的特殊精密的配合。

4）IT5～IT10 用于有精度要求的重要和较重要配合。其中：IT5 的轴和 IT6 的孔用于高精度的重要配合，如与 E 级滚动轴承相配的精密机床的主轴轴颈、内燃机的活塞销与活塞上的两个销孔的配合；IT6 的轴与 IT7 的孔的配合在机械制造业中的应用很广泛，用于较高精度的重要配合，如普通机床的重要配合、与普通级滚动轴承的内、外圈配合的轴颈和箱体上轴承孔的标准公差等级分别采用 IT6 和 IT7；IT7、IT8 的轴和孔通常用于中等精度要求的配合，如通用机械的滑动轴承与轴颈的配合、在农业机械、纺织机械、印染机械、自行车、缝纫机、医疗器械中应用量广；在仪器、仪表及钟表制造中，由于公称尺寸较小，所以属于较高精度范围。IT8 和 IT9 分别用于普通平键宽度与键槽宽度的配合。IT9、IT10 的轴和孔用于一般精度要求的配合。

5）IT11、IT12 用于不重要的配合。

6）IT12～IT18 用于非配合尺寸。

用类比法选择标准公差等级时，还应考虑下列几个问题。

1. 考虑孔、轴的工艺等价性

工艺等价性是指同一配合中孔和轴的加工难易程度大致相同。对于常用尺寸段公差等级较高的配合（以基孔制配合为例，孔的公差等级不低于 8 级的间隙配合、过渡配合和过盈配合），考虑到孔不如轴好加工，这时，孔的公差等级应比轴低一级。对于低精度的孔、轴，可以选择孔的公差等级比轴低一级，也可选择相同的公差等级，要综合考虑加工条件与使用状况来选择设计。

例 2-3 中“$T_D=1.5T_d$”，就是考虑了孔、轴的工艺等价性。

2. 考虑配合性质

过渡、过盈配合的公差等级不能过低。一般情况下，轴的公差等级不低于 7 级，孔的公差等级不低于 8 级。小间隙配合的公差等级高些，大间隙配合的公差等级可以低一些。例如，可以选用 H7/f6 和 H11/b11，而不宜选用 H11/f11 和 H7/b6。

对非基准制配合，在零件的使用性能要求不高时，其公差等级可以降低 2~3 级。例如图 2-25 中的 J7/e9。

3. 考虑相配件或相关件的结构或精度

某些孔、轴的标准公差等级应取决于相配件或相关件的结构或精度。例如，与滚动轴承配合的轴颈和箱体孔的公差等级，取决于滚动轴承的类型、公差等级和配合尺寸大小；与盘形齿轮孔配合的轴头的公差等级，取决于齿轮的公差等级。

4. 考虑各种加工方法的加工精度

各种加工方法的最佳加工精度范围见表 2-9，超出这一范围将增加加工难度和加工成本。

表 2-9 常用加工方法可以达到的标准公差等级范围

加工方法	公差等级范围	加工方法	公差等级范围
研磨	IT01~IT5	刨、插	IT10~IT11
珩磨	IT4~IT7	滚压、挤压	IT10~IT11
圆磨	IT5~IT8	粗车	IT10~IT12
平磨	IT5~IT8	粗镗	IT10~IT12
金刚石车	IT5~IT7	钻削	IT10~IT13
金刚石镗	IT5~IT7	冲压	IT10~IT14
拉削	IT5~IT8	砂型铸造	IT14~IT15
精车精镗	IT7~IT9	金属型铸造	IT14~IT15
铰孔	IT6~IT10	锻造	IT15~IT16
铣	IT8~IT11	气割	IT15~IT18

5. 考虑加工成本

公差等级对加工成本的影响是不言而喻的，特别是公差等级较高时成本曲线更为敏感，如图 2-26 所示。因此在间隙较大的间隙配合中，孔和轴之一由于某种原因，必须选用较高的公

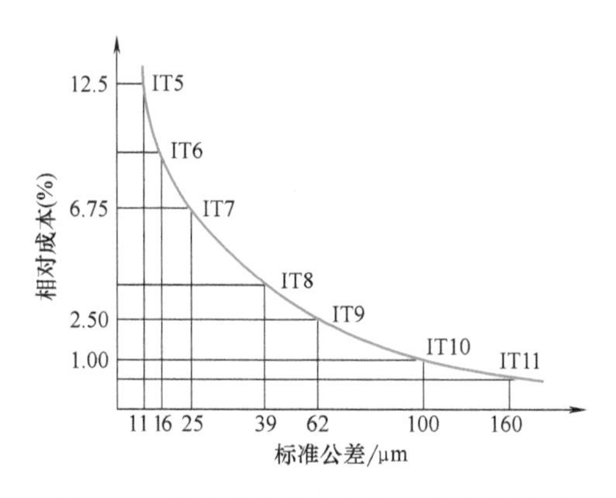

图 2-26　标准公差等级与加工成本的关系

差等级，则与它配合的轴或孔的标准公差等级可低两三级。例如在图 2-25 中，ϕ50E9 套筒与 ϕ50j6 轴颈的配合 ϕ50E9/j6；轴承端盖的 ϕ110e9 轴与 ϕ110J7 轴承孔的配合 ϕ110J7/e9。

熟悉常用公差等级的应用情况。表 2-10 所示是尺寸至 500mm 基孔制配合的特征及应用，供参考。

表 2-10　尺寸至 500mm 基孔制配合的特征及应用

配合代号	配合类别	应用说明	配合特征
$\frac{H11}{b11}$ $\frac{H11}{c11}$ $\frac{H11}{d10}$	间隙配合	用于工作条件差、受力变形或为了便于装配而需要大间隙的配合和高温工作的配合	很大间隙
$\frac{H10}{b9}$ $\frac{H10}{c9}$ $\frac{H10}{d9}$ $\frac{H10}{e9}$ $\frac{H8}{d8}$ $\frac{H8}{e8}$ $\frac{H9}{e8}$		用于高速重载的滑动轴承或大直径的滑动轴承，也可用于大跨距或多支点支承的配合	较大间隙
$\frac{H7}{f6}$ $\frac{H8}{f7}$ $\frac{H8}{f8}$ $\frac{H9}{f8}$		用于一般转速的动配合。当温度影响不大时，广泛应用于普通润滑油润滑的支承处	一般间隙
$\frac{H7}{g6}$		用于精密滑动零件或缓慢间歇回转的零件的配合部位	较小间隙
$\frac{H6}{g5}$ $\frac{H6}{h5}$ $\frac{H7}{h6}$ $\frac{H8}{h7}$ $\frac{H8}{h8}$ $\frac{H9}{h8}$ $\frac{H10}{h9}$ $\frac{H11}{h10}$		用于不同精度要求的一般定位件的配合和缓慢移动和摆动零件的配合	很小间隙和零间隙
$\frac{H6}{js5}$ $\frac{H7}{js6}$ $\frac{H8}{js7}$	过渡配合	用于易于装拆的定位配合或加紧固件后可传递一定静载荷的配合	绝大部分有微小间隙
$\frac{H6}{k5}$ $\frac{H7}{k6}$ $\frac{H8}{k7}$		用于稍有振动的定位配合。加紧固件可传递一定载荷。装拆方便可用木锤敲入	大部分有微小间隙
$\frac{H6}{m5}$ $\frac{H7}{m6}$ $\frac{H8}{m7}$		用于定位精度较高且能抗振的定位配合。加键可传递较大载荷。可用铜锤敲入或用小压力压入	大部分有微小过盈
$\frac{H6}{n5}$ $\frac{H6}{p5}$ $\frac{H7}{n6}$ $\frac{H7}{p6}$ $\frac{H7}{r6}$	过盈配合	用于精确的定位配合。一般不能靠过盈传递力矩。要传递力矩需加紧固件	轻型
$\frac{H8}{s7}$ $\frac{H7}{t6}$ $\frac{H7}{s6}$		不需加紧固件就可传递较小力矩和轴向力。加紧固件后可承受较大载荷或动载荷的配合	中型
$\frac{H7}{u6}$ $\frac{H8}{u7}$		不需加紧固件就可传递和承受大的力矩和动载荷的配合。要求零件材料有高强度	重型
$\frac{H7}{x6}$		能传递和承受很大力矩和动载荷的配合，须经试验后方可应用	特重型

也可用计算法选择公差等级。

例 2-8 有一间隙配合，公称尺寸为 ϕ80mm，使用要求规定，间隙的变化范围是+20～+100μm。确定组成配合的孔、轴的标准公差等级。

解：

由题意得

$$T_f = |X_{max} - X_{min}| = |(+100)-(+20)|\mu m = 80\mu m$$

即 $T_f = T_D + T_d = 80\mu m$，设 $T_D = T_d = T_f/2 = 40\mu m$，查标准公差表知：

ϕ80mm 的 IT6 = 19μm，IT7 = 30μm，IT8 = 46μm

公差与配合的选择视频讲解

讨论：对于孔、轴公差等级各选 IT7 或孔选 IT7、轴选 IT6，则配合公差 T_f 等于 60μm 或 49μm，尽管从孔、轴公差与配合公差的数值关系上满足使用要求，但与选用公差等级的基本原则（在满足使用要求的前提下，尽可能选用较低的公差等级，以利于降低加工成本，获得最大经济效益）不符；对于孔、轴公差等级都选 IT8，则配合公差 T_f 等于 92μm，不满足孔、轴公差与配合公差的数值关系。因此，最佳方案应为：T_D = IT8 = 46μm，T_d = IT7 = 30μm。由此形成的配合公差等于 76μm，满足孔、轴公差与配合公差的数值关系和选用公差等级的基本原则。

2.3.3 配合种类的选择（非基准孔、轴基本偏差代号的选择）

配合种类的选择是在确定了基准制之后，根据使用要求所允许的配合性质来确定非基准件的基本偏差代号。

确定配合种类的方法有三种：类比法、计算法和试验法。三种方法各具特点，设计时可根据具体情况决定采用哪种方法。

1. 类比法选择配合种类

用类比法选择配合种类的前提是掌握各种基本偏差的特点和应用场合，以及选择配合种类时应考虑的因素。

（1）各种基本偏差的应用实例 各种基本偏差的应用实例见表 2-11。

表 2-11 各种基本偏差的应用实例

配合	基本偏差	基本偏差的特点及应用实例
间隙配合	a(A) b(B)	可得到特别大的间隙，应用很少，主要用于工作时温度高，热变形大的零件的配合，如发动机中活塞与缸套的配合为 H9/a9
	c(C)	可得到很大的间隙，一般用于工作条件较差（如农业机械），工作时受力变形大及装配工艺性不好的零件的配合，也适用于高温工作的间隙配合，如内燃机排气阀杆与导管的配合为 H9/c7
	d(D)	与 IT7～IT11 对应，适用于较轻松的间隙配合（如滑轮、空转的带轮与轴的配合），以及大尺寸滑动轴承与轴颈的配合（如涡轮机、球磨机等的滑动轴承）。活塞环与活塞槽的配合为 H9/d9
	e(E)	与 IT6～IT9 对应，具有明显的间隙，用于大跨距及多支点的转轴与轴承的配合，以及高速、重载的大尺寸轴颈与轴承的配合，如大型电动机、内燃机的主要轴承处的配合为 H8/e7
	f(F)	多与 IT6～IT8 对应，用于一般的转动配合，受温度影响不大，采用普通润滑油的轴颈与滑动轴承的配合，如齿轮箱、小电机、泵等的转轴轴颈与滑动轴承的配合为 H7/f6

（续）

配合	基本偏差	基本偏差的特点及应用实例
间隙配合	g(G)	多与 IT5~IT7 对应，形成配合的间隙较小，用于轻载精密装置中的转动配合，用于插销的定位配合，滑阀、连杆销等处的配合，钻套导向孔多用 G6
	h(H)	多与 IT4~IT11 对应，广泛用于无相对转动的配合，一般的定位配合，若没有温度、变形的影响，也可用于精密滑动轴承，如车床尾座导向孔与滑动套筒的配合为 H6/h5
过渡配合	js(JS)	多用于 IT4~IT7 具有平均间隙的过渡配合，用于略有过盈的定位配合，如联轴器、齿圈与轮毂的配合，滚动轴承外圈与外壳孔的配合多用 JS7，一般用手或木锤装配
	k(K)	多用于 IT4~IT7 平均间隙接近零的配合，用于定位配合，如滚动轴承的内、外圈分别与轴颈、外壳孔的配合，一般用木锤装配
	m(M)	多用于 IT4~IT7 平均过盈较小的配合，用于精密的定位配合，如涡轮的青铜轮缘与轮毂的配合为 H7/m6
	n(N)	多用于 IT4~IT7 平均过盈较大的配合，很少形成间隙。用于加键传递较大转矩的配合，如冲床上的齿轮的孔与轴的配合，用锤子或压力机装配
过盈配合	p(P)	用于小过盈量配合，与 H6 或 H7 的孔形成过盈配合，而与 H8 的孔形成过渡配合，碳钢和铸铁零件形成的配合为标准压入配合，如卷扬机绳轮的轮毂与齿圈的配合为 H7/p6，合金钢零件的配合需要小过盈量时可用 p 或(P)
	r(R)	用于传递大转矩或受冲击载荷而需要加键的配合，如涡轮孔与轴的配合为 H7/r6，需注意 H8/r6 配合在公称尺寸<100mm 时，为过渡配合
	s(S)	用于钢和铸铁零件的永久性和半永久性结合，可产生相当大的结合力，如套环压在轴，阀座上用 H7/s6
	t(T)	用于钢和铸铁零件的永久性结合，不用键可传递转矩，需用热套法或冷轴法装配，如联轴器与轴的配合为 H7/t6
	u(U)	用于大过盈量配合，最大过盈需验算，用热套法进行装配，如火车轮毂与轴的配合为 H6/u5
	v(V) x(X) y(Y) z(Z)	用于特大过盈量配合，目前使用的经验和资料很少，须经试验后才能应用，一般不推荐

（2）选择配合种类时应考虑的因素。

1）考虑孔和轴的定心精度要求。相互配合的孔、轴定心精度要求较高时，不宜采用间隙配合和大过盈量的过盈配合，应当采用过渡配合，或采用较小过盈量的过盈配合，以便保证定心精度。

2）考虑承受载荷情况。若承受转矩较大，选择过盈配合的过盈量要增大一些；如果为了保证定心精度选用过渡配合，应选用出现过盈概率较大的过渡配合，并且加键或销等连接件。

3）考虑拆装情况。经常拆装的孔和轴的配合应当比不经常拆装的配合要松一些。有时零件虽然不经常拆装，但受结构限制，装配较困难时，也要选用松一些的配合。

4）考虑孔、轴间是否有相对运动。有相对运动，必须选取间隙配合；并且相对运动速度越高，润滑油黏度越大，则配合越松。

5）考虑薄壁套筒零件的装配变形。如图 2-27 所示。如果要求套筒的内孔与轴的配合为 H7/g6。考虑到套筒的外表面与孔装配后会产生较大的过盈，套筒的内孔会收缩，使内孔变小，这样就不能保证 H7/g6 的配合性质。因此，在选择套筒与轴的配合时，应考虑此变形量的影响。一是从设计考虑：选择比 H7/g6 稍松的配合，例如选 H7/f6；二是从工艺考虑：

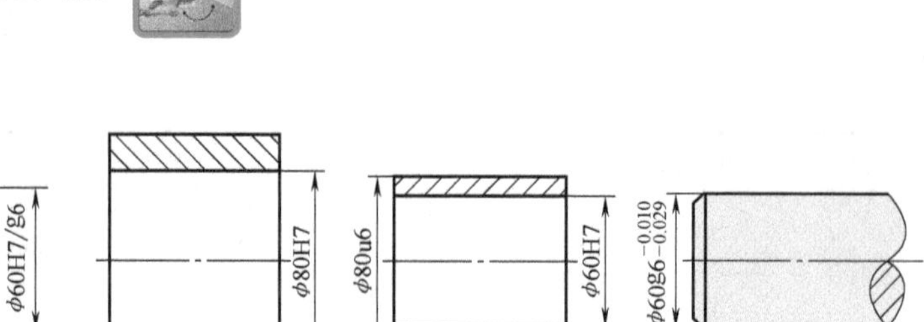

a) 对装配变形后的薄壁套筒零件再按原技术要求加工

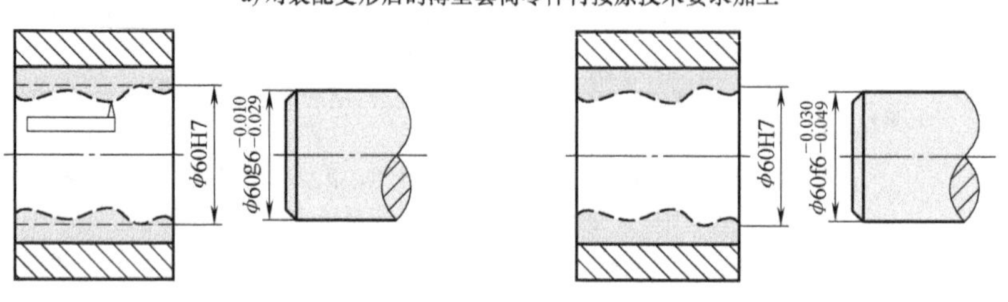

b) 修改轴的基本偏差以使薄壁套筒变形后仍满足配合要求

图 2-27 薄壁套筒零件的装配变形及其处理方法

先将套筒压入内孔后，再按 H7 加工套筒的内孔。

6）考虑生产批量。大批量生产时，加工后的孔、轴实际尺寸往往服从正态分布。单件小批量生产时，加工后孔的实际尺寸分布中心往往可能偏向其下极限尺寸，轴的实际尺寸分布中心往往可能偏向其上极限尺寸。这样，对于同一配合种类，单件小批量生产形成的配合性质可能要比大批量生产形成的配合性质紧。因此，设计时应做出相应的调整，如图 2-28 所示。

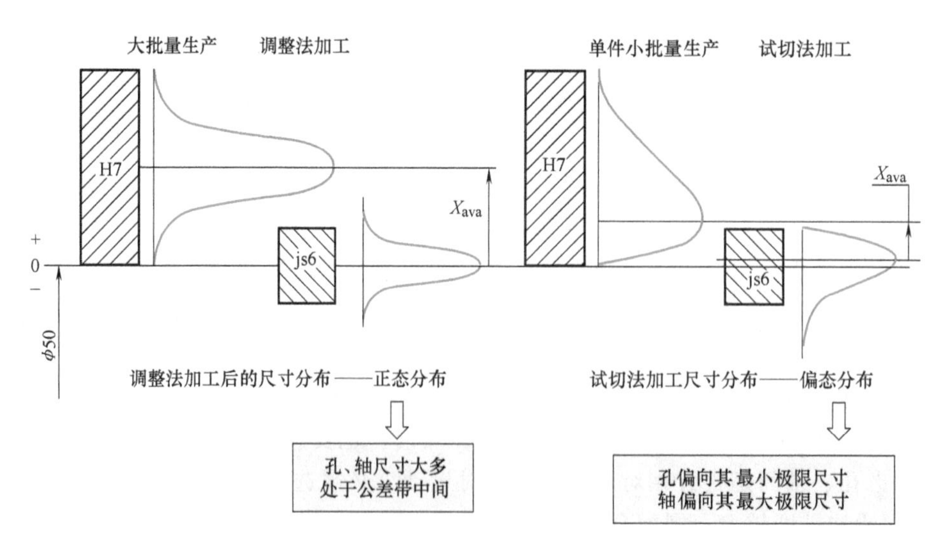

图 2-28 调整法和试切法加工后的尺寸分布图

（3）按具体情况考虑间隙量或过盈量的修正 表 2-12 列出了不同工作条件影响间隙或过盈的趋势。

表 2-12 不同工作条件影响间隙或过盈的趋势

工作条件	间隙增或减	过盈增或减
材料强度低	—	减
经常拆卸	—	减
工作时轴温高于孔温	增	减
配合长度增大	增	减
配合面几何误差增大	增	减
装配时可能歪斜	增	减
单件生产相对于批量生产	增	减
有轴向运动	增	—
润滑油黏度增大	增	—
旋转速度增高	增	增
表面趋向粗糙	减	增
有冲击载荷	减	增
工作时孔温高于轴温	减	增

(4) 优先采用优先配合　配合设计如果能采用优先配合，则将极大地简化设计工作。

例 2-9　有一 ϕ20mm 带轮孔与轴的配合，带轮与轴无相对运动，不常拆卸，定位精度要求不高，孔精车，轴精车，试设计该尺寸的配合公差。

解:

1) 配合基准制的选择。带轮孔与轴是一般配合，根据基孔制优先原则，选择孔的基本偏差代号为“H”。

2) 公差等级的选择。定位精度不高，孔的公差等级选 8 级，精车可实现；轴的精度等级比孔的精度等级高一级，轴的公差等级选 7 级，精车可实现。

3) 配合种类的选择。因带轮与轴无相对运动，不常拆卸，可选择过盈配合。

根据优先采用优先配合的原则，确定该尺寸的配合公差为：H8/s7。

2. 计算法选择配合种类

由相关专业理论，计算出允许的极限间隙或极限过盈：$[X_{max}(Y_{min})]$，$[X_{min}(Y_{max})]$。

由公式 $X_{max}(Y_{min})=ES-ei$、$X_{min}(Y_{max})=EI-es$，按所选 $X_{max}(Y_{min})$，$X_{min}(Y_{max})$ 不超过允许的 $[X_{max}(Y_{min})]$，$[X_{min}(Y_{max})]$ 的原则:

$X_{max}(Y_{min})=ES-ei\leqslant[X_{max}(Y_{min})]$;

$X_{min}(Y_{max})=EI-es\geqslant[X_{min}(Y_{max})]$;

以及已经确定的 $EI=0$（或 $es=0$），$T_D=ES-EI$，$T_d=es-ei$；联立求解，得 $es(ei)$ 的取值范围（基孔制），或 $ES(EI)$ 的取值范围（基轴制）。再查基本偏差数值表确定基本偏差代号。

例 2-10　有一过盈配合，公称尺寸为 ϕ45mm，过盈在 -0.017 ~ -0.060mm 范围内，试确定孔和轴的配合。

解:

1) 选择基准制为基孔制。

2) 选择公差等级。

$$T_f=|Y_{min}-Y_{max}|=|(-17)-(-60)|\mu m=43\mu m$$

即 $T_f = T_D + T_d \leqslant 43\mu m$，设 $T_D = T_d = T_f/2 = 21.5\mu m$，查表 2-2，标准公差数值表知：

$\phi 45mm$ 的 IT6 = 16μm，IT7 = 25μm，IT8 = 39μm

孔的公差等级不低于 IT7，取 $T_D = IT7 = 25\mu m$；$T_d = IT6 = 16\mu m$；$T_f = T_D + T_d = 41\mu m \leqslant 43\mu m$；满足要求。

3）选择配合种类。

实际应用
视频讲解

$$ES = 25\mu m; EI = 0$$

$$Y_{min} = ES - ei \leqslant -17\mu m \rightarrow 25 - ei \leqslant -17$$

$$Y_{max} = EI - es \geqslant -60\mu m \rightarrow -es \geqslant -60$$

$$es - ei = 16\mu m \rightarrow es - ei = 16$$

联立上面三式，得：$+42\mu m \leqslant ei \leqslant +44\mu m$

查基本偏差数值表，确定非基准轴的基本偏差代号为 s，所以，最后结果为 $\phi 45H7/s6$。

验算：$Y_{min} = ES - ei = +25\mu m - (+43)\mu m = -18\mu m \leqslant -17\mu m$；

$Y_{max} = EI - es = -(ei + T_d) = -(+43+16)\mu m = -59\mu m \geqslant -60\mu m$；

满足要求。

3. 典型的配合实例

为了便于在实际的设计中合理地确定配合，下面举例说明某些配合在实际中的应用，以供参考。

（1）间隙配合的选用　基准孔 H（或基准轴 h）与相应公差等级的轴 a～h（或孔 A～H）形成间隙配合，共 11 种，其中 H/a（或 A/h）形成的间隙最大，H/h 的配合间隙最小。

H/a（A/h）、H/b（B/h）、H/c（C/h）配合，这 3 种配合的间隙最大，不常使用。一般用在工作条件较差，要求灵活动作的机械上，或用于受力变形大，在高温下工作的轴，需保证有较大间隙的场合。如起重机吊钩的铰链，带榫槽的法兰盘，内燃机的排气阀和导管。如图 2-29 所示。

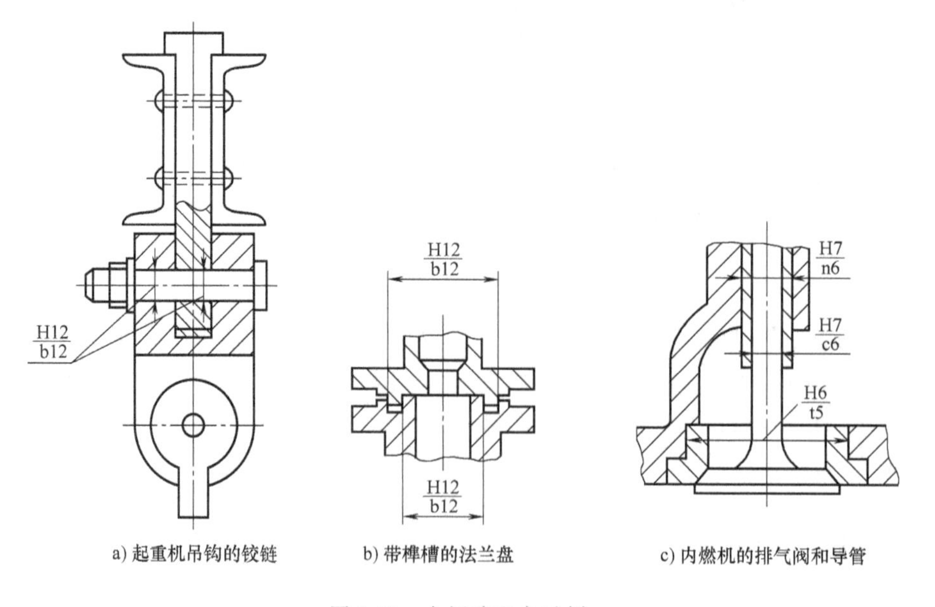

图 2-29　大间隙配合示例

H/d（D/h）、H/e（E/h）配合，这2种配合间隙较大，用于要求不高、易于转动的支撑。其中H/d（D/h）适用于较松的传动配合，如密封盖、滑轮和空转带轮等与轴的配合。也适用于大直径滑动轴承的配合，如球磨机、轧钢机等重型机械的滑动轴承，适用于IT7～IT11级。例如滑轮与轴的配合，如图2-30所示。H/e（E/h）适用于要求有明显间隙、易于转动的支撑配合，如蜗轮发电机、大电动机的支撑以及凸轮轴支撑等。如图2-31所示为内燃机主轴承的配合。

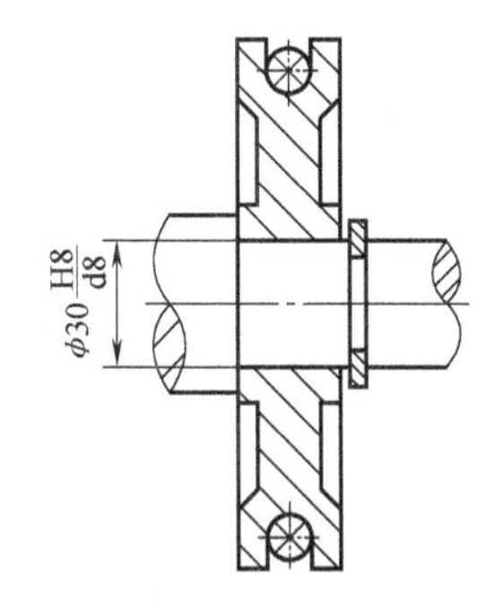

图2-30 滑轮与轴的配合

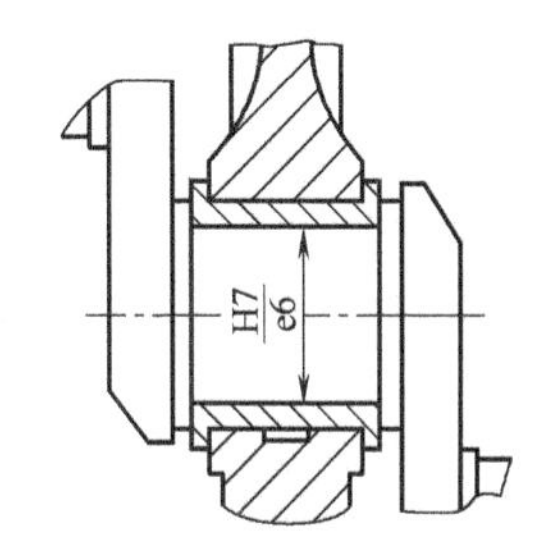

图2-31 内燃机主轴承的配合

H/f（F/h）配合，这个配合的间隙适中，多用于IT7～IT9的一般传动配合，如齿轮箱、小电动机、泵等的转轴及滑动支撑的配合。图2-32所示为齿轮轴套与轴的配合。

H/g（G/h）配合，此种配合间隙很小，除了很轻负荷的精密机构外，一般不用做转动配合，多用于IT5～IT7级，适合于做往复摆动和滑动的精密配合。例如，钻套与衬套的配合，如图2-33所示。有时也用于插销等定位配合，如精密连杆轴承、活塞及滑阀，以及精密机床的主轴与轴承、分度头轴颈与轴承的配合。

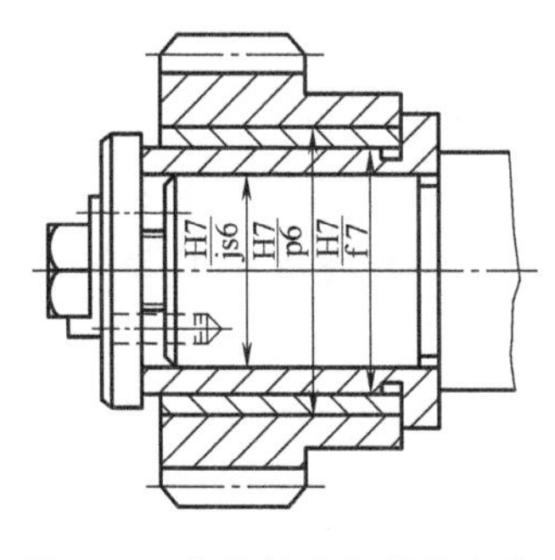

图2-32 齿轮轴套与轴的配合

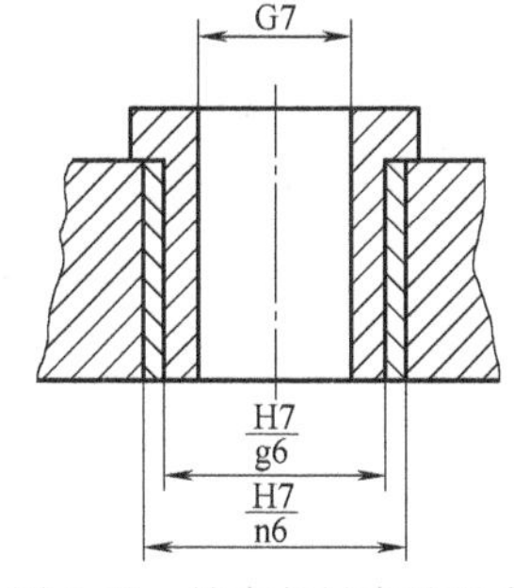

图2-33 钻套与衬套的配合

H/h配合，这个配合的最小间隙为零，用于IT4～IT11级，适用于无相对转动而有定心和导向要求的定位配合，若无温度、变形影响，也用于滑动配合，推荐配合H6/h5、H7/h6、H8/h7、H9/h8和H11/h10。图2-34所示为车床尾座顶尖套筒与尾座的配合。

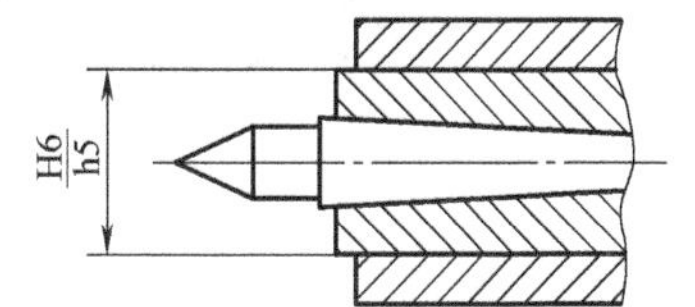

图2-34 车床尾座顶尖套筒与尾座的配合

（2）过渡配合的选用　基准孔H（或基轴制h）与相应公差等级轴的基本偏差代号j～n（或孔J～N）形成过渡配合（n与高精度的孔形成过盈配合）。

H/j（J/h）、H/js（JS/h）配合，这 2 种配合获得间隙的机会较多，多用于 IT4～IT7 级，适用于要求间隙比 h 小并允许略有过盈的定位配合，如联轴器、齿圈与钢制轮毂以及滚动轴承与箱体的配合等。图 2-35 所示为带轮与轴的配合。

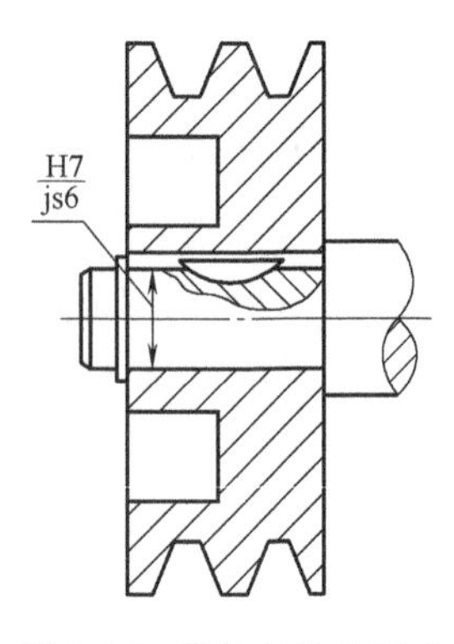

图 2-35　带轮与轴的配合

H/k（K/h）配合，此种配合获得的平均间隙接近于零，定心较好，装配后零件受到的接触应力较小，能够拆卸，适用于 IT4～IT7 级，如刚性联轴器的配合，如图 2-36 所示。

H/m（M/h）、H/n（N/h）配合，这 2 种配合获得过盈的机会多，定心好，装配较紧，适用于 IT4～IT7 级，如蜗轮青铜轮缘与铸铁轮辐的配合，如图 2-37 所示。

（3）过盈配合的选用　基准孔 H（或基轴制 h）与相应公差等级轴的基本偏差代号 p～zc（或孔 P～ZC）形成过盈配合。

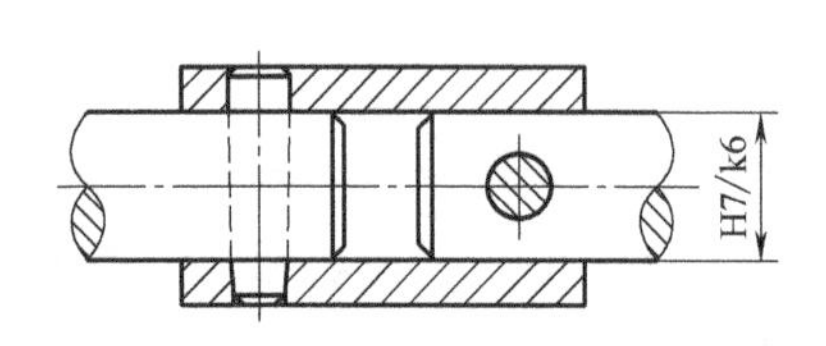

图 2-36　刚性联轴器的配合

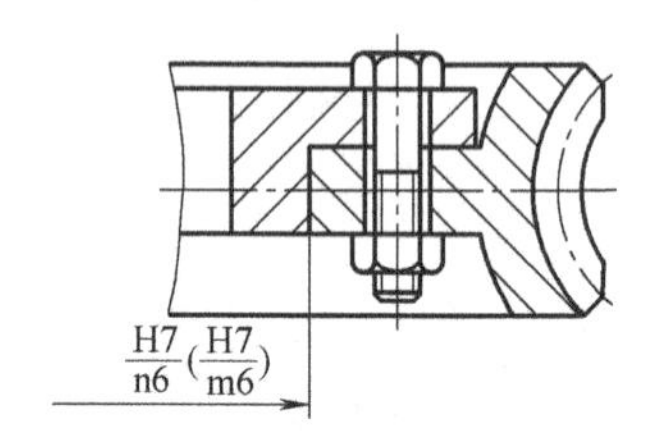

图 2-37　蜗轮青铜轮缘与铸铁轮辐的配合

H/p（P/h）、H/r（R/h）配合，这 2 种配合在高精度等级时为过盈配合，可用锤打或压力机装配，只宜在大修时拆卸。主要用于定心精度很高、零件有足够的刚性、受冲击负载的定位配合，多用于 IT6～IT8 级，如图 2-32 所示的齿轮轴套与轴的配合。图 2-38 所示为连杆小头孔与衬套的配合。

H/s（S/h）、H/t（T/h）配合，这 2 种配合属于中等过盈配合，多用于 IT6、IT7 级。用于钢铁件的永久或半永久结合。不用辅助件，依靠过盈产生的结合力，可以直接传递中等负荷。一般用压力法装配，也有用冷轴或热套法装配的，如铸铁轮与轴的装配，如图 2-39 所示。

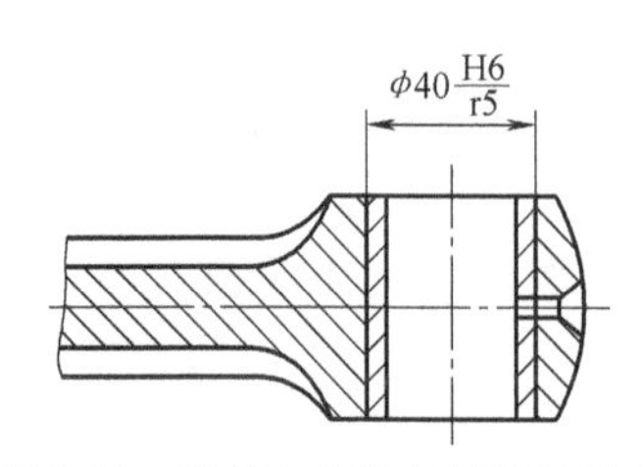

图 2-38　连杆小头孔与衬套的配合

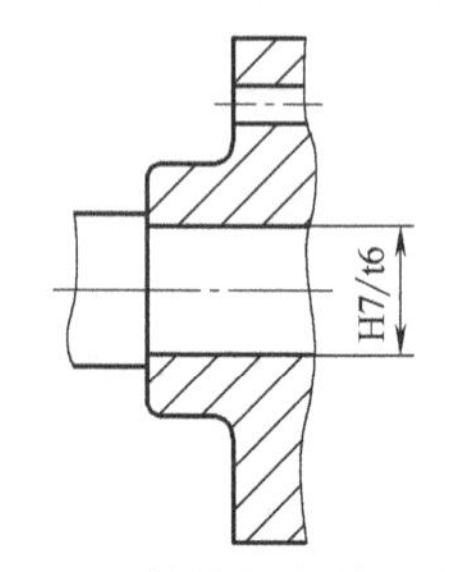

图 2-39　铸铁轮与轴的装配

H/u（U/h）、H/v（V/h）、H/x（X/h）、H/y（Y/h）、H/z（Z/h）配合，这几种属于大过盈配合，过盈量依次增大，过盈与直径之比在 0.001 以上。它们适用于传递大的转矩或承受大的冲击载荷，完全依靠过盈产生的结合力保证牢固的连接，通常采用热套或冷轴法装配。火车的铸钢车轮与高锰钢轮毂要用 H7/u6 甚至 H6/u5 配合。由于过盈大，要求零件材质好，强度高，否则会将零件挤裂，因此采用时要慎重，一般要经过试验才能投入生产。装配前往往还要进行挑选，使一批配合的过盈量趋于一致，比较适中。

总之，配合的选择应先根据使用要求确定配合的种类（间隙配合、过渡配合或过盈配合），然后按工作条件选出具体的基本偏差代号。

例 2-11 图 2-40 所示为某圆柱齿轮减速器。已知其所传递的功率为 100kW，输入轴的转速为 750r/min，轻微冲击，小批量生产。试对以下配合部位进行精度设计：1）带轮与输入轴端轴颈；2）大齿轮内孔与轴；3）联轴器与输出轴轴颈。

解：由于上述配合均无特殊要求，因此优先选用基孔制。

1）因为皮带是挠性件，故定心精度要求不高，且又有轴向定位件螺栓进行轴向定位，为方便装卸，可选用 ϕ30H8/h7、ϕ30H8/h8 或 ϕ30H8/js7。本例选择 ϕ30H8/h8。

2）大齿轮内孔与轴的配合是影响齿轮传动的重要配合，内孔公差等级由齿轮精度决定。一般减速器齿轮精度为 7 级，故基孔制选用 7 级。对于传递载荷的齿轮和轴的配合，为了保证齿轮的工作精度和啮合性能，要求准确对中，一般选用过渡配合或小过盈配合加紧固件。可供选用的配合有 ϕ50H7/js6、ϕ50H7/k6、ϕ50H7/m6、ϕ50H7/n6，甚至 ϕ50H7/p6、ϕ50H7/r6。至于具体采用哪种配合，还需要结合装拆要求、载荷大小、有无冲击振动、转速高低、批量大小等因素综合考虑。此处为中速、中载、轻微冲击、小批量生产，故选用 ϕ50H7/k6。

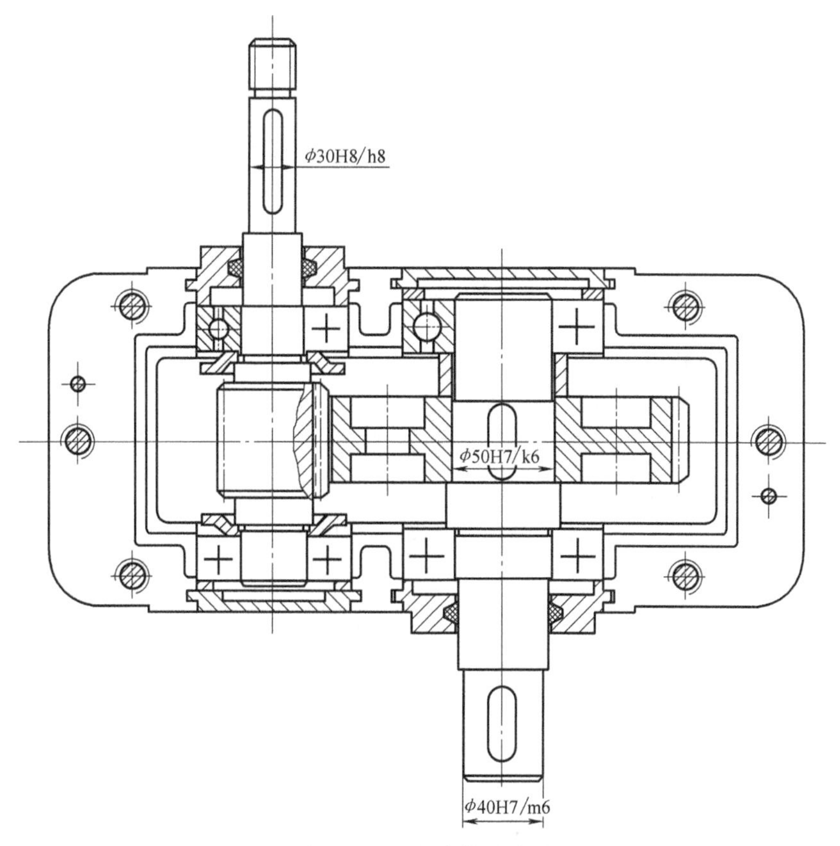

图 2-40 圆柱齿轮减速器

3）联轴器此处选用精制螺栓连接的固定式刚性联轴器，为防止偏斜引起附加载荷，要求对中性好。联轴器是输出轴上的重要配合件，无轴向附加定位装置，结构上要采用紧固件，故选用过渡配合 ϕ40H7/m6 或 ϕ40H7/n6。本例选择 ϕ40H7/n6。

2.4 线性尺寸的未注公差

GB/T 1804—2000 对线性尺寸的未注公差进行了规定，见表 2-13。

表 2-14 是倒圆半径与倒角高度尺寸的极限偏差数值表。

表 2-13 未注公差线性尺寸的极限偏差数值 （单位：mm）

公差等级	0.5~3	>3~6	>6~30	>30~120	>120~400	>400~1000	>1000~2000	2000~4000
f(精密级)	±0.05	±0.05	±0.1	±0.15	±0.2	±0.3	±0.5	—
m(中等级)	±0.1	±0.1	±0.2	±0.3	±0.5	±0.8	±1.2	±2
c(粗糙级)	±0.2	±0.3	±0.5	±0.8	±1.2	±2	±3	±4
v(最粗级)	—	±0.5	±1	±1.5	±2.5	±4	±6	±8

表 2-14 倒圆半径与倒角高度尺寸的极限偏差的数值 （单位：mm）

<table>
<tr><th>公差等级</th><th>0.5~3</th><th>3~6</th><th>6~30</th><th>>30</th></tr>
<tr><td>f(精密级)</td><td rowspan="2">±0.2</td><td rowspan="2">±0.5</td><td rowspan="2">±1</td><td rowspan="2">±2</td></tr>
<tr><td>m(中等级)</td></tr>
<tr><td>c(粗糙级)</td><td rowspan="2">±0.4</td><td rowspan="2">±1</td><td rowspan="2">±2</td><td rowspan="2">±2</td></tr>
<tr><td>v(最粗级)</td></tr>
</table>

注：倒圆半径与倒角高度的含义参见国家标准 GB/T 6403.4—2008《零件倒圆与倒角》。

显然，未注公差尺寸的公差带分为 f、m、c 和 v 共 4 个公差等级，分别对应精密级、中等级、粗糙级、最粗级。公差等级 f、m、c 和 v 分别相当于 IT12、IT14、IT16 和 IT17。

由表 2-13 和表 2-14 可见，线性尺寸极限偏差的取值，不论孔和轴还是长度尺寸，都采用对称分布的公差带。其优点是概念清楚，使用方便，数值合理。

线性尺寸的未注公差要求应写在零件图上或技术文件中，用 GB/T 1804 的标准号和公差等级符号表示。例如选用中等级时，表示为：未注公差尺寸按 GB/T 1804—m。

但是，当功能上允许零件的某一尺寸具有比表 2-14 列出的极限偏差数值更经济的公差时，应在该尺寸后直接注出其极限偏差。

对于采用未注公差的线性尺寸，是在车间加工精度保证的情况下加工出来的，一般情况下可以不用检验。如果生产方与使用方发生争议，应以上述表格中查得的极限偏差作为依据判断零件的合格性。

第 2 章习题

第 章

几何公差与检测

零件在机械加工过程中将会产生几何误差（几何要素的形状、方向、位置和跳动误差）。几何误差会影响机械产品的工作精度、连接强度、运动平稳性、密封性、耐磨性、噪声和使用寿命等。例如，机床工作表面的直线度、平面度不好，将影响机床刀架的运动精度。光滑圆柱形零件的形状误差会使其配合间隙不均匀，局部磨损加快，降低工作寿命和运动精度；对于过盈配合，影响连接强度。若法兰盘端面上孔的位置有误差，则会影响零件的自由装配。为保证机械产品的质量和零件的互换性，应规定几何公差以限制其误差。

为了保证互换性，我国发布了一系列几何公差国家标准：GB/T 1182—2018《产品几何技术规范（GPS）几何公差　形状、方向、位置和跳动公差标注》、GB/T 17852—2018《产品几何技术规范（GPS）几何公差轮廓度公差标注》、GB/T 13319—2020《产品几何技术规范（GPS）几何公差　成组（要素）与组合几何规范》、GB/T 16671—2018《产品几何技术规范（GPS）几何公差　最大实体要求（MMR）、最小实体要求（LMR）和可逆要求（RPR）》、GB/T 4249—2018《产品几何技术规范（GPS）基础　概念、原则和规则》、GB/T 1958—2017《产品几何技术规范（GPS）　几何公差　检测与验证》。

3.1 基本概念

几何公差基本概念
视频讲解

3.1.1 零件几何要素及其分类

几何要素（简称要素）是指构成零件几何特征的点、线和面，它是产品表面模型的最小单元。如图 3-1 所示零件的球面、圆柱面、圆锥面、端平面、轴线和球心等。控制零件的几何精度就是控制这些点、线和面的精度。因此，需要将几何要素从不同角度分类。

1. 按结构特征分

（1）组成要素（轮廓要素）　组成要素是指构成零件外形的点、线、面各要素，如图 3-1 中的球面 1、圆锥面 2、端平面 3、圆柱面 4、锥顶 5 以及圆锥面和圆柱面的素线 6。

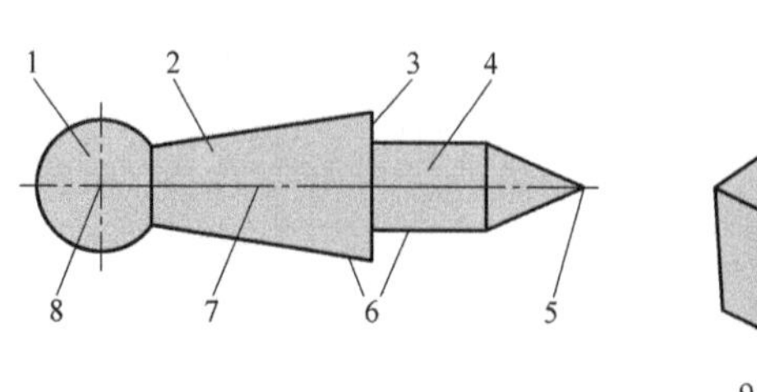
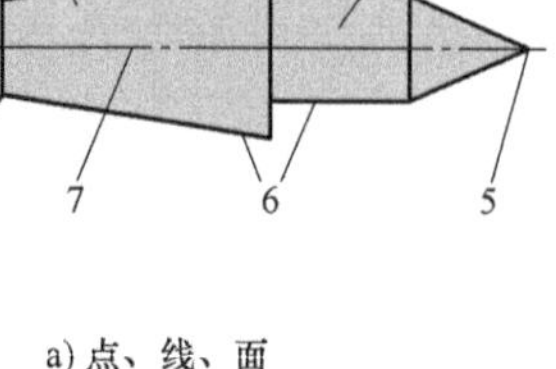

a) 点、线、面　　b) 中心平面

图 3-1　零件的几何要素

1—球面　2—圆锥面　3—端平面　4—圆柱面　5—锥顶
6—素线　7—轴线　8—球心　9—两平行平面　10—中心平面

（2）导出要素（中心要素）　导出要素是指由一个或几个组成要素得到的中心点、中心线或中心面，如图 3-1 中的轴线 7、球心 8 和中心平面 10。它是工件实际表面上并不存在的要素。

2. 按存在状态分

（1）实际要素　实际要素是指零件实际存在的要素。通常用测量得到的数值代替。

（2）拟合要素　拟合要素是指具有几何意义的没有任何误差并具有理想形状的理想要素，机械零件图样表示的要素均为拟合要素。

3. 按设计要求分

（1）被测要素　被测要素是指设计要求图样上给定了几何公差要求的要素，是检测的对象。

（2）基准要素　基准要素是指用于确定被测要素方向或位置的要素。

4. 按功能关系分

（1）单一要素　单一要素是指一个点、一条线或一个面。

（2）关联要素　关联要素是几个单一要素的组合。

3.1.2　几何公差的特征项目及其符号

GB/T 1182—2018 规定的几何公差的特征项目分为形状公差、方向公差、位置公差和跳动公差四大类，共有 19 项，用 14 种特征符号表示，它们的名称和符号见表 3-1。其中，形状公差特征项目有 6 个，它们没有基准要求；方向公差特征项目有 5 个，位置公差特征项目有 6 个，跳动公差特征项目有 2 个，它们都有基准要求。没有基准要求的线、面轮廓度公差属于形状公差，而有基准要求的线、面轮廓度公差则属于方向、位置公差。

表 3-1　几何公差的分类、特征项目及符号

公差类型	特征项目	符号	有无基准要求
形状公差	直线度	—	无
	平面度	▱	无
	圆度	○	无

（续）

公差类型	特征项目	符号	有无基准要求
形状公差	圆柱度	⌭	无
	线轮廓度	⌒	无
	面轮廓度	⌓	无
方向公差	平行度	//	有
	垂直度	⊥	有
	倾斜度	∠	有
	线轮廓度	⌒	有
	面轮廓度	⌓	有
位置公差	同心度（用于中心点）	◎	有
	同轴度（用于轴线）	◎	有
	对称度	⌯	有
	位置度	⌖	有或无
	线轮廓度	⌒	有
	面轮廓度	⌓	有
跳动公差	圆跳动	↗	有
	全跳动	⌰	有

3.2 几何公差

3.2.1 几何公差带

1. 特征

几何公差带是由一个或两个理想的几何线要素或面要素所限定的、由一个或多个线性尺

寸表示公差值的区域。它是一个几何图形，只要被测要素完全落在给定的公差带内，就表示被测要素的几何精度符合设计要求。

几何公差带具有形状、大小、方向和位置四要素。几何公差带的形状由被测要素的理想形状和给定的几何公差特征项目标注形式所决定。几何公差带的形状见表 3-2。几何公差带的大小用它的宽度或直径来表示，由给定的公差值 t 确定。几何公差带的方位则由给定的几何公差特征项目和标注形式确定。

表 3-2　几何公差带的九种主要形状

形状	说明	形状	说明
	两平行直线之间的区域		圆柱内的区域
	两等距曲线之间的区域		两同轴线圆柱内之间的区域
	两同心圆之间的区域		两平行平面之间的区域
	圆内的区域		两等距曲面之间的区域
	球内的区域		

几何公差带是按几何概念定义的（但跳动公差带除外），与测量方法无关，所以在实际生产中可以采用任意测量方法来测量和评定某一实际被测要素是否满足设计要求。而跳动是按特定的测量方法定义的，其公差带的特性与测量方法有关。

被测要素的形状、方向和位置精度可以用一个或几个几何公差特征项目来控制。

2. 形状公差带

形状公差是指单一实际要素的形状所允许的变动全量。形状公差带是限制实际被测要素变动的一个区域。形状公差有直线度、平面度、圆度、圆柱度和无基准的线轮廓度、面轮廓度六项。它们不涉及基准，公差带的方位可以浮动。例如图 3-2 所示平面度公差特征项目中，理想被测要素的形状为平面，因此限制实际被测要素在空间变动的区域（公差带）的形状为两平行平面，公差带可以上下移动或朝任意方向倾斜，只控制实际被测要素的形状误差（平面度误差）。

形状公差带视频讲解

0.08　0.08　t

a) 图样标注　b) 两平行平面形状的公差带

图 3-2　平面度公差带

直线度、平面度、圆度和圆柱度公差带的定义和标注示例见表 3-3。

表 3-3 直线度、平面度、圆度和圆柱度公差带的定义和标注示例

特征项目	公差带定义	标注示例和解释
直线度公差	在给定平面内 公差带为在平行于基准 A 的给定平面内和给定方向上，间距等于公差值 t 的两平行直线所限定的区域 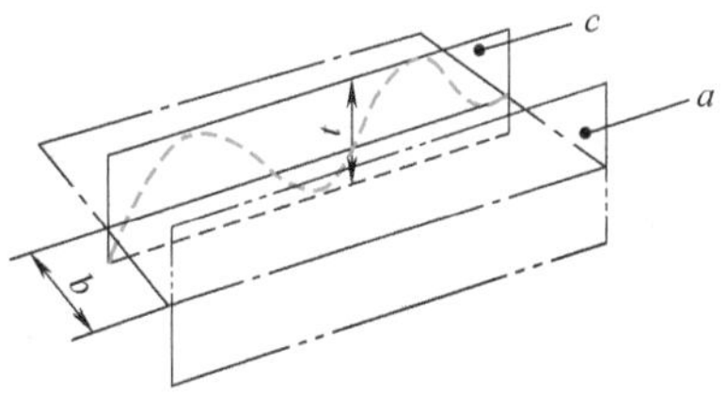 a—基准 A b—任意距离 c—平行于基准 A 的相交平面	在由相交平面框格规定的平面内，上表面上的任意提取线应限定在间距等于 0.1mm 的两平行直线之间 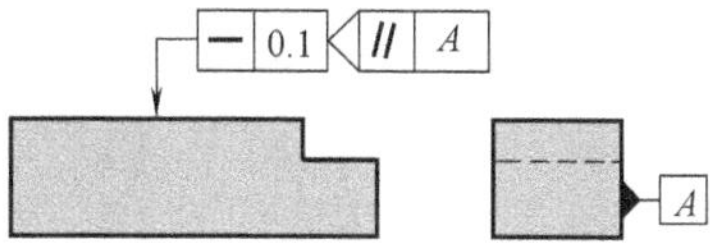 a) 2D 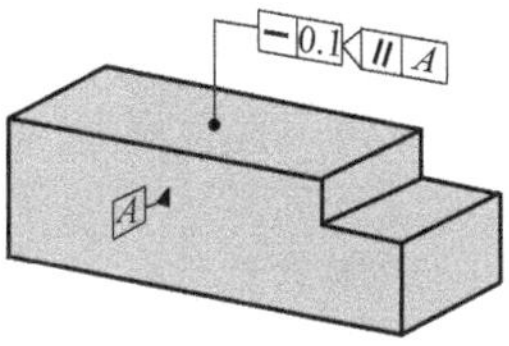 b) 3D
	在给定方向上 公差带为间距等于公差值 t 的两平行平面所限定的区域 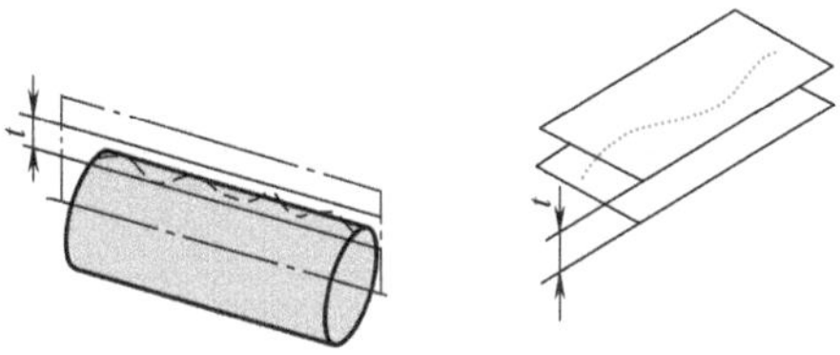	圆柱面上的各条提取线应限定在间距等于 0.1mm 的两平行平面之间 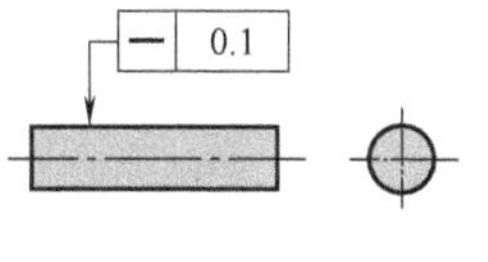 a) 2D 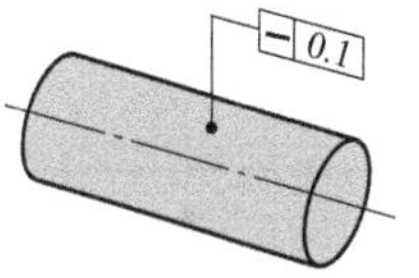　b) 3D
	在任意方向上 公差带为直径等于公差值 ϕt 的圆柱面所限定的区域 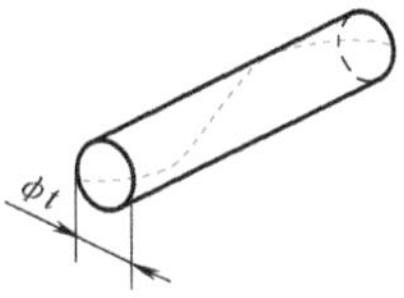	外圆柱面的提取(实际)中心线应限定在直径等于 ϕ0.08mm 的圆柱面内 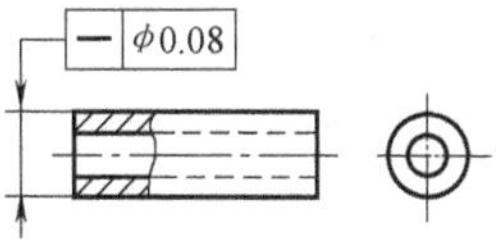 a) 2D 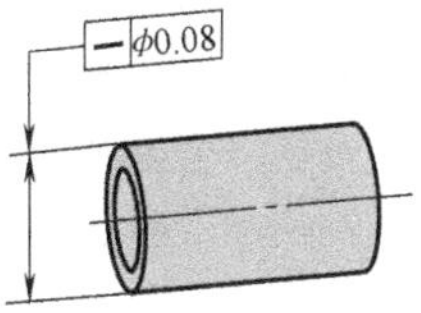　b) 3D
平面度公差	公差带为间距等于公差值 t 的两平行平面所限定区域 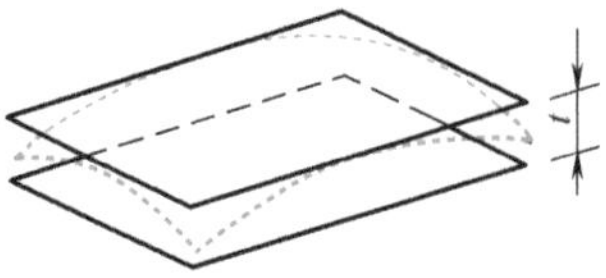	实际平面应限定在间距等于 0.08mm 的两平行平面之间 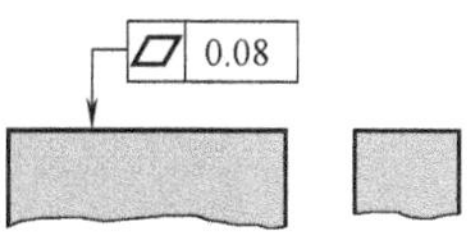 a) 2D 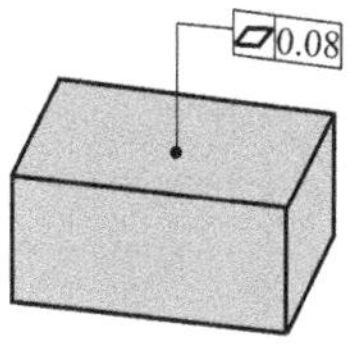　b) 3D

（续）

特征项目	公差带定义	标注示例和解释
圆度公差	公差带为在给定横截面内，半径差等于公差值 t 的两同心圆所限定的区域 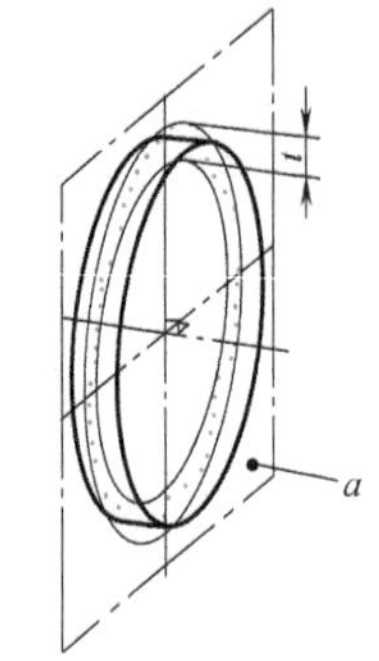 a—任意横截面	在圆柱面和圆锥面的任意横截面内，提取圆轮廓应限定在半径差等于 0.03mm 的两共面同心圆之间。该标注对于圆柱表面是其缺省应用方式，对于圆锥表面则必须使用方向要素框格进行标注 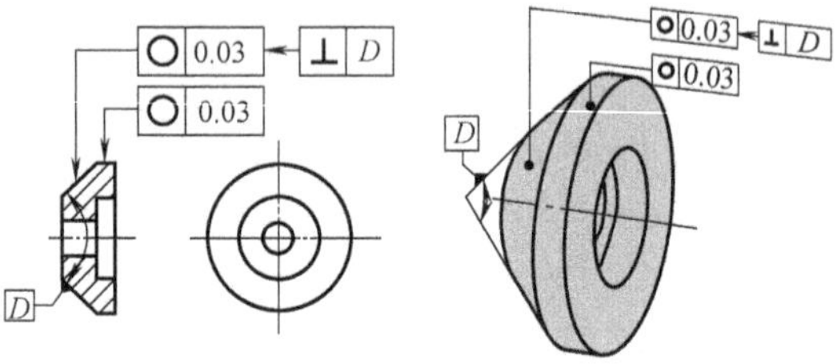 a) 2D　　b) 3D
圆柱度公差	公差带为半径差等于公差值 t 的两同轴线圆柱面所限定的区域 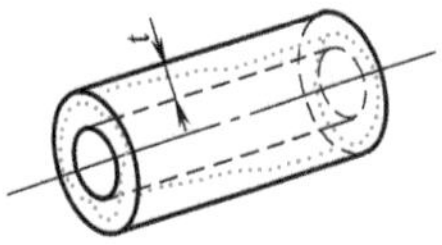	提取（实际）圆柱面应限定在半径差等于 0.1mm 的两同轴线圆柱面之间 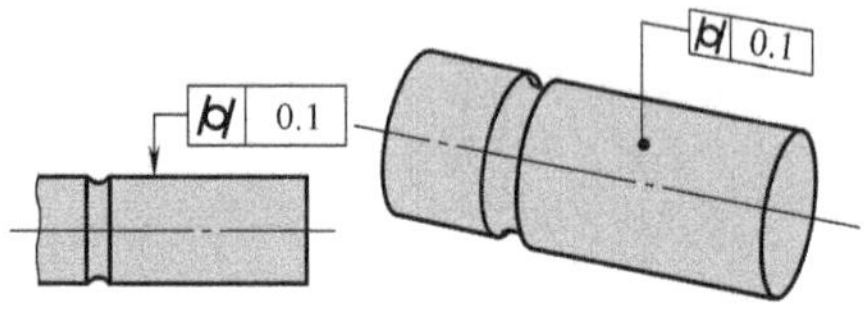 a) 2D　　b) 3D

3. 基准的分类

基准是用来确定实际关联要素几何位置关系的参考对象，应具有理想形状。

为了确定被测要素的空间方位，有时一个基准是不够的，可能需要两个或三个基准。基准的分类如下。

（1）单一基准　用一个基准要素建立的基准。图 3-3 所示为用基准平面 A 建立的基准。

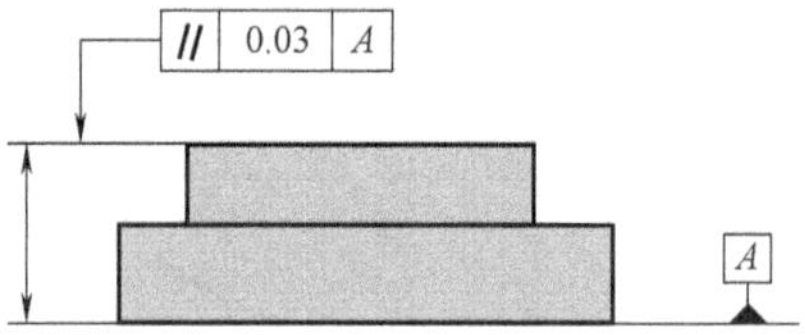

图 3-3　单一基准示例

（2）公共基准　由两个或两个以上的同类基准要素建立的一个独立的基准，也称为组合基准。图 3-4 所示为用二基准轴线 A 和 B 建立的公共基准。公共基准的表示是在组成公共基准的两个或两个以上同类基准代号的字母之间加短横线。

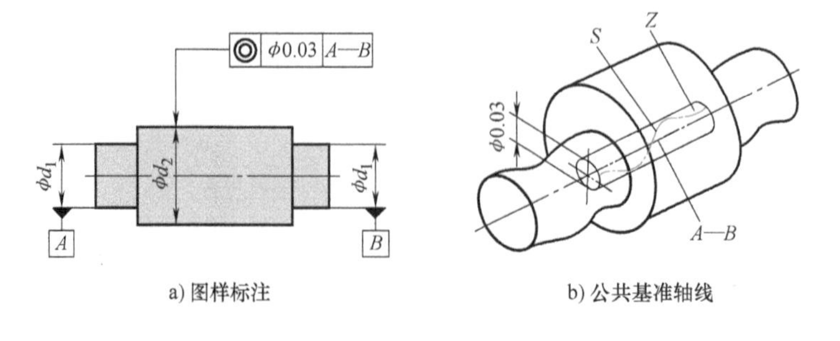

a) 图样标注　　b) 公共基准轴线

图 3-4　同轴度

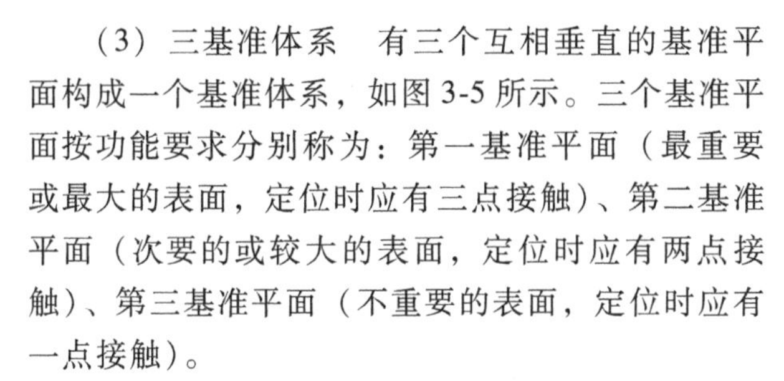
（3）三基准体系　有三个互相垂直的基准平面构成一个基准体系，如图3-5所示。三个基准平面按功能要求分别称为：第一基准平面（最重要或最大的表面，定位时应有三点接触）、第二基准平面（次要的或较大的表面，定位时应有两点接触）、第三基准平面（不重要的表面，定位时应有一点接触）。

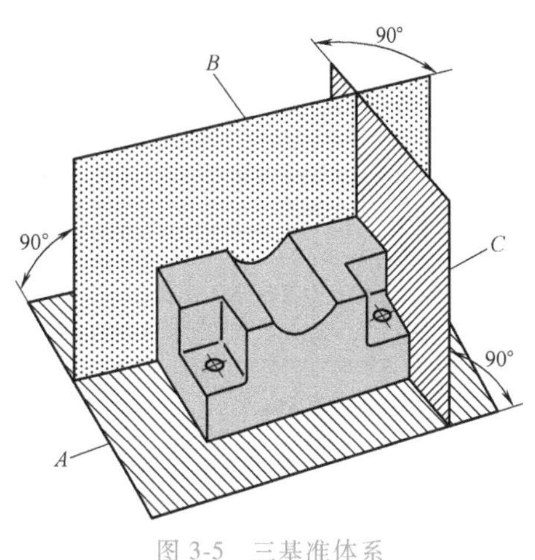

图3-5　三基准体系

4. 轮廓度公差

轮廓度公差涉及的要素是曲线和曲面。轮廓度公差有线轮廓度公差和面轮廓度公差两个特征项目。

轮廓度公差带分为无基准的和相对于基准体系的两种。前者的方位可以浮动，而后者的方位是可以固定的。

线、面轮廓度公差带的定义和标注示例见表3-4。

表3-4　线、面轮廓度公差带的定义和标注示例

特征项目	公差带定义	标注示例和解释
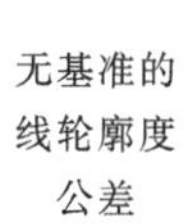 无基准的线轮廓度公差	公差带为直径等于公差值 t、圆心位于被测要素理论正确几何形状上的一系列圆的两包络线所限定的区域 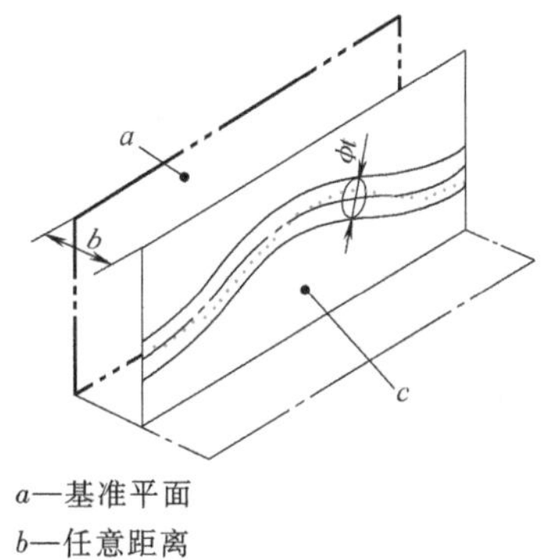 a—基准平面 b—任意距离 c—平行于基准平面 A 的平面	在平行于基准平面 A 的每一截面内，如相交平面框格所注，提取（实际）轮廓线应限定在直径等于0.04mm、圆心位于被测要素理论正确几何形状上的一系列圆的两等距包络线之间 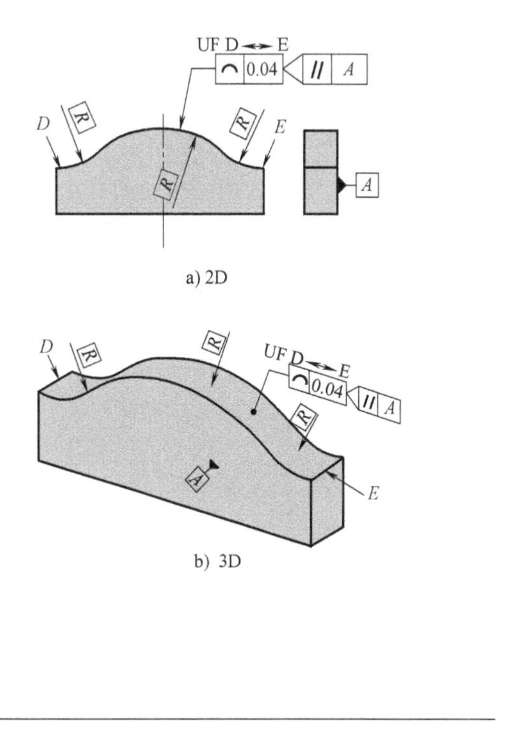 a) 2D b) 3D

（续）

特征项目	公差带定义	标注示例和解释
相对于基准体系的线轮廓度公差	公差带为直径等于公差值 t、圆心位于由基准平面 A 和基准平面 B 确定的被测要素理论正确几何形状上的一系列圆的两包络线所限定的区域 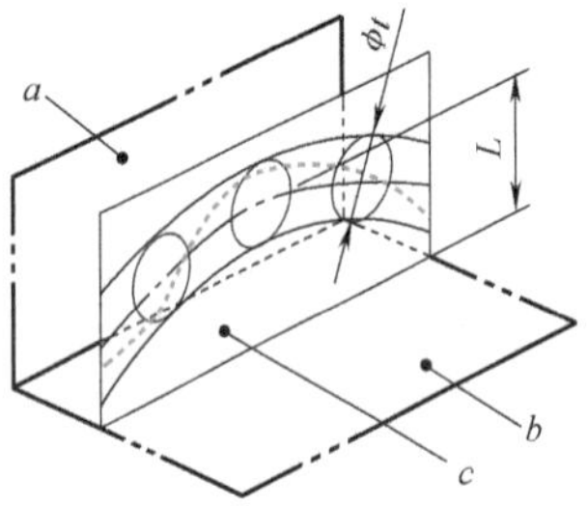 a、b—基准平面 A、基准平面 B c—平行于基准平面 A 的平面	在由相交平面框格规定的平行于基准平面 A 的每一截面内，提取（实际）轮廓线应限定在直径等于 0.04mm、圆心位于由基准平面 B 确定的被测要素理论正确几何形状上的一系列圆的两等距包络线之间 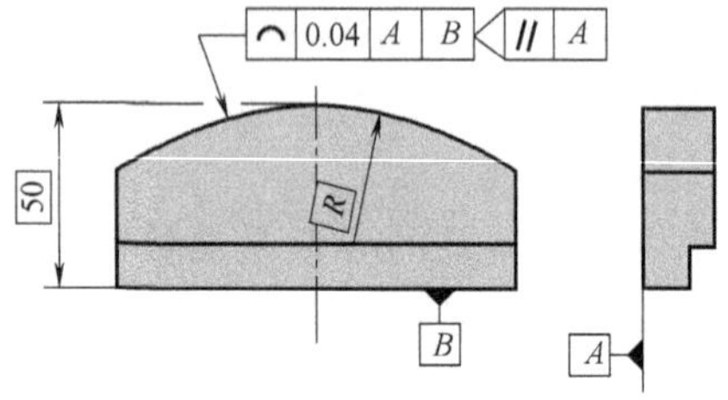 a) 2D 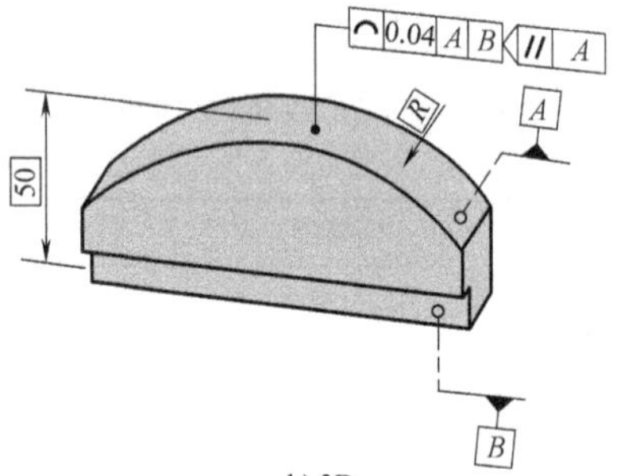 b) 3D
无基准的面轮廓度公差	公差带为直径等于公差值 ϕt、球心位于被测要素理论正确几何形状上的一系列圆球的两包络面所限定的区域 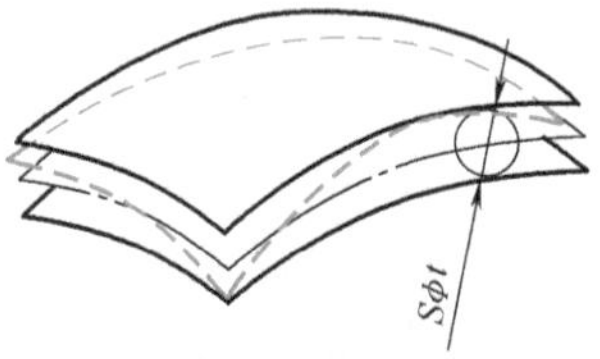	提取（实际）轮廓面应限定在直径等于 ϕ0.02mm、球心位于被测要素理论正确几何形状上的一系列圆球的两包络面之间 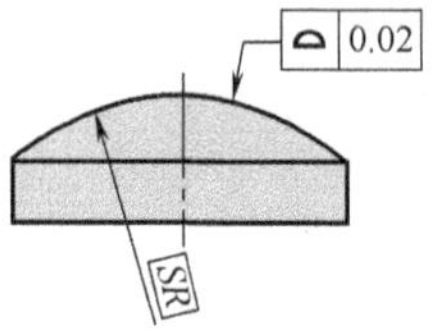 a) 2D 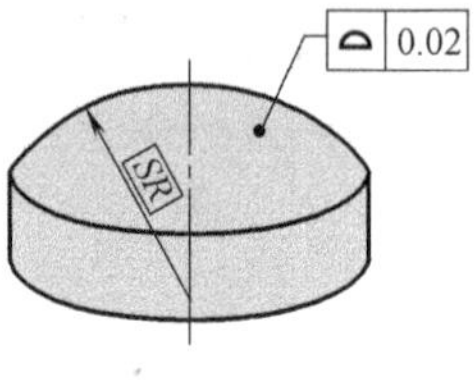　　b) 3D
相对于基准体系的面轮廓度公差	公差带为直径等于 ϕt、球心位于由基准平面 A 确定的被测要素理论正确几何形状上的一系列圆球的两包络面所限定的区域 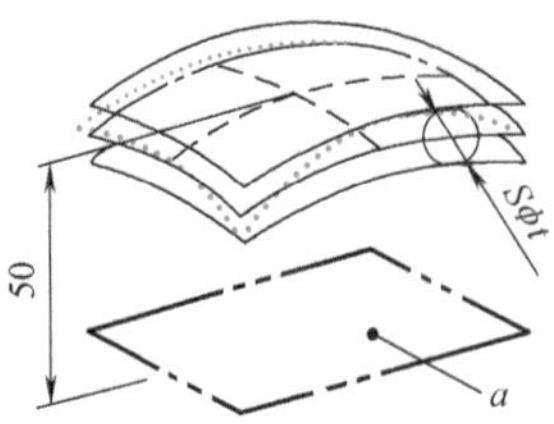 a—基准平面 A	提取（实际）轮廓面应限定在直径等于 ϕ0.1mm、球心位于由基准平面 A 确定的被测要素理论正确几何形状上的一系列圆球的两等距包络面之间 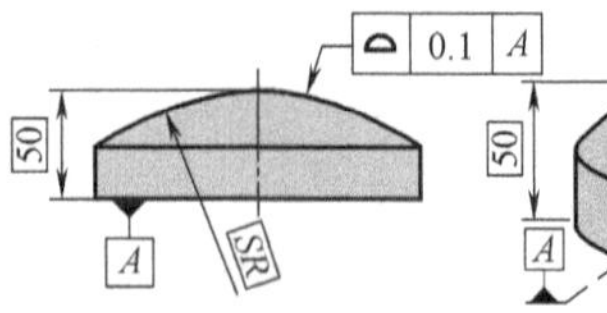 a) 2D 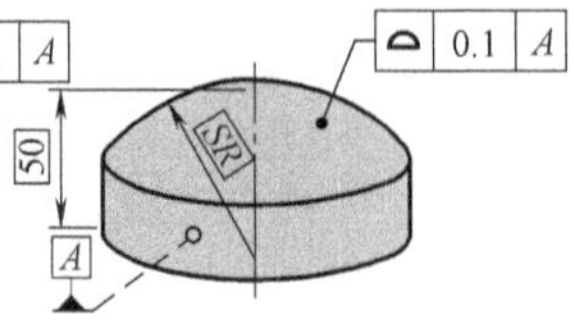　　b) 3D

5. 方向公差带

方向公差有平行度、垂直度和倾斜度公差等几个特征项目。方向公差是指实际关联要素

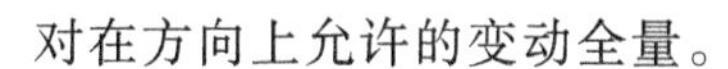

对在方向上允许的变动全量。

方向公差带视频讲解

平行度、垂直度和倾斜度公差的被测要素和基准要素各有平面和直线之分，因此，他们的公差各有面对面、线对面、面对线和线对线四种形式。

典型平行度、垂直度和倾斜度公差带的定义和标注示例见表 3-5。

表 3-5 方向公差带的定义和标注示例

特征项目	公差带定义	标注示例和解释
平行度	线对线平行度公差 公差带为直径等于公差值 ϕt 且轴线平行于基准轴线的圆柱面所限定的区域 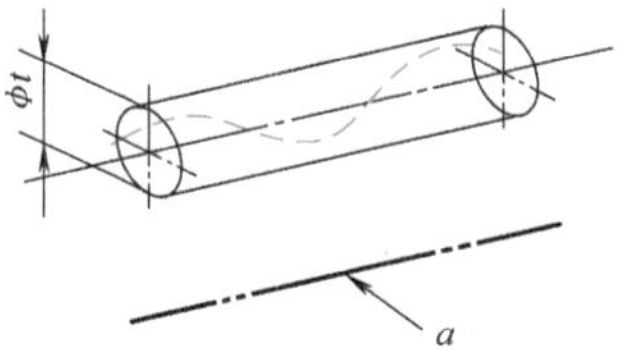 ϕt a a—基准轴线	被测孔的提取轴线应限定在直径等于 ϕ0.03mm，且平行于基准轴线 A 的圆柱面内 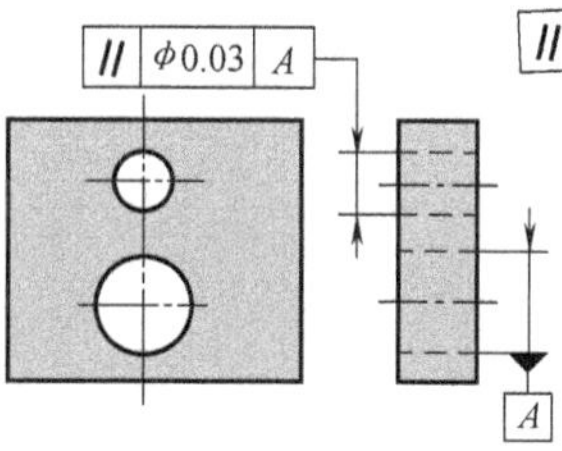 // ϕ0.03 A A a) 2D 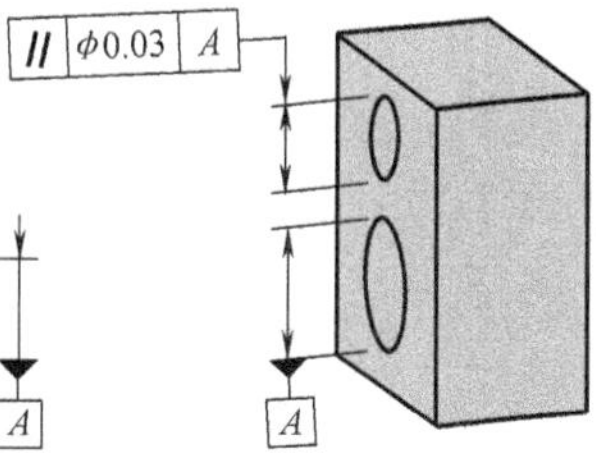 b) 3D
	线对面平行度公差 公差带为间距等于公差值 t，且平行于基准平面的两平行平面所限定的区域 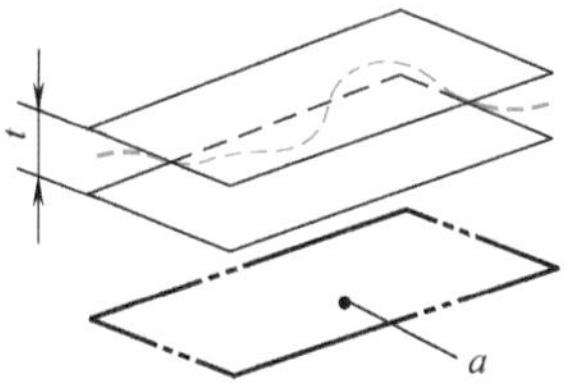 t a a—基准平面	被测孔的提取轴线应限定在间距等于 0.01mm，且平行于基准平面 B 的两平行平面之间 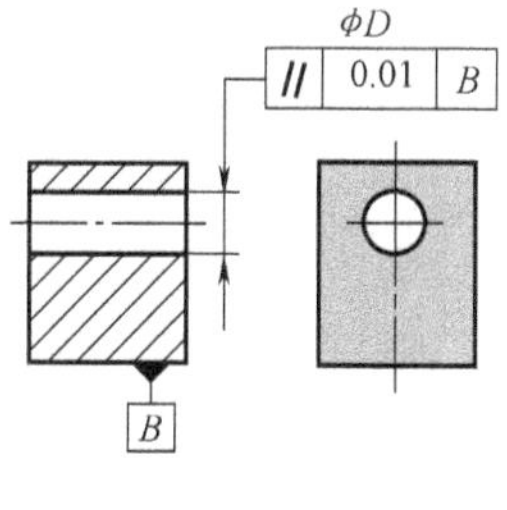 ϕD // 0.01 B B a) 2D 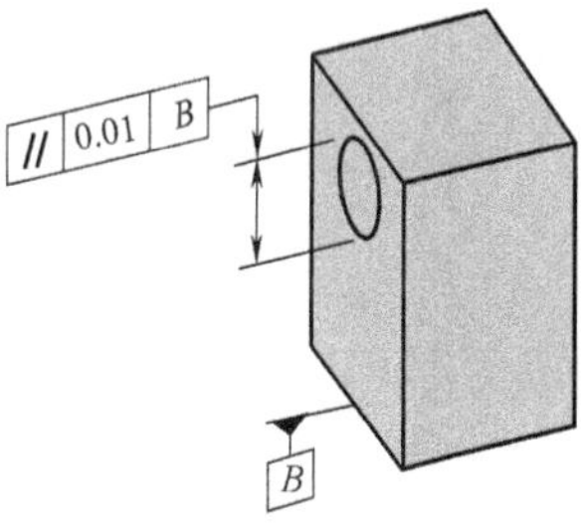 b) 3D
	面对线平行度公差 公差带为间距等于公差值 t，且平行于基准轴线的两平行平面所限定的区域 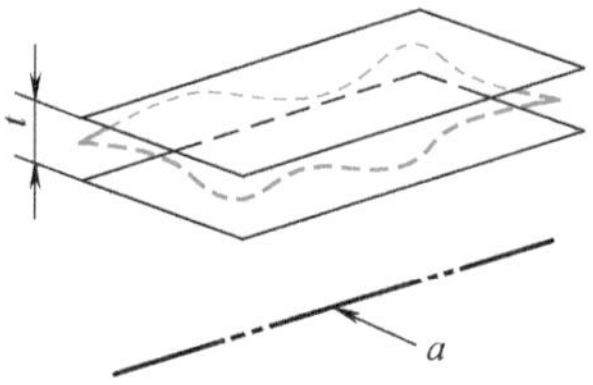 t a a—基准轴线	提取表面应限定在间距等于 0.1mm，且平行于基准轴线 C 的两平行平面之间 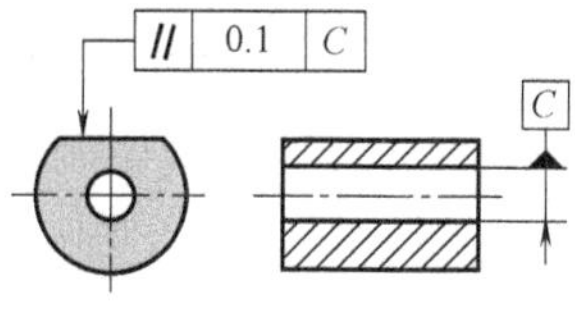 // 0.1 C C a) 2D 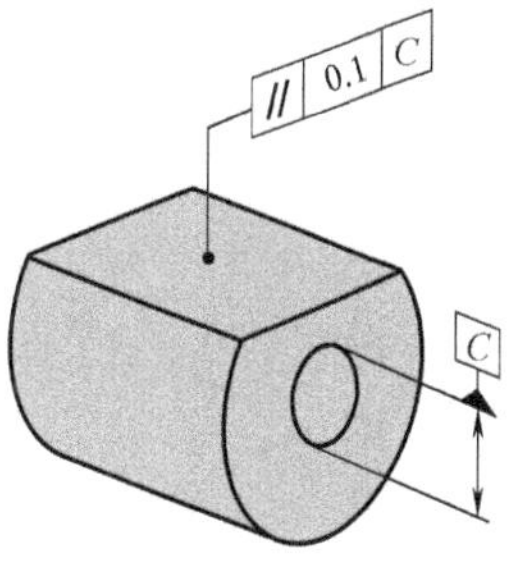 b) 3D

（续）

特征项目	公差带定义	标注示例和解释
平行度	面对面平行度公差 公差带为间距等于公差值 t，且平行于基准平面的两平行平面所限定的区域 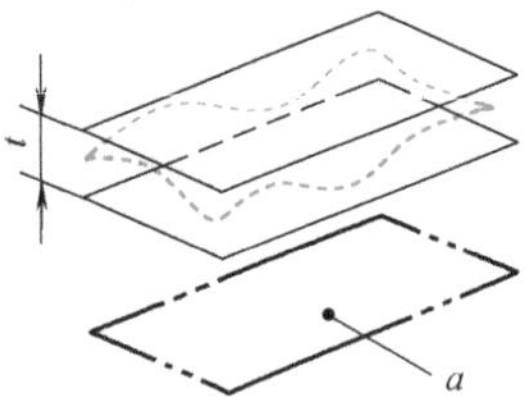 a—基准平面	提取表面应限定在间距等于 0.01mm，且平行于基准平面 D 的两平行平面之间 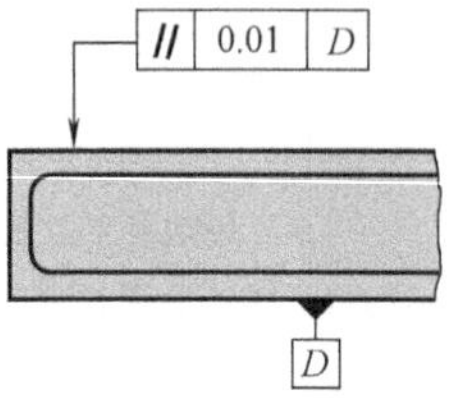 a) 2D 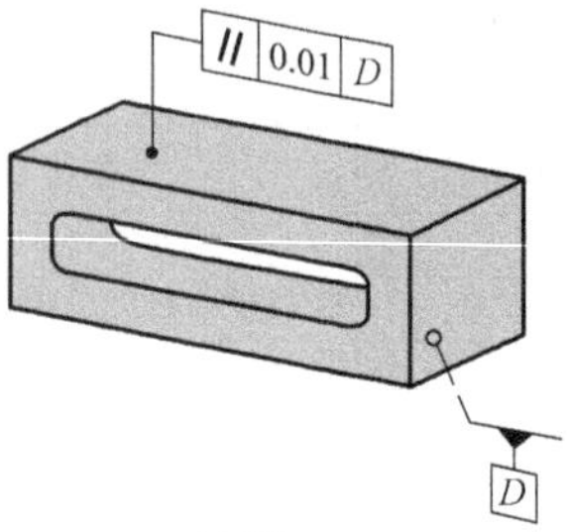　b) 3D
垂直度	线对线垂直度公差 公差带为间距等于公差值 t，且垂直于基准轴线的两平行平面所限定的区域 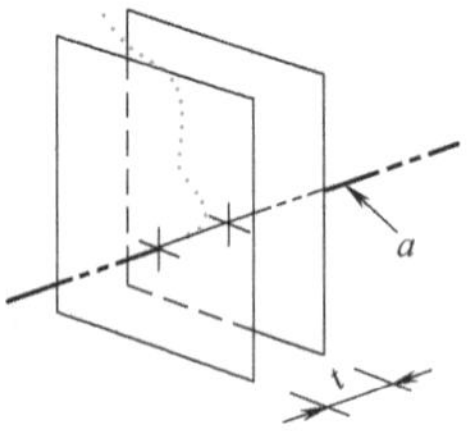 a—基准轴线	被测孔的提取中心线应限定在间距等于 0.06mm，且垂直于基准轴线 A 的两平行平面之间 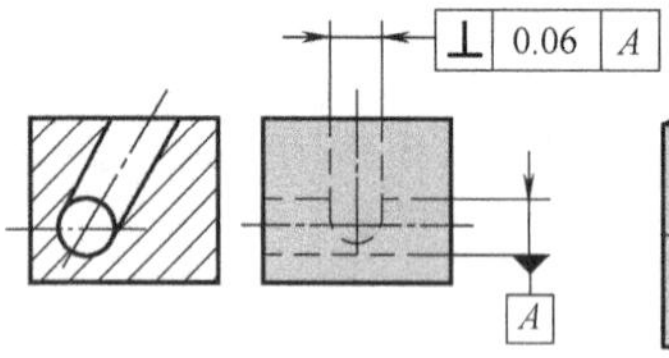 a) 2D 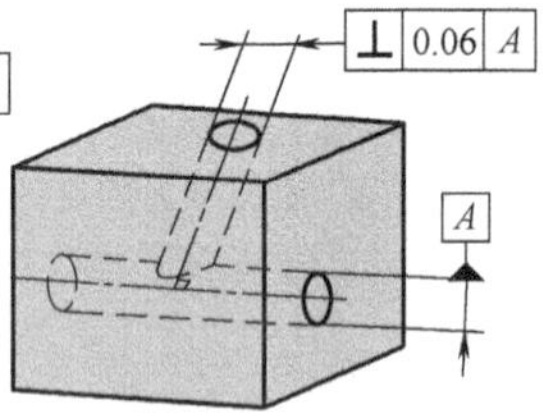　b) 3D
	线对面垂直度公差 公差带为直径等于公差值 ϕt 且轴线垂直于基准平面的圆柱面所限定的区域 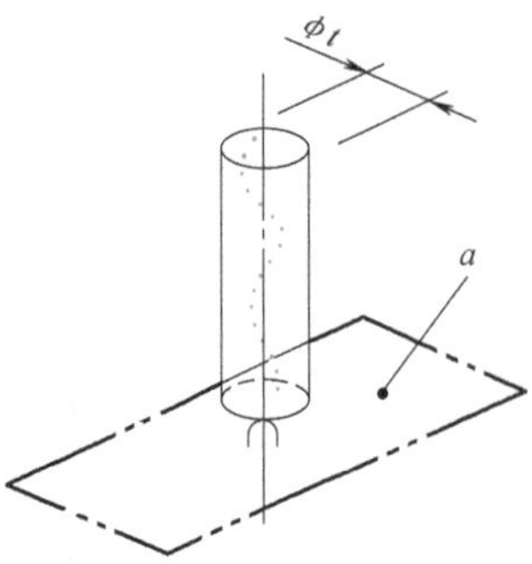 a—基准平面	被测轴的提取中心线应限定在直径等于 ϕ0.01mm，且垂直于基准平面 A 的圆柱面内 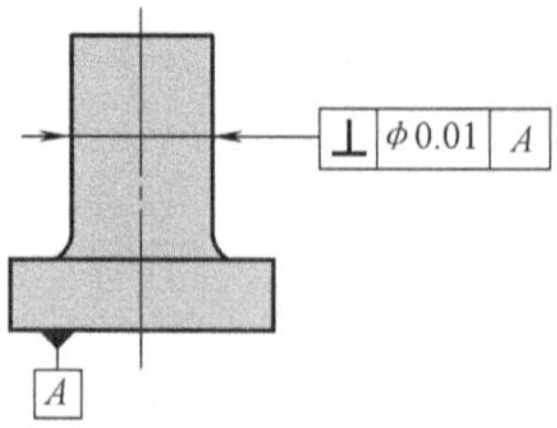 a) 2D 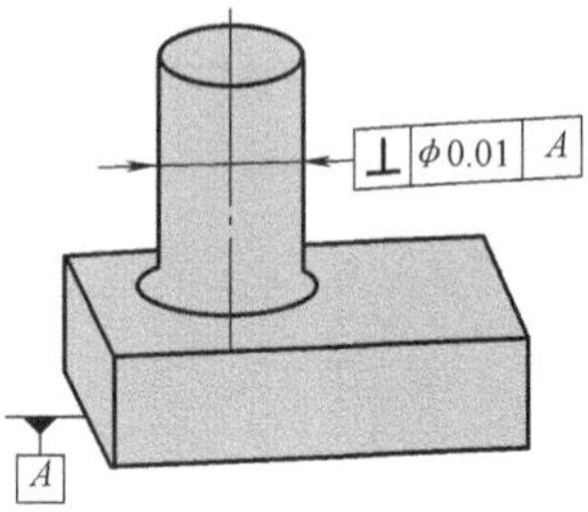　b) 3D

（续）

特征项目	公差带定义	标注示例和解释
垂直度	面对线垂直度公差 公差带为间距等于公差值 t，且垂直于基准轴线的两平行平面所限定的区域 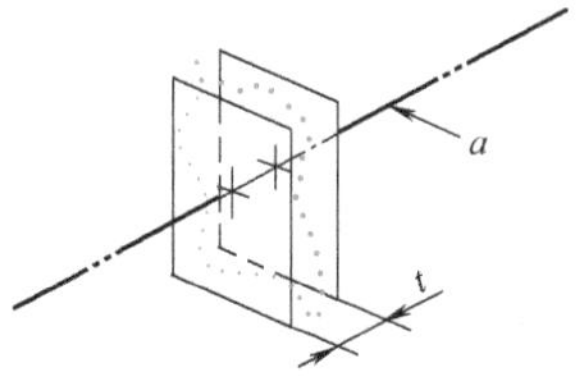 a—基准轴线	提取表面应限定在间距等于 0.08mm，且垂直于基准轴线 A 的两平行平面之间 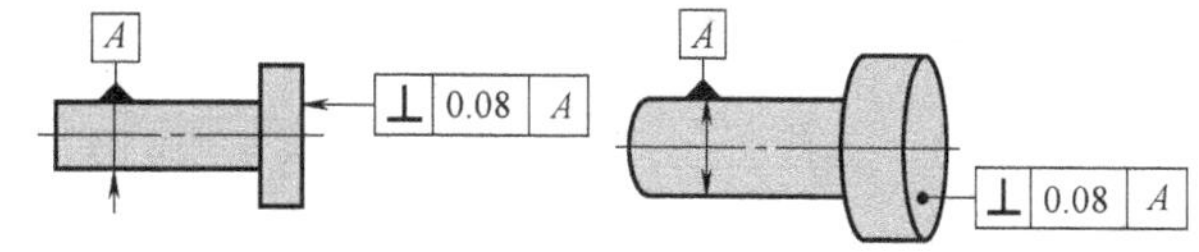 a) 2D b) 3D
	面对面垂直度公差 公差带为间距等于公差值 t，且垂直于基准平面的两平行平面所限定的区域 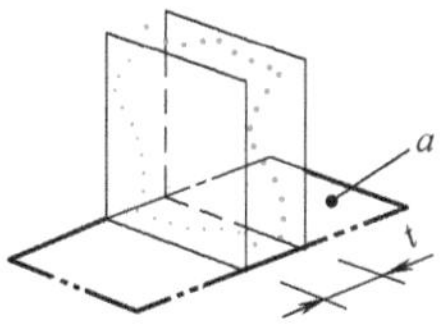 a—基准平面	提取表面应限定在间距等于 0.08mm，且垂直于基准平面 A 的两平行平面之间 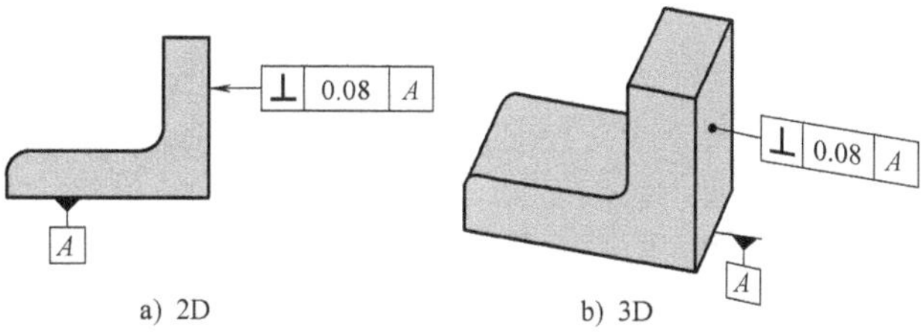 a) 2D b) 3D
倾斜度	线对线倾斜度公差 公差带为间距等于公差值 t 的两平行平面所限定的区域，这两个平行平面按给定角度倾斜于基准轴线 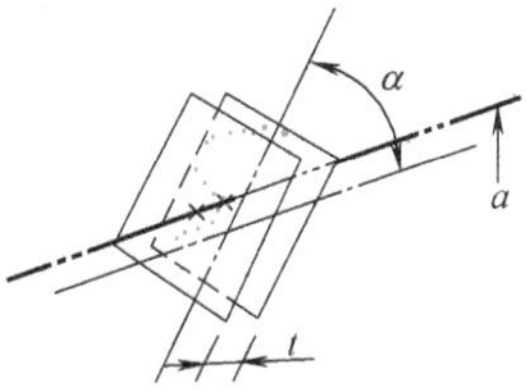 a—基准轴线	被测孔的提取中心线应限定在间距等于 0.08mm 的两平行平面之间，这两个平行平面按理论正确角度 60°倾斜于公共基准轴线 A—B 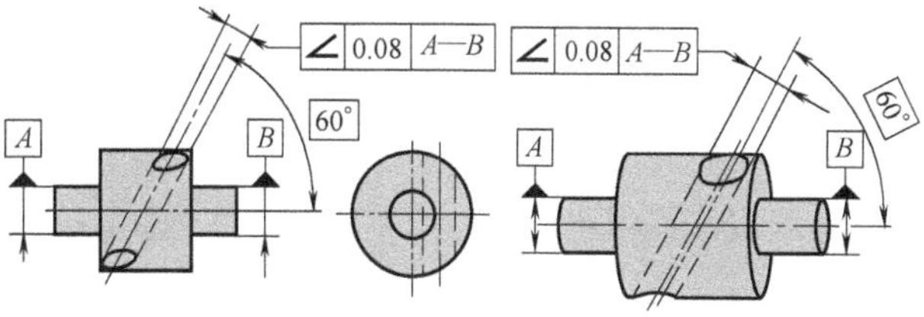 a) 2D b) 3D
	线对线倾斜度公差 公差带为直径等于公差值 ϕt 的圆柱面所限定的区域，该圆柱的轴线按给定角度倾斜于基准轴线 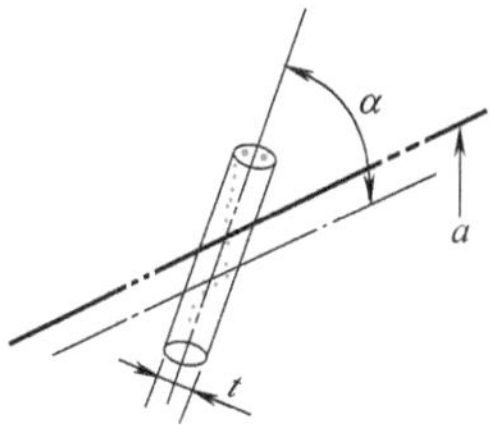 a—基准轴线	被测孔的提取中心线应限定在直径等于 ϕ0.08mm 的圆柱面内，该圆柱的轴线按理论正确角度 60°倾斜于公共基准轴线 A—B 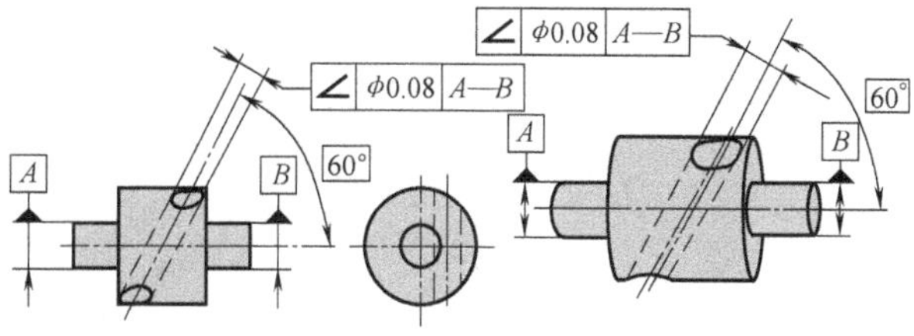 a) 2D b) 3D

（续）

<table>
<tr><th>特征项目</th><th>公差带定义</th><th>标注示例和解释</th></tr>
<tr><td rowspan="3">倾斜度</td><td>线对面倾斜度公差
公差带为直径等于公差值 ϕt 的圆柱面所限定的区域，该圆柱的轴线按给定角度倾斜于基准平面 A，且平行于基准平面 B
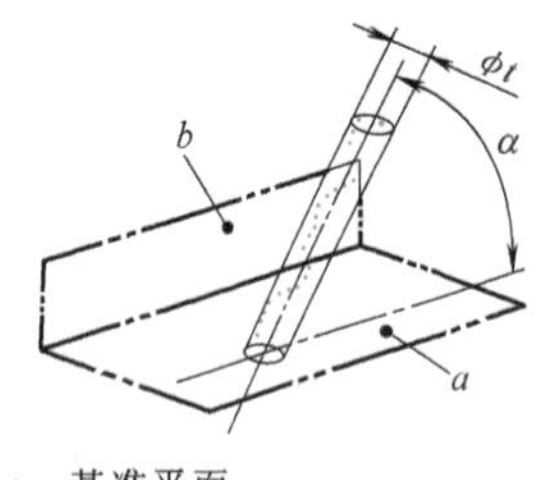
a—基准平面
b—基准平面</td><td>被测孔的提取中心线应限定在直径等于 ϕ0.1mm 的圆柱面内，该圆柱的轴线按理论正确角度 60°倾斜于基准平面 A，且平行于基准平面 B
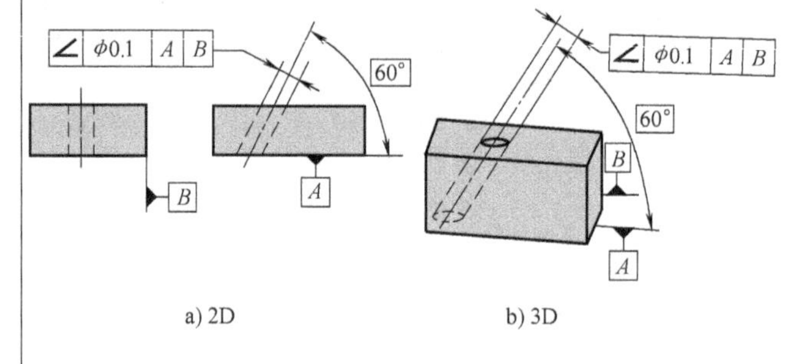
a) 2D　b) 3D</td></tr>
<tr><td>面对线倾斜度公差
公差带为间距等于公差值 t 的两平行平面所限定的区域，这两个平行平面按给定角度倾斜于基准轴线
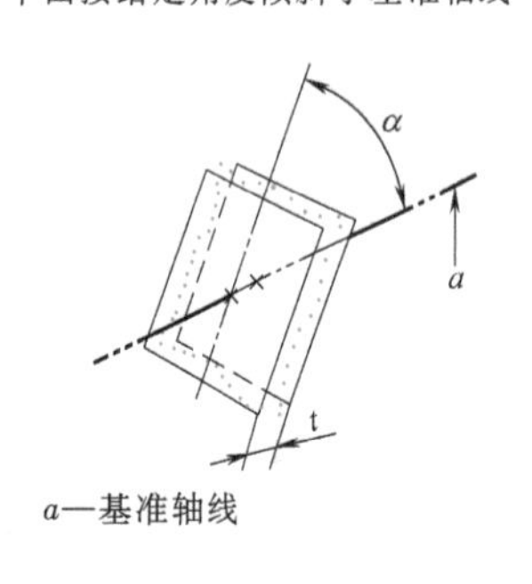
a—基准轴线</td><td>提取表面应限定在间距等于 0.1mm 的两平行平面之间，这两个平行平面按理论正确角度 75°倾斜于基准轴线 A
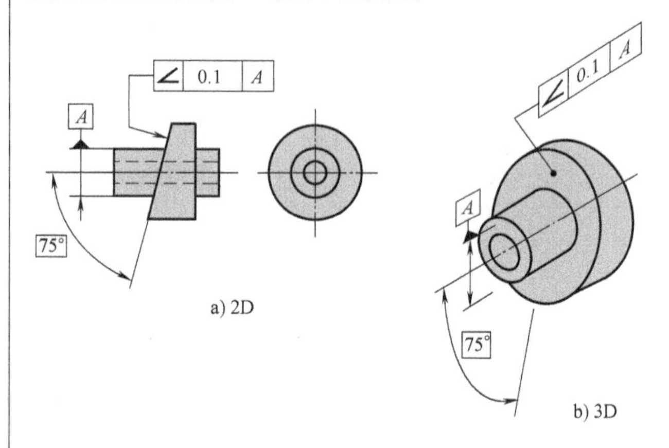
a) 2D　b) 3D</td></tr>
<tr><td>面对面倾斜度公差
公差带为间距等于公差值 t 的两平行平面所限定的区域，这两个平行平面按给定角度倾斜于基准平面
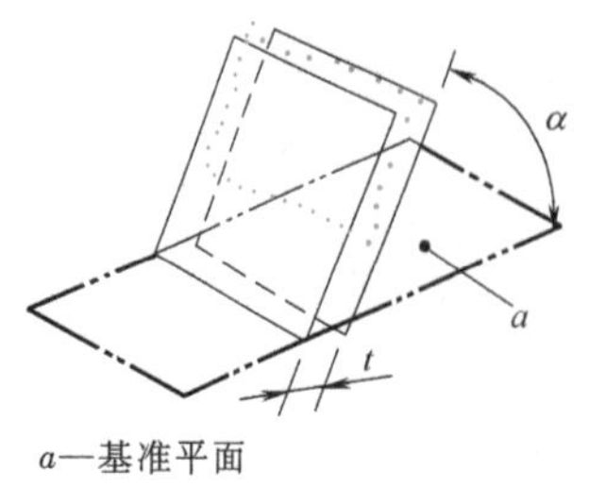
a—基准平面</td><td>提取表面应限定在间距等于 0.08mm 的两平行平面之间，这两个平行平面按理论正确角度 40°倾斜于基准平面 A
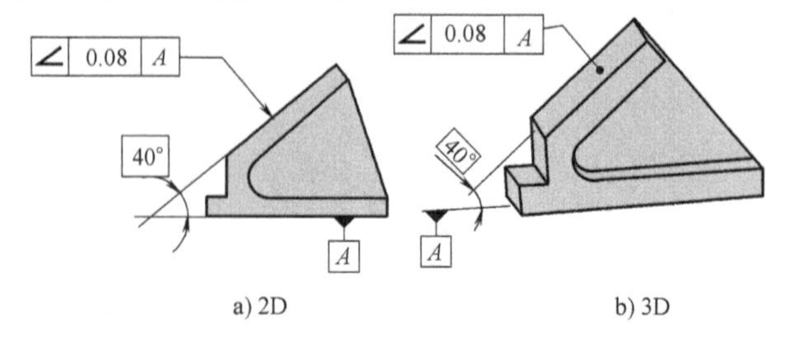
a) 2D　b) 3D</td></tr>
</table>

6. 位置公差带

位置公差带

位置公差是关联实际要素对基准在位置上允许的变动全量。位置公差有同心度、同轴度、对称度、位置度、线轮廓度和面轮廓度公差等几个特征项目。典型的位置公差的公差带定义、标注和解释见表 3-6。

表 3-6 位置公差的公差带定义、标注和解释

特征项目	公差带定义	标注示例和解释
同心度与同轴度公差	点的同心度公差 公差带为直径等于公差值 ϕt 的圆周所限定的区域。该圆周的圆心与基准点重合。 ϕt a a—基准点	在任意截面内(用符号 ACS 标注在几何公差框格的上方),内圆的提取中心点应限定在直径等于 ϕ0.1mm,且以基准点为圆心的圆内 A ACS ◎ ϕ0.1 A a) 2D A ACS ◎ ϕ0.1 A b) 3D
	线的同轴度公差 公差带为直径等于公差值 ϕt 且轴线与基准轴线重合的圆柱面所限定的区域 ϕt a a—基准轴线	被测圆柱面的提取轴线应限定在直径等于 ϕ0.1mm,且轴线与基准轴线 A 重合的圆柱面内 A ◎ ϕ0.1 A a) 2D ◎ ϕ0.1 A A b) 3D
对称度公差	公差带为间距等于公差值 t 且对称于基准中心平面的两平行平面所限定的区域 t $t/2$ a a—基准中心平面	两端为半圆的被测槽的提取中心平面应限定在间距等于 0.08mm,且对称于公共基准中心平面 A—B 的两平行平面之间 ⌯ 0.08 A—B A B a) 2D ⌯ 0.08 A—B A B b) 3D

（续）

<table>
<tr><th>特征项目</th><th>公差带定义</th><th>标注示例和解释</th></tr>
<tr><td rowspan="2">位置度公差</td><td>点的位置度公差
公差带为直径等于公差值 ϕt 的球面所限定的区域。该球面中心的位置由基准 A、B、C 和理论正确尺寸确定
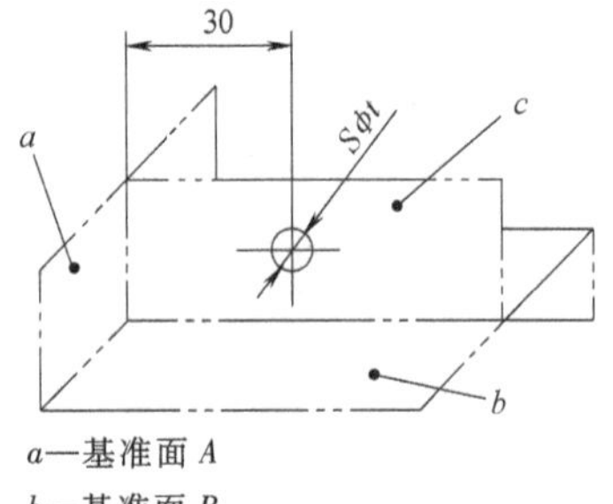
a—基准面 A
b—基准面 B
c—基准面 C</td><td>提取球心应限定在直径等于 $\phi0.3\text{mm}$ 的球内，该球面的中心应处于由基准线 A、B、C 和理论正确尺寸确定的理论正确位置上
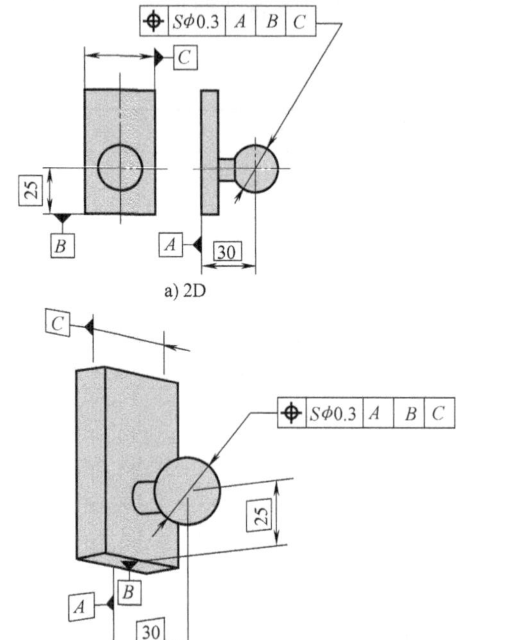
a) 2D
b) 3D</td></tr>
<tr><td>线的位置度公差
公差带为直径等于公差值 ϕt 的圆柱面所限定的区域。该圆柱面轴线的理论正确位置由基准平面 C、A、B 和理论正确尺寸确定
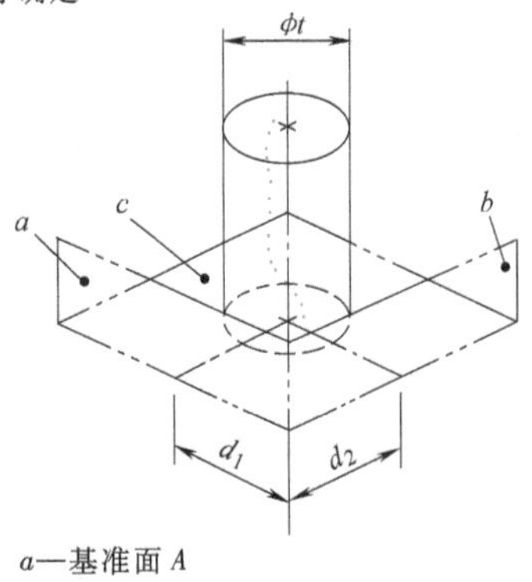
a—基准面 A
b—基准面 B
c—基准面 C</td><td>被测孔的提取轴线应限定在直径等于 $\phi0.1\text{mm}$ 的圆柱面内。该圆柱面的轴线应处于由基准平面 C、A、B 和理论正确尺寸确定的理论正确位置上
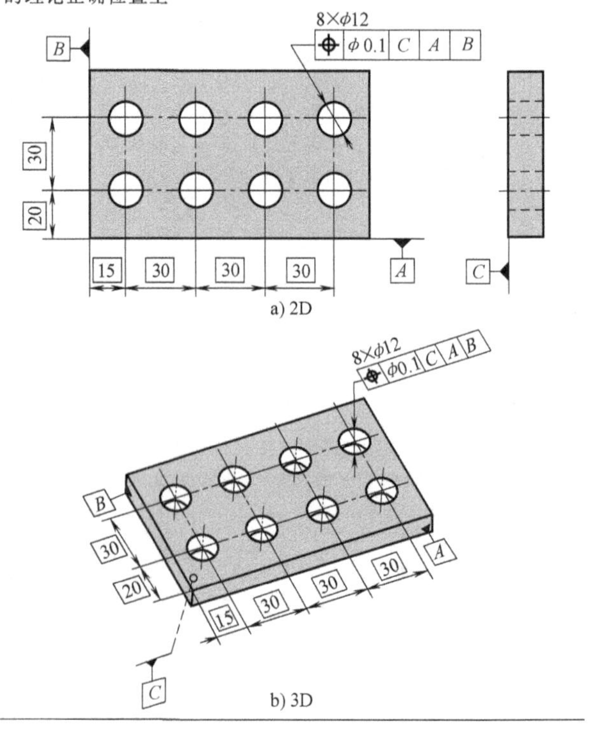
a) 2D
b) 3D</td></tr>
</table>

（续）

特征项目	公差带定义	标注示例和解释
位置度公差	面的位置度公差 公差带为间距等于公差值 t 且对称于被测表面理论正确位置的两平行平面所限定的区域。该理论正确位置由基准平面、基准轴线和理论正确尺寸 L、理论正确角度 α 确定 a—基准平面 b—基准轴线	提取表面应限定在间距等于 0.05mm，且对称于被测表面理论正确位置的两平行平面之间。该理论正确位置由基准平面 A、基准轴线 B 和理论正确尺寸 15mm、理论正确角度 105°确定 a) 2D b) 3D

位置公差带的特点如下：

1）位置公差带相对于基准具有确定的位置，其中，位置度的公差带位置由理论正确尺寸确定，而同轴度和对称度的理论正确尺寸为零，图上可省略不注。

跳动公差带视频讲解

2）位置公差带具有综合控制被测要素位置、方向和形状的职能。在保证功能要求的前提下，对被测要素给出位置公差后，通常对该要素不再给出方向公差和形状公差。如果功能需要对方向和形状有进一步要求时，则另外给出方向或形状公差，且方向和形状公差值应小于位置公差值，如图 3-6 所示。

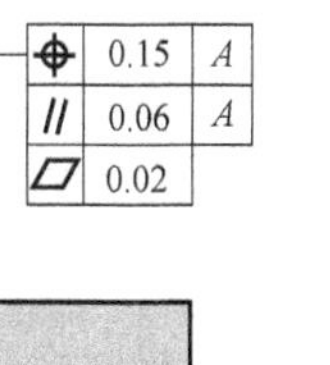

图 3-6　对一个被测要素同时给出位置、方向和形状公差

7. 跳动公差带

跳动公差是关联实际要素绕基准轴线回转一周或连续回转时所允许的最大跳动量。跳动量可由指示表的最大与最小值之差反映出来。被测要素为回转面或端面，基准要素为轴线。跳动可分为圆跳动和全跳动。

圆跳动是指被测要素在某个测量截面内相对于基准轴线的变动量。圆跳动有径向圆跳动、轴向圆跳动和斜向圆跳动。

全跳动是指整个被测要素相对于整个基准轴线的变动量。全跳动有径向全跳动和轴向全跳动。

典型跳动公差带的定义、标注与解释见表 3-7。

表 3-7 跳动公差带的定义、标注与解释

特征项目	公差带定义	标注示例和解释
圆跳动公差	径向圆跳动公差 公差带为在任一垂直于基准轴线的横截面内、半径差等于公差值 t、圆心在基准轴线上的两同心圆所限定的区域 a—基准轴线 b—测量平面	在任一垂直于基准轴线 A 的横截面内，提取线应限定在半径差等于 0.1mm，且圆心在基准轴线 A 上的两同心圆之间 a) 2D　b) 3D
	轴向圆跳动公差 公差带为与基准轴线同轴线的任一直径的圆柱截面上，间距等于公差值 t 的两个等径圆所限定的圆柱面区域 d—基准轴线 b—测量圆柱面	在与基准轴线 D 同轴线的任一直径的圆柱截面上，提取线应限定在轴向距离等于 0.1mm 的两个等径圆之间 a) 2D　b) 3D
	斜向圆跳动公差 公差带为与基准轴线同轴线的某一圆锥截面上，间距等于公差值 t 的直径不相等的两个圆所限定的圆锥面区域。 除非另有规定，测量方向应垂直于被测表面 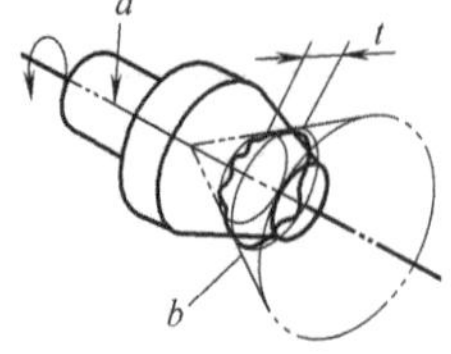 a—基准轴线 b—测量圆锥面	在与基准轴线 A 同轴线的任一圆锥截面上，提取（实际）线应限定在素线方向间距等于 0.1mm 的直径不相等的两个圆之间，并且截面的锥角与被测要素垂直 a) 2D 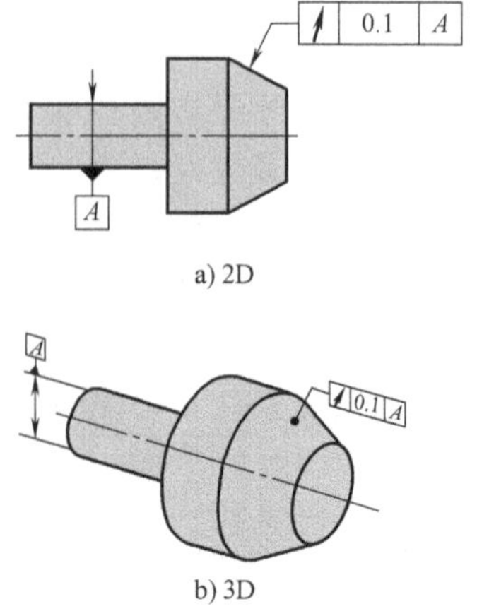 b) 3D

（续）

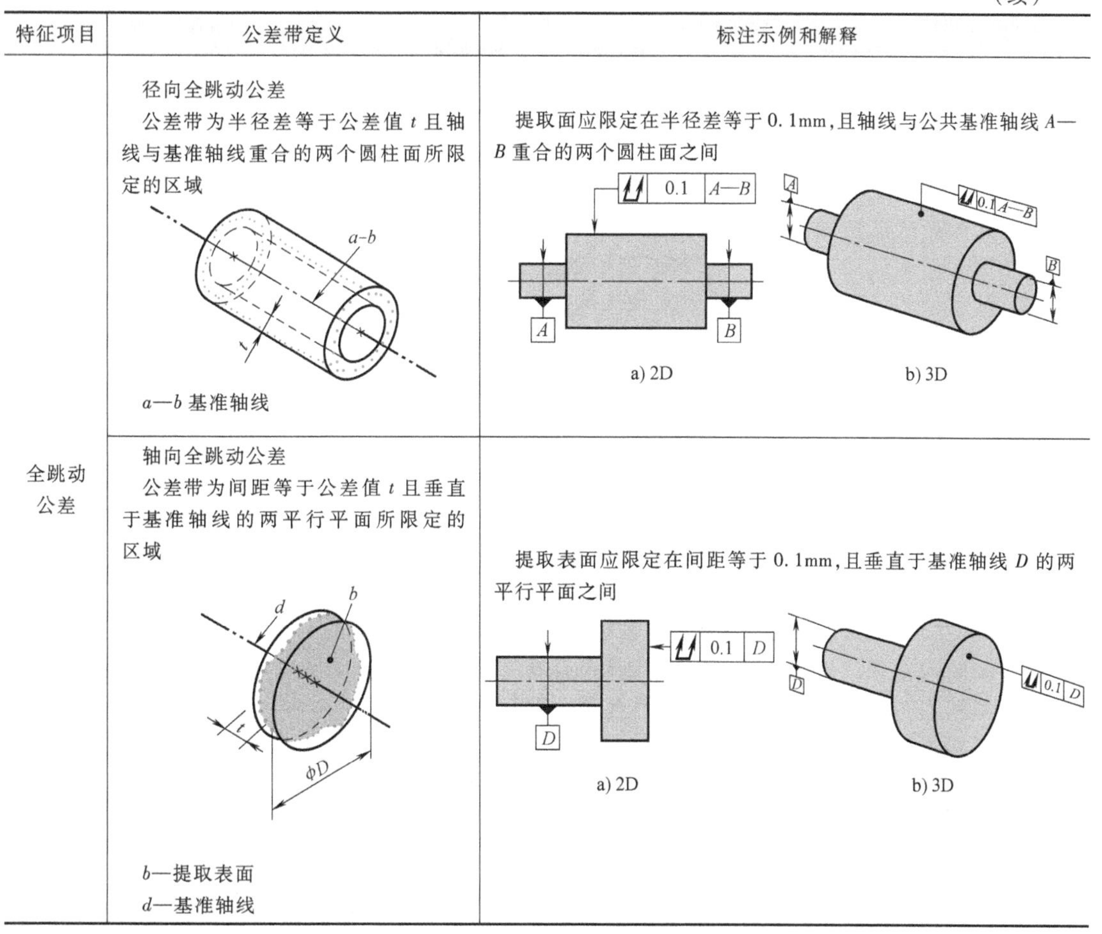

特征项目	公差带定义	标注示例和解释
全跳动公差	径向全跳动公差 公差带为半径差等于公差值 t 且轴线与基准轴线重合的两个圆柱面所限定的区域 a—b 基准轴线	提取面应限定在半径差等于 0.1mm，且轴线与公共基准轴线 A—B 重合的两个圆柱面之间 a) 2D　b) 3D
	轴向全跳动公差 公差带为间距等于公差值 t 且垂直于基准轴线的两平行平面所限定的区域 b—提取表面 d—基准轴线	提取表面应限定在间距等于 0.1mm，且垂直于基准轴线 D 的两平行平面之间 a) 2D　b) 3D

跳动公差带有形状和大小的要求，还有方位的要求，即公差带相对于基准轴线有确定的方位。例如，某一横截面径向圆跳动公差带的中心点在基准轴线上；径向全跳动公差带的轴线与基准轴线同轴线；轴向全跳动公差带的两平行平面垂直于基准轴线。此外，跳动公差带能综合控制同一被测要素的方位和形状误差。例如，径向圆跳动公差带综合控制同轴度误差和圆度误差；径向全跳动公差带综合控制同轴度误差和圆柱度误差；轴向全跳动公差带综合控制端面对基准轴线的垂直度误差和平面度误差。

3.2.2 几何公差在图样上的标注方法

几何公差的全符号由四部分组成：带箭头的指引线、几何公差框格、可选的辅组要素框格和可选的补充说明，如图 3-7 所示。

带箭头的指引线与几何公差框格（或辅组要素框格）相连，自框格的左端或右端引出。几何公差框格是一个必选的标注。辅组要素框格不是一个必选的标注，它位于几何公差框格右边或左边，标注相交平面、定向平面、方向要素或组合平面等。补充说明不是一个必选的标注，一般位于几何公差框格的上方/下方或左侧/右侧。几何公差标注示例如图 3-8 所示。

1. 几何公差框格和基准符号

零件要素的几何公差要求应按规定的方法标注在图样上。对被测要素提出特定的几

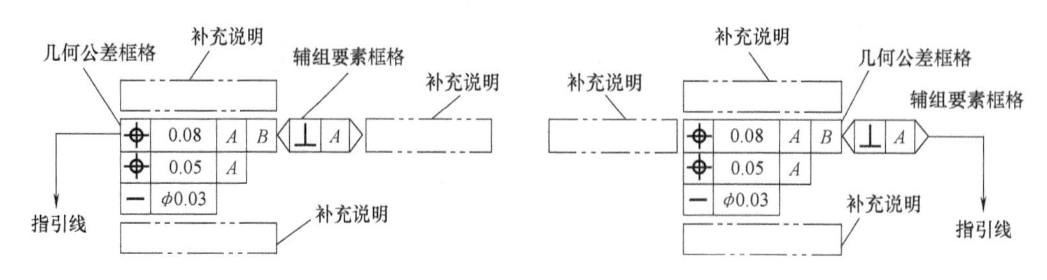

图 3-7 几何公差的全符号

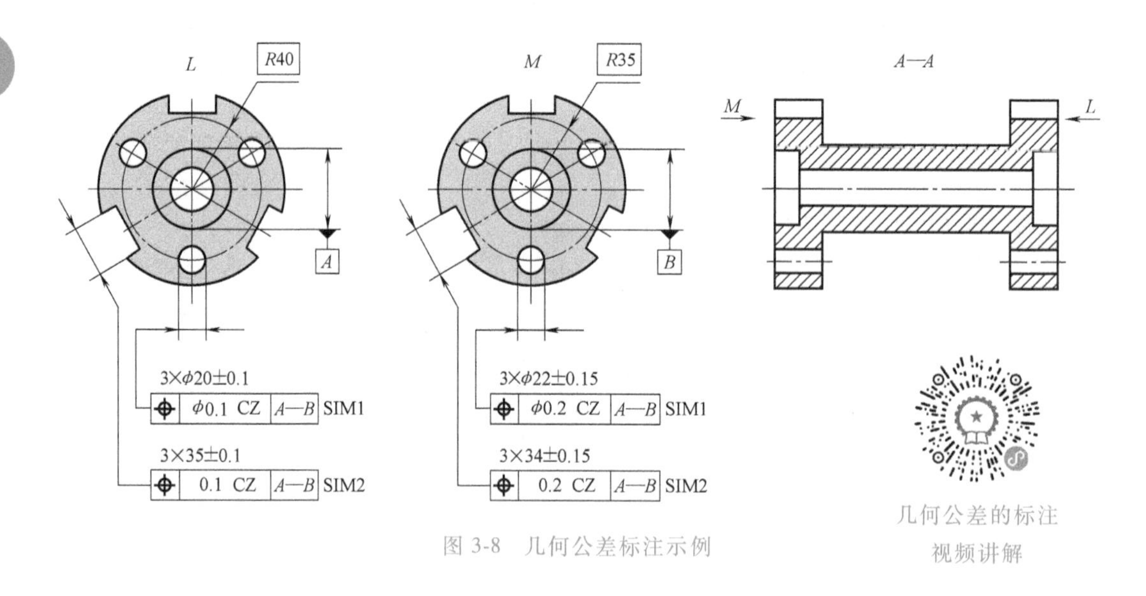

图 3-8 几何公差标注示例

几何公差的标注
视频讲解

何公差要求时，采用水平绘制的矩形框格的形式给出该要求。这种框格由两格或多格组成。

（1）形状公差框格　形状公差框格共有两格。用带箭头的指引线将框格与被测要素相连。框格中的内容，从左到右第一格填写公差特征项目符号，第二格填写用 mm（毫米）为单位表示的公差值和有关符号，如图 3-9 所示。

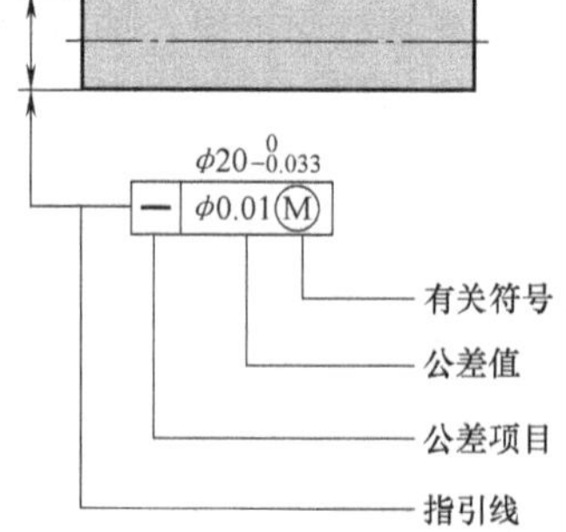

图 3-9 形状公差框格中的内容填写示例

带箭头的指引线从框格的一端（左端或右端）引出，并且必须垂直于该框格，用它的箭头与被测要素相连。它引向被测要素时，允许弯折。

（2）方向、位置和跳动公差框格　方向、位置和跳动公差框格有三格、四格和五格三种形式。用带箭头的指引线将框格与被测要素相连。框格中的内容，从左到右第一格填写公差特征项目符号，第二格填写用 mm（毫米）为单位表示的公差值和有关符号，从第三格起填写被测要素的基准所使用的字母和有关符号，如图 3-10 所示。

被测要素的基准在图样上用英文大写字母表示，如图 3-8 所示。

（3）基准符号　采用与国际标准一致的长方形与黑三角形（或空三角形）相连并用大写字母表示的符号，如图 3-11 所示。基准符号引向基准要素时，无论基准符号在图上的方向如何，其方框中的字母都应水平书写。

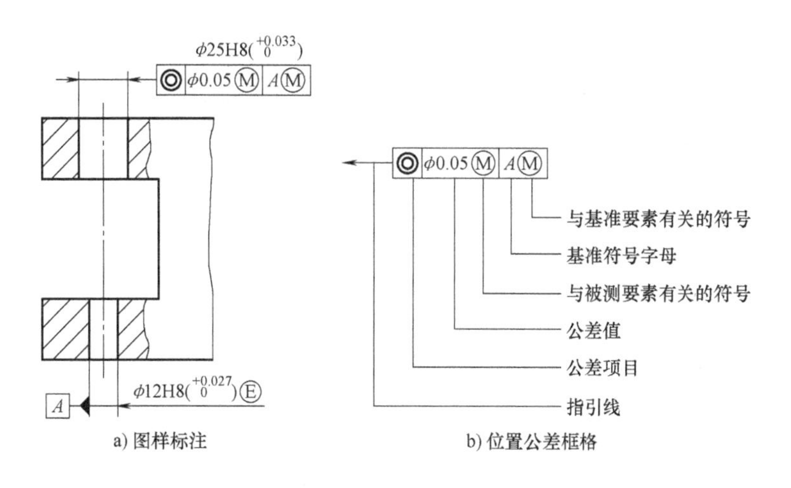

图 3-10 采用单一基准的三格几何公差框格中的内容填写示例

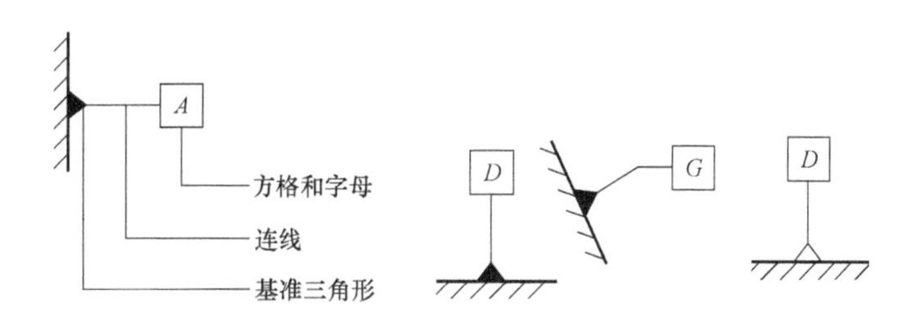

图 3-11 基准符号

2. 被测要素的标注方法

(1) 被测组成要素的标注方法 当被测要素为组成要素（轮廓要素）时，指引线的箭头应置于该要素的轮廓线上或它的延长线上，并且箭头指引线必须明显地与尺寸线错开，如图 3-12a、b 所示。对于被测表面，还可以用带点的引出线把该表面引出（这个点指在该表面上），指引线的箭头置于引出线的水平线上，被测圆表面的标注方法如图 3-12c 所示。

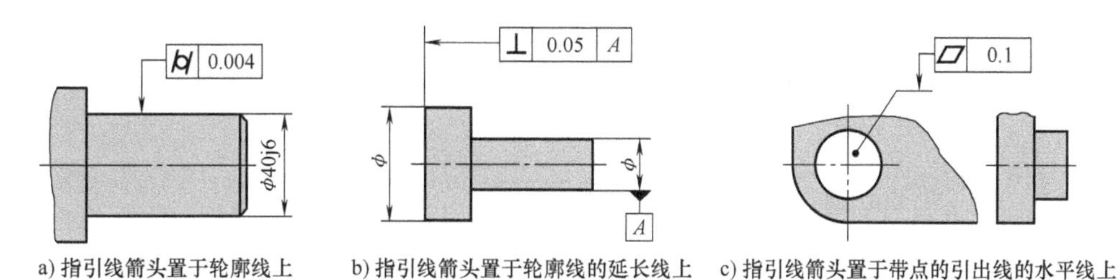

图 3-12 被测组成要素的标注示例

(2) 被测导出要素的标注方法 当被测要素为导出要素（中心要素）时，带箭头的指引线应与该要素所对应的尺寸线的延长线重合，如图 3-9、图 3-10 和图 3-13 所示。

(3) 指引线箭头的指向 指引线的箭头应指向几何公差带的宽度方向或直径方向。当

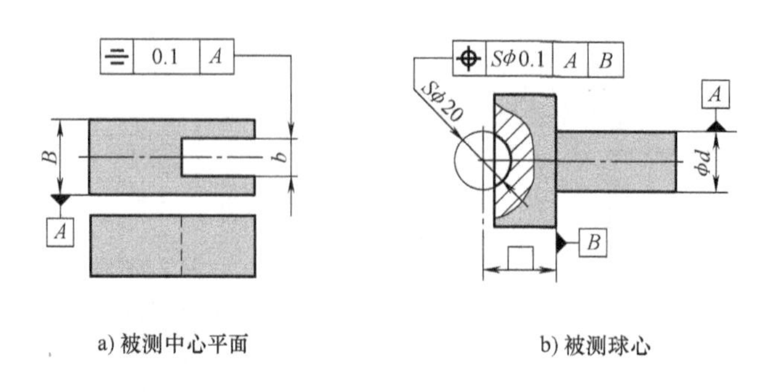

a) 被测中心平面　　b) 被测球心

图 3-13　被测导出要素的标注示例

指引线的箭头指向公差带的宽度方向时，公差框格中的几何公差值只写出数字，该方向垂直于被测要素（如图 3-12a 所示），或者与给定的方向相同（如图 3-14a 所示）。当指引线的箭头指向圆形或圆柱形公差带的直径方向时，需要在几何公差值的数字前面标注符号“ϕ”，例如图 3-14b 所示孔心（点）的位置度的圆形公差带和图 3-9 所示轴线直线度的圆柱形公差带。当指引线的箭头指向圆球形公差带的直径方向时，需要在几何公差值的数字前面标注符号“$S\phi$”，例如图 3-13b 所示球心的圆球形公差带。

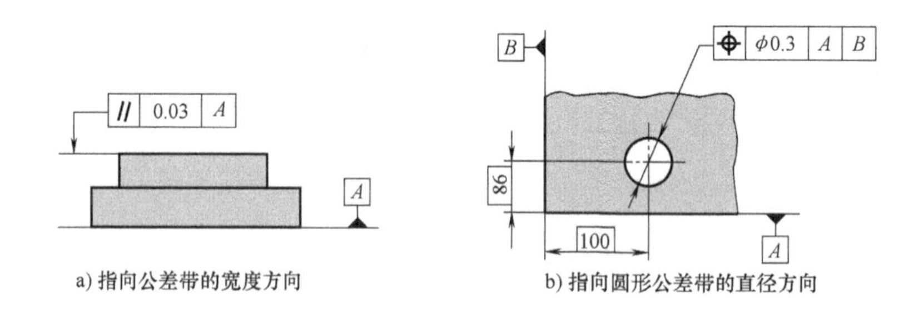

a) 指向公差带的宽度方向　　b) 指向圆形公差带的直径方向

图 3-14　被测要素几何公差框格指引线箭头的指向

3. 基准要素的标注方法

（1）基准组成要素的标注方法　当基准要素为表面或表面上的线等组成要素（轮廓要素）时，应把基准符号的基准三角形的底边放置在该要素的轮廓线上或它的延长线上，并且基准三角形放置处必须与尺寸线明显错开，如图 3-15a、b 所示。对于基准表面，可以用带点的引出线把该表面引出（这个点指在该表面上），基准三角形的底边放置于该基准表面

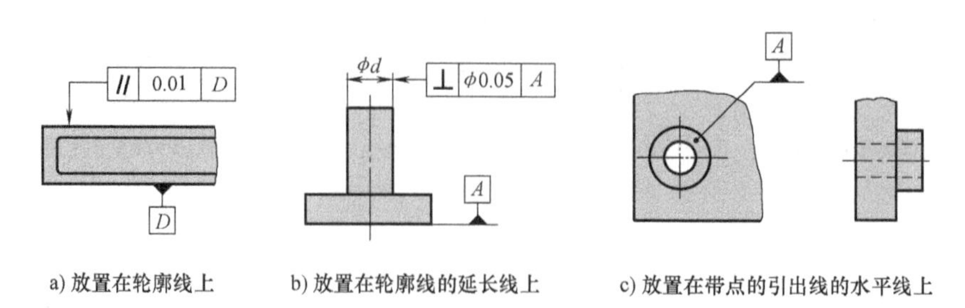

a) 放置在轮廓线上　　b) 放置在轮廓线的延长线上　　c) 放置在带点的引出线的水平线上

图 3-15　基准组成要素标注中基准三角形的底边的放置位置示例

引出线的水平线上，圆环形基准表面的标注方法如图 3-15c 所示。

（2）基准导出要素的标注方法　当基准要素为轴线或中心平面等导出要素（中心要素）时，应把基准符号的基准三角形的底边放置于基准轴线或基准中心平面所对应的尺寸线上，并且基准符号的细实线位于该尺寸线的延长线上，如图 3-16a 所示。如果尺寸线处安排不下它的两个箭头，则保留尺寸线的一个箭头，另一个箭头用基准符号的基准三角形代替，如图 3-16b 所示。

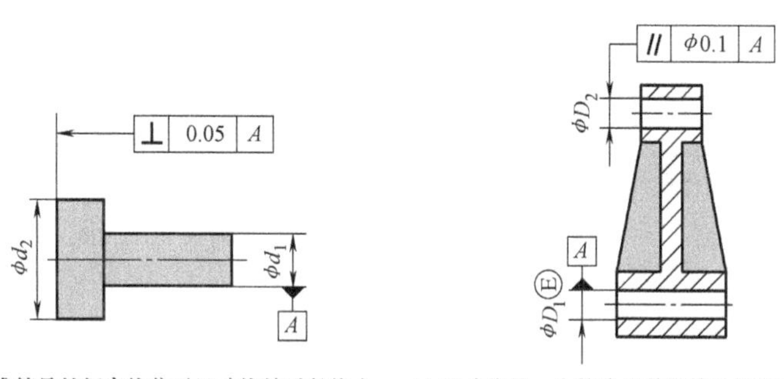

a) 基准符号的细实线位于尺寸线的延长线上　b) 尺寸线的一个箭头用基准符号的基准三角形代替

图 3-16　基准导出要素的标注中基准符号的基准三角形的放置位置示例

（3）公共基准的标注方法　对于公共基准，应对这两个基准要素分别标注不同字母的基准符号，将其用短横线隔开填写在公差框格中，如图 3-4 所示。

4. 几何公差标注的特殊规定

为了减少图样上几何公差框格或指引线的数量，简化绘图，在保证读图方便和不引起误解的前提下，可以简化几何公差的标注。

（1）同一被测要素有几项几何公差要求的标注方法　同一被测要素有几项几何公差要求时，可以将这几项要求的公差框格重叠绘出，只用一条指引线引向被测要素。图 3-6 所示的标注表示对上平面有平面度、平行度和位置度公差要求。

（2）几个被测要素有同一几何公差要求的简化标注方法　几个被测要素有同一几何公差带要求时，可以只使用一个公差框格，由该框格的一端引出一条指引线，在这条指引线上绘制几条带箭头的连线，分别与这几个被测要素相连接。例如图 3-17 所示，三个不要求共面的被测表面的平面度公差值均为 0.1mm。若三个面相关，则在公差值后加注 CZ，如图 3-18 所示。

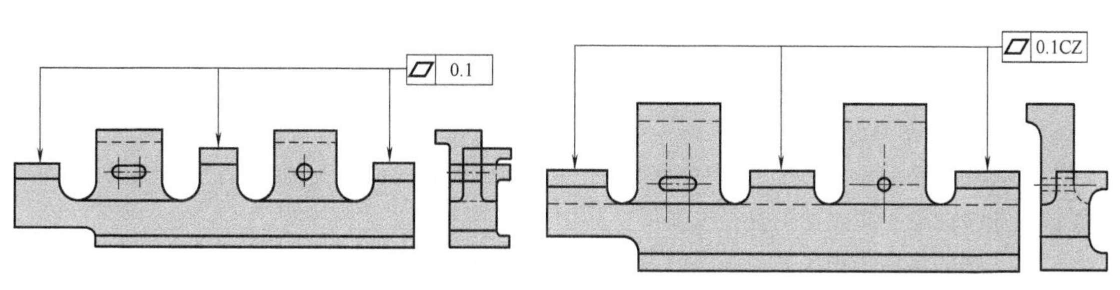

图 3-17　多个单独要素有同一公差要求的简化标注示例

图 3-18　多个相关要素的组合公差要求的简化标注示例

（3）几个同型被测要素有相同的几何公差要求的简化标注方法　结构和尺寸分别相同的几个被测要素有相同的几何公差要求时，可以只对其中一个绘制公差表格，在公差框格的上方加上乘号“×”，例如图3-19所示齿轮轴的两个轴颈的结构和尺寸分别相同，并且有相同的圆柱度公差和径向圆跳动公差要求。

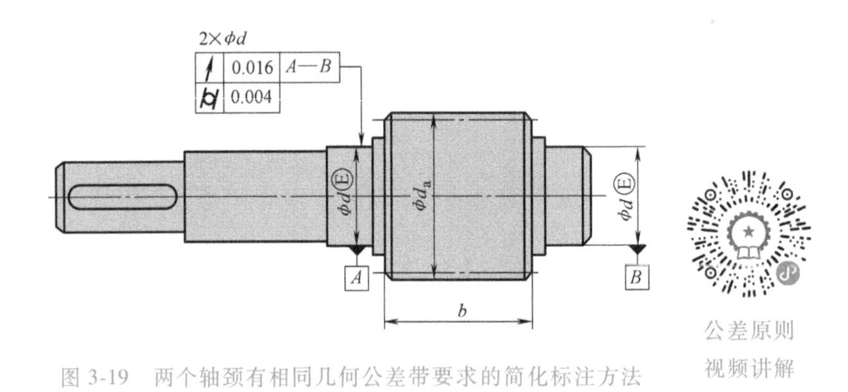

图3-19　两个轴颈有相同几何公差带要求的简化标注方法

3.3　公差原则

同一被测要素上，既有尺寸公差又有几何公差时，确定尺寸公差与几何公差之间相互关系的原则称为公差原则，公差原则分为独立原则和相关要求两大类。规定公差原则，在于更方便有效地控制和检验孔、轴的几何误差，确保孔、轴的配合要求和装配性及其他功能要求。

3.3.1　有关术语及定义

1. 提取组成要素的局部尺寸（简称提取要素的局部尺寸 d_a、D_a）

一切提取组成要素上两对应点之间的距离的统称。对同一要素在不同的测量部位测量得到的提取要素的局部尺寸不同，也称为实际尺寸。

2. 体外作用尺寸（d_{fe}、D_{fe}）

在被测要素的给定长度上，与实际被测外表面体外相接的最小理想面或与实际被测内表面体外相接的最大理想面的直径或宽度，如图3-20所示。

孔、轴的体外作用尺寸与其实际尺寸、几何误差 f 之间有如下关系：

$$d_{fe}=d_a+f \quad D_{fe}=D_a-f$$

对于关联要素，该理想面的轴线或中心平面必须与基准保持图样上给定的几何关系。

3. 体内作用尺寸（d_{fi}、D_{fi}）

在被测要素的给定长度上，与实际被测外表面体内相接的最大理想面或与实际被测内表面体内相接的最小理想面的直径或宽度，如图3-20所示。

孔、轴的体内作用尺寸与其实际尺寸、几何误差 f 之间有如下关系：

$$d_{fi}=d_a-f \quad D_{fi}=D_a+f$$

对于关联要素，该理想面的轴线或中心面必须与基准保持图样上给定的几何关系。

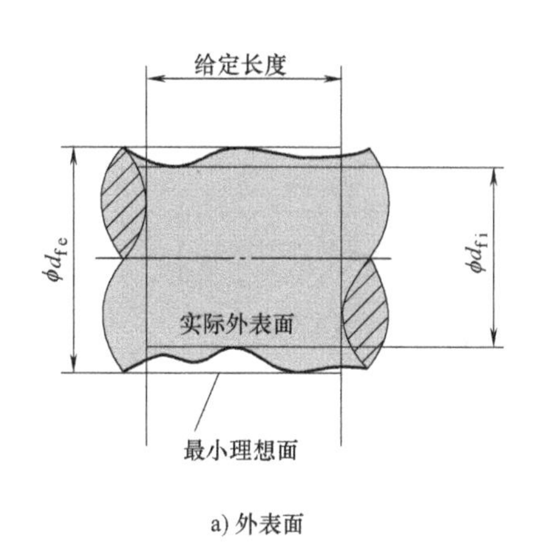

a) 外表面

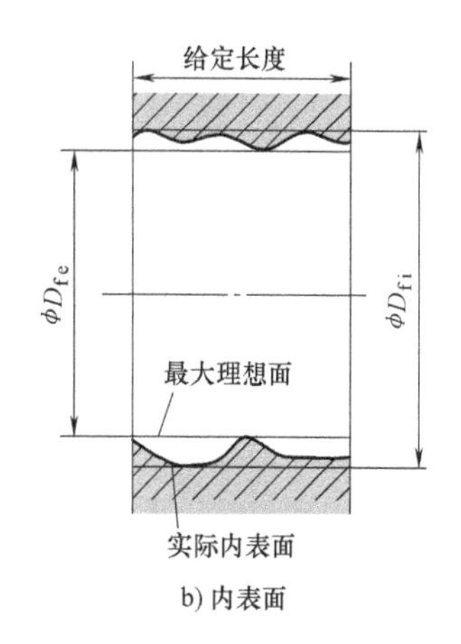

b) 内表面

图 3-20 作用尺寸

必须注意：作用尺寸是由实际尺寸和几何误差综合形成的，对于每个零件作用尺寸不尽相同。

4. 最大实体状态、尺寸、边界

（1）最大实体状态（MMC） 当尺寸要素的提取组成要素的局部尺寸处处位于极限尺寸且使其具有材料最多（实体最大）时的状态称为最大实体状态。

（2）最大实体尺寸（MMS） 确定要素最大实体状态的尺寸称为最大实体尺寸。对于外尺寸要素 MMS（轴）为轴的上极限尺寸，用 d_M 表示；对于内尺寸要素 MMS（孔）为孔的下极限尺寸，用 D_M 表示。即

$$d_M = d_{max} \quad D_M = D_{min}$$

（3）最大实体边界（MMB） 边界是由设计给定的具有理想形状的极限包容面（极限圆柱面或两平行平面）。尺寸为最大实体尺寸的边界称为最大实体边界，用 MMB 表示。

5. 最小实体状态、尺寸、边界

（1）最小实体状态（LMC） 当尺寸要素的提取组成要素的局部尺寸处处位于极限尺寸且使其具有材料最少（实体最小）时的状态称为最小实体状态。

（2）最小实体尺寸（LMS） 确定要素最小实体状态的尺寸称为最小实体尺寸。对于外尺寸要素 LMS（轴）为轴的下极限尺寸，用 d_L 表示；对于内尺寸要素 LMS（孔）为孔的上极限尺寸，用 D_L 表示。即

$$d_L = d_{min} \quad D_L = D_{max}$$

（3）最小实体边界（LMB） 边界是由设计给定的具有理想形状的极限包容面（极限圆柱面或两平行平面）。尺寸为最小实体尺寸的边界称为最小实体边界，用 LMB 表示。

6. 最大实体实效状态、尺寸、边界

（1）最大实体实效尺寸（MMVS） 尺寸要素的最大实体尺寸（MMS）和其导出要素的几何公差（形状、方向或位置）共同作用产生的尺寸。对于外表面，它等于最大实体尺寸加标注了符号Ⓜ的几何公差值 t，用 d_{MV} 表示；对于内表面，它等于最大实体尺寸减标注了符号Ⓜ的几何公差值 t，用 D_{MV} 表示，如图 3-21 所示。即

$$d_{MV} = d_M + t \quad D_{MV} = D_M - t$$

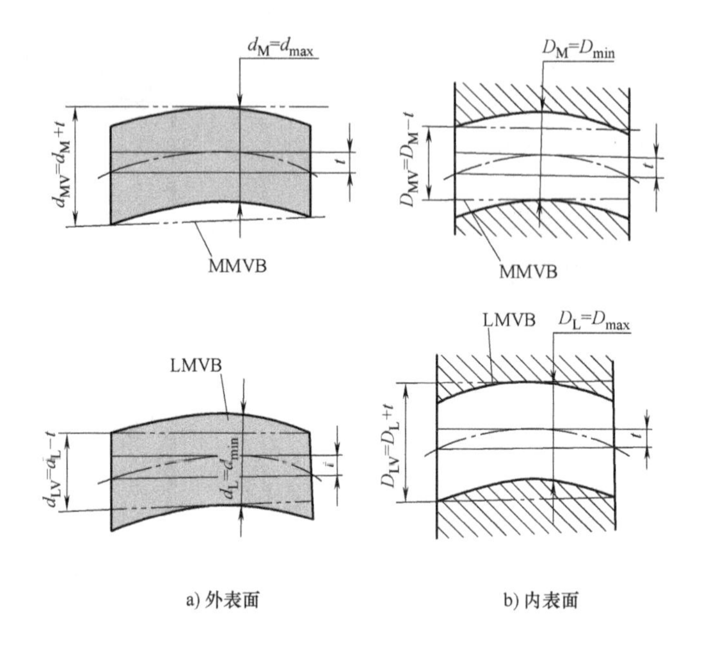

图 3-21　最大、最小实体实效尺寸及边界

（2）最大实体实效状态（MMVC）　拟合要素的尺寸为其最大实体实效尺寸（MMVS）时的状态。

（3）最大实体实效边界（MMVB）　尺寸为最大实体实效尺寸的边界，用 MMVB 表示，它是被测尺寸要素具有相同类型和理想形状的几何要素的极限状态。

7. 最小实体实效状态、尺寸、边界

（1）最小实体实效尺寸（LMVS）　尺寸要素的最小实体尺寸（LMS）和其导出要素的几何公差（形状、方向或位置）共同作用产生的尺寸。对于外表面，它等于最小实体尺寸减标注了符号Ⓛ的几何公差值 t，用 d_{LV} 表示；对于内表面，它等于最大实体尺寸加标注了符号Ⓛ的几何公差值 t，用 D_{LV} 表示，如图 3-21 所示。即

$$d_{LV}=d_L-t \quad D_{LV}=D_L+t$$

（2）最小实体实效状态（LMVC）　拟合要素的尺寸为其最小实体实效尺寸（LMVS）时的状态。

（3）最小实体实效边界（LMVB）　尺寸为最小实体实效尺寸的边界，用 LMVB 表示，它是被测尺寸要素具有相同类型和理想形状的几何要素的极限状态。

3.3.2　独立原则

1. 含义

独立原则是指被测要素在图样上注出或未注出的尺寸公差与几何公差各自独立，应分别满足要求的公差原则。

图 3-22 所示为按独立原则注出尺寸公差和圆度公差的示例。零件加工后，其实际尺寸应在 29.979~30mm 范围内，任一横截面的圆度误差应不大于 0.005mm。

圆度误差的允许值与零件实际尺寸的大小无关。实际尺寸和圆度误差皆合格，该零件才合格，其中只要有一项不合格，则该零件就不合格。

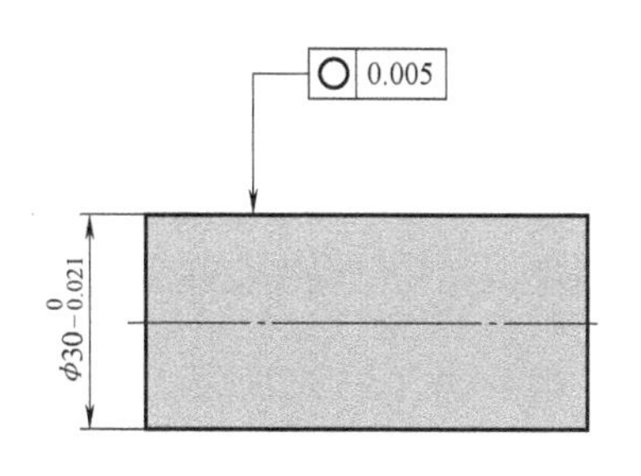

图 3-22　按独立原则标注公差示例

尺寸公差在很大程度上是取决于机床操作者的技术水平和依赖于精心操作来保证的，而形状误差主要是取决于机床精度和制造方法，操作者的技术水平对形状误差的影响是轻微的。设计人员依据独立原则，按功能要求可选择较高精度的形状公差和尽可能大的尺寸公差，这样工艺人员可以根据形状公差选择相应精度的机床以保证形状精度，而较大的尺寸公差就可放宽对操作者技术水平的要求，取得节省费用和降低成本的经济效果。

2. 应用

独立原则应用范围很广，常见有以下几种场合：

1）几何精度要求较高，但尺寸精度要求较低的要素。图 3-23 所示为一测量平板，其上平面是一模拟零件基准的平面，要求较高的平面度，而平板的厚度尺寸则对功能没什么影响，采用未注尺寸公差。

2）尺寸精度要求高，几何精度要求低的要素，图 3-24 所示为零件上的通油孔，不需要配合，但需保证一定的尺寸精度以控制油的流量，而孔的形状公差要求较低，其轴线直线度、圆度等均按 GB/T 1184—1996 中所规定的未注几何公差控制。

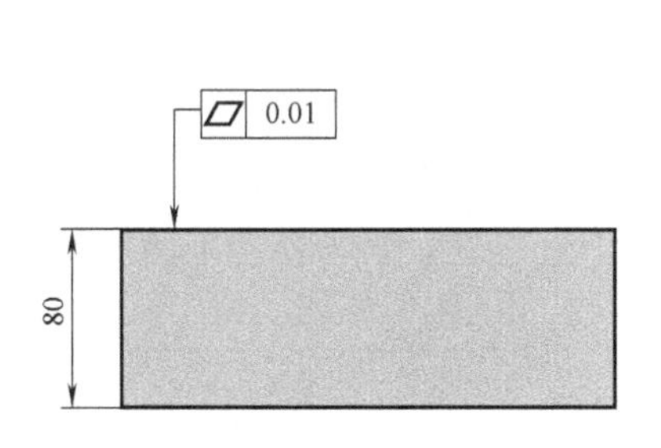

图 3-23　测量平板独立原则应用示例

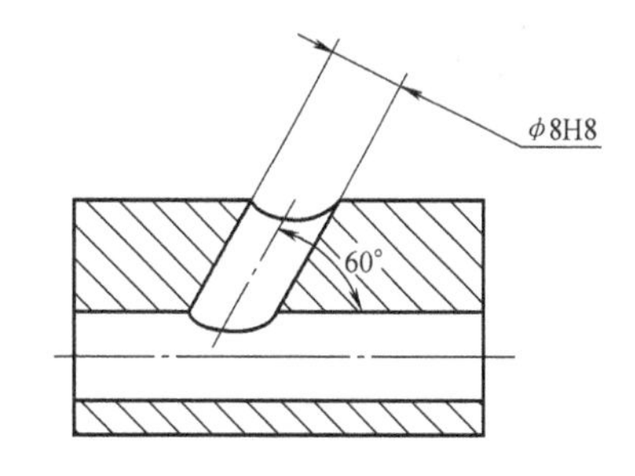

图 3-24　通油孔独立原则应用示例

3）尺寸与几何精度均要求较高，但不允许补偿或反补偿。图 3-25 所示为一连杆 $\phi12.5$ 孔与活塞销配合，内圆表面的尺寸精度与形状精度均要求较高，并不允许以尺寸公差补偿，采用独立原则，并给出圆柱度公差。

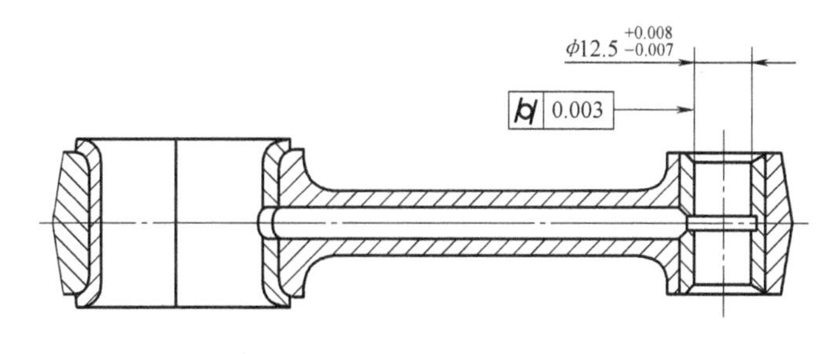

图 3-25　连杆采用独立原则示例

4）几何精度与尺寸本身无必然联系的要素。图 3-26 所示为一轴类零件，被测要素是直径为 ϕd 端面相对于 ϕd_1 轴线的端面全跳动，与两轴的实际直径无关，必须采用独立原则，分别给出要求。

被测要素采用独立原则时，其实际尺寸用两点法测量，其几何误差值用普通计量器具来测量。

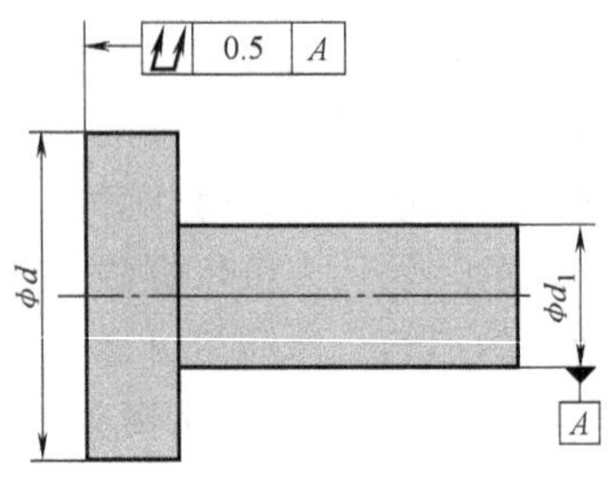

图 3-26 采用独立原则

3.3.3 相关要求

相关要求是指图样上给定的尺寸公差与几何公差相互有关，它分为包容要求、最大实体要求、最小实体要求和可逆要求。可逆要求不能单独采用，只能与最大实体要求或最小实体要求一起应用。

1. 包容要求

包容要求适用于单一尺寸要素，采用包容要求时，被测要素应遵守最大实体边界，即要素的体外作用尺寸不得超越其最大实体尺寸，且局部实际尺寸不得超越其最小实体尺寸，即

$$\text{对于外表面}\quad d_{fe} \leqslant d_M(d_{max}) \quad d_a \geqslant d_L(d_{min})$$

$$\text{对于内表面}\quad D_{fe} \geqslant D_M(D_{min}) \quad D_a \leqslant D_L(D_{max})$$

包容要求是指当实际尺寸处处为最大实体尺寸时，其几何公差为零；当实际尺寸偏离最大尺寸时，允许的几何误差可以相应增加，增加量为实际尺寸与最大实体尺寸之差（绝对值），其最大增加量等于尺寸公差，此时实际尺寸应处处为最小实体尺寸。

在图样上，单一要素的尺寸极限偏差或公差带代号注有Ⓔ时，则表示该单一要素要采用包容要求。如图 3-27 所示。图 3-27c 所示为图 3-27a 标注示例的动态公差图，此图表达了实际尺寸和几何公差变化的关系。图 3-27c 中横坐标表示实际尺寸，纵坐标表示几何公差（如直线度），斜线为相关线。

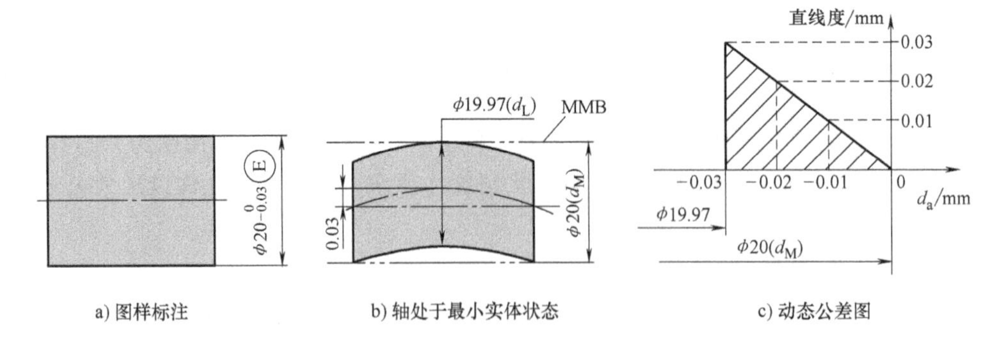

图 3-27 包容要求用于单一要素示例

包容要求是将尺寸和几何误差同时控制在尺寸公差范围内的一种公差要求，主要用于必须保证配合性质的要素，用最大实体边界保证必要的最小间隙或最大过盈，用最小实体尺寸防止间隙过大或过盈过小。

2. 最大实体要求

尺寸要素的非理想要素不得违反其最大实体实效状态（MMVC）的一种尺寸要素要求，即尺寸要素的非理想要素不得超越其最大实体实效边界（MMVB）的一种尺寸要素要求。

其最大实体实效状态（MMVC）或最大实体实效边界（MMVB）是和被测尺寸要素具有相同类型和理想形状的几何要素的极限状态，该极限状态的尺寸是最大实体实效尺寸MMVS。

最大实体要求用于被测要素时，被测要素的几何公差值是在该要素处于最大实体状态时给定的。当被测要素的实际轮廓偏离其最大实体状态，即实际尺寸偏离最大实体尺寸时，允许的几何误差值可以增加，偏离多少，就可增加多少，其最大增加量等于被测要素的尺寸公差值，从而实现尺寸公差向几何公差转化。

最大实体要求用于被测要素时，被测要素应遵守最大实体实效边界，即要素的体外作用尺寸不得超越最大实体实效尺寸，且局部实际尺寸在最大与最小实体尺寸之间，即

$$\text{对于外表面}\quad d_{fe} \leqslant d_{MV} = d_{max} + t \quad d_{max} \geqslant d_a \geqslant d_{min}$$

$$\text{对于内表面}\quad D_{fe} \geqslant D_{MV} = D_{min} - t \quad D_{max} \geqslant D_a \geqslant D_{min}$$

（1）最大实体要求用于被测要素　图样上被测要素几何公差框格内公差值后标注Ⓜ，表示最大实体要求用于被测要素，如图3-28a所示。

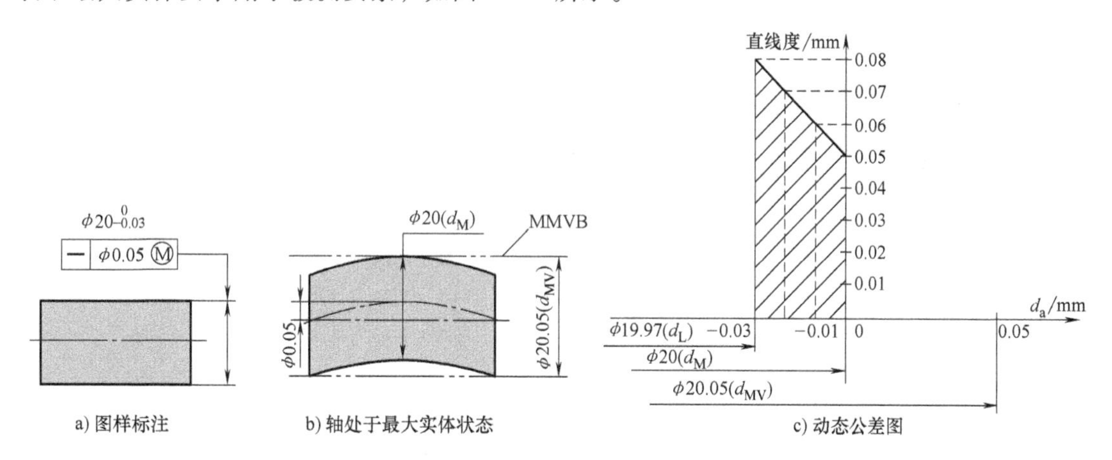

图3-28　最大实体要求用于被测要素示例

当轴的实际尺寸为最大实体尺寸 φ20mm 时，允许的直线度误差为 φ0.05mm，如图3-28b所示。随着实际尺寸的减小，允许的直线度误差相应增大，若尺寸为 φ19.98mm（偏离 d_M 为 φ0.02mm），则允许的直线度误差为 φ0.05mm+φ0.02mm=φ0.07mm；当实际尺寸为最小实体尺寸 φ19.97mm 时，允许的直线度误差为最大（φ0.05mm+φ0.03mm=φ0.08mm）。图3-28所示给出了直线度随实际尺寸变化动态公差图。

（2）最大实体要求应用于基准要素

基准要素是确定被测要素方位的参考对象的基础。基准要素尺寸公差与被测要素方向、位置公差的关系可以是彼此无关而独立的，或者是相关的。基准要素本身可以采用独立原则、包容要求、最大实体要求或其他相关要求。

图样上公差框格中基准字母后标注符号Ⓜ时，表示最大实体要求用于基准要素，如

图 3-29a 所示。此时，基准要素应遵守相应的边界。若基准的实际轮廓偏离相应的边界，即其体外作用尺寸偏离相应的边界尺寸，则允许基准要素在一定范围内浮动，其浮动范围等于基准要素的体外作用尺寸与其相应的边界之差。

图 3-29a 表示最大实体要求同时用于被测要素和基准要素，基准本身采用包容要求。当被测要素处于最大实体状态（实际尺寸为 ϕ12mm）时，同轴度公差为 ϕ0.04mm（如图 3-29b 所示）。被测要素应满足下列要求：局部实际尺寸 d_{1a} 应在 ϕ11.95 ~ ϕ12mm 范围内；体外作用尺寸小于（或等于）最大实体实效尺寸 $\phi12mm+\phi0.04mm=\phi12.04mm$，即其轮廓不超越最大实体实效边界；当被测轴的实际尺寸小于 ϕ12mm，允许同轴度误差增大，当 $d_{1a}=\phi11.95mm$ 时，同轴度误差允许达到最大值，为 $\phi0.04mm+\phi0.05mm=\phi0.09mm$，如图 3-29c 所示。

当基准的实际轮廓处于最大实体边界，即 $d_{2fe}=d_{2M}=\phi25mm$ 时，基准线不能浮动，如图 3-29b、c 所示。当基准的实际轮廓偏离最大实体边界，即其体外作用尺寸小于 ϕ25mm 时，基准线可以浮动；当其体外作用尺寸等于最小实体尺寸 ϕ24.95mm 时，其浮动范围达到最大值 ϕ0.05mm，如图 3-29d 所示。基准浮动，使被测要素更容易达到合格要求。

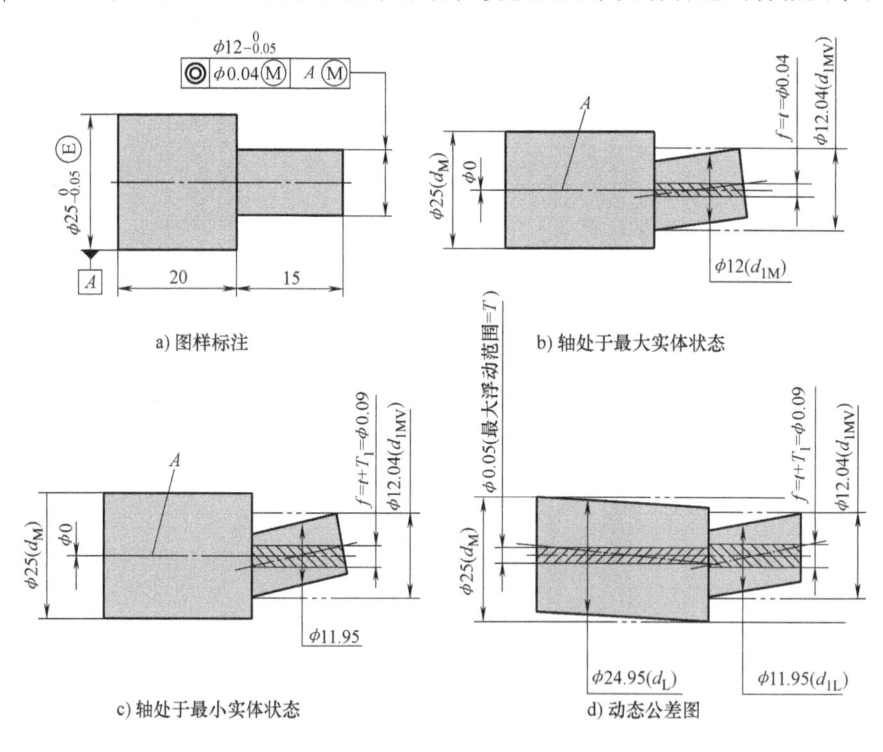

图 3-29 最大实体要求同时用于被测要素和基准要素示例

最大实体要求适用于中心要素，主要用在仅需要保证零件可装配性的场合。

3. 最小实体要求

尺寸要素的非理想要素不得违反其最小实体实效状态（LMVC）的一种尺寸要素要求，即尺寸要素的非理想要素不得超越其最小实体实效边界（LMVB）的一种尺寸要素要求。

（1）最小实体要求用于被测要素　最小实体要求用于被测要素时，被测要素的几何公差值是在该要素处于最小实体状态时给定的。当被测要素的实际轮廓偏离其最小实体状态，即实际尺寸偏离最小实体尺寸时，允许的几何误差值可以增加，偏离多少，就可增加多少，其最大增加量等于被测要素的尺寸公差值，从而实现尺寸公差向几何公差转化。

最小实体要求用于被测要素时，被测要素应遵守最小实体实效边界，即被测要素的体内作用尺寸不得超越最小实体实效尺寸，且其局部实际尺寸不得超出极限尺寸，可用下式表示：

$$\text{对于外表面}\quad d_{fi} \leqslant d_{LV} = d_{min} - t \quad d_{max} \geqslant d_a \geqslant d_{min}$$

$$\text{对于内表面}\quad D_{fi} \geqslant D_{LV} = D_{max} + t \quad D_{max} \geqslant D_a \geqslant D_{min}$$

图样上被测要素几何公差框格内公差值后标注Ⓛ，表示最小实体要求用于被测要素，如图 3-30a 所示，轴线位置度采用最小实体要求。

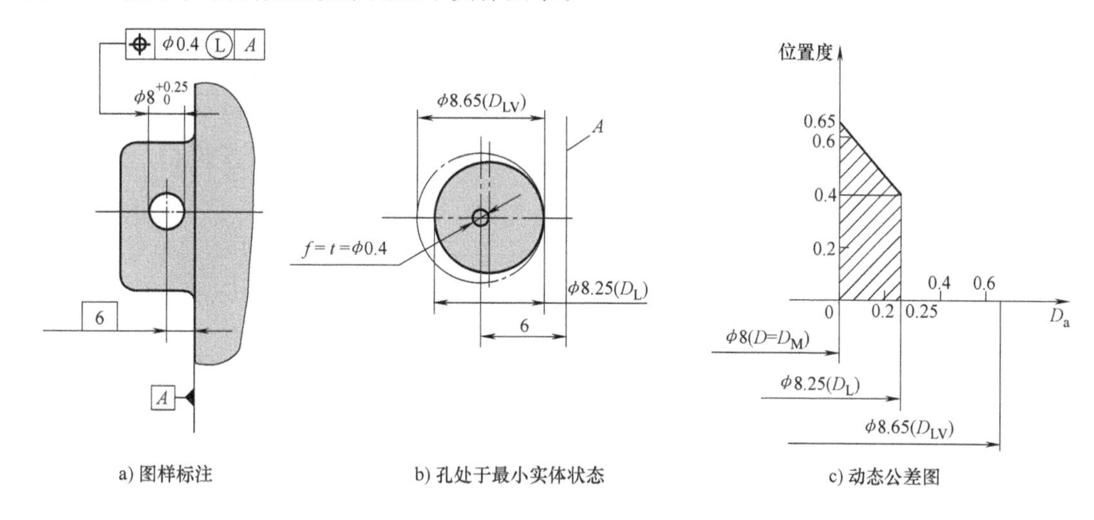

图 3-30 最小实体要求用于被测要素示例

图 3-30a 所示表示孔 $\phi8^{+0.25}_{0}$ 的轴线相对零件侧面的位置度。为保证侧面与孔外缘之间的最小壁厚，被测孔轴线采用最小实体要求。孔轴线与侧面距离的理论正确尺寸为 6mm。图 3-30b 所示表示当孔提取要素直径为最小实体尺寸 $\phi8.25$mm 时，允许位置度误差 $\phi0.4$mm，其最小实体实效边界为直径 $\phi8.65$mm（$\phi8.25$mm+$\phi0.4$mm）的理想圆。

当孔的提取要素直径偏离最小实体尺寸时，其实际轮廓与控制边界之间会产生一个相应量，允许位置度误差增大。当孔的提取要素实际直径为最大实体尺寸 $\phi8$mm 时，其中心线的位置度误差可增大至 $\phi0.65$mm（$\phi0.4$mm+$\phi0.25$mm）。由于受边界控制，不能再增大，这样就保证了最小壁厚。图 3-30c 所示是表示上述关系的动态公差图。

（2）最小实体要求应用于基准要素　图样上公差框格中基准字母后标注符号Ⓛ时，表示最小实体要求用于基准要素，如图 3-31 所示。此时，基准要素应遵守相应的边界。若基准的实际轮廓偏离相应的边界，即其体内作用尺寸偏离相应的边界尺寸，则允许基准要素在一定范围内浮动，其浮动范围等于基准要素的体内作用尺寸与其相应边界尺寸之差。

图 3-31 所示表示最小实体要求同时用于被测要素和基准要素，基准本身（$\phi50^{\ 0}_{-0.5}$mm）不采用最小实体要求，其相应的边界为最小实体边界，边界尺寸为 $\phi49.5$mm，当基准要素实际轮廓大于 $\phi49.5$mm 时，基准可在一定范围内浮动，浮动范围为基准的体内作用尺寸与

ϕ49.5mm 之差。

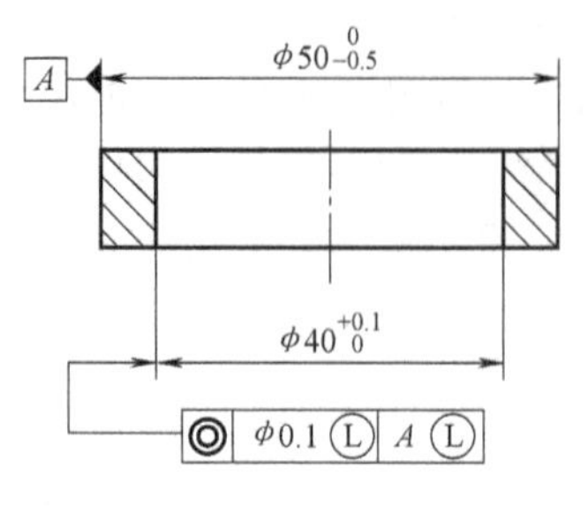

图 3-31 最小实体要求同时用于被测要素和基准要素示例

最小实体要求适用于中心要素，主要用在仅需要保证零件的强度和壁厚的场合。

4. 可逆要求

可逆要求是最大实体要求或最小实体要求的附加要求，表示尺寸公差可以在几何误差小于几何公差之间的差值内相应地增大。可逆要求仅用于被测要素。

可逆要求是指在不影响零件功能的前提下，当被测轴线、被测中心平面等被测导出要素的几何误差值小于图样上标注的几何公差值时，允许对应被测尺寸要素的尺寸公差值大于图样上标注的尺寸公差值。可逆要求不能单独使用，必须与最大实体要求或最小实体要求一起使用。

（1）可逆要求用于最大实体要求　图样上几何公差框格中，在被测要素几何公差值后面标注双重符号Ⓜ Ⓡ，则表示被测要素遵守最大实体要求的同时遵守可逆要求，如图 3-32 所示。

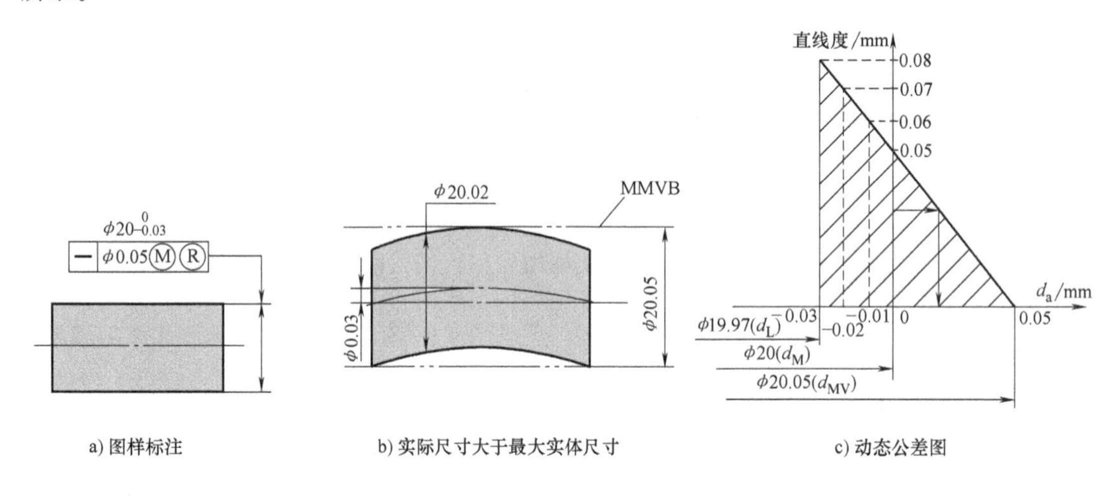

图 3-32 可逆要求用于最大实体要求示例

可逆要求用于最大实体要求，除了具有上述最大实体要求用于被测要素时的含义外，还表示当几何误差小于图样上标注的几何公差值时，也允许被测要素的实际尺寸超出其最大实体尺寸；当几何误差为零时，允许尺寸的超出量最大，为几何公差值，从而实现尺寸公差与几何公差相互转换的可逆要求。此时，被测要素仍然遵守最大实体实效边界。

如图 3-32a 所示，轴线直线度公差 ϕ0.05mm 是在轴的尺寸为最大实体尺寸 ϕ20mm 时给定的，当轴的尺寸小于 ϕ20mm 时，直线度误差的允许值可以增大，例如尺寸为 ϕ19.98mm，则允许的直线度误差为 ϕ0.07mm，当实际尺寸为最小实体尺寸 ϕ19.97mm 时，允许的直线度误差最大，为 ϕ0.08mm；轴线的直线度误差小于图样上给定的 ϕ0.05mm 时，如为 ϕ0.03mm，则允许的实际尺寸大于最大实体尺寸 ϕ20mm 而达到 ϕ20.02mm，如图 3-32b 所示；当直线度误差为零时，轴的实际尺寸可达到最大值，即等于最大实体实效边界尺寸

ϕ20.05mm。图 3-32c 所示给出了表达上述关系的动态公差图。

（2）可逆要求用于最小实体要求　图样上几何公差框格中，在被测要素几何公差值后面标注双重符号Ⓛ Ⓡ，则表示被测要素遵守最小实体要求的同时遵守可逆要求，如图 3-33 所示。

可逆要求用于最小实体要求，除了具有上述最小实体要求用于被测要素时的含义外，还表示当几何误差小于图样上标注的几何公差值时，也允许被测要素的实际尺寸超出其最小实体尺寸；当几何误差为零时，允许尺寸的超出量最大，为几何公差值，从而实现尺寸公差与几何公差相互转换的可逆要求。此时，被测要素仍然遵守最小实体实效边界。

图 3-33a 所示表示孔 $\phi8^{+0.25}_{0}$mm 的轴线相对于基准面 A 的位置度公差为 ϕ0.4mm，在采用最小实体要求的同时采用可逆要求。

按设计要求，提取内表面的控制边界为直径 ϕ8.65mm（ϕ8.25mm+ϕ0.4mm）的理想圆柱面，当孔的提取内表面直径为 ϕ8.25mm 时，位置度公差为 ϕ0.4mm，如图 3-33b 所示。

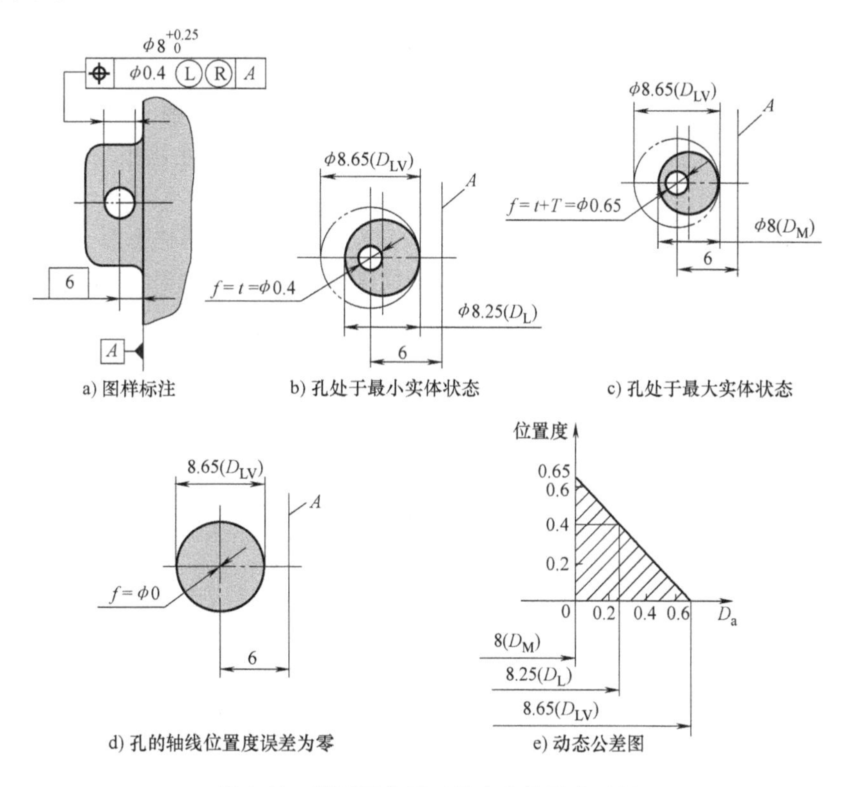

图 3-33　可逆要求用于最小实体要求示例

提取内表面的直径不能破坏其最大实体尺寸，即不能小于 ϕ8mm。当提取内表面的直径为 ϕ8mm 时，允许位置度误差达 ϕ0.65mm（0.4mm+0.25mm），如图 3-33c 所示。由于采用可逆要求，如果位置度误差为 0，实际尺寸可达 ϕ8.65mm（8.25mm +0.4mm），如图 3-33d 所示。

位置度误差和孔的提取内表面尺寸无论怎样变化，其实际轮廓均受其最小实体实效边界的控制。它们之间的变化如图 3-33e 所示。

采用可逆要求的孔、轴尺寸公差得到最大实体要求中的“tⓂ”和最小实体要求的“tⓁ”的补偿，因此对需要采用最大（最小）实体要求且对尺寸精度要求不高的孔、轴，可采用可逆要求，以使孔、轴的尺寸公差和几何公差可逆互补，充分利用，实现最佳技术经济效益。

3.4 几何公差的选择

几何公差的选择视频讲解

在大多数情况下，零件要素的几何公差由机床和工艺保证，按未注几何公差规定。只有在几何精度有特殊要求且高于所保证的精度时，才需用公差框格形式在图样上标注几何精度要求。

3.4.1 几何公差特征项目的选择

几何公差特征项目的选择应根据零件的形态结构、功能要求、检测方便及经济性等几方面综合考虑。

几何公差特征项目的选择原则有三点：①满足零件的结构特征和功能要求；②在满足功能要求的前提下，尽量选用检测方便的项目；③在满足功能要求和便于测量的前提下，尽量选择有综合控制功能的项目，以减少图样上给出的几何公差项目及相应的几何误差检测项目。

零件本身的形态结构，决定了它可能要求的公差特征。如对圆柱形零件，可选择圆度、圆柱度、轴心线直线度及素线直线度等项目；平面零件可选择平面度，窄长平面则可选择直线度；凸轮类零件可选线轮廓度等。

确定公差特征项目必须与检测条件相结合，考虑检测的可能性与经济性。例如对轴类零件，可用径向全跳动综合控制圆柱度、同轴度；用轴向全跳动代替端面对轴线的垂直度。因为跳动误差检测方便，又能综合控制相应的几何误差项目。

由于零件种类繁多，功能要求各异，设计者只有在充分明确所设计零件的功能要求、熟悉零件的加工工艺和具有一定的检测经验的情况下，才能对零件提出更合理、恰当的几何公差特征项目。

3.4.2 基准的选择

给出关联要素之间的方向或位置关系要求时，需要选择基准。选择基准时，主要应根据设计和使用要求，并兼顾基准统一的原则以及零件的结构特征等，从以下几方面考虑。

1）根据零件的功能要求及要素间的几何关系选择基准。例如，对旋转轴，通常都以轴承轴颈的轴线作为基准。

2）从加工、测量角度考虑，选择在夹具、量具中定位的相应要素作为基准，应尽量使工艺基准、测量基准、设计基准与装配基准统一。例如，加工齿轮时，以齿轮坯的中心孔作为基准。

3）根据装配关系，选择相互配合或相互接触的表面为各自的基准，以保证零件的正确装配。例如箱体的装配底面，盘类零件的端平面等。

4）采用多基准时，通常选择对被测要素使用要求影响最大的表面或定位最稳的表面作

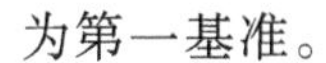
为第一基准。

3.4.3 几何公差值的选择

几何公差值主要根据被测要素的功能要求和加工经济性来选择。在零件图上，被测要素的几何精度要求有两种表示方法：一种是用几何公差框格的形式单独注出几何公差值；另一种是按 GB/T 1184—1996 的规定，统一给出未注几何公差（在技术要求中用文字说明）。

1. 注出几何公差的确定

几何公差值可以采用计算法或类比法确定。计算法是指对于某些方向、位置公差值，可以用尺寸链分析计算来确定；对于用螺栓或螺钉连接两个或两个以上零件的孔组的各个孔位置度公差，可以根据螺栓或螺钉与通孔间的最小间隙确定。

类比法是指将所设计的零件与具有同样功能要求且经使用表明效果良好而资料齐全的类似零件进行对比，经分析后确定所设计零件有关要素的几何公差值。

GB/T 1184—1996 对直线度、平面度、圆度、圆柱度、平行度、垂直度、倾斜度、同轴度、对称度、圆跳动和全跳动公差等 11 个特征项目分别规定了若干公差等级及对应的公差值（见表 3-8、表 3-9）。这 11 个特征项目中，GB/T 1184—1996 将圆度和圆柱度的公差等级分别规定了 13 个等级，它们分别用阿拉伯数字 0、1、2、…、12 表示，其中 0 级最高，等级依次降低，12 级最低。其余 9 个特征项目的公差等级分别规定了 12 个等级，它们分别用阿拉伯数字 1、2、…、12 表示，其中 1 级最高，等级依次降低，12 级最低。此外，还规定了位置度公差值数系（见表 3-10）。

表 3-8 直线度、平面度公差值，方向公差值，同轴度、对称度公差值和跳动公差值

（摘自 GB/T 1184—1996）

直线度、平面度主参数[①]/mm	公差等级											
	1	2	3	4	5	6	7	8	9	10	11	12
	直线度、平面度公差值/μm											
≤10	0.2	0.4	0.8	1.2	2	3	5	8	12	20	30	60
>10~16	0.25	0.5	1	1.5	2.5	4	6	10	15	25	40	80
>16~25	0.3	0.6	1.2	2	3	5	8	12	20	30	50	100
>25~40	0.4	0.8	1.5	2.5	4	6	10	15	25	40	60	120
>40~63	0.5	1	2	3	5	8	12	20	30	50	80	150
>63~100	0.6	1.2	2.5	4	6	10	15	25	40	60	100	200
>100~160	0.8	1.5	3	5	8	12	20	30	50	80	120	250
>160~250	1	2	4	6	10	15	25	40	60	100	150	300
平行度、垂直度、倾斜度主参数[②]/mm	平行度、垂直度、倾斜度公差值/μm											
≤10	0.4	0.8	1.5	3	5	8	12	20	30	50	80	120
>10~16	0.5	1	2	4	6	10	15	25	40	60	100	150
>16~25	0.6	1.2	2.5	5	8	12	20	30	50	80	120	200
>25~40	0.8	1.5	3	6	10	15	25	40	60	100	150	250

（续）

平行度、垂直度、倾斜度主参数[②]/mm	平行度、垂直度、倾斜度公差值/μm											
>40~63	1	2	4	8	12	20	30	50	80	120	200	300
>63~100	1.2	2.5	5	10	15	25	40	60	100	150	250	400
>100~160	1.5	3	6	12	20	30	50	80	120	200	300	500
>160~250	2	4	8	15	25	40	60	100	150	250	400	600
同轴度、对称度、圆跳动、全跳动主参数[③]/mm	同轴度、对称度、圆跳动、全跳动公差值/μm											
≤3	0.4	0.6	1	1.5	2.5	4	6	10	20	40	60	120
>3~6	0.5	0.8	1.2	2	3	5	8	12	25	50	80	150
>6~10	0.6	1	1.5	2.5	4	6	10	15	30	60	100	200
>10~18	0.8	1.2	2	3	5	8	12	20	40	80	120	250
>18~30	1	1.5	2.5	4	6	10	15	25	50	100	150	300
>30~50	1.2	2	3	5	8	12	20	30	60	120	200	400
>50~120	1.5	2.5	4	6	10	15	25	40	80	150	250	500
>120~250	2	3	5	8	12	20	30	50	100	200	300	600

注：① 对于直线度、平面度公差，棱线和回转表面的轴线、素线以其长度的公称尺寸作为主参数；矩形平面以其较长边、圆平面以其直径的公称尺寸作为主参数。

② 对于方向公差，被测要素以其长度或直径的公称尺寸作为主参数。

③ 对于同轴度、对称度公差和跳动公差，被测要素以其直径或宽度的公称尺寸作为主参数。

表 3-9 圆度、圆柱度公差值（摘自 GB/T 1184—1996）

主参数/mm	公差等级												
	0	1	2	3	4	5	6	7	8	9	10	11	12
	公差值/μm												
≤3	0.1	0.2	0.3	0.5	0.8	1.2	2	3	4	6	10	14	25
>3~6	0.1	0.2	0.4	0.6	1	1.5	2.5	4	5	8	12	18	30
>6~10	0.12	0.25	0.4	0.6	1	1.5	2.5	4	6	9	15	22	36
>10~18	0.15	0.25	0.5	0.8	1.2	2	3	5	8	11	18	27	43
>18~30	0.2	0.3	0.6	1	1.5	2.5	4	6	9	13	21	33	52
>30~50	0.25	0.4	0.6	1	1.5	2.5	4	7	11	16	25	39	62
>50~80	0.3	0.5	0.8	1.2	2	3	5	8	13	19	30	46	74
>80~120	0.4	0.6	1	1.5	2.5	4	6	10	15	22	35	54	87
>120~180	0.6	1	1.2	2	3.5	5	8	12	18	25	40	63	100

注：回转表面、球、圆以其直径的公称尺寸作为主参数。

表 3-10 位置度公差值数系（摘自 GB/T 1184—1996） （单位：μm）

优先数系	1	1.2	1.5	2	2.5	3	4	5	6	8
	1×10^n	1.2×10^n	1.5×10^n	2×10^n	2.5×10^n	3×10^n	4×10^n	5×10^n	6×10^n	8×10^n

注：n 为正整数。

表 3-11～表 3-14 列出了 11 个几何公差特征项目的部分公差等级的应用场合，供选择几何公差等级时参考，根据所选择的公差等级从公差表格查取几何公差值。

表 3-11 直线度、平面度公差等级应用实例

公差等级	应用举例
5	1 级平板，2 级宽平尺，平面磨床的纵向导轨、垂直导轨、立柱导轨及工作台，液压龙门刨床和六角车床床身导轨，柴油机进气，排气阀门导杆
6	普通机床导轨面，如卧式车床、龙门刨床、滚齿机、自动车床等的床身导轨和立柱导轨，柴油机壳体
7	2 级平板，机床主轴箱，摇臂钻床底座和工作台，镗床工作台，液压泵盖，减速器壳体结合面
8	机床传动箱体，交换齿轮箱体，车床溜板箱体，柴油机气缸体，连杆分离面，缸盖结合面，汽车发动机缸盖，曲轴箱结合面，液压管件和法兰连接面
9	3 级平板，自动车床床身底面，摩托车曲轴箱体，汽车变速器壳体，手动机械的支撑面

表 3-12 圆度、圆柱度公差等级应用实例

公差等级	应用举例
5	一般计量仪器主轴，测杆外圆柱面，陀螺仪轴颈，一般机床主轴轴颈及主轴轴承孔，柴油机、汽油机活塞、活塞销，与 6 级滚动轴承配合的轴颈
6	仪表端盖外圆柱面，一般机床主轴及前轴承孔，泵、压缩机的活塞、气缸，汽油发动机凸轮轴，纺机锭子，减速器转轴轴颈，高速船用柴油机、拖拉机曲轴主轴颈，与 6 级滚动轴承配合的外壳孔，与 0 滚动轴承配合的轴颈
7	大功率低速柴油机曲轴轴颈、活塞、活塞销、连杆和气缸，高速柴油机箱体轴承孔，千斤顶或压力油缸活塞，机车传动轴，水泵及通用减速器转轴轴颈，与 0 级滚动轴承配合的外壳孔
8	低速发动机，大功率曲轴轴颈，压气机连杆盖、体，拖拉机气缸、活塞，炼胶机冷铸轴辊，印刷机传墨辊，内燃机曲轴轴颈，柴油机凸轮轴承孔，凸轮轴，拖拉机、小型船用柴油机气缸套
9	空气压缩机缸体，液压传动筒，通用机械杠杆与拉杆用套筒销子，拖拉机活塞环、套筒孔

表 3-13 平行度、垂直度、倾斜度公差等级应用实例

公差等级	应用举例
4,5	普通车床导轨，重要支承面，机床主轴孔对基准的平行度，精密机床重要零件，计量仪器、器具、模具的基准面和工作面，主轴箱体重要孔，通用减速器壳体孔，齿轮泵的油孔端面，发动机轴和离合器的凸缘，气缸支承端面，安装精密滚动轴承的壳体孔的凸肩
6,7,8	一般机床的基准面和工作面，压力机和锻锤的工作面，中等精度钻模的工作面，机床一般轴承孔对基准面的平行度，变速箱箱体孔，主轴花键对定心直径部分轴线的平行度，重型机械轴承端盖，卷扬机、手动传动装置中的传动轴，一般导轨，主轴箱箱体孔，刀架、砂轮架、汽缸配合面对基准轴线及活塞销孔对活塞中心线的垂直度，滚动轴承内、外圈端面对基准轴线的垂直度
9,10	低精度零件，重型机械滚动轴承端盖，柴油机、煤气发动机箱体曲轴孔、曲轴颈，花键轴和轴肩端面，带式运输机法兰盘等端面对轴线的垂直度，手动卷扬机及传动装置中的轴承端面、减速器壳体平面

表 3-14 同轴度、对称度、径向跳动公差等级的应用实例

公差等级	应用举例
5,6,7	这是应用范围较广的公差等级。用于几何精度要求较高、尺寸的公差等级为 6~8 级的零件。5 级常用于机床主轴轴颈，计量仪器的侧杆，涡轮机主轴，柱塞油泵转子，高精度滚动轴承外圈，一般精度滚动轴承内圈。6、7 级用于内燃机曲轴、凸轮轴、齿轮轴、水泵轴、汽车后轮输出轴、电动机转子、印刷机传墨辊的轴颈、键槽
8,9	常用于几何精度要求一般、尺寸的标准公差等级为 9~11 级的零件。8 级用于拖拉机发动机分配轴轴颈，与 9 级精度以下齿轮相配的轴，水泵叶轮，离心泵体，棉花精梳机前、后滚子，键槽等。9 级用于内燃机气缸套配合面，自行车中轴

在确定几何公差值时，还应注意下列问题。

1）在同一要素上给出的形状公差值应小于位置公差值。如要求平行的两个平面，其平面度公差值应小于平行度公差值。

2）圆柱形零件的形状公差值（轴线直线度除外）一般情况下应小于其尺寸公差值。

3）平行度公差值应小于其相应的距离公差值。

4）对于下列情况，考虑到加工的难易程度，在满足零件功能的要求下可适当降低 1~2 级选用。如孔相对于轴；细长的轴和孔；距离较大的轴和孔；宽度较大（一般大于 1/2 长度）的零件表面。

5）凡有关标准已对几何公差做出规定的，如与滚动轴承相配的轴和壳体孔的圆柱度公差、机床导轨的直线度公差、齿轮箱体孔中心线的平行度公差等，都应按相应标准确定。

2. 未注几何公差值的确定

为了简化制图，对一般机床加工就能保证的几何精度，不必在图样上注出几何公差。同一要素的未注几何公差与尺寸公差的关系采用独立原则。

图样上没有具体注明几何公差值的要素，其几何精度应按下列规定执行。

1）对未注直线度、平面度、垂直度、对称度和圆跳动各规定了 H、K、L 三个公差等级（见表 3-15~表 3-18）。其中 H 级最高，L 级最低。

表 3-15 直线度和平面度的未注公差值（摘自 GB/T 1184—1996） （单位：mm）

公差等级	公称长度范围					
	≤10	>10~30	>30~100	>100~300	>300~1000	>1000~3000
H	0.02	0.05	0.1	0.2	0.3	0.4
K	0.05	0.1	0.2	0.4	0.6	0.8
L	0.1	0.2	0.4	0.8	1.2	1.6

注：对于直线度，应按其相应线的长度选择公差值。对于平面度，应按矩形表面的较长边或圆表面的直径选择公差值。

表 3-16 垂直度未注公差值（摘自 GB/T 1184—1996） （单位：mm）

公差等级	公称长度范围			
	≤100	>100~300	>300~1000	>1000~3000
H	0.2	0.3	0.4	0.5
K	0.4	0.6	0.8	1
L	0.6	1	1.5	2

注：取形成直角的两边中较长的一边作为基准要素，较短的一边作为被测要素；若两边的长度相等，则可取其中的任意一边作为基准要素。

表 3-17 对称度未注公差值（摘自 GB/T 1184—1996） （单位：mm）

公差等级	公称长度范围			
	≤100	>100～300	>300～1000	>1000～3000
H	0.5			
K	0.6		0.8	1
L	0.6	1	1.5	2

注：取对称两要素中较长者作为基准要素，较短者作为被测要素；若两要素的长度相等，则可取其中的任一要素作为基准要素。

表 3-18 圆跳动的未注公差值（摘自 GB/T 1184—1996） （单位：mm）

公差等级	圆跳动公差值
H	0.1
K	0.2
L	0.5

注：本表也可用于同轴度的未注公差值：同轴度未注公差值的极限可以等于径向圆跳动的未注公差值。应以设计或工艺给出的支承面作为基准要素，否则应取同轴线两要素中较长者作为基准要素。若两要素的长度相等，则可取其中的任一要素作为基准要素。

2）圆度的未注公差值应等于直径公差值，但不能大于表 3-8 中的径向圆跳动值。

3）圆度的未注公差值不做规定，由构成圆柱度公差、圆度公差、直线度公差和相应的线的平行度公差的注出或未注出公差控制。

4）平行度的未注公差值等于尺寸公差值或直线度和平面度未注出公差值中的较大者。

5）同轴度的未注公差值未作规定。在极限状况下，未注同轴度的公差值可以等于表 3-18 中规定的径向圆跳动的未注公差值。

6）线轮廓度、面轮廓度、倾斜度、位置度和全跳动的未注公差值，均应由各要素的注出或未注线性尺寸公差或角度公差控制。

未注几何公差值应根据零件的特点和生产单位的具体工艺条件，由生产单位自行选定，并在有关技术文件中予以明确。采用 GB/T 1184—1996 规定的未注几何公差值时，应在图样上标题栏附近或技术要求中注出标准号和所选用公差等级的代号（中间用短横线“—”分隔开）。例如，选用 K 级时标注：未注几何公差按 GB/T 1184—K 执行。

3.4.4 公差原则的选择

公差原则主要根据被测要素的功能要求、零件尺寸大小和检测方便来选择，并应考虑充分利用给出的尺寸公差带，还应考虑用被测要素的几何公差补偿其尺寸公差的可能性。

（1）独立原则 它是处理几何公差与尺寸公差关系的基本原则，主要用在以下场合。

1）尺寸精度和几何精度要求都较严，且需要分别满足要求。如齿轮箱体孔，为保证与轴承的配合性质和齿轮的正确啮合，要分别保证孔的尺寸精度和孔中心线的平行度要求。

2）尺寸精度与几何精度要求相差较大。如印刷机的滚筒、轧钢机的轧辊等零件，尺寸精度要求低，圆柱度要求较高；平板尺寸精度要求低，平面度要求高，应分别提出要求。

3）为保证运动精度、密封性等特殊要求，通常单独提出与尺寸精度无关的几何公差要求。如机床导轨为保证运动精度，直线度要求严，尺寸精度要求次要；气缸套内孔为保证与活塞环在直径方向的密封性，圆度或圆柱度公差要求严，需要单独保证。

其他尺寸公差与几何公差无联系的零件，也广泛采用独立原则。

（2）包容要求　主要用于需要严格保证配合性质的场合。例如 ϕ30H7Ⓔ的孔与 ϕ30h6Ⓔ的轴的配合，可以保证配合的最小间隙等于零。若对形状公差有更严的要求，可在标注Ⓔ的同时进一步提出形状公差要求。

（3）最大实体要求　主要用于保证可装配性（无配合性质要求）的场合。例如用于穿过螺栓的通孔的位置度。

（4）最小实体要求　主要用于保证零件强度和最小壁厚等场合。

（5）可逆要求　它与最大（最小）实体要求联用，在不影响使用性能要求前提下，充分利用图样上的公差带，扩大被测要素实际尺寸的范围，以求提高效益。

下面以圆柱齿轮减速器中的输出轴为例，说明几何公差的选用和标注。

例 3-1　图 3-34 所示为减速器的输出轴，两个 ϕ55K6 轴颈分别与两个相同规格的 0 级滚动轴承内圈配合，ϕ45n7 和 ϕ58r6 的轴头分别与联轴器和大齿轮的孔配合，ϕ65mm 的两端面分别为滚动轴承和大齿轮的轴向定位基准。

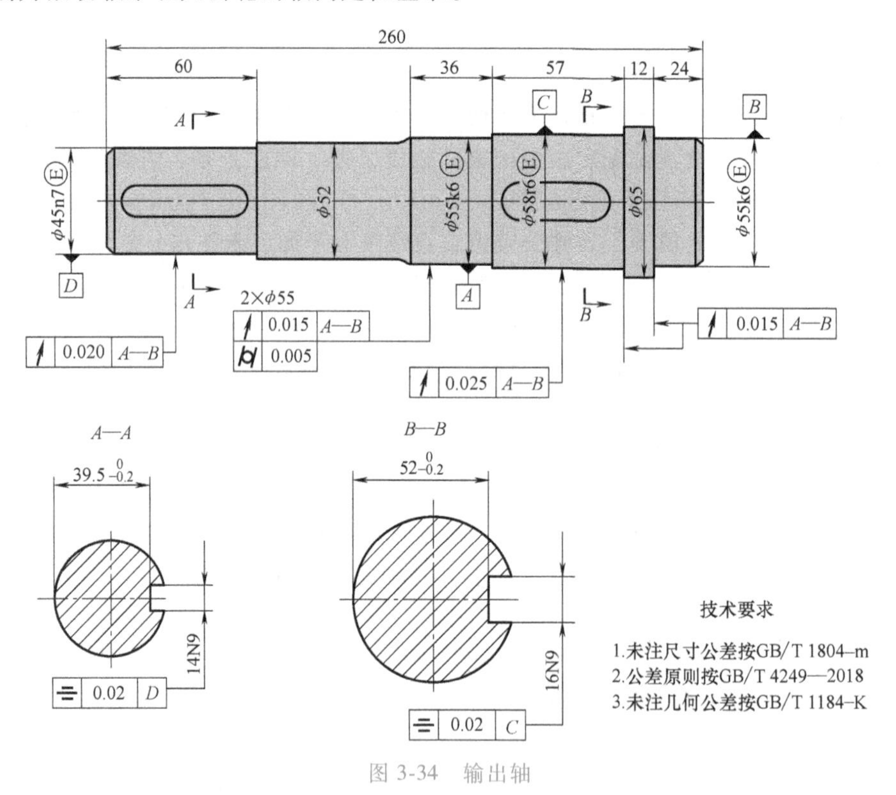

图 3-34　输出轴

为了保证指定的配合性质，对两个轴颈和轴头都按包容要求给出尺寸公差，在他们的尺寸公差带代号后面标注符号Ⓔ。按滚动轴承有关标准的规定，应对两个轴颈的形状精度提出更高的要求。滚动轴承的公差等级为 0 级，因此选取轴颈圆柱度公差值为 0.005mm。

为了保证输出轴的使用性能，两个轴颈和轴头应同轴线，确定两个轴颈分别对它们的公共基准轴线 $A—B$ 的 6 级径向圆跳动公差值为 0.015mm；用类比法确定两个轴头对公共基准轴线 $A—B$ 的 7 级径向圆跳动公差值分别为 0.020mm 和 0.025mm。

为了保证滚动轴承和大齿轮在输出轴上的安装精度，按滚动轴承有关标准的规定，选取

ϕ65mm 处两个轴肩的端面分别对公共基准轴线 $A—B$ 的 7 级轴向圆跳动公差值为 0.015mm。

为了避免键与轴头键槽、传动件轮毂键槽装配困难，应规定键槽对称度公差。对 ϕ45n7 和 ϕ58r6 的轴上的键槽 14N9 和 16N9 都提出了 8 级对称度公差，公差值为 0.02mm。

输出轴上其余要素的几何精度皆按未注几何公差处理。

3.5 几何误差评定与检测原则

几何误差检测视频讲解

3.5.1 几何误差的评定

测量几何误差时，难以测量整个被测提取要素来取得无限多测点的数据，而是考虑现有计量器具及测量方法的可行性与经济性，采用均匀布置测点的方法，测量一定数量的离散测点来代替整个被测提取要素。

几何误差是指被测提取要素对其拟合要素的变动量，是几何公差的控制对象，几何误差不大于相应的几何公差值，则认为合格。

1. 形状误差及其评定

形状误差是被测要素的提取要素对其理想要素的变动量。理想要素的形状由理论正确尺寸或参数化方程定义，理想要素的位置由对被测要素的提取要素进行拟合得到。理想要素的变动量应符合最小条件。最小条件就是拟合要素对理想要素的最大变动量为最小。

如图 3-35 所示，评定给定平面内的轮廓线的直线度误差时，有许多条位于不同位置的拟合直线 A_1B_1、A_2B_2、A_3B_3，用它们评定的直线度误差值分别为 f_1、f_2、f_3。这些拟合直线中只有一条拟合直线（即直线 A_1B_1）能使被测提取轮廓线对它的最大变动量为最小（$f_1<f_2<f_3$），因此拟合直线 A_1B_1 的位置符合最小条件，被测提取轮廓线的直线度误差值为 f_1。

评定形状误差时，按最小条件的要求，用最小包容区域（简称最小区域）的宽度或直径来表示形状误差值。所谓最小包容区域，是指包容被测提取要素时，具有最小宽度或直径的包容区域。各个形状误差项目的最小包容区域的形状分别与各自的公差带形状相同，但宽度或直径则由被测提取要素本身决定。

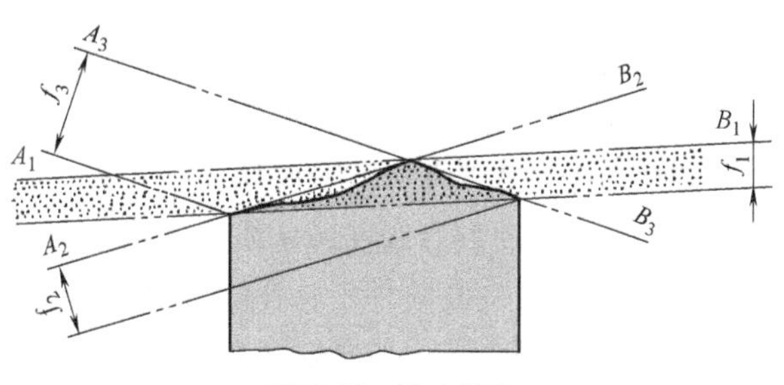

图 3-35 最小条件

此外，在满足零件功能要求的前提下，也允许使用其他评定方法来近似模拟评定形状误差值。但这样评定的形状误差值将大于等于按最小条件评定的形状误差值，因此有可能把合格品误判为废品。

（1）给定平面内直线度误差的评定

1）最小包容区域法：在给定平面内，由两条理想的平行直线包容提取要素时，呈高—低—高（或低—高—低）相间接触形式之一，如图 3-36 所示。则该两条理想的平行直线之间的宽度即是被测提取直线的直线度误差值。

2）两端点连线法：以两端点连线作为拟合直线评定直线度误差的方法。两端点连线是指被测提取直线的测得直线上首、末两点的连线。在两端点连线的两侧做平行于该连线且接触、包容测得直线的两条理想的平行直线，则所做的两条理想的平行直线即为被测提取要素在给定平面内的直线度误差的两点连线区域 f_2，如图 3-37 所示，图中，f_1 为符合最小区域法的直线度误差值，一般情况下 $f_1 \leqslant f_2$。

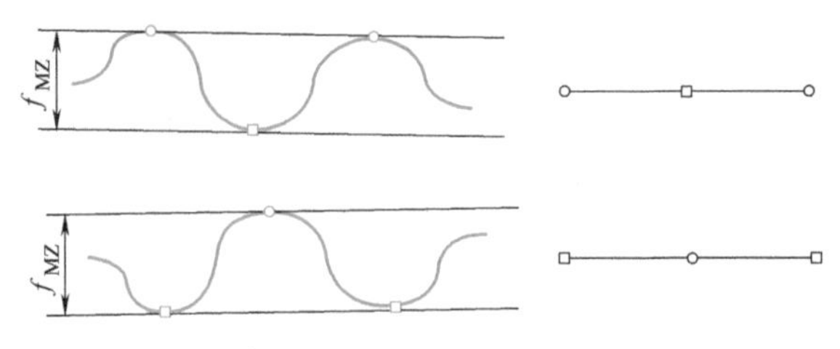

图 3-36　直线度误差最小包容区域判别准则

○—高极点　□—低极点

例 3-2　用水平仪采用分段法测得某工件截面轮廓线上后点对前点的读数值见表 3-19，用最小包容区域法和两端点连线法评定其直线度误差。

表 3-19　读数值

测量点	0	1	2	3	4	5	6	7	8	9	10
读数值/μm	0	+3	+6	0	−3	−6	+3	+9	−3	−3	+3
累积值/μm	0	+3	+9	+9	+6	0	+3	+12	+9	+6	+9

解　根据水平仪的测量原理可知，需要将题中给出的数值换算成各点相对于起始点的读数值，见表 3-19。按各点相对于起始点的读数值绘图，得实际被测工件的截面轮廓线的测得直线，如图 3-37 所示。

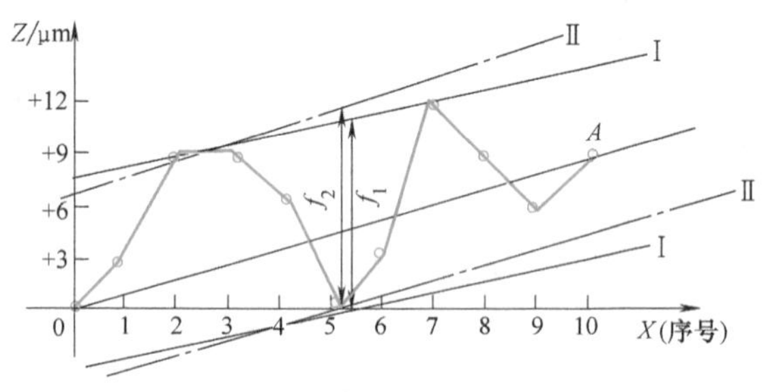

图 3-37　直线度误差评定

最小包容区域法：做符合最小包容区域法的两理想的平行直线Ⅰ—Ⅰ，如图 3-37 所示，用计算法或从图中直接量取得到直线度误差值为 $f_1 = 10.8\mu m$。

两端点连线法：连接图 3-37 中测得直线的首、尾二点连成直线 0A，在 0A 的两侧做平行于 0A 且接触、包容测得直线的两条理想的平行直线Ⅱ—Ⅱ，用计算法或从图中直接量取得到直线度误差值为 $f_2 = 11.7\mu m$。

（2）平面度误差值的评定　平面度误差值采用最小包容区域评定时，其判别准则如图 3-38 所示：由两个平行平面包容被测提取表面 S 时，S 上至少有四个极点分别与这两个平行平面接触，且满足下列两个条件之一，那么这两个平行平面之间的区域 U 即为最小包容区域，该区域的宽度 f_{MZ} 即为符合定义的平面度误差值。

1）三角形准则：三个高极点与一个低极点（或相反）且这个低极点（或高极点）的投影落在上述三个高极点（或低极点）连成的三角形内，或者落在该三角形的一条边上。

2）交叉准则：有两个高极点和两个低极点呈交叉状态。

平面度误差还可以用三远点平面法和对角线平面法来近似评定。

1）三远点平面法：首先将被测提取表面上相距最远的三点调成等高，建立拟合平面，然后测出各测点对该拟合平面的偏差值，取最大值与最小值之差近似作为被测提取表面的平面度误差值。

2）对角线平面法：以通过被测提取表面的一条对角线且平行于另一条对角线的平面建

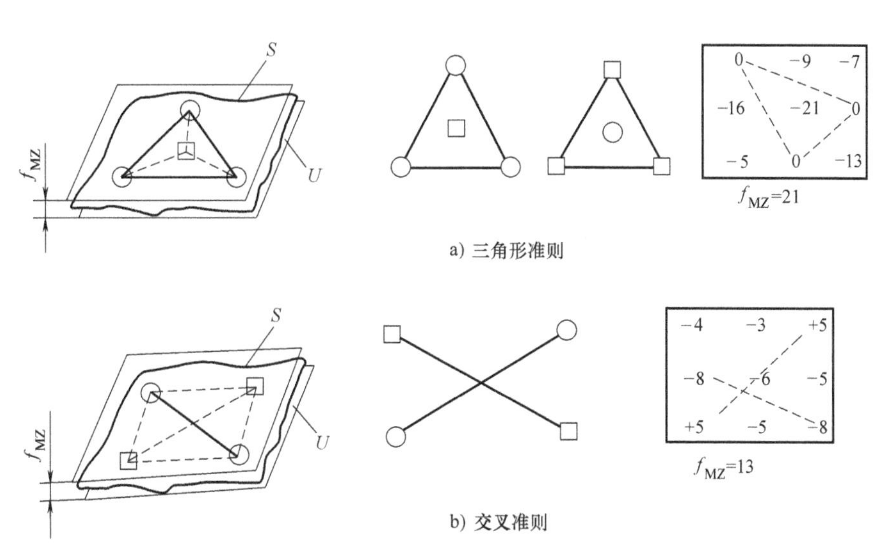

图 3-38 平面度误差最小包容区域判别准则

○—高极点 □—低极点

立拟合平面，测出各测点对该拟合平面的偏差值，取最大值与最小值之差近似作为被测提取表面的平面度误差值。

（3）圆度误差值的评定 圆度误差值应该采用最小包容区域来评定，其判别准则如图 3-39 所示：由两个同心圆包容被测提取圆 S 时，S 上至少有 4 个内、外相间的极点与这两个同心圆接触，则这两个同心圆之间的区域 U 即为最小包容区域，该区域的宽度（即这两个同心圆的半径差 f_{MZ}）就是圆度误差值。

圆度误差值也可以用由被测提取圆确定的最小二乘圆作为评定基准来近似评定圆度误差值，取最小二乘圆圆心至被测提取圆的轮廓的最大距离与最小距离之差作为圆度误差值。

圆度误差值还可以用由被测提取圆确定的最小外接圆（仅用于轴）或最大内接圆（仅用于孔）作为评定基准来近似评定圆度误差值。

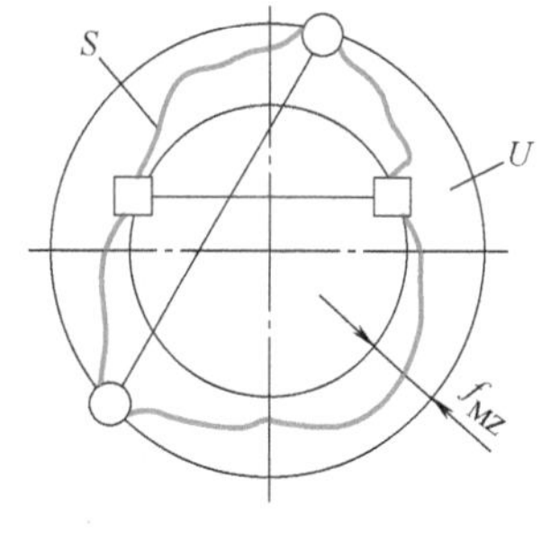

图 3-39 圆度误差最小包容区域判别准则

○—外极点 □—内极点

2. 方向误差及其评定

方向误差是指被测提取的提取要素对具有确定方向的理想要素的变动量，理想要素的方向由基准（和理论正确尺寸）确定。

如图 3-40 所示，评定方向误差时，在拟合要素相对于基准 A 的方向保持图样上给定的几何关系（平行、垂直或倾斜某一理论正确角度）的前提下，应使被测提取要素 S 对拟合要素的最大变动量为最小。

面对面方向误差的定向最小包容区域判别准则如图 3-40 所示。由具有确定方向的两个平行平面包容被测提取要素 S 时，S 上至少有两个极点（高、低极点或左右极点）分别与这两个平行平面接触，则这两个平行平面之间的区域 U 即为定向最小包容区域，该区域的宽度 f_U 即为符合定义的方向误差值。

方向误差值用定向最小包容区域（简称定向最小区域）的宽度或直径表示。定向最小

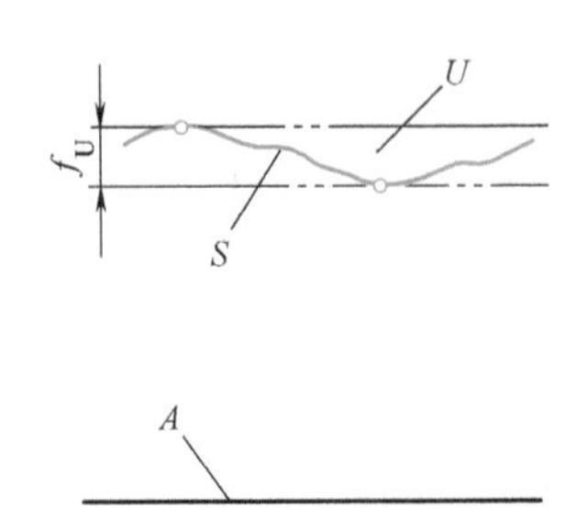

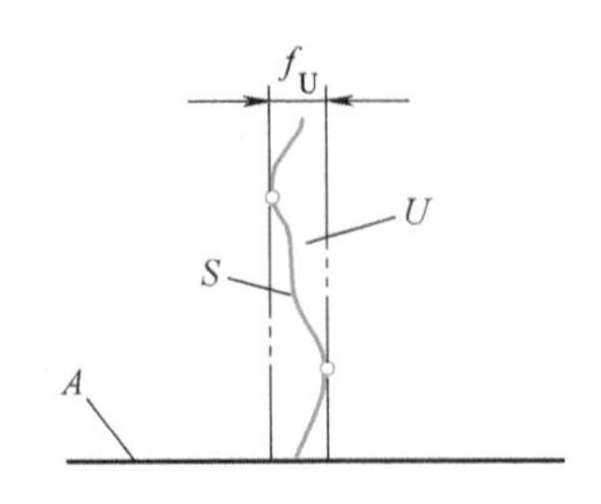

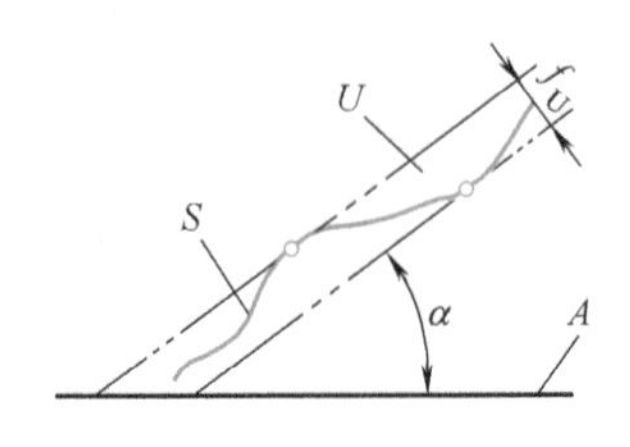

图 3-40　面对面方向误差的定向最小包容区域判别准则

区域是指用由基准和理论正确尺寸确定方向的理想要素包容被测要素的提取要素时，具有最小宽度 f 或直径 d 的包容区域，如图 3-41 所示。

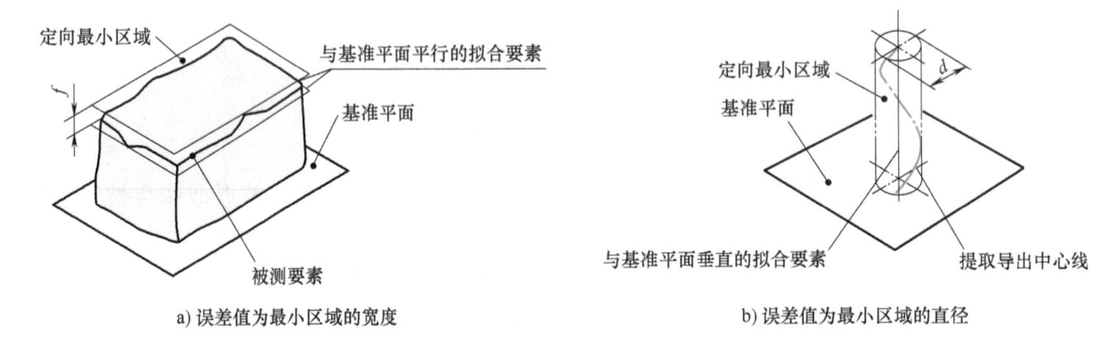

图 3-41　定向最小区域

各方向误差项目的定向最小区域形状分别与各自的公差带形状一致，但宽度（或直径）由被测提取要素本身决定。

3. 位置误差及其评定

位置误差是指被测要素的提取要素对具有确定位置的理想要素的变动量，理想要素的位置由基准和理论正确尺寸确定。

位置误差值用定位最小包容区域（简称定位最小区域）的宽度 f 或直径 d 来表示。定位最小区域是指由基准和理论正确尺寸确定位置的理想要素包容被测要素的提取要素时，具有最小宽度 f 或直径 d 的包容区域，如图 3-42 所示。

各位置误差项目的定位最小区域形状分别与各自的公差带形状一致，但宽度（或直径）由被测提取要素本身决定。

以拟合要素的位置为中心面（如图 3-42a 所示）或轴线（如图 3-42b 所示）或中心点（如图 3-42c 所示），来对称地包容被测提取要素时具有最小宽度（或最小直径）的包容区域。

4. 跳动

跳动是一项综合误差，该误差根据被测要素是线要素或面要素分为圆跳动和全跳动。圆跳动是任意被测要素的提取要素绕基准轴线做无轴向移动的相对回转一周时，测头在给定计值方向上测得的最大与最小示值之差。全跳动是被测要素的提取要素绕基准轴线做无轴向移动的相对回转一周时，同时测头沿给定方向的理想直线连续移动过程中，由测头在给定计值

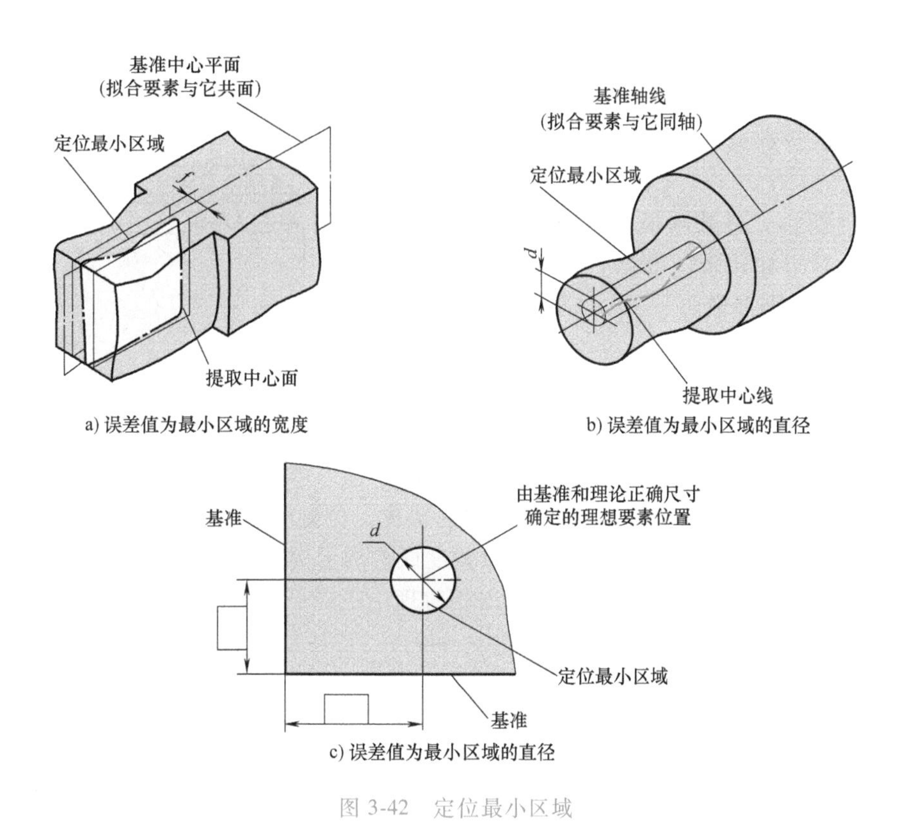

a) 误差值为最小区域的宽度 b) 误差值为最小区域的直径

c) 误差值为最小区域的直径

图 3-42 定位最小区域

方向上测得的最大与最小示值之差。

图 3-43 所示为测量圆跳动误差的例子，被测工件通过心轴安装在两同轴顶尖之间，该两同轴顶尖的中心线体现基准轴线。测量中，当被测工件绕基准回转一周，指示表无轴向（或径向）移动时，可测得径向圆跳动误差（或轴向圆跳动误差）；若指示表在测量中做轴向（或径向）移动时，可测得径向全跳动误差（或轴向全跳动误差）。

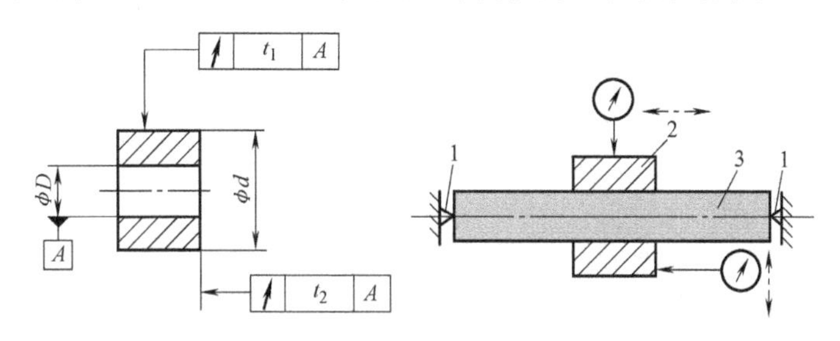

图 3-43 测量圆跳动误差

1—同轴顶尖 2—被测工件 3—心轴

3.5.2 几何误差的检测原则

由于被测零件的结构特点、尺寸大小和被测要素的精度要求以及检测设备条件的不同，同一几何误差项目可以用不同的检测方法来检测。从检测原理上可以将常用的几何误差检测方法归纳为五大原则。

1. 与拟合要素比较原则

与拟合要素比较原则是指将实际被测提取要素与其拟合要素作比较，在比较过程中获得测量数据，按这些数据来评定几何误差。该测量原则应用最广。

如图 3-44 所示，将被测提取轮廓线与模拟拟合直线的刀口尺刀刃相比较，根据它们接触时光隙的大小来判定直线度误差值。

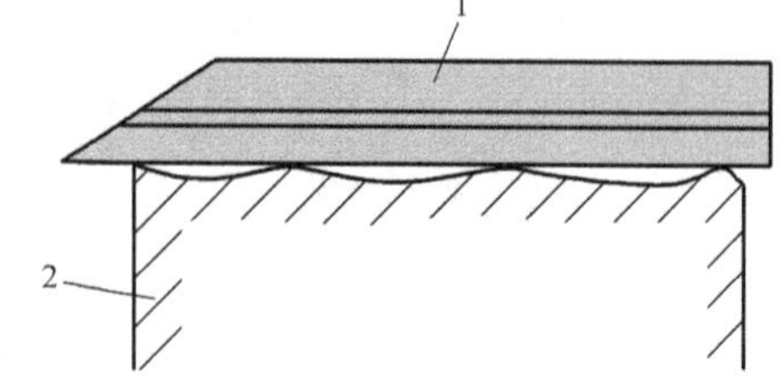

图 3-44 与理想要素比较原则应用示例

1—刀口尺 2—工件

2. 测量坐标值原则

由于几何要素的特征总是可以在坐标系中反映出来，因此用坐标测量装置（如三坐标测量机、工具显微镜）测得被测提取要素上各测点的坐标值后，经数据处理就可以获得几何误差值，该原则对轮廓度、位置度测量的应用更为广泛。

图 3-45 所示为用测量坐标值原则测量位置度误差的示例。由坐标测量机测得孔实际位置的坐标值（x_a，y_a），计算出相对理论正确尺寸的偏差为

$$\Delta x=x_a-60 \quad \Delta y=y_a-40$$

于是，孔的位置度误差值可按下式求得。即

$$\phi f_a=2\sqrt{(\Delta x)^2+(\Delta y)^2}$$

几何误差检测原则视频讲解

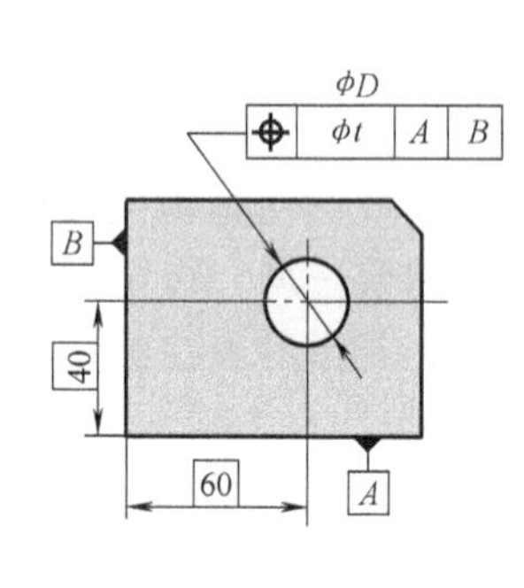

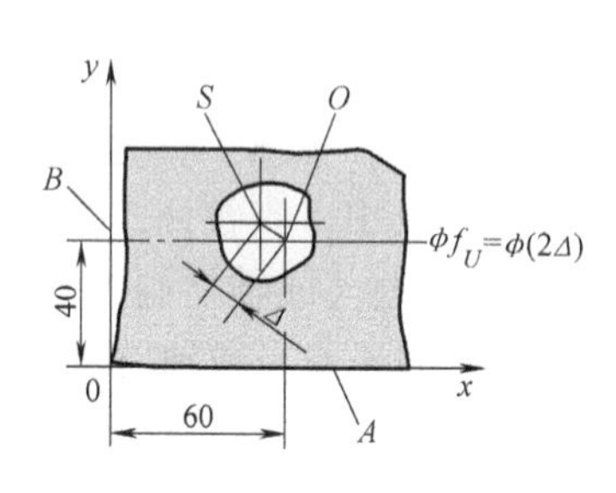

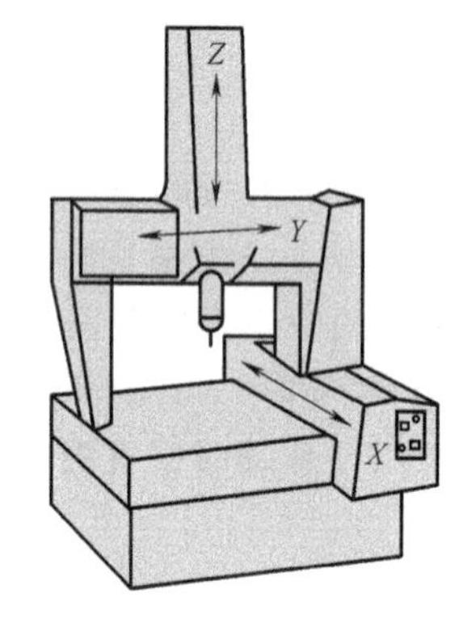

图 3-45 用测量坐标值原则测量位置度误差的示例

3. 测量特征参数的原则

采用测量被测量要素上具有代表性的参数（即特征参数）来近似表示该要素的几何误差，这类方法就是测量特征参数的原则。例如，用两点法测量圆度误差，在一个横截面内的几个方向上测量直径，取最大、最小直径差的一半作为圆度误差，如图 3-46 所示。

用该原则所得到的几何误差值与按定义确定的几何误差值相比，只是一个近似值。但应用该原则，往往可以简化测量过程和设备，也不需要复杂的数据处理，所以在满足功能要求的情况下，采用该原则可以取得明显的经济效益。这类方法在生产现场较多使用。

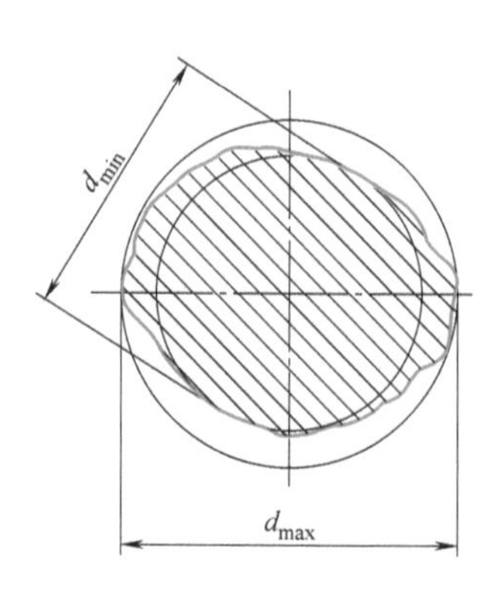

图 3-46 测量特征参数应用示例

4. 测量跳动原则

跳动是按特定的测量方法来定义的几何误差项目。测量跳动原则是针对测量圆跳动和全跳动的检测原则。图 3-43 所示为测量圆跳动的例子。

图 3-47 所示为测量轴向全跳动的例子，将被测件支撑在导向套筒内，并在轴向上固定，导向套筒的轴线应与测量平板垂直。在被测件相对于基准 A 连续回转、指示计同时沿垂直于基准 A 的方向做直线运动的过程中，对被测要素（端面）进行测量，得到一系列测量值（指示计示值），取其指示计示值最大差值，即为该被测件的轴向全跳动值，该值小于（或等于）图样上给出的轴向全跳动公差值，则表示合格，否则不合格。

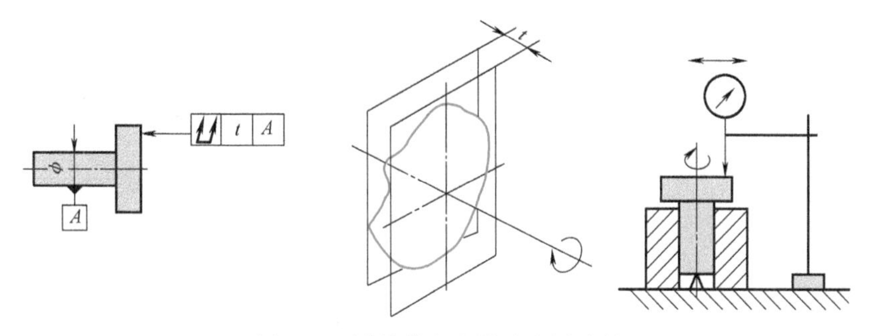

图 3-47 测量轴向全跳动应用示例

5. 边界控制原则

按包容要求或最大实体要求给出几何公差时，就给定了最大实体边界或最大实体实效边界，要求被测要素的实际轮廓不得超出该边界。边界控制原则是指用光滑极限量规的通规或功能量规的检验部分模拟体现图样上给定的边界，来检测实际被测要素。若被测要素的实际轮廓能被量规通过，则表示合格，否则不合格。当最大实体要求应用于被测要素对应的基准要素时，可以使用同一功能量规的定位部分来检验基准要素的实际轮廓是否超出它应遵守的边界。

图 3-48 所示为用功能量规检验图 3-29a 所示零件同轴度误差的示例。

工件被测要素的最大实体实效边界尺寸为 ϕ12.04mm，故量规测量部分的基本尺寸也为 ϕ12.04mm；工件基准要素本身遵守包容要求，故基准遵守最大实体边界，因此量规的定位部分的基本尺寸为最大实体尺寸 ϕ25mm。显然，当基准要素的体外作用尺寸小于 ϕ25mm 时，基准浮动，量规更容易通过。

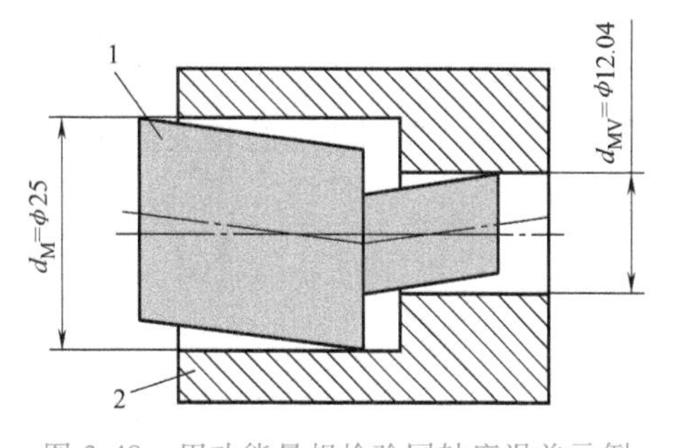

图 3-48 用功能量规检验同轴度误差示例

1—工件 2—功能量规

第 3 章习题

第 4 章

表面粗糙度与检测

对于零件的表面轮廓，应给出有关表面特征的要求。除了需要控制其实际尺寸、形状、方向和位置外，还应控制其表面粗糙度。

表面粗糙度主要是由加工过程中，刀具和零件表面之间的摩擦、切屑分离时的塑性变形以及工艺系统中存在的高频振动等原因所形成的，属于微观几何误差。它影响着工件的摩擦系数、密封性、耐腐蚀性、疲劳强度、接触刚度及导电、导热性能等。

为了正确地测量和评定零件表面粗糙度轮廓以及在零件图上正确地标注表面粗糙度轮廓的技术要求，以控制零件表面质量，我国制定和发布了 GB/T 3505—2009《产品几何技术规范（GPS）表面结构　轮廓法　术语、定义及表面结构参数》、GB/T 10610—2009《产品几何技术规范（GPS）表面结构　轮廓法　评定表面结构的规则和方法》、GB/T 1031—2009《产品几何技术规范（GPS）表面结构　轮廓法　粗糙度参数及其数值》和 GB/T 131—2006《产品几何技术规范（GPS）技术产品文件中表面结构的表示法》等一系列的相关国家标准。

4.1 基本概念

表面粗糙度轮廓的基本概念视频讲解

4.1.1 表面粗糙度的界定

表面轮廓是指理想平面与实际表面垂直相交所得到的轮廓线，如图 4-1 所示。按照所取截面方向的不同，又可分为横向轮廓和纵向轮廓。在评定或测量表面粗糙度时，除非特别指明，通常是指横向轮廓，即与加工纹理方向垂直的截面上的轮廓。

零件的实际表面具有各种不同类型的不规则状态，叠加在一起形成一个实际存在的复杂的表面轮廓。它主要由尺寸的偏离、实际形状相对于理想（几何）形状的偏离以及表面的微观值和中间值的几何形状误差等综合形成。实际表面轮廓都具有特定的表面特征。如

图 4-2a 所示，有宏观的表面起伏，也有微观的加工痕迹——微小峰谷，因此零件表面质量需要从宏观到微观的不同层面描述，为此首先需要对零件表面特征做出从宏观到微观的界定。

传统的表面特征界定按波长 λ 进行（如图 4-2 所示）：对于间距小于 1mm 的，称为表面粗糙度；1～10mm 范围的，称为表面波纹度；大于 10mm 的则视作形状误差，但这显然不够严密。零件大小不一及工艺条件变化均会影响这种区分原则。

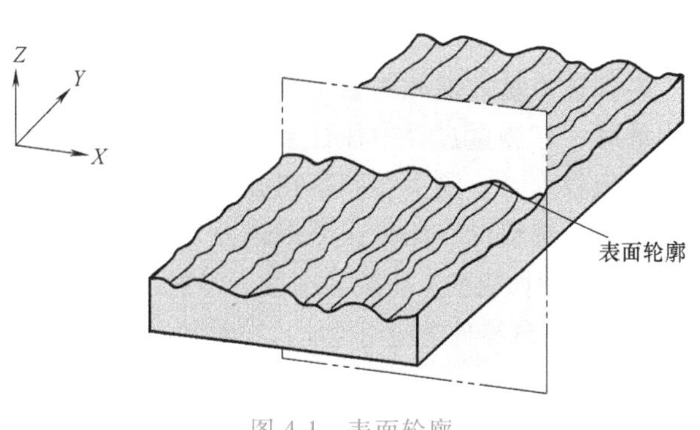

图 4-1　表面轮廓

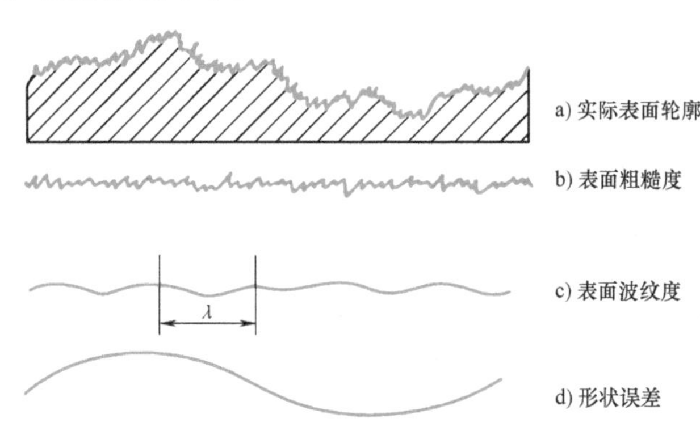

图 4-2　零件的实际表面轮廓的形状和组成成分

对此，滤波技术发挥了作用：采用软件或硬件滤波的方式来呈现某一特征而去除其他特征，从而获得与使用功能相关联的表面特征评定参数，例如图 4-2a 所示的复合特征的零件实际表面采用滤波技术可得到与使用功能相关联的表面特征成分——表面粗糙度成分（如图 4-2b）、表面波纹度成分（如图 4-2c）、形状误差成分（如图 4-2d）。

4.1.2　表面粗糙度对零件工作性能的影响

表面粗糙度的大小对零件的使用性能和使用寿命有很大影响。

1. 影响零件的耐磨性

表面越粗糙，摩擦系数就越大，两相对运动的表面磨损也越快；表面过于光滑，由于润滑油被挤出和分子间的吸附作用等原因，也会使摩擦阻力增大和加剧磨损。

2. 影响配合性质的稳定性

对于间隙配合，相对运动的表面因粗糙不平而迅速磨损，致使间隙增大；对于过盈配合，由于装配时将微观凸峰挤平，产生塑性变形，使实际有效过盈减少，降低连接强度；对于过渡配合，因多用压力及锤敲装配，表面粗糙度也会使配合变松。

3. 影响疲劳强度

粗糙的零件表面，在交变应力作用下，对应力集中很敏感，使疲劳强度降低。

4. 影响抗腐蚀性

粗糙的表面，易使腐蚀性物质附着于表面的微观凹谷，并渗入到材料内层，加剧表面锈蚀。

5. 影响零件的测量精度

零件被测量表面和测量工具测量面的表面粗糙度都会直接影响测量的精度，尤其是在精密测量时，在测量过程中往往会出现读数不稳定现象，这是由于被测表面存在微观不平度，当参数值较大时，测头会因落在波峰或波谷上而读数各不相同。所以被测表面和测量工具测量面的表面越粗糙，测量误差就越大。

此外，表面粗糙度对接触刚度、密封性、产品外观及表面反射能力等都有明显的影响。因此，为保证机械零件的使用性能，在对其进行精度设计时，必须提出合理的表面粗糙度要求。

4.2 表面粗糙度的评定

表面粗糙度轮廓的评定视频讲解

4.2.1 轮廓滤波器、取样长度及评定长度

1. 轮廓滤波器

轮廓滤波器能将表面轮廓分离成长波成分和短波成分，它们所能抑制的波长称为截止波长。从短波截止波长至长波截止波长这两个极限值之间的波长范围称为传输带。

使用接触（触针）式仪器测量表面粗糙度轮廓时，为了抑制波纹度对粗糙度测量结果的影响，仪器的截止波长为 λc 的长波滤波器从实际表面轮廓上把波长较大的波纹度波长成分加以抑制或排除掉；截止波长为 λs 的短波滤波器从实际表面轮廓上抑制比粗糙度波长更短的成分，从而只呈现表面粗糙度轮廓，以对其进行测量和评定。其传输带则是从 λs 至 λc 的波长范围。长波滤波器的截止波长 λc 在数值上等于取样长度 lr，即 $\lambda c = lr$。截止波长 λs 和 λc 的标准化值由表 4-1 查取。

表 4-1 标准取样长度和标准评定长度（摘自 GB/T 1031—2009、GB/T 10610—2009）

Ra/μm	Rz/μm	Rsm/μm	标准取样长度 lr		标准评定长度 $Ln=5\times lr$/mm
			λs/mm	$lr=\lambda c$/mm	
≥0.008~0.02	≥0.025~0.1	≥0.013~0.04	0.0025	0.08	0.4
>0.02~0.1	>0.1~0.5	>0.04~0.13	0.0025	0.25	1.25
>0.1~2	>0.5~10	>0.13~0.4	0.0025	0.8	4
>2~10	>10~50	>0.4~1.3	0.008	2.5	12.5
>10~80	>50~200	>1.3~4	0.025	8	40

注：按 GB/T 6062—2002 的规定，λs 和 λc 分别为短波和长波滤波器截止波长，“$\lambda s-\lambda c$”表示滤波器传输带（从短波截止波长至长波截止波长这两个极限值之间的波长范围）。本表中 λs 和 λc 的数据（标准化值）取自 GB/T 6062—2002 中的表 1。

评定表面粗糙度时，需要规定取样长度和评定长度等技术参数，以限制和减弱表面波纹度和表面的不均匀性对表面粗糙度测结果的影响。

2. 取样长度 lr

取样长度是在 X 轴方向（与轮廓总的走向一致）用于判别被评定轮廓不规则特征的长度，如图 4-3 所示。粗糙度轮廓的取样长度 lr 在数值上与波长滤波器的截止波长 λc 相等。

表面越粗糙，则取样长度 lr 就应越大。取样长度应取标准化值。

3. 评定长度 ln

评定长度是在 X 轴方向用于评定被测轮廓的长度，如图 4-3 所示。评定长度可以包含一

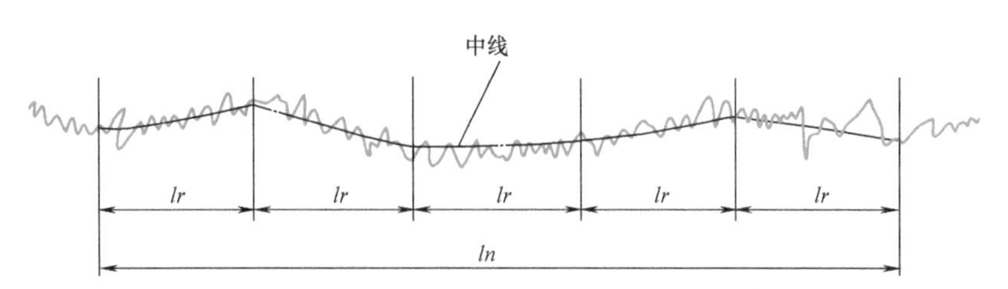

图 4-3　取样长度 lr 和评定长度 ln

个或几个连续的取样长度。评定长度的作用是保证测量结果有较好的重复性。由于零件表面的微小峰、谷的不均匀性，与任意一个取样长度上的单个评定参数相比，评定长度内的评定参数往往能更客观合理地反映某一表面粗糙度特征。标准的评定长度为连续的 5 个取样长度。

4.2.2　表面粗糙度轮廓中线

获得实际表面轮廓后，为了定量地评定表面粗糙度轮廓，首先要确定一条中线，它是具有几何轮廓形状并划分被评定轮廓的基准线。以中线为基础来计算各种评定参数的数值。通常采用下列的表面粗糙度轮廓中线。

1. 轮廓的最小二乘中线

轮廓的最小二乘中线如图 4-4 所示。在一个取样长度 lr 内，最小二乘中线使轮廓上各点至该线距离的平方之和为最小，即

$$\int_0^{lr} Z^2(x)\,\mathrm{d}x \approx \sum_{i=1}^{n} Z_i^2 = \min$$

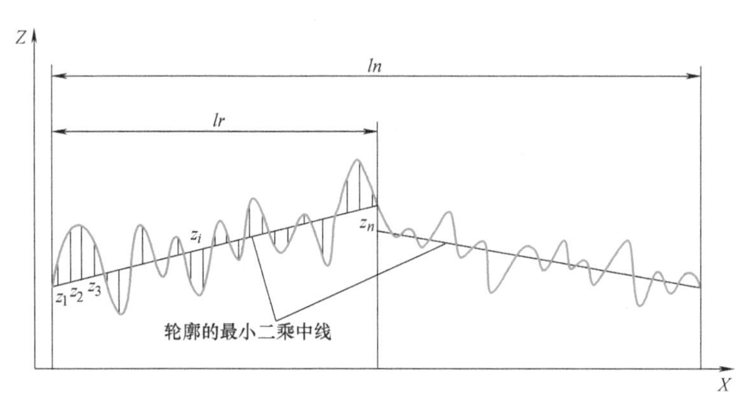

图 4-4　轮廓的最小二乘中线

2. 轮廓的算术平均中线

轮廓的算术平均中线如图 4-5 所示。在一个取样长度 lr 内，算术平均中线与轮廓走向一致，这条中线将轮廓分为上、下两部分，使上部分的各个峰面积之和等于下部分的各个谷面积之和。

$$\sum_{i=1}^{n} F_i = \sum_{i=1}^{n} F'_i$$

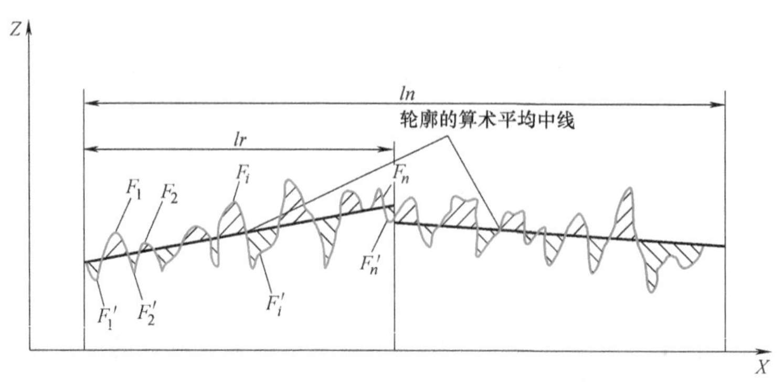

图 4-5 轮廓的算术平均中线

4.2.3 表面粗糙度的评定参数

评定表面粗糙度参数通常采用幅度参数和间距参数。

1. 幅度参数

（1）轮廓的算术平均偏差 Ra　在一个取样长度内，被评定轮廓上各点至中线的纵坐标 $Z(x)$ 绝对值的算术平均值，如图 4-4 所示，即

$$Ra=\frac{1}{lr}\int_{0}^{lr}|Z(x)|\mathrm{d}x \tag{4-1}$$

或近似为

$$Ra\approx\frac{1}{n}\sum_{i=1}^{n}|Z_i| \tag{4-2}$$

测得的 Ra 值越大，表面越粗糙。Ra 能客观地反映表面微观几何形状误差，但因受到计量器具功能限制，不宜用作过于粗糙或太光滑表面的评定参数。

（2）轮廓的最大高度 Rz　在一个取样长度 lr 范围内，被评定轮廓上各个高极点至中线的距离叫做轮廓峰高，用符号 Zp_i 表示，其中最大的距离叫做最大轮廓峰高 Rp（图中 $Rp=Zp_6$）；被评定轮廓上各个低极点至中线的距离叫做轮廓谷深，用符号 Zv_i 表示，其中最大的距离叫做最大轮廓谷深，用符号 Rv 表示（图中 $Rv=Zv_2$）。

轮廓的最大高度 Rz 是指在一个取样长度 lr 范围内，被评定轮廓的最大轮廓峰高 Rp 与最大轮廓谷深 Rv 之和的高度，如图 4-6 所示，即

$$Rz=Rp+Rv \tag{4-3}$$

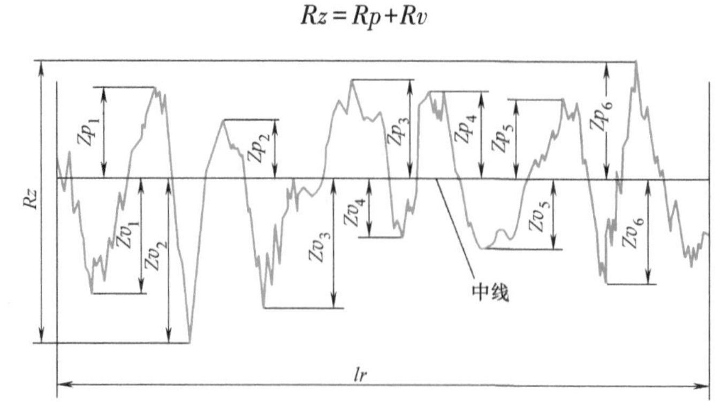

图 4-6 轮廓的最大高度

幅度参数（Ra、Rz）是国家标准规定必须标注的参数（二者至少取其一），故又称为基本参数。

2. 间距参数

对于表面轮廓上的微小峰、谷的间距特征，通常采用轮廓单元的平均宽度 Rsm 来评定。参看图 4-7，一个轮廓峰与相邻的轮廓谷的组合叫做轮廓单元，在一个取样长度 lr 范围内，中线与各个轮廓单元相交线段的长度叫做轮廓单元的宽度 Xs_i。

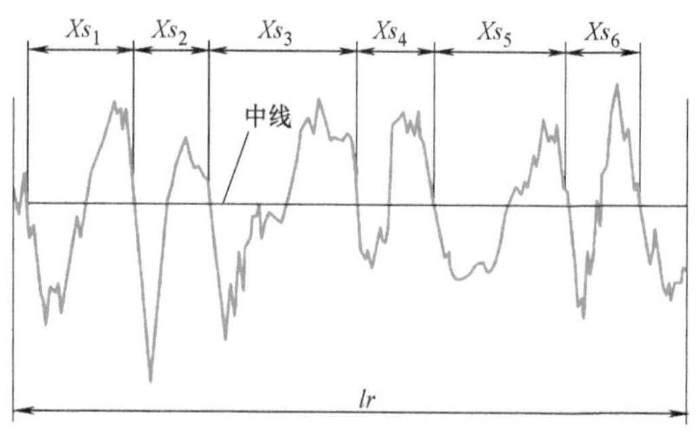

图 4-7　间距参数

轮廓单元的平均宽度 Rsm 是指在一个取样长度内轮廓单元宽度 Xs_i 的平均值，如图 4-7 所示。即

$$Rsm=\frac{1}{m}\sum_{i=1}^{m}Xs_i \tag{4-4}$$

Rsm 反映了轮廓表面峰谷的疏密程度，Rsm 越大，峰谷越稀，密封性越差。

4.3 表面粗糙度的标注

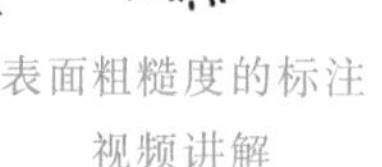

表面粗糙度的标注视频讲解

图样上所标注的表面粗糙度符号和代号，是该表面完工后的要求。表面粗糙度的标注应符合 GB/T 131—2006 的规定。

4.3.1 表面粗糙度的符号和极限值判断规则

1. 表面粗糙度轮廓的基本图形符号和完整图形符号

为了标注表面粗糙度轮廓各种不同的技术要求，国家标准规定了一个基本图形符号（如图 4-8a 所示）和三个完整图形符号（如图 4-8b、c、d 所示）。

a) 基本图形符号　b) 允许任何工艺的符号　c) 去除材料的符号　d) 不去除材料的符号

图 4-8　表面粗糙度轮廓的基本图形符号和完整图形符号

如图 4-8a 所示，基本图形符号仅用于简化标注如图 4-17 所示，不能单独使用。

在基本图形符号的长边端部加一条横线，或者同时在其三角形部位增加一段短横线或一个圆圈，就构成用于三种不同工艺要求的完整图形符号。图 4-8b 所示的符号表示表面可以用任意工艺方法获得。图 4-8c 所示的符号表示表面用去除材料的方法获得。例如车、铣、钻、刨、磨等方法获得的表面。图 4-8d 所示的符号表示表面用非去除材料的方法获得，例如铸、锻、冲压、热轧、冷轧、粉末冶金等方法获得的表面。

2. 极限值判断规则

表面粗糙度参数中给定的极限值的判断规则有两种。

1）“16%规则”：在同一评定长度下的表面粗糙度参数的全部实测值中，最多允许有16%超过允许值，称“16%规则”。

2）“最大规则”：当要求表面粗糙度参数的全部实测值不得超过规定值时，称“最大规则”。

“16%规则”是表面粗糙度轮廓技术要求中的默认规则。若采用，则图样上不需注出。而“最大规则”必须在幅度参数符号 *Ra* 或 *Rz* 的后面标注一个“max”的标记。

4.3.2 表面粗糙度的代号

表面粗糙度的代号、数值及其有关规定在符号中注写的位置，如图 4-9 所示。

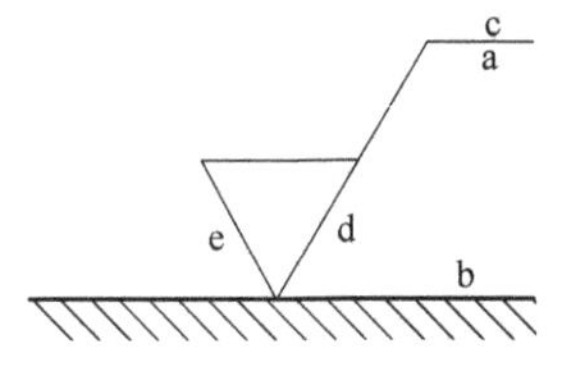

图 4-9 在表面粗糙度轮廓完整图形符号上各项技术要求的标注位置

1）位置 a：注写幅度参数符号（*Ra* 或 *Rz*）及极限值（单位为 μm）和有关技术要求。在位置 a 依次标注下列的各项技术要求的符号及相关数值：

上、下限值符号 传输带数值/幅度参数符号

评定长度值 极限值判断规则(空格)幅度参数极限值

例如，“U0.08-1/*Rz*8max 3.2”中：U 为上限，0.08-1 为传输带，*Rz* 为评定参数代号，8 为评定长度值是用它所包含的取样长度个数，max 为“最大规则”，3.2 为评定参数极限值，3.2 与前面的代号之间有一空格。

2）位置 b：注写附加评定参数的符号及相关数值（如 *Rsm*，其单位为 mm）。

3）位置 c：注写加工要求、镀覆、涂覆，表面处理或其他说明等。

4）位置 d：注写加工纹理方向符号。

5）位置 e：注写加工余量（单位为 mm）。

1. 表面粗糙度基本参数的标注

表面粗糙度幅度参数 *Ra* 和 *Rz* 是基本参数。表面粗糙度幅度参数的各种标注方法及其意义见表 4-2。

表 4-2 表面粗糙度幅度参数的标注（摘自 GB/T 131—2006）

代号	意义	代号	意义
Ra 3.2	用去除材料方法获得的表面粗糙度，*Ra* 的上限值为 3.2μm，传输带、评定长度及评定规则按默认	U *Ra* max3.2 L *Ra* 1.6	用去除材料方法获得的表面粗糙度，*Ra* 的上限值为 3.2μm，传输带、评定长度按默认“最大规则”；*Ra* 的下限值为 1.6μm，传输带、评定长度及评定规则按默认
Ra 3.2	用非去除材料方法获得的表面粗糙度，*Ra* 的上限值为 3.2μm，传输带、评定长度及评定规则按默认	U *Rz* 3.2 L *Rz* 1.6 或 *Rz* 3.2 *Rz* 1.6	用去除材料方法获得的表面粗糙度，*Rz* 的上限值为 3.2μm，*Rz* 的下限值为 1.6μm，（在不引起误会的情况下，也可省略标注 U、L），传输带、评定长度及评定规则按默认

（续）

代号	意义	代号	意义
√U *Ra* 3.2 L *Ra* 1.6	用去除材料方法获得的表面粗糙度，*Ra* 的上限值为 3.2μm，*Ra* 的下限值为 1.6μm，传输带、评定长度及评定规则按默认	√0.008−0.8/*Ra* 3.2	用去除材料方法获得的表面粗糙度，*Ra* 的上限值为 3.2μm，传输带为 0.008 ~ 0.8mm，评定长度及评定规则按默认
√*Ra* max3.2	用去除材料方法获得的表面粗糙度，*Ra* 的上限值为 3.2μm，传输带、评定长度按默认，“最大规则”	√−0.8/*Ra* 3 3.2	用去除材料方法获得的表面粗糙度，*Ra* 的上限值为 3.2μm，取样长度为 0.8mm，评定长度包含 3 个取样长度，评定规则按默认

2. 表面粗糙度其他项目的注法

若某表面粗糙度要求由指定的加工方法（如铣削）获得时，可用文字标注在图 4-9 规定之处，如图 4-10 所示。

若需要标注加工余量，应将其标注在图 4-9 规定之处，如图 4-10 所示（假设加工余量为 3mm）。

若需要控制表面加工纹理方向时，可在图 4-9 的规定之处，标注加工纹理方向符号，如图 4-10 所示。国家标准规定的各种加工纹理方向的符号如图 4-11 所示。

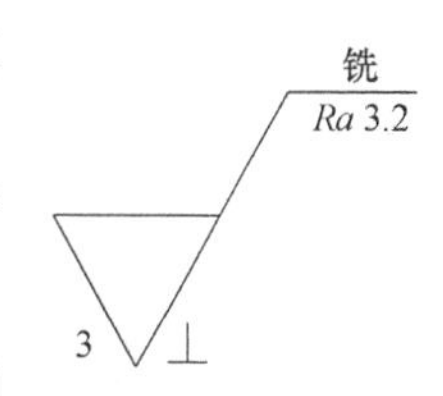

图 4-10　表面粗糙度其他项目标注

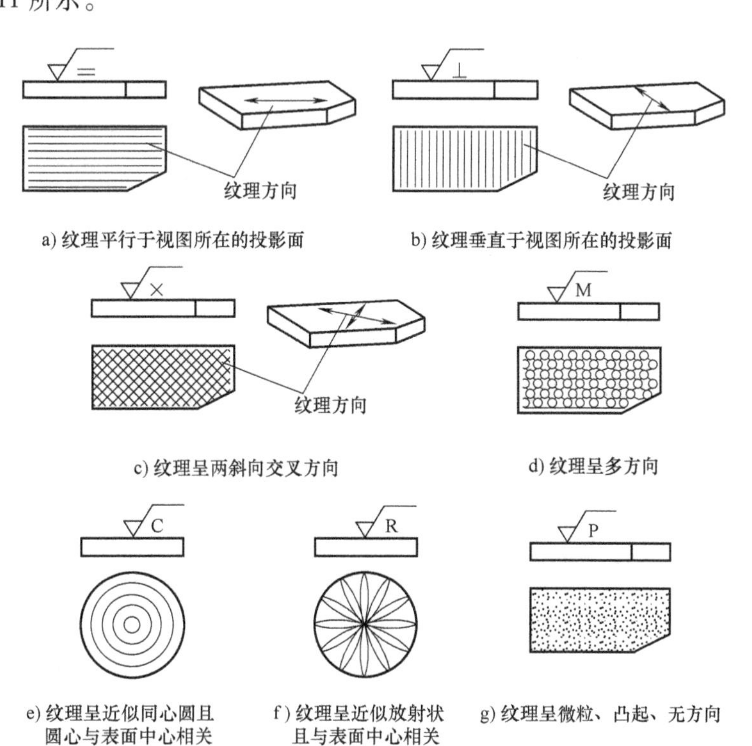

图 4-11　加工纹理方向的符号及其标注图例

3. 附加评定参数的标注

附加评定参数的标注示例如图 4-12 所示。该图亦为上述各项技术要求在完整图形符号上标注的示例：用磨削的方法获得的表面的幅度参数 Ra 上限为 1.6μm（采用最大规则），下限为 0.2μm（默认 16%规则），传输带皆采用 $\lambda s=0.008$mm，$\lambda c=lr=1$mm，评定长度值采用默认的标准化值 5；附加了间距参数 Rsm0.05（mm），加工纹理垂直于视图所在的投影面。

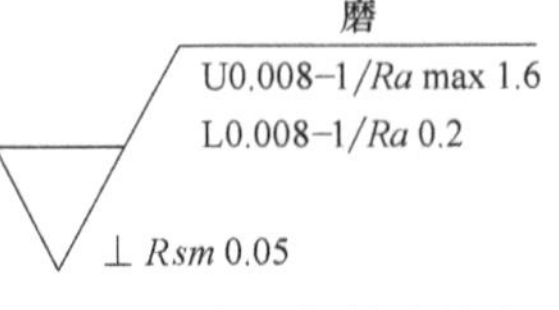

图 4-12 表面粗糙度轮廓各项技术要求的标注

4.3.3 表面粗糙度在图样上的标注方法

在同一图样上，表面粗糙度要求尽量与其他技术要求（如尺寸精度和形状、方向、位置精度）标注在同一视图上。一个表面一般标注一次。表面粗糙度的注写和读取方向与尺寸的注写和读取方向一致。

表面粗糙度符号、代号注写的具体位置如图 4-13 所示。

1. 常规标注方法

一般注在可见轮廓线或其延长线（如图 4-13），可以引出标注（如图 4-13 和图 4-14），也可标注在尺寸界线上（如图 4-15）和几何公差框格上方（如图 4-16）。当标注在轮廓线或其延长线上时，符号的尖端必须从材料外指向表面。

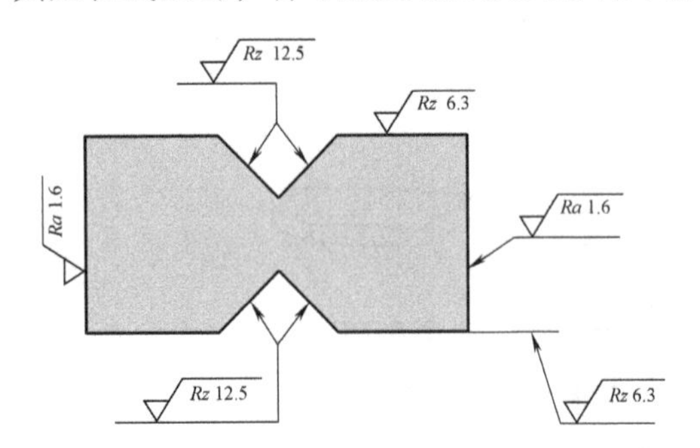

图 4-13 表面粗糙度代号标注在轮廓线、轮廓线的延长线和带箭头的指引线上

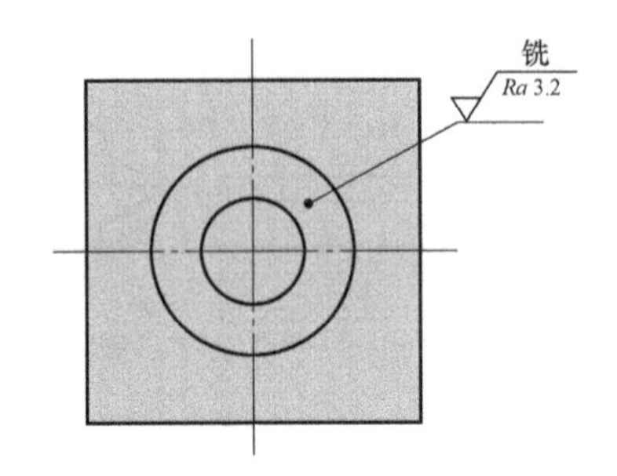

图 4-14 粗糙度代号标注在带黑端点的指引线上

键槽、圆角和倒角的表面粗糙度标注方法，如图 4-15 所示。

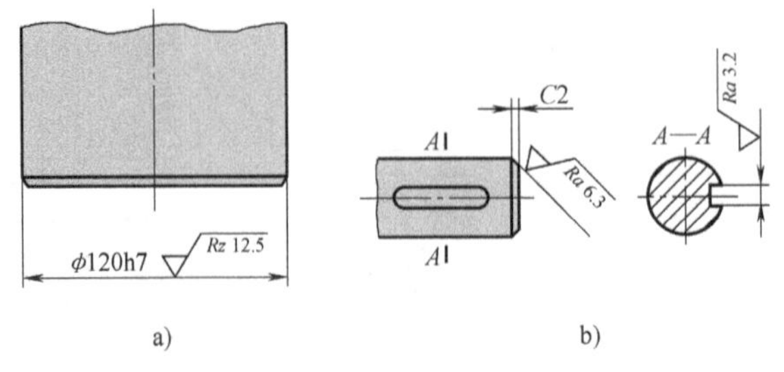

图 4-15 粗糙度代号标注在特征尺寸的尺寸线上

2. 简化注法

1）当多数表面（包括全部）具有相同的表面粗糙度要求时，其符号、代号可统一标注在标题栏附近，如图 4-17 所示。

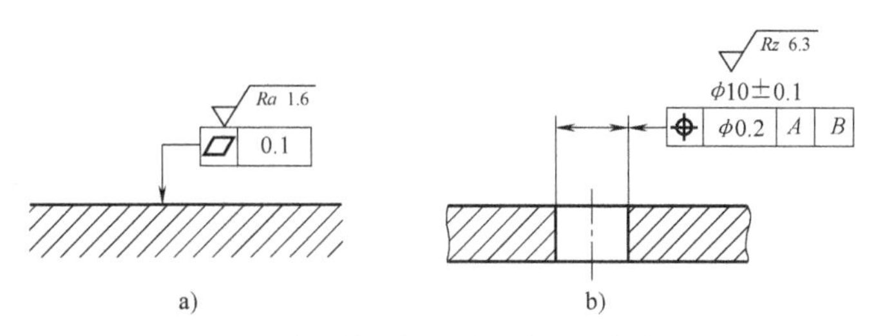

图 4-16 粗糙度代号标注在几何公差框格的上方

2）当图样上标注空间受限时，对具有相同的表面粗糙度要求的表面也可采用如图 4-18 所示的简化标注，先用简单的符号标注，再在标题栏附近用等式明确要求。

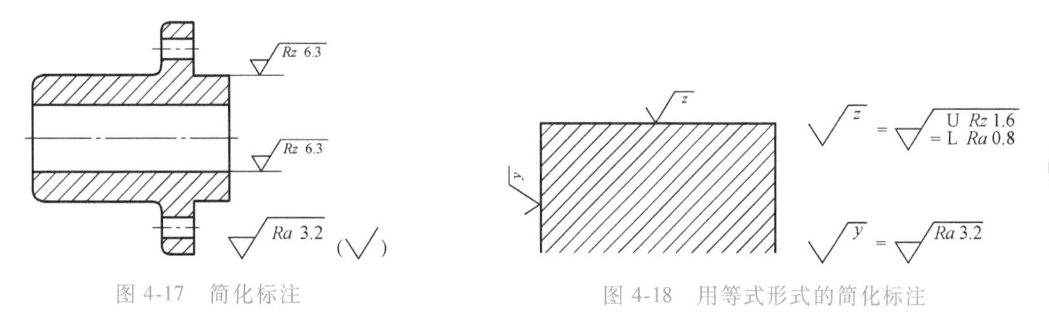

图 4-17 简化标注

图 4-18 用等式形式的简化标注

3）当图样某个视图上构成封闭轮廓的各个表面具有相同的表面粗糙度轮廓技术要求时，可以采用如图 4-19a 所示的表面粗糙度轮廓特殊符号，即在图 4-19a 所示三个图形符号的长边与横线的拐角处加画一个小圆进行标注。标注示例如图 4-19b 所示，特殊符号表示对视图上封闭轮廓周边的上、下、左、右 4 个表面的共同要求，不包括前、后表面。

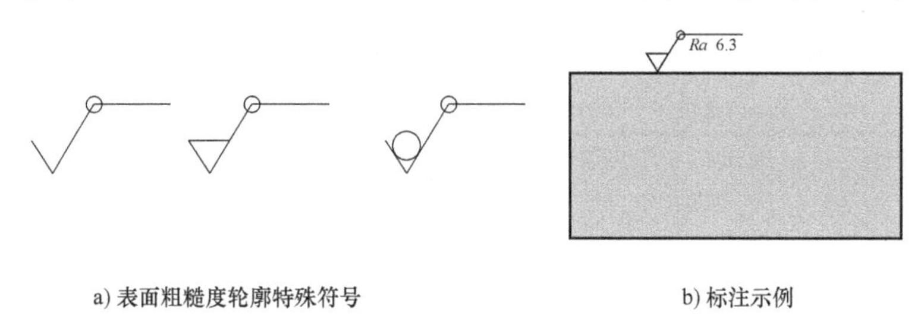

a) 表面粗糙度轮廓特殊符号

b) 标注示例

图 4-19 有关表面具有相同的表面粗糙度轮廓技术要求时的简化注法

4.4 表面粗糙度的选择

4.4.1 表面粗糙度评定参数的选择

评定参数的选择首先考虑使用功能要求，同时也要考虑检测的方便性以及仪器设备条件等因素。

对于幅度参数，一般情况下可以从 *Ra* 和 *Rz* 中任选一个，但在常用值范围内（*Ra* 为 0.025~6.3μm），优先选用 *Ra*。因为 *Ra* 值通常采用电动轮廓仪测量，而轮廓仪的测量范围

为 0.02~8μm。表面粗糙度要求特别高或特别低（Ra<0.025μm 或 Ra>6.3μm）时，选用 Rz。Rz 可用光学仪器双管显微镜或干涉显微镜测量。所以当表面不允许出现较深加工痕迹，以防止应力集中，或测量部位小、峰谷过大或过小而不宜测量 Ra 值时，零件表面可用 Rz 评定。

对附加评定参数 Rsm 一般不能作为独立参数选用，只有少数零件的重要表面且有特殊功能要求时才附加选用。Rsm 主要在对喷涂的性能有要求时，以及冲压成形时对抗裂纹、抗振、抗腐蚀、减小流体流动摩擦阻力等有特殊要求时选用。

4.4.2 表面粗糙度评定参数值的选择

表面粗糙度评定参数值的选择原则如下：

1）同一零件上，工作表面的 Ra 或 Rz 值比非工作表面小。

2）摩擦表面 Ra 或 Rz 值比非摩擦表面小。

3）运动速度高、单位面积压力大，以及受交变应力作用的重要零件的圆角沟槽的表面粗糙度要求应较高。

4）配合性质要求高的配合表面（如小间隙配合的配合表面）、受重载荷作用的过盈配合面的表面粗糙度要求应较高。

5）在确定表面粗糙度参数值时，应注意它与尺寸公差和几何公差的协调。尺寸公差值和几何公差值越小，表面粗糙度的 Ra 或 Rz 值应越小，同一公差等级时，轴的表面粗糙度 Ra 或 Rz 值应比孔小。

6）要求防腐蚀、密封性能好或表面美观的表面粗糙度要求应较高。

7）凡有关标准已对表面粗糙度要求做出规定（如与滚动轴承配合的轴颈和外壳孔的表面粗糙度）时，则应按相关规定确定表面粗糙度参数值。

确定表面粗糙度轮廓参数极限值，除有特殊要求的表面外，通常采用类比法。表 4-3 列出了各种不同的表面粗糙度轮廓幅度参数值的选用实例。

表 4-3 表面粗糙度的表面微观特征、经济加工方法和应用举例

表面微观特性		Ra/μm	经济加工方法	应用举例
粗糙表面	微见刀痕	≤20	粗车、粗刨、粗铣、钻、毛锉、锯断	半成品粗加工过的表面，非配合的加工表面，如轴端面、倒角、钻孔、齿轮和带轮侧面、键槽底面、垫圈接触面
半光表面	微见加工痕迹	≤10	车、刨、铣、镗、钻、粗铰	轴上不安装轴承、齿轮处的非配合表面，紧固件的自由装配面，轴和孔的退刀槽
	微见加工痕迹	≤5	车、刨、铣、镗、磨、拉、粗刮、滚压	半精加工表面，箱体、支架、盖面、套筒等和其他零件接合而无配合要求的表面
	看不清加工痕迹	≤2.5	车、刨、铣、镗、磨、拉、刮、滚压、铣齿	接近于精加工表面，箱体上安装轴承的镗孔表面，齿轮的工作面
光表面	可辨加工痕迹方向	≤1.25	车、镗、磨、拉、刮、精铰、滚压、磨齿	圆柱销、圆锥销、与滚动轴承配合的表面，卧式车床导轨面，内、外花键定心表面
	微辨加工痕迹方向	≤0.63	精铰、精镗、磨、刮、滚压	要求配合性质稳定的配合表面，工作时受交变应力的重要零件，较高精度车床的导轨面
	不可辨加工痕迹方向	≤0.32	精磨、珩磨、研磨、超精加工	精密机床主轴锥孔、顶尖圆锥面，发动机曲轴、凸轮轴工作表面，高精度齿轮齿面

（续）

表面微观特性		Ra/μm	经济加工方法	应用举例
极光表面	暗光泽面	≤0.16	精磨、研磨、普通抛光	精密机床主轴轴颈表面，一般量规工作表面，气缸套内表面，活塞销表面
	亮光泽面	≤0.08	超精磨、精抛光、镜面磨削	精密机床主轴轴颈表面，滚动轴承的滚珠，高压油泵中柱塞和柱塞套配合面
	镜状光泽面	≤0.04		
	镜面	≤0.01	镜面磨削、超精研	高精度量仪、量块的工作表面，光学仪器中的金属镜面

4.5　表面粗糙度的检测

表面粗糙度的检测
视频讲解

表面粗糙度的检测方法主要有比较法、针描法、光切法和干涉法。

4.5.1　比较法

比较法是指将被测表面与已知 *Ra* 值的表面粗糙度轮廓比较样块（如图 4-20）进行触觉和视觉比较的方法。所选用的样块和被测零件的加工方法必须相同，并且样块的材料、形状、表面色泽等应尽可能与被测零件一致。

比较法使用简便，适宜于车间检验。缺点是精度较差，只能进行定性分析比较。

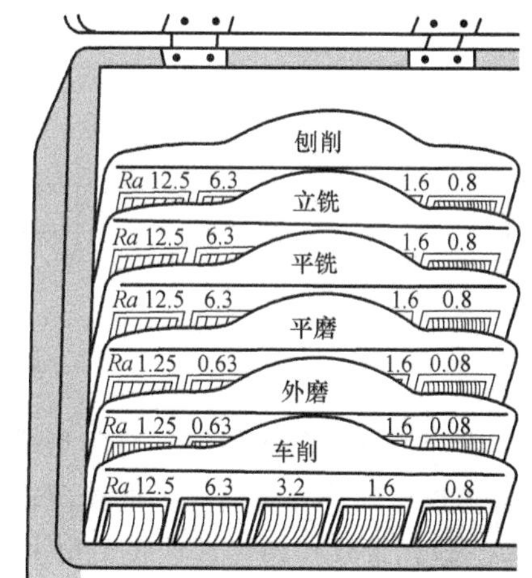

图 4-20　表面粗糙度轮廓比较样块

4.5.2　针描法

针描法是通过针尖状的测头感触被测表面微观不平度的轮廓测量方法，它是一种接触式测量法，所用测量仪器为轮廓仪。轮廓仪可测 *Ra*、*Rz*、*Rsm* 等多个参数。

如图 4-21 所示，量仪的驱动箱以恒速拖动传感器沿工件被测表面轮廓的 *X* 轴方向（见图 4-1）移动，传感器测杆上的金刚石触针与被测表面轮廓接触，触针把该轮廓上的微小峰、谷转换为垂直位移，垂直位移经传感器转换为电信号，然后经检波、放大路线分送两路，其中一路送至记录器，记录出实际表面粗糙度轮廓；另一路经滤波器消除（或减弱）波纹度的影响，由指示表显示出 *Ra* 值。

4.5.3　光切法

光切法是利用光切原理测量表面粗糙度的方法。常采用的仪器是光切显微镜（又称双管显微镜）。该仪器适宜测量车、铣、刨、磨或其他类似方法加工的金属零件的表面。

光切法通常用于测量 $Rz=2.0\sim63\mu m$ 的表面（相当于 *Ra* 值为 $0.32\sim10\mu m$）。

光切显微镜由两个镜管组成，右光管为投射照明镜，左光管为观察镜管，两光管轴线互

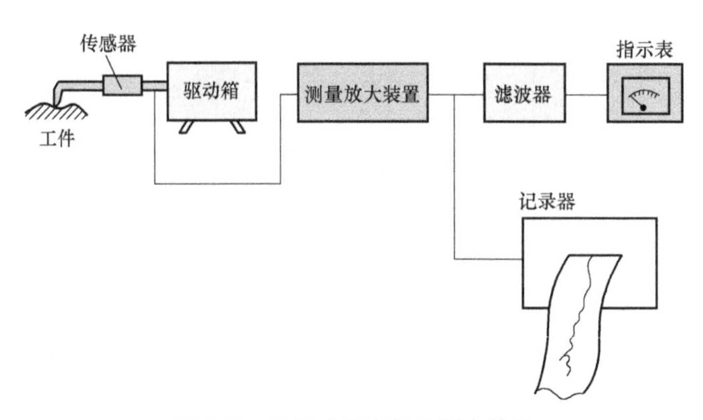

图 4-21 针触式轮廓仪的基本结构

成 90°，如图 4-22 所示。

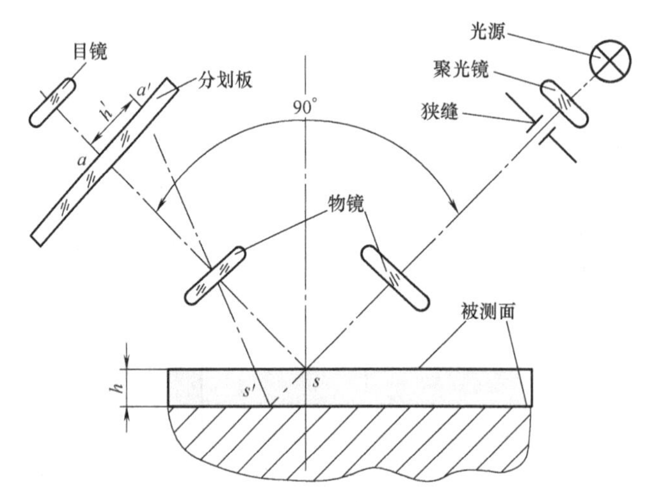

图 4-22 光切显微镜测量原理图

由光源发出的光线经狭缝后形成平行光束。该光束以与两光管轴线夹角平分线成 45°的入射角投射到被测表面上，把表面轮廓切成窄长的光带。该被测轮廓峰尖与谷底之间的高度为 h。这光带以与两光管轴线夹角平分线成 45°的反射角反射到观察管的目镜。从目镜中观察到放大的光带影像（即放大的被测轮廓影像），它的高度为 h'。

在一个取样长度范围内，找出同一光带所有的峰中最高的一个峰尖和所有的谷中最低的一个谷底，利用测量仪测微装置测出该峰尖与该谷底之间的距离（h'值）把它换算为 h 值，来求解 Rz 值。

4.5.4 干涉法

第 4 章习题

显微干涉法是指利用光波干涉原理和显微系统测量精密加工表面粗糙度轮廓的方法，属于非接触测量的方法。采用显微干涉法原理制成的表面粗糙度轮廓测量仪称为干涉显微镜，它适宜测量 Rz 值为 0.063～1.0μm（相当于 Ra 值为 0.01～0.16μm）的平面、外圆柱面和球形表面。

第 章

几何量测量基础

在机械制造过程中对零件的几何参数进行严格的度量与控制，并将这种度量与控制纳入一个完整且严密的研究、管理体系，称之为几何量计量。它包括长度基准的建立、尺寸量值的传递、检验与精度分析、各级计量器具的检定与管理、新的计量器具及检测方法的研制、开发和发展等内容。而测量技术是几何量计量在生产中的重要实施手段，是贯彻质量标准的技术保证。

在一般的机械制造厂中，除车间现场使用的检测手段外，还设立有专门的计量室，配备专门的计量人员和各种计量设备，以完成较高精度的检测任务和长度量值的传递工作。这些级别的计量室是机械制造工厂的眼睛，是机械产品质量管理不可缺少的机构。

5.1 概　　述

几何量测量是指为确定被测几何量的量值而进行的实验过程。具体来说，就是将被测几何量（用符号 x 表示）与复现计量单位（E）的标准量进行比较，从而确定两者比值的过程。它们的比值 q 为

$$q = x/E \tag{5-1}$$

因此，被测几何量的量值为

$$x = q \cdot E$$

上式表明，任何几何量的量值都由两部分组成：表征几何量的数值和该几何量的计量单位。例如，几何量量值 x =50mm，这里 mm 为长度计量单位，数字 50 是以 mm 为计量单位时该几何量量值的数值。

一个完整的测量过程应包括被测对象、计量单位、测量方法和测量精度等四个要素。

1）被测对象。本课程涉及的被测对象是几何量，包括长度、角度、表面粗糙度、形状

和位置误差以及典型零件误差评定参数等几何参量。

2）计量单位。我国规定采用以国际单位制（SI）为基础的“法定计量单位制”，基本长度单位为米（m），基本角度单位为度（°）。在机械制造业中，常用的长度单位为毫米（mm）；精密测量时，多采用微米（μm）；超精密测量时，多采用纳米（nm）。常用的角度单位为弧度（rad）、微弧度（μrad）及度（°）、分（′）、秒（″）。

3）测量方法。测量方法是根据一定的测量原理，在实施测量过程中对测量原理的运用及其实际操作。广义地说，测量方法可以理解为测量原理、测量器具（计量器具）和测量条件（环境和操作者）的总和。

4）测量精度。测量精度是指测量结果与真值的一致程度。由于在测量过程中总是不可避免地出现测量误差，因此，测量结果只是在一定范围内近似于真值，测量误差的大小反映测量精度的高低，测量误差大则测量精度低，测量误差小则测量精度高。不考虑测量精度而得到的测量结果是没有任何意义的。

由于在测量过程中，不可避免地会存在或大或小的测量误差，使测量结果的可靠程度受到一定的影响，因此，有必要对测量结果的不确定度进行评定。测量误差大，则测量结果的可靠性低；测量误差小，则测量结果的可靠性高。测量不确定度是对测量结果可信性、有效性的怀疑程度或不能肯定的程度，是定量说明测量结果质量的一个参数。不知道测量不确定度的测量结果是没有意义的。所以，对每一个测量结果，特别是精密测量，都应给出测量不确定度。

测量是进行互换性生产的重要组成部分，也是保证各种极限与配合标准贯彻实施的重要手段。为了进行测量并达到一定的精度，必须使用统一的标准，采用一定的测量方法和运用适当的测量工具。

5.2 计量单位

计量单位
视频讲解

5.2.1 基本计量单位与计量基准

为了保证测量的准确度，需要建立统一、可靠的测量单位基准。《中华人民共和国法定计量单位》规定，我国长度的基本单位是米（m）。1983 年第十七届国际计量大会上通过的米的定义是：“米是光在真空中在 1/299 792 458 秒时间间隔内所经路径的长度”。这是理论上对米的定义。使用时，需要对米的定义进行复现才能获得各自国家的长度基准。目前，我国使用的长度基准是采用稳频激光来复现。以稳频激光的波长作为长度基准具有极好的稳定性和复现性，因此，不仅可以保证计量单位稳定、可靠和统一，而且使用方便，并且提高了测量精度。

度（°）是由圆周角定义的，即圆周角等于 360°，将其分为 360 等份，每份定义为 1 度（1°）。角度和弧度关系是：1°≈0.0174533 弧度，1 弧度≈57.29578°。

5.2.2 量值传递系统

在实际应用中，不便于也没有必要直接用光波作为长度基准进行测量，而是采用各种计量器具。为了保证长度量值的准确、统一，把复现的长度基准量值逐级准确地传递到计量器具和工件上去，即建立长度量值传递系统，如图 5-1 所示。我国长度量值传递系统，从最高基准谱线向下传递，有两个平行的系统，一个是端面量具（量块）系统，另一个是线纹量具（线纹尺）系统。其中尤以量块传递系统应用更为广泛。

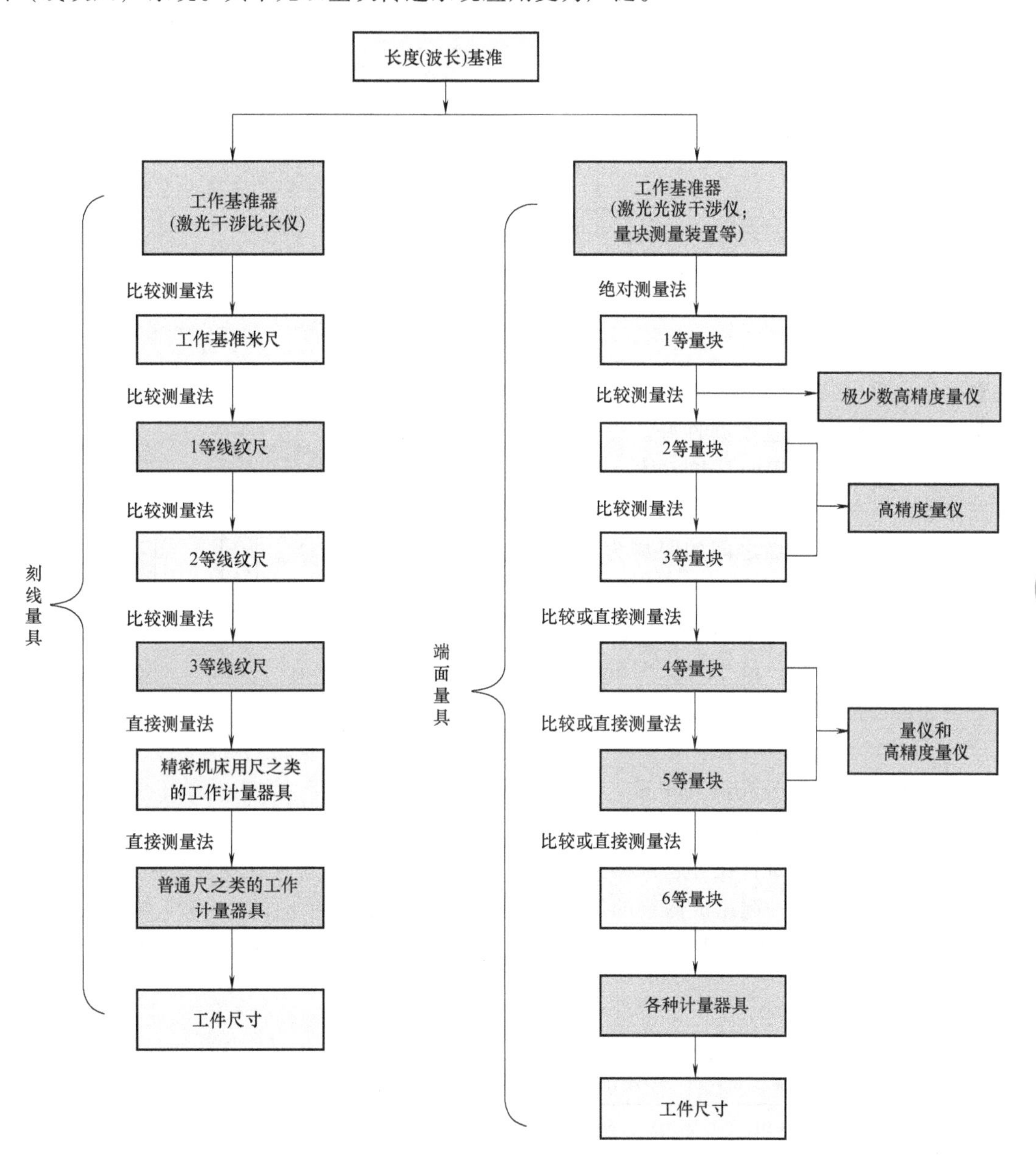

图 5-1　长度度量传递系统

我国角度量值传递系统如图 5-2 所示。

5.2.3　量块

量块又称块规，是无刻度的端面量具，在计量部门和机械制造中应用较广。它除了作为计量标准器进行尺寸量值传递外，还可用于计量器具、机床、夹具的调整以及工件的测量和

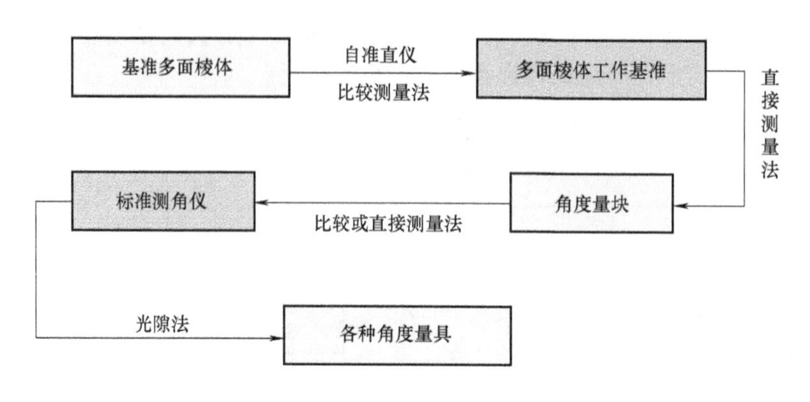

图 5-2　角度量值传递系统

检测。量块是用特殊合金钢制成，其线膨胀系数小、性能稳定、不易变形且耐磨性好。它的形状有长方体和圆柱体两种，常用的是长方体，如图 5-3 所示。长方体量块有两个相互平行的测量面和四个非测量面。两个平行的测量面之间的距离为量块的工作长度，即量块上标出的长度，称为标称长度。测量面极为光滑平整。标称尺寸小于 5.5mm 的量块，有数字的一面为上测量面；尺寸大于 5.5mm 的量块，有数字平面的右侧为上测量面。

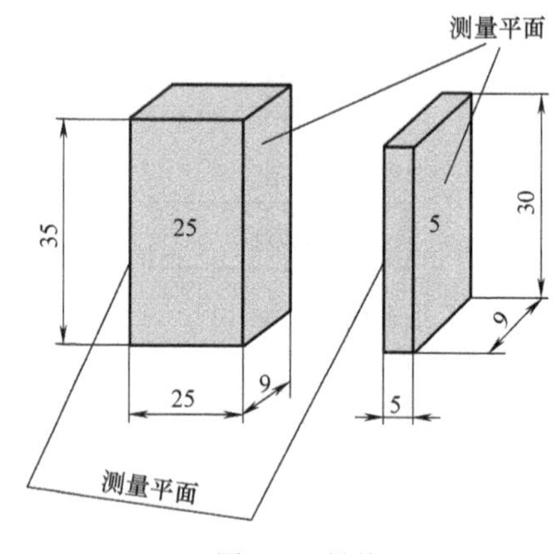

图 5-3　量块

1. 量块的研合性与组合

量块的测量面十分光滑和平整，当测量表面留有一层极薄的油膜时，在切向力作用下，分子间的吸引力使得两量块能研合在一起，称为量块的研合性。量块的研合性使量块可以组合使用，即将几个量块研合在一起组成需要的尺寸，因此量块都是成套供应的。GB/T 6093—2001 中规定的量块系列有 91 块、83 块、46 块、38 块等 17 种规格。表 5-1 所示为 83 块一套量块的组成。

表 5-1　83 块一套量块的组成

尺寸范围/mm	间隔/mm	小计/块	尺寸范围/mm	间隔/mm	小计/块
1.01～1.49	0.01	49	1.00		1
1.50～1.90	0.10	5	0.500		1
2.00～9.50	0.50	16	1.005		1
10.00～100.00	10.00	10			

量块的组合原则：以最少的量块块数组成所需要的尺寸，以减少量块组合的累计误差。

量块的组合方法：首先选择能消去最后一位小数的量块，然后逐级递减选取。例如从 83 块一套量块组合尺寸 38.935mm。

38.935	所需尺寸
− 1.005	第一块
37.93	
− 1.43	第二块
36.5	
− 6.5	第三块
30	第四块

2. 量块的精度等级

在我国，量块的精度既分级又分等，这在计量器具中是比较特殊的。

（1）量块的分级　量块分级是根据量块长度的制造偏差、长度变动量、平面度和研合性等确定的。按中华人民共和国国家计量检定规程 JJG 146—2011《量块检定规程》的规定，量块的制造精度分为五级：K、0、1、2、3 级，K 级的精度最高，依次降低。“级”表示量块长度的标称值与其真实值之间的接近程度。

（2）量块的分等　按 JJG 146—2011《量块检定规程》的规定，量块的检定精度分为五等：1、2、3、4、5 等，其中 1 等的检定精度最高，精度依次降低。“等”表示量块长度的实测值与其真实值之间的接近程度。

量块按“级”使用时，应以量块长度的标称长度为工作尺寸，该尺寸包含了量块的制造误差。量块按“等”使用时，应以经检定后所给出的量块中心长度的实际尺寸作为工作尺寸，该尺寸排除了量块制造误差的影响，仅包含检定时较小的测量误差。因此，量块按“等”使用的测量精度比量块按“级”使用的高。

（3）量块既分级，又分等的原因　从符合经济原则考虑，为了适应不同行业不同准确度的测量，生产厂家根据量块的平面度、研合性、长度变动量和量块长度制造偏差的大小来划分级别，偏差小的选配成高级别，偏差大的选配成低级别，出厂量块只注明整套量块的级别，不给出每套量块的偏差值，用户按级使用量块时，只需按标称尺寸使用，很方便。但为什么还要分等呢？

随着科学技术的发展，目前工业生产、国防科研对长度计量的准确度要求越来越高。要使量块的制造水平迅速提高是有困难的。但检定量块的检定准确度较量块的制造准确度高得多。因此可以用高标准的测量方法来确定量块的实际尺寸（即确定相对于标称尺寸的偏差）。使用者在使用中按此偏差进行修正，就等于提高了量块的准确度，解决了使用上高准确度要求和量块制造上困难的矛盾。例如标称值为 50mm 的量块，实际制造后的量块真值设定为 49.9996mm。如按标称值使用，则包含 0.4μm 的误差。倘若用高准确度仪器测量该量块的测得值为 49.99958mm，相对于标称值 50mm 的偏差是−0.42μm。在使用该量块时，按−0.42μm 做修正，这时由此引起的误差为−0.02μm，比使用标称值时的误差缩小了一个数量级，大大提高了测量的准确度。而这时由量块引入的误差仅仅是检定量块时的测量误差，而与量块本身的制造偏差无关了。由此可见，量块按等使用比按级使用准确得多。这是按等使用量块的一个优点，但必须查看检定记录，计算修正量，使用比较麻烦。

量块经多次使用后，工作面的质量将受到损坏，如划痕、磨损、平面研合性变坏、表面粗糙度参数值增大等。一定时间后要进行修理。经修理后的量块长度必然缩短，可能超出允许偏差，量块需降级甚至报废，影响了它的使用价值。但按等使用，只要量块的平面度、研合性、长度变动量等指标，经修理后恢复到满足原来要求，尽管量块长度偏差增大而降级，但仍按原等别的检定方法检定后，还可保留原等别要求而不降等。这就延长了量块的使用寿命，具有使用的合理性和经济性。因此，量块分等是从保证满足使用时的准确度要求出发的。

3. 量块使用的注意事项

量块必须在使用有效期内，否则应及时送专业部门检定；使用环境良好，防止各种腐蚀性物质及灰层对测量面的损伤影响其研合性；分清量块的“级”与“等”，注意使用规则；所选量块应使用航空汽油清洗，洁净软布擦干，待量块温度与环境温度相同后方可使用；轻拿、轻放量块，杜绝磕碰、跌落等情况的发生；不得用手直接接触量块，以免造成汗液对量块的腐蚀及手温对测量精确度的影响；使用完毕，应用航空汽油清洗所用量块，并擦干后涂上防锈脂存于干燥处。

5.2.4 角度单位与多面棱体

平面角的计量单位弧度是指从一个圆的圆周上截取的弧长与该圆的半径相等时所对的中心平面角。角度量值尽管可以通过等分圆周获得任意大小的角度，但在实际应用中为了特定角度的测量方便和便于对测角量具量仪进行检定，仍然需要建立角度量值基准。最常用的实物基准是用特殊合金钢或石英玻璃制成的多面棱体。多面棱体分正多面棱体和非正多面棱体两类。正多面棱体是指所有由相邻两工作面法线间构成的夹角的标称值均相等的多面棱体。这类多面棱体的工作面数有 4、6、8、12、24、36、72 等几种。图 5-4 所示的多面棱体为正八面棱体，它所有相邻两工作面法线间的夹角均为 45°，可作为 $45°\times n$（$n=1,2,3,\cdots$）角度的测量基准。非正多面棱体是指各个由相邻两工作面法线间构成的夹角的标称值不相等的多面棱体。用多面棱体测量时，可以把它直接安放在被检定量仪上使用，也可以利用它中间的圆孔，把它安装在心轴上使用。

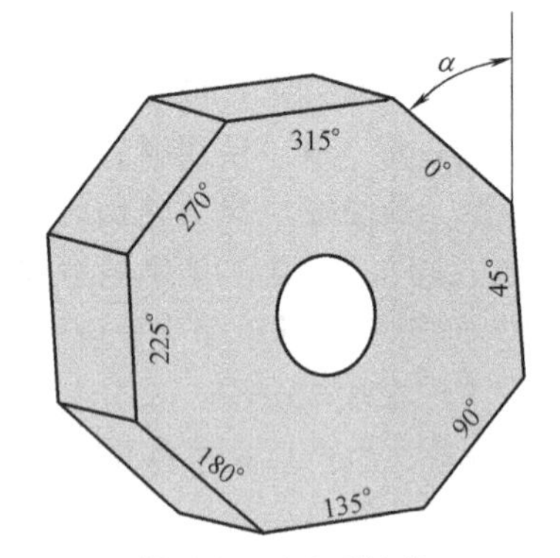

图 5-4 正八面棱体

5.3 测量方法

测量方法
视频讲解

5.3.1 测量方法的分类

为了便于根据被测件的特点和要求选择合适的测量方法，可以按照测量值的获得方式不同，将测量方法概括为以下几种。

1. 按实测量是否为被测量分类

1）直接测量。用计量器具直接测量被测量的整个数值或相对于标准量的偏差。例如，用游标卡尺、千分尺测量轴径的大小。

2）间接测量。测量与被测量有函数关系的量，通过函数关系式求出被测量。如图 5-5 所示，通过测量弦高和弦长，按下式即可计算出半径：

$$R=\frac{b^2}{8h}+\frac{h}{2} \tag{5-2}$$

直接测量过程简单，其测量精度只与这一测量过程有关，而间接测量的精度不仅取决于实测量的测量精度，还与所依据的计算公式和计算的精度有关。因此，间接测量常用于受条件所限而无法进行直接测量的场合。

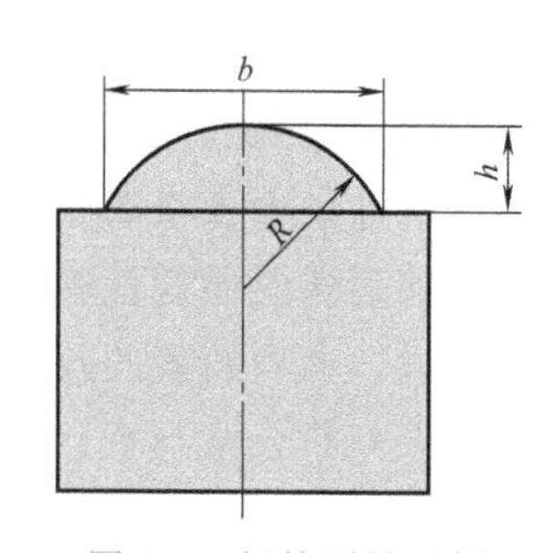

图 5-5 间接测量示例

2. 按示值是否为被测量的整个量值分类

1）绝对测量。计量器具显示或指示的示值即是被测量的量值。例如，用游标卡尺、千分尺测量轴径。

2）相对测量（比较测量）。计量器具显示或指示出被测量相对于已知标准量的偏差，被测几何量的量值为已知标准量与该偏差值的代数和。例如图 5-6 所示，用机械比较仪测量轴径，测量时先用量块调整量仪示值零位，量块尺寸为 D；该比较仪指示出的示值为被测轴径相对于量块尺寸的偏差。一般来说，相对测量的测量精度比绝对测量的高。

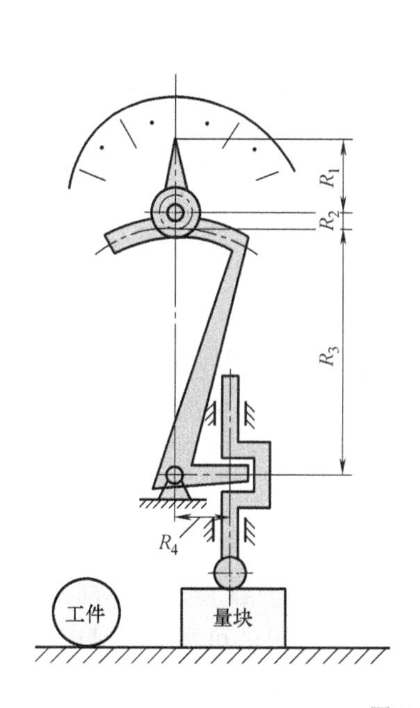

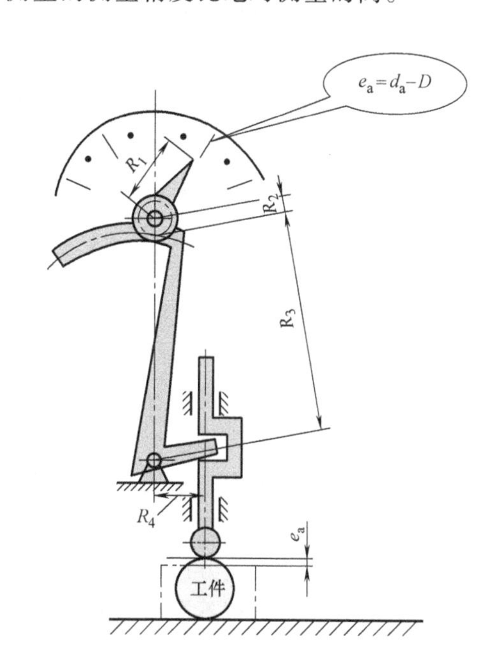

图 5-6 机械比较仪工作原理

3. 按测量时被测表面与计量器具的测头是否接触分类

1）接触测量。接触测量是指测量时计量器具的测头与被测表面接触，并有机械作用的测量力。例如用千分尺、机械比较仪测量轴径。

2）非接触测量。非接触测量是指测量时计量器具的测头不与被测表面接触。例如，用光切显微镜测量表面粗糙度轮廓，用气动量仪测量孔径。接触测量有测量力，会引起被测表面和计量器具有关部分产生弹性变形，从而影响测量精度，而非接触测量则无此影响，故适宜于软质表面或薄壁易变形工件的测量。

4. 按同时测量被测量的多少分类

1）单项测量。单项测量是指分别对工件上的各被测几何量进行独立测量。例如，用工具显微镜分别测量外螺纹的螺距，牙侧角和中径。

2）综合测量。综合测量是指同时测量工件上几个相关几何量的综合效应或综合指标，以判断工件是否合格的测量方法。其目的是保证被测工件在规定的极限轮廓内，满足互换性要求。如用螺纹通规检验螺纹单一中径、螺距和牙侧角实际值的综合结果是否合格。就工件整体来说，单项测量的效率比综合测量的低，但单项测量便于进行工艺分析。综合测量适用于只要求判断合格与否，而不需要得到具体的误差值的场合。

5. 按测量是否在加工过程中进行分类

1）在线测量。在线测量是指在加工过程中对工件进行测量的方法。测量结果直接用来控制工件的加工过程，以决定是否需要继续加工或调整机床。在线测量能及时防止废品产生，主要用在自动化生产线上。

2）离线测量。离线测量是指在加工后对工件进行测量的方法。测量结果仅限于发现并剔除废品。

由于在线测量能及时防止废品，保证产品质量，因此是检验技术的发展方向。

6. 按被测量在测量过程中所处的状态分类

1）静态测量。静态测量是指在测量时被测表面与计量器具的侧头处于相对静止状态的测量方法。如用千分尺测量零件的直径。

2）动态测量。动态测量是指测量表面与计量器具的侧头之间处于相对运动状态的测量方法。其目的是为了测得误差的瞬间值及其随时间变化的规律，其测量效率高。如用电动轮廓仪测量表面粗糙度，在磨削过程中测量零件的直径，用激光螺杆动态检查仪测量螺杆。

7. 按决定测量结果的全部因素或条件是否改变分类

1）等精度测量。等精度测量是指测量过程中决定测量结果的全部因素或条件不变的测量方法。如由同一个人，在计量器具、测量环境、测量方法都相同的情况下，对同一个被测量仔细地进行测量。可以认为每一个测量结果的可靠性和精确度都是相同的。为了简化对测量结果的处理，一般情况下大多采用等精度测量。

2）不等精度测量。不等精度测量是指在测量过程中决定测量结果的全部因素或条件可能完全改变或部分改变的测量方法。如用不同的测量方法，不同的器具，在不同的条件下，由不同人员对同一被测量进行不同次数的测量。显然，其测量结果的可靠性和精确度各不相同。由于不等精度测量的数据处理比较麻烦，因此只用于重要的高精度测量。

以上对测量方法的分类是从不同的角度考虑的，但对一个具体的测量过程，可能同时兼有几种测量方法的特性。因此，测量方法的选择应考虑被测对象的结果特点、精度要求、生产批量、技术条件和经济效益等。

5.3.2 计量器具的分类

计量器具是用于测量目的的量具、测量仪器（量仪）和测量装置的总称。计量器具可按用途、结构和工作原理分类。

1. 量具

量具是指以固定形式复现量值的计量器具。它分为单值量具（如长度量块、角度量块、直角尺）和多值量具（如标准线纹尺）两种。量具一般没有放大装置。

2. 量规

量规是没有刻度的专用计量器具，用以检验工件实际尺寸和几何误差的综合结果。量规只能判断工件是否合格，而不能获得被测量的具体数值，如使用光滑极限量规、螺纹量规、功能量规等检验。

3. 量仪

量仪（计量仪器）是指能将被测量转换成可直接观测的指示值或等效信息的计量器具。其特点是一般都有指示、放大系统。根据所测信号的转换原理和量仪自身的结构特点，量仪可分为以下几种：

1）卡尺类量仪。如数显卡尺、数显高度尺、数显量角器、游标卡尺等。其特点是结构比较简单、使用方便，但精度较低。

2）微动螺旋副类量仪。如数显千分尺、数显内径千分尺、普通千分尺等。特点是结构比较简单，精度比卡尺类量仪高。

3）机械类量仪。如百分表、千分表、杠杆比较仪、扭簧比较仪等。精度高于微动螺旋类量仪，示值范围小。

4）光学类量仪。如光学比较仪、工具显微镜、光学分度头、测长仪、投影仪、干涉仪、各种视觉类测量仪器等。精度高、性能稳定，结构较复杂。

5）电动类量仪。如电感比较仪、电容比较仪、触针式轮廓仪、圆度仪等。这种量仪精度高、测量信号易于与计算机接口，实现测量和数据处理的自动化。

6）气动类量仪。如压力式气动量仪、浮标式气动量仪等。精确度和灵敏度较高，抗干扰性强，线性范围小。

7）激光类量仪。利用激光的各种特性实现几何参数测量的仪器。如激光扫描仪、激光干涉仪、激光准直仪。

8）机、电、光综合类量仪。如三坐标测量仪、齿轮测量中心等。精度高、结构复杂。可以对结构复杂的工件进行二维、三维高精度测量，是计算机技术应用于各类量仪的产物，也是测量仪器的发展趋势。

4. 测量装置

测量装置是为确定被测量所必需的计量器具和辅助设备的总称。它能够测量同一工件上较多的几何量和形状比较复杂的工件，有助于实现检测自动化或半自动化。如国家长度基准复现装置。

5.3.3 计量器具的技术性能指标

计量器具的技术性能指标是合理选择和使用计量器具的重要依据。主要有以下几项。

1. 分度间距

分度间距是指计量器具的刻度标尺或分度盘上两相邻刻线中心之间的距离或圆弧长度。为适于人眼观察，分度间距一般为 1~2.5mm。

2. 分度值

分度值是指计量器具的标尺或分度盘上每一分度间距所代表的量值。一般长度计量器具的分度值有 0.1mm、0.05mm、0.02mm、0.01mm、0.005mm、0.002mm、0.001mm 等几种。例如，图 5-7 所示机械比较仪的分度值为 0.002mm。一般来说，分度值越小，则计量器具的

精度就越高。

3. 分辨率

对于数字式量仪，因为没有刻度尺或分度盘，故一般不称其为分度值，而称为分辨率。分辨率是指仪器显示的最末一位数字所代表的被测量值（长度或角度值）。例如莱兹光栅分度头的分辨率为 1 角秒（″）；奥普登光栅测长仪的分辨率为 0.2μm。

4. 示值范围

示值范围是指计量器具所能显示或指示的最低值到最高值的范围。例如分度值是指计量器具的标尺或分度盘上每一分度间距所代表的量值。一般长度计量器具的分度值有 0.1mm、0.05mm、0.02mm、0.01mm、0.005mm、0.002mm、0.001mm 等几种。例如，图 5-7 所示机械比较仪的示值范围为±0.06mm。

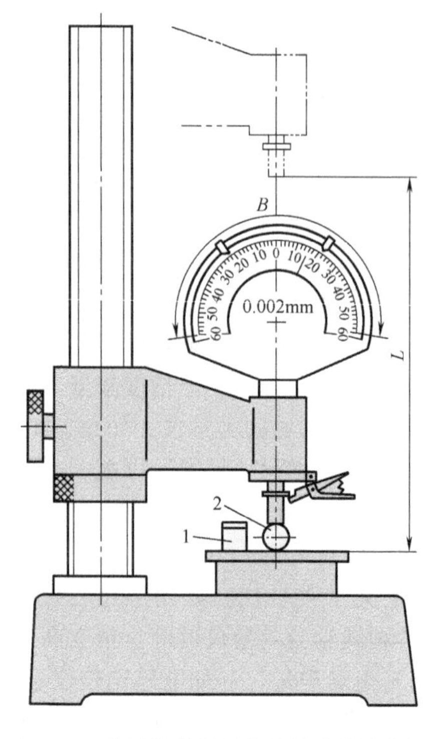

图 5-7 机械比较仪的部分技术性能指标
1—量块 2—被测工件

5. 测量范围

测量范围是指在允许的误差限度内，计量器具所能测量的被测量值的范围。例如外径千分尺的测量范围有 0～25mm、25～50mm 等；机械式比较仪的测量范围为 0～180mm。

测量范围和示值范围不能混淆。测量范围不仅包括示值范围，而且还包括仪器的悬臂或尾座等的调节范围。例如：比较仪的示值范围为±0.06mm，而由于其悬臂可沿立柱调节，故测量范围为 0～180mm。

6. 灵敏度

灵敏度是指计量器具对被测量变化的反应能力。若被测量的变化为 ΔL，计量器具上相应变化为 Δx，则灵敏度 k 为

$$k=\frac{\Delta x}{\Delta L} \tag{5-3}$$

当 ΔL 和 Δx 为同一量时，灵敏度又称放大比。

7. 测量力

测量力是指在接触式测量过程中，计量器具的测头与被测表面之间的接触压力。它产生的力变形是精度测量中的一个重要的误差源。测量力太大会使零件产生变形或划伤被测表面，测量力不恒定使示值不稳定。因此，要求测量力大小适当并且恒定。

8. 示值误差

示值误差是指计量器具上的示值与被测几何量的真值之间的代数差。例如用百分尺测量轴的直径，读数值为 31.675mm，而其真值为 31.678mm，则百分尺的示值误差等于（31.675−31.678）mm=−0.003mm。目前，测量器具的精度大多用其示值误差的界限值（示值极限误差）来表示。

9. 回程误差（滞后误差）

回程误差是指在相同测量条件下，对同一被测量进行往返两个方向测量时所得到的两个测量值之差。该项误差是由于测量器具中测量系统的间隙、变形和摩擦等原因引起的。当要求测量值的显示呈连续的往返性变化时（有连续的正、负值变化），应选用回程误差较小的测量器具。

10. 修正值

修正值是指为了消除或减少系统误差，用代数法加到未修正测量结果上的数值。其大小与示值误差的绝对值相等，而符号相反。例如，示值误差为-0.004mm，则修正值为+0.004mm。

11. 测量不确定度

测量的不确定度是指由于测量误差的存在导致测量值不确定的程度。

测量精度
视频讲解

5.4 测量误差

5.4.1 测量误差与测量精度

1. 测量误差的含义及表示方法

任何测量过程，无论采用如何精密的测量方法，其测量值都不可能等于被测量的真值，即使测量条件相同，对同一被测量重复进行多次的测量，其测量值也不会完全相同，只能与其真值接近。根据 JJF 1001—2011 对测量误差的定义是：测得的量值减去参考量值。在实际应用中，一般是以约定真值或以无系统误差的多次重复测量值的平均值代替真值（以减小以至消除系统误差）。例如，用按“等”使用的量块检定比较仪，量块的工作尺寸就可视为比较仪示值的真值。

测量误差有绝对误差和相对误差之分。

上述定义的误差称为绝对误差，即

$$\delta = x - x_0 \tag{5-4}$$

绝对误差 δ 可能是正值或负值。被测尺寸相同的情况下，绝对误差大小能够反映测量精度。被测尺寸不同时，绝对误差不能反映测量精度。这时，应用相对误差 ε 的概念。相对误差是指绝对误差的绝对值与被测量真值之比，即

$$\varepsilon = \frac{|\delta|}{x_0} \times 100\% \approx \frac{|\delta|}{x} \times 100\% \tag{5-5}$$

例如，测得两个孔的直径大小分别为 50.86mm 和 20.97mm，它们的绝对误差分别为+0.02mm 和+0.01mm，则由式（5-5）计算得到它们的相对误差分别为 0.039%和 0.048%，因此前者的相对误差比后者小。

2. 测量精度

测量精度是指被测几何量的测得值与真值的接近程度。它和测量误差是从两个不同的角度说明同一概念的术语。测量误差越大，测量精度就越低。

为了反映系统误差和随机误差（见 5.4.3 小节）对测量结果的不同影响，测量精度可分为正确度、精密度和准确度。正确度是反映测量结果中，系统误差的影响程度；精密度是

反映测量结果中，随机误差的影响程度，它是指在规定条件下，对同一或类似被测对象重复测量所得示值或测得值间的一致程度；准确度是反映测量结果中，系统误差和随机误差的综合影响程度。以打靶为例来说明，如图 5-8 所示。

把相同条件下多次重复测量值看作是同一个人连续发射了若干发子弹，其结果可能是每次的击中点虽然偏离靶心，但比较集中，如图 5-8a 所示，这相当于测量值与被测量真值虽然相差较大，但分布的范围小，即随机误差小而系统误差大，表示打靶的精密度高而正确度低；也可能是每次的击中点虽然接近靶心但分散，如图 5-8b 所示，这相当于测量值与被测量真值虽然相差不大但不集中，即系统误差小而随机误差大，表示打靶正确度高而精密度低；还可能是每次的击中点都十分接近靶心且集中，如图 5-8c 所示，这相当于测量值与被测值真值相差不大且集中，系统误差和随机误差都小，表示打靶准确度高；最后一种可能是每次的击中点都偏离靶心且不集中，如图 5-8d 所示，这相当于测量值与被测量真值相差较大且分散，即系统误差和随机误差都大，表示打靶准确度低。

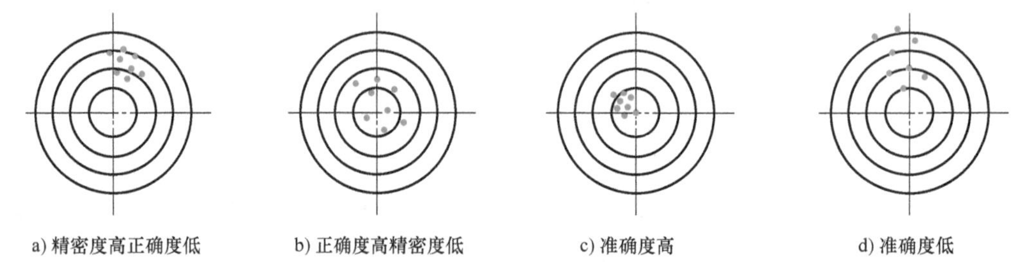

a) 精密度高正确度低　　b) 正确度高精密度低　　c) 准确度高　　d) 准确度低

图 5-8　精密度、正确度和准确度

5.4.2　测量误差的来源

测量误差直接影响测量精度，测量误差对于任何测量过程都是不可避免的。正确认识测量误差的来源和性质，采取适当的措施减小测量误差的影响，是提高测量精度的根本途径。测量误差主要来源于以下几个方面。

1. 计量器具误差

计量器具误差是指计量器具本身在设计、制造、装配和使用调整过程中造成的各项误差。这些误差综合表现在示值误差和示值的稳定性上。如机械式比较仪为了简化结构而采用近似设计的方法，使测量杆的直线位移与指针杠杆的角位移不成正比，而其标尺却采用等分刻度来代替理论上的不等分刻度，就会产生原理性的示值误差。

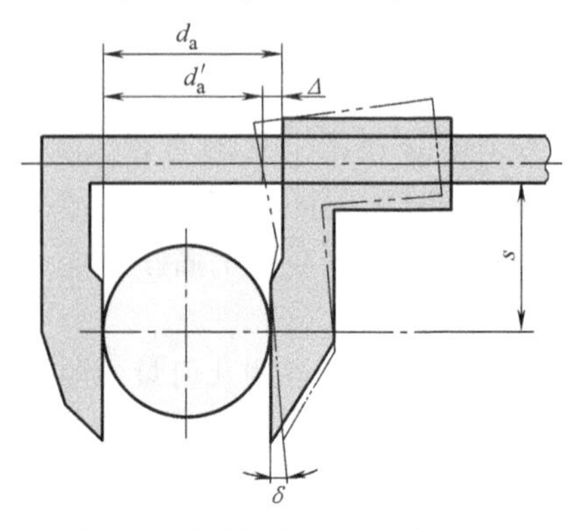

图 5-9　用游标卡尺测量轴的直径

当设计的计量器具不符合阿贝原则时，也会产生测量误差。阿贝原则是指测量长度时，为了保证测量的准确，应使被测零件的尺寸线（简称被测线）与量仪中作为标准的刻度尺（简称标准线）重合或顺次排成一条直线。例如用游标卡尺测量轴的直径，如图 5-9 所示，作为标准长度的刻度尺与被测直径不在同一条直线上，两者相距 s 平行放置，其结构不符合阿贝原则。在测量过程中，卡尺活动量爪倾斜一个角度 δ，此时产生的测量误差 Δ 按下式计算：

$$\Delta = d_a - d'_a = s \cdot \tan\delta \approx s\delta \tag{5-6}$$

设 $s=30\text{mm}$，$\delta=1' \approx 0.0003\text{rad}$，则由于卡尺结构不符合阿贝原则而产生的测量误差

$$\Delta = (30\times0.0003)\text{mm} = 0.009\text{mm} = 9\mu\text{m}$$

由此可见，不符合阿贝原则的测量引起的测量误差较大。

除此之外，还有传动系统元件制造不准确所引起的放大比误差，传动系统元件接触间隙变化引起的读数不稳定误差，以及变形、磨损等因素产生的测量误差等。

2. 测量方法误差

测量方法误差是指测量方法的不完善（包括计算公式不准确，测量方法选择不当，工件安装、定位不准确等）引起的误差。例如，测量径向跳动时，如图 5-10 所示。被测工件的轴线应按 Ⅰ—Ⅰ 状态定位，由于两个顶尖中心不等高，实际上，被测工件的轴线按 Ⅰ′—Ⅰ′定位，与 Ⅰ—Ⅰ 线之间存在一个夹角 φ。显然，由此将引起测量误差。

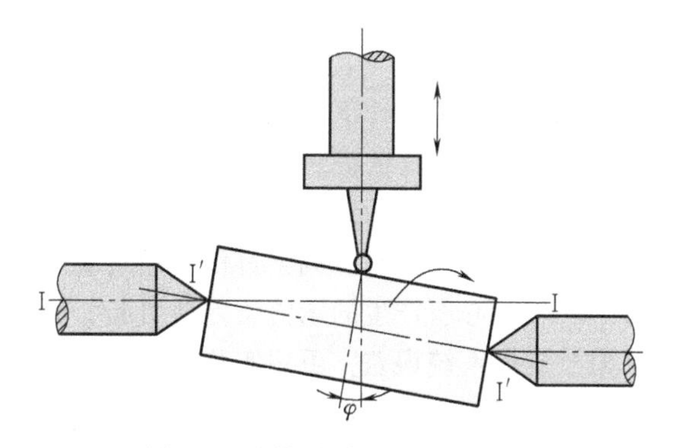

图 5-10　测量径向跳动的示意图

为了消除或减小测量方法误差，应对各种测量方案进行误差分析，尽可能在最佳条件下进行测量，并对误差予以修正。

3. 环境误差

环境误差是指测量时环境条件不符合标准状态而引起的测量误差。影响测量环境的因素有温度、湿度、气压、振动、灰尘、照明（引起视差）等，其中，温度对测量结果的影响最大。我国规定测量的标准温度为 20℃。当工件尺寸较大、温度偏离标准值较多并且工件与基准尺热膨胀系数相差较大或者工件与基准尺温差较大时，都会引起较大的测量误差 ΔL。其计算公式为

$$\Delta L = L[\alpha_2(t_2-20) - \alpha_1(t_1-20)] \tag{5-7}$$

式中，L 为被测尺寸；α_1、α_2 为基准件、被测工件的线膨胀系数；t_1、t_2 为基准件、被测工件的温度（℃）。

因此，测量时应根据测量精度的要求，合理控制环境温度，以减小温度对测量精度的影响。必要时，可对测量结果进行修正。

4. 人员误差

测量人员主观因素如疲劳、注意力不集中、技术不熟练、思想情绪、分辨能力等引起的测量误差。

总之，造成测量误差的因素很多。有些误差是可以避免的，有些误差是可以通过修正消除的，还有一些误差既不可避免也不能消除。测量时，应采取相应的措施避免、消除或减小各类误差对测量结果的影响，保证测量精度。

5.4.3 测量误差的分类

根据测量误差的特性，可将测量误差分为随机误差、系统误差和粗大误差三类。

1. 随机误差

随机误差是在相同的测量条件下，多次测量同一量值时，误差的大小和符号以不可预定的方式变化着的误差。产生随机误差的因素很多，这些因素多具有偶然性和不稳定性。例如测量过程中温度的微量波动，振动、空气的扰动、测量力不稳定、量仪的示值变动、机构间隙和摩擦力的变化等。随机误差是不可避免的，也不能用实验的方法加以修正或消除，只能估计和减小它对测量结果的影响。

就某一次具体测量而言，随机误差的绝对值和符号无法预先知道。但对于连续多次重复测量来说，随机误差符合一定的统计规律，可以通过分析、估算出随机误差值的范围，从而对测量结果的置信度加以说明。

2. 系统误差

在相同的测量条件下，多次测量同一量值时，误差的大小和符号均保持不变，或者按一定的规律变化，这样的测量误差称为系统误差。根据以上两种不同的情况，系统误差又分为两种，前一种情况称为定值系统误差，后一种情况称为变值系统误差。例如，在比较仪上用相对法测量零件尺寸时，调整量仪所用量块的误差就会引起定值系统误差；量仪的分度盘与指针回转轴偏心所产生的示值误差会引起变值系统误差。

对于定值系统误差，可用实验对比方法发现，并可确定误差的大小，根据误差的大小和符号确定校正值，利用校正值将定值系统误差从测量结果中消除。对于变值系统误差可采用技术措施加以消除或减小到最低程度，然后按随机误差来处理。

3. 粗大误差

粗大误差的数值远远超出随机误差和系统误差。粗大误差是由测量人员的疏忽或测量环境条件的突然变化引起的。如仪器操作不正确，读错数，记录错误，计算错误等。由于粗大误差明显歪曲测量结果，因此应及时发现，并从测量数据中将其剔除。

应当指出，系统误差和随机误差的划分并不是绝对的，它们在一定的条件下是可以相互转化的。例如，按一定基本尺寸制造的量块总是存在着制造误差，对某一具体量块而言，可认为该制造误差是系统误差；但对一批量块而言，制造误差是变化的，可以认为它是随机误差。在使用某一量块时，若没有检定该量块的尺寸偏差，而按量块标称尺寸使用，则制造误差属随机误差；若检定出该量块的尺寸偏差，按量块实际尺寸使用，则制造误差属系统误差。

掌握误差转化的特点，可根据需要将系统误差转化为随机误差，用概率论和数理统计的方法来减小该误差的影响；或将随机误差转化为系统误差，用修正的方法减小该误差的影响。

5.5 各类测量误差的处理

通过对某一被测量进行连续多次的重复测量，得到一系列的测量数据——测量列，对该测量列进行数据处理，以消除或减小测量误差的影响，提高测量精度。

5.5.1 测量列中随机误差的处理

随机误差不可能被修正或消除，但可应用概率论与数理统计的方法，估计出随机误差的大小和规律，并设法减小其影响。

1. 随机误差的特性及分布规律

大量的实践和实验证明，随机误差通常服从正态分布规律，具有以下特性。

（1）单峰性　绝对值越小的随机误差出现的概率越大，反之则越小。

（2）对称性　绝对值相等的正、负随机误差出现的概率相等。

（3）有界性　在一定测量条件下，随机误差的绝对值不会超过一定的界限。

（4）抵偿性　随着测量次数的增加，随机误差的算术平均值趋于零，即随机误差的代数和趋于零。该特性是由对称性推导而来的，它是对称性的必然反映。

2. 随机误差的评定

假设测量值中只含有随机误差，且随机误差是相互独立、等精度的，则随机误差正态分布曲线的数学表达式为

$$y=\frac{1}{\sigma\sqrt{2\pi}}e^{\frac{-\delta^2}{2\sigma^2}} \tag{5-8}$$

各类测量误差的处理视频讲解

式中，y 为概率密度；σ 为标准偏差；δ 为随机误差。

根据误差理论，可计算标准偏差 σ 如下：

$$\sigma=\sqrt{\frac{\sum_{i=1}^{n}(x_i-\bar{x})^2}{n-1}} \tag{5-9}$$

式中，x_i 为某次测量值；$\bar{x}$ 为 n 次测量值的算术平均值；n 为测量次数，n 应该足够大。

分析式（5-8）可知：σ 越大 y 减少得越慢，即测量值越分散，测量精密度越低；反之，σ 越小 y 减少得越快，即测量值越集中，测量精密度越高。当 $\sigma=0$ 时，概率密度有最大值 $y_{max}=1/(\sigma\sqrt{2\pi})$。因此，标准偏差 σ 是反映随机误差分布的参量，如图 5-11 所示。图中阴影部分面积表示由 $-\delta_i$ 到 $+\delta_i$ 的误差出现的概率。其值为

$$F(\delta)=\int_{-\delta_i}^{+\delta_i}y\mathrm{d}\delta=\frac{1}{\sigma\sqrt{2\pi}}\int_{-\delta_i}^{+\delta_i}e^{\frac{-\delta^2}{2\sigma^2}}\mathrm{d}\delta \tag{5-10}$$

由于全部随机误差的概率之和等于 1，即 δ 落在整个分布范围（$-\infty$，$+\infty$）的概率为 1；落在分布范围（$-\sigma$，$+\sigma$）的概率为 68.26%，落在分布范围（-2σ，$+2\sigma$）的概率为 95.44%，落在分布范围（-3σ，$+3\sigma$）的概率为 99.73%。随机误差在范围 $\pm t\sigma$ 内出现的概率称为置信概率，t 称为置信因子或置信系数。在几何量测量中，通常取置信因子 $t=3$，则置信概率为 99.73%。因此，取 $\pm3\sigma$ 为单次测量的极限误差，即 $\delta_{lim}=3\sigma$，此时，测量列中有 99.73%的随机误差不超过其界限，即连续测量 370 次，随机误差超出的有一次。这实际上很难出现，因为测量次数一般不会多于几十次。

由此，单次测量的测量结果 x 可表示为

$$x=x_i\pm\delta_{lim}=x_i\pm3\sigma \tag{5-11}$$

3. 测量列算术平均值的极限误差

由随机误差的对称性和抵偿性可知，用测量列算术平均值作为测量结果最可靠且最合

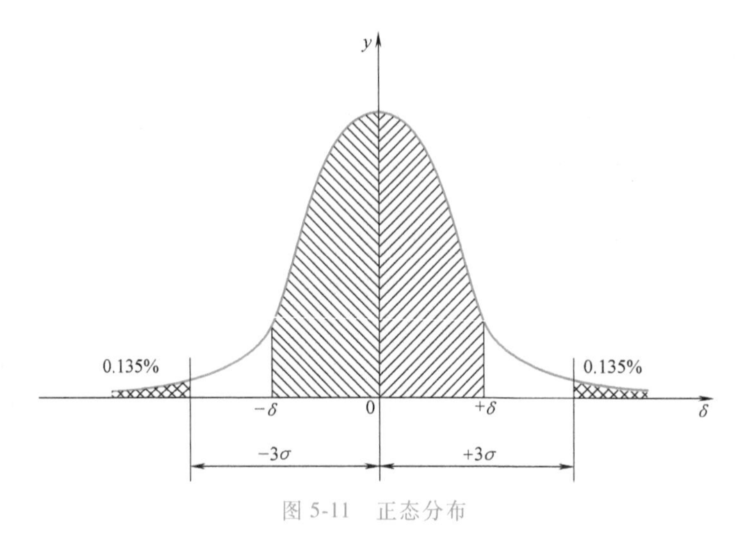

图 5-11 正态分布

理。在实际测量时，当测量次数充分大时，随机误差的算术平均值趋于零，因此可以用测量列中各个测量值的算术平均值代替真值，并用一定的方法估算出标准偏差，进而确定测量结果。

设测量列的各个测量值分别为 x_1、x_2、…、x_n，则算术平均值 $\bar{x}$ 为

$$\bar{x} = \frac{\sum_{i=1}^{n} x_i}{n}$$

对于等精度的 m 组 n 次重复测量，每组形成一个测量列，可计算出 m 个测量列的算术平均值——算术平均值列 $\bar{x}_i$（i=1，2，…，m）。它们的分散程度要比单次测量值的分散程度小得多。描述它们的分散程度，同样可以用标准偏差作为评定指标。根据误差理论，测量列算术平均值的标准差 $\sigma_{\bar{x}}$ 与测量列单次测量值的标准差 σ 存在如下关系：

$$\sigma_{\bar{x}} = \frac{\sigma}{\sqrt{n}} \tag{5-12}$$

上式表明：测量次数越多，$\sigma_{\bar{x}}$ 就越小，测量精度就越高。当 n 超过一定数值时，比值 $\sigma_{\bar{x}}/\sigma$ 随 n 的平方根衰减的速度变慢，收效并不明显，而且如果重复测量的时间过长，反而可能因测量条件不稳定而引入其他一些误差。因此，实际测量时，一般 n 取 10~15 次。

测量列算术平均值的测量极限误差为

$$\delta_{\lim(\bar{x})} = 3\sigma_{\bar{x}} \tag{5-13}$$

则测量结果可以表示为

$$x = \bar{x} \pm \delta_{\lim(\bar{x})} = \bar{x} \pm 3\sigma_{\bar{x}} = \bar{x} \pm 3\frac{\sigma}{\sqrt{n}} \tag{5-14}$$

4. 剩余误差（残差）

由于被测量的真值 x_0 无法准确获得，所以在实际应用中常常以算术平均值 $\bar{x}$ 代替真值，并以残差 $v_i = x_i - \bar{x}$ 代替测量误差 δ_i。由概率论与数理统计可知，残差 v_i 有两个重要特性。

1）一组测量值的残差代数和等于零，即 $\sum_{i=1}^{n} v_i = 0$。这一特性可用来核算算术平均值及残差的计算是否准确。

2）残差的平方和最小，即

$$\sum_{i=1}^{n} v_i^2 = \sum_{i=1}^{n} (x_i - \bar{x})^2 = \min \tag{5-15}$$

该特性说明用算术平均值作为测量结果最可靠且最合理。

5.5.2 测量列中系统误差的处理

从理论上讲，测量列中系统误差的处理方法是先找出系统误差的规律或产生原因，然后修正或从产生根源上消除。但由于产生系统误差的原因复杂，实际上难以完全发现和消除系统误差的影响。

1. 发现系统误差的方法

发现系统误差必须根据具体测量过程和计量器具进行全面仔细的分析，这是一项困难而复杂的工作。目前还没有找到适用于发现各种系统误差的普遍方法，下面介绍的只是有针对性的常用方法。

1）实验对比法。实验对比法是指改变产生系统误差的测量条件而进行不同测量条件下的测量，以发现系统误差，这种方法适用于发现定值系统误差。例如量块按标称尺寸使用时，在被测量的测量结果中就存在由于量块的尺寸偏差而产生的大小和符号均不变的定值系统误差，重复测量也不能发现这一误差，只有用另一块等级更高的量块进行测量对比时才能发现它。

2）残差观察法。残差观察法是指根据测量列的各个残差大小和符号的变化规律，直接由残差数据或残差曲线图形来判断有无系统误差，这种方法主要适用于发现大小和符号按一定规律变化的变值系统误差。如图5-12所示，观察残差的变化规律。若各残差大体上正、负相间，又没有显著变化（如图5-12a所示），则不存在变值系统误差。若各残差按近似的线性规律递增或递减（如图5-12b所示），则可判断存在线性系统误差。若各残差的大小和符号有规律地周期变化（如图5-12c所示），则可判断存在周期性系统误差。

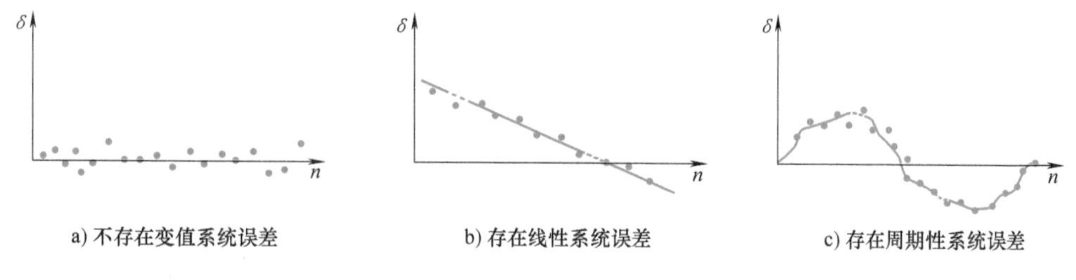

a) 不存在变值系统误差　　b) 存在线性系统误差　　c) 存在周期性系统误差

图5-12　变值系统误差的发现

2. 消除系统误差的方法

1）从产生误差根源上消除系统误差。这要求测量人员对测量过程中可能产生系统误差的各个环节作仔细地分析，并在测量前就将系统误差从产生根源上加以消除。例如，为了防止测量过程中仪器示值零位的变动，测量开始和结束时都需检查示值零位。

2）用修正法消除系统误差。这种方法是预先将计量器具的系统误差检定或计算出来，做出误差表或误差曲线，然后取与系统误差数值相同而符号相反的值作为修正值，将测得值加上修正值即可。

3）用抵消法消除定值系统误差。这种方法要求在对称位置上分别测量一次，以使两次测得的数据出现的系统误差大小相等，符号相反，取两次数据的平均值作为测得值，即可消除定值系统误差。例如，在工具显微镜上测量螺纹螺距时，为了消除螺纹轴线与量仪工作台移动方向倾斜而引起的系统误差，可分别测量螺纹左、右牙面的螺距，然后取它们的平均值作为螺距测得值。

4）用半周期法消除周期性系统误差。对周期性系统误差，可每隔半个周期进行一次测量，以相邻两次测量数据的平均值作为一个测得值即可。

5.5.3 测量列中粗大误差的处理

粗大误差的数值远远超出随机误差或系统误差，在测量中应尽量避免。如果粗大误差已经产生，则应根据判断粗大误差的准则予以剔除。通常用拉依达准则判断。

拉依达准则（3σ 准则）判断粗大误差的原理是：当测量列服从正态分布时，残差落在 $\pm3\sigma$ 外的概率仅有 0.27%，即在连续 370 次测量中只有一次测量的残差超出 $\pm3\sigma$，而实际上连续测量的次数绝不会超过 370 次，测量列中就不应该有超出 $\pm3\sigma$ 的残差。因此，当测量列中出现绝对值大于 3σ 的残差时，即

$$|v_i|>3\sigma \tag{5-16}$$

则认为该残差对应的测得值含有粗大误差，应予以剔除。测量次数小于或等于 10 时，不能使用拉依达准则。

例如，现有一组服从正态分布的等精度测量数据：10.007、10.004、9.999、10.018、10.003、10.005、10.003、10.004、10.000、10.000，经计算得：$\bar{x}_{10}=10.0043$，$3\sigma_{10}=0.015$，用拉依达准则判断，有 $|v_4|=0.018>3\sigma_{10}=0.015$，即第 4 个数据含有粗大误差，将其剔除；对剩余的 9 个数据再一次进行统计计算得：$\bar{x}_9=10.0028$，$3\sigma_9=0.0067$，再一次用拉依达准则判断，剩余 9 个数据残差的绝对值均不超过 $3\sigma_9$，说明这 9 个数据中没有粗大误差。

5.6 等精度测量结果的数据处理

5.6.1 直接测量结果的数据处理

等精度测量的数据通常按以下步骤处理：①判断测量列中是否存在系统误差。如果存在系统误差，则应采取措施（如在测得值中加入修正值）加以消除；②计算测量列的算术平均值、残差和单次测量值的标准偏差；③判断是否存在粗大误差。若存在粗大误差，则应剔除含有粗大误差的测得值，重新组成测量列，重复上述计算，直到将所有含有粗大误差的测得值剔除为止；④计算消除系统误差和剔除粗大误差后的测量列的算术平均值、算术平均值的标准偏差和测量极限误差；⑤写出测量结果的表达式。

例 5-1　以一个 30mm 的 5 等量块为标准，用立式光学比较仪对一圆柱轴进行 10 次等精度测量，测得值如表 5-2 第二列所示。已知量块长度的修正值为-1μm，试对其进行数据处理，写出测量结果。

解：

（1）对量块的系统误差进行修正　全部测得值分别加上量块的修正值-0.001mm，如表 5-2 第三列所示。

表 5-2　等精度直接测量的数据处理表

序号 i	测量值 x_i/mm	去除系统误差的测量值 x_i/mm	残差 v_i/mm	残差的平方 v_i^2/mm²
1	30.050	30.049	+0.001	0.000001
2	30.048	30.047	-0.001	0.000001
3	30.049	30.048	0	0
4	30.047	30.046	-0.002	0.000004
5	30.051	30.050	+0.002	0.000004
6	30.052	30.051	+0.003	0.000009
7	30.044	30.043	-0.005	0.000025
8	30.053	30.052	+0.004	0.000016
9	30.046	30.045	-0.003	0.000009
10	30.050	30.049	+0.001	0.000001
		$\bar{x}=\frac{\sum x_i}{n}=30.048$	$\sum v_i=0$	$\sum v_i^2=0.000$

（2）求算术平均值 $\bar{x}$、残差 v_i、标准偏差 σ

$$\bar{x}=\frac{\sum_{i=1}^{n}x_i}{n}=\frac{\sum_{i=1}^{n}x_i}{10}=30.048\text{mm}$$

$$v_i=x_i-\bar{x}$$

$$\sigma=\sqrt{\frac{\sum_{i=1}^{n}v_i^2}{n-1}}=\sqrt{\frac{0.00007}{10-1}}\text{mm}=0.0028\text{mm}$$

（3）用拉依达准则判断粗大误差　测量列中每个数据的残差 v_i 应在 3σ 的标准偏差内。$3\sigma=3\times0.0028\text{mm}=0.0084\text{mm}$，而表中残差数据没有出现大于 3σ 的数值，因此判断测量列中不存在粗大误差。

（4）计算测量列算术平均值的标准偏差

$$\sigma_{\bar{x}}=\frac{\sigma}{\sqrt{n}}=\frac{0.0028}{\sqrt{10}}\text{mm}=0.00088\text{mm}$$

（5）计算测量列算术平均值的测量极限误差

$$\delta_{\lim(\bar{x})}=3\sigma_{\bar{x}}=0.00264\text{mm}$$

（6）确定测量结果

$$x=\bar{x}\pm\delta_{\lim(\bar{x})}=(30.048\pm0.00264)\text{mm}$$

这时的置信概率为 99.73%。

5.6.2　间接测量结果的数据处理

间接测量的特点是测量结果不是直接测得的，而是通过测量有关的独立变量 x_1，

x_2，…，x_n 后，经过计算而得到。所需测量值是相关独立变量的函数，故称这种误差为函数误差。

1. 函数误差的基本计算公式

间接测量中，所需测量值是相关独立变量的函数，它表示为

$$y=f(x_1,x_2,\cdots,x_n) \tag{5-17}$$

式中，y 为被测几何量；x_i 为各个实测几何量。

该函数的增量可用函数的全微分来表示，即

$$\mathrm{d}y=\sum_{i=1}^{n}\frac{\partial f}{\partial x_i}\mathrm{d}x_i \tag{5-18}$$

式中，$\mathrm{d}y$ 为被测几何量的测量误差；$\mathrm{d}x_i$ 为各个实测几何量的测量误差；$\frac{\partial f}{\partial x_i}$为各个实测几何量的测量误差的传递系数。式（5-18）即为函数误差的基本计算公式。

2. 函数系统误差的计算

如果各个实测几何量 x_i 的测得值中存在系统误差 Δx_i，那么被测几何量 y 也存在系统误差 Δy。以 Δx_i 代替式（5-18）中的 $\mathrm{d}x_i$，则可近似得到函数系统误差的计算式：

$$\Delta y=\sum_{i=1}^{n}\frac{\partial f}{\partial x_i}\Delta x_i \tag{5-19}$$

式（5-19）即为间接测量中系统误差的计算公式。

3. 函数随机误差的计算

由于各个实测几何量 x_i 的测得值中存在着随机误差，因此被测几何量 y 也存在随机误差。根据误差理论，函数的标准偏差 σ_y 与各个实测几何量的标准偏差 σ_{xi} 的关系为

$$\sigma_y=\sqrt{\sum_{i=1}^{n}\left(\frac{\partial f}{\partial x_i}\right)^2\sigma_{x_i}^2} \tag{5-20}$$

如果各个实测几何量的随机误差均服从正态分布，则由式（5-20）可推导出函数的测量极限误差的计算式：

$$\delta_{\lim(y)}=\pm\sqrt{\sum_{i=1}^{n}\left(\frac{\partial f}{\partial x_i}\right)^2\delta_{\lim(x_i)}{}^2} \tag{5-21}$$

式中，$\delta_{\lim(y)}$ 为被测几何量的测量极限误差；$\delta_{\lim(x_i)}$ 为各个实测几何量的测量极限误差。

4. 间接测量数据处理的基本步骤

① 根据函数关系式和各直接测得值 x_i 计算间接测得值 y；②计算函数的系统误差 Δy；③计算测量极限误差 $\delta_{\lim(y)}$；④确定测量结果 y_e：

$$y_e=(y-\Delta y)\pm\delta_{\lim(y)} \tag{5-22}$$

例 5-2 如图 5-5 所示，在万能工具显微镜下用弓高弦长法间接测量圆弧样板的半径 R。测得弓高 $h=3.96\text{mm}$，弦长 $b=40.12\text{mm}$，它们的系统误差和测量极限误差分别为 $\Delta h=0.0012\text{mm}$，$\delta_{\lim(h)}=\pm0.0015\text{mm}$，$\Delta b=-0.002\text{mm}$，$\delta_{\lim(b)}=\pm0.002\text{mm}$。试确定圆弧半径 R 的测量结果。

解：

（1）由式（5-2）计算圆弧半径 R

$$R=\frac{b^2}{8h}+\frac{h}{2}=\left(\frac{40.12^2}{8\times3.96}+\frac{3.96}{2}\right)\text{mm}=52.7885\text{mm}$$

（2）按式（5-19）计算圆弧半径 R 的系统误差 ΔR

$$\Delta R=\frac{\partial f}{\partial b}\Delta b+\frac{\partial f}{\partial h}\Delta h=\frac{b}{4h}\Delta b-\left(\frac{b^2}{8h^2}-\frac{1}{2}\right)\Delta h=-0.0199\text{mm}$$

（3）按式（5-21）计算圆弧半径 R 的测量极限误差 $\delta_{\lim(R)}$

$$\delta_{\lim(R)}=\pm\sqrt{\left(\frac{b}{4h}\right)^2\delta^2_{\lim(b)}+\left(\frac{b^2}{8h^2}-\frac{1}{2}\right)^2\delta^2_{\lim(h)}}\text{mm}=\pm0.0192\text{mm}$$

（4）按式（5-22）确定测量结果 R_e

$R_e=(R-\Delta R)\pm\delta_{\lim(R)}=[(52.7885+0.0199)\pm0.0192]\text{mm}=(52.8084\pm0.0192)\text{mm}$
这时的置信概率为 99.73%。

5.7 测量不确定度

5.7.1 测量不确定度的定义

根据 GB/T 27418—2017《测量不确定度评定和表示》中对不确定度的定义是："利用可获得的信息，表征赋予被测量值分散性的非负参数"。广义上说，测量不确定度意味着对测量结果可信性、有效性的怀疑程度或不肯定程度。实际上，由于测量不完善和人们认识的不足，所得的被测量值具有分散性，即每次测得的结果不是同一值，而是以一定的概率分散在某个区域内的多个值。虽然客观存在的系统误差是一个相对确定的值，但由于无法完全认知或掌握它，而只能认为它是以某种概率分布于某区域内的，且这种概率分布本身也具有分散性。测量不确定度正是一个说明被测量之值分散性的参数，测量结果的不确定度反映了人们对被测量值准确认识方面的不足。

不确定度越小，测量结果与被测量的真值越接近，质量越高，水平越高，其使用价值越高；不确定度越大，测量结果的质量越低，水平越低，其使用价值也越低。从计量学的观点看，一切测量结果不但要附有计量单位，而且还必须附有测量不确定度，才算是完整的测量报告，没有单位的数据不能表征被测量的大小，没有不确定度的测量结果不能判定测量技术的水平和测量结果的质量，从而失去或减弱测量结果的可比性。

测量不确定度与测量误差是完全不同的概念，它不是误差，也不等于误差。测量误差是测量结果与其真值之差。测量不确定度是对影响产生误差的分散性的估计，即它是表示测量结果分散区间的量值，是可以用估计方法求出的。

测量不确定度与测量误差的主要区别见表 5-3。

例如真值为 x_0，计算出的测量结果 x 的误差区间为（$-\Delta$，Δ），则

$$x-\Delta\leqslant x_0\leqslant x+\Delta$$

上式表明，真值 x_0 不能确切知道，只知道真值落在区间［$x-\Delta$，$x+\Delta$］内，因此区间［$x-\Delta$，$x+\Delta$］给出了真值不能确定的程度。显然 Δ 值越大，表示真值所处的量值范围越大，

即真值不能确定的程度越大；反之Δ值越小，表示真值所处的量值范围越小，即真值不能确定的程度越小。所以测量不确定度就是表征被测量的真值所处量值范围的评定，而Δ就是测量不确定度。

表 5-3 测量不确定度与测量误差的主要区别

序号	测量不确定度	测量误差
1	无符号参数，用标准差或置信区间半宽表示	有正负号量值，等于测量结果减其真值
2	以测量结果为中心，评估测量结果与被测量真值相符合的程度（表明被测量的分散性）	以真值为中心，说明测量结果与真值的差异程度（表明测量结果偏离真值）
3	与被测量、影响量及测量过程的认识有关	客观存在，不以人的认识程度而改变
4	不确定度分量评定时一般不必区分其性质，需要区分时应表述为："由随机效应引入的不确定度分量"和"由系统效应引入的不确定度分量"	按性质可分为随机误差和系统误差
5	不能用不确定度对测量结果进行修正，在已修正测量结果的不确定度中应考虑修正不完善而引入的不确定度	已知系统误差的估计值可以对测量结果进行修正，得到已修正的测量结果

5.7.2 测量不确定度的来源

目前测量不确定度来源的分析仍借助于误差理论分析进行。在误差理论中，为了计算测量结果的精度，通常将测量过程中的误差产生的来源归纳为四个方面，即测量装置误差、环境误差、方法误差和人员误差。误差源的分析是项复杂的工作，通常与分析者的经验和知识水平有关，甚至与科技发展的水平有关，因为随着测量要求的精度不断提高，原来可以不考虑或考虑不到的误差因素的影响都会凸显出来，因此误差来源的分析不是一成不变的。而误差源其实就是测量不确定度的来源。

在考虑测量不确定度分量来源时，应至少（但不限于）考虑以下四个方面：①测量器具引入的不确定度分量；②测量对象引入的不确定度分量；③测量条件引入的不确定度分量；④测量方法引入的不确定度分量。

在确定测量不确定度分量来源时，注意不要遗漏对测量不确定度有较大影响的分量。影响测量不确定度的各种可能因素有：①被测量的定义不完善；②被测量定义值的复现不理想；③测量样本不能完全代表定义的被测量；④没有充分了解环境条件对测量过程的影响或测量环境不理想；⑤人员对模拟式仪器的读数偏差；⑥测量设备不完善；⑦在数据处理时所引用的常数及其他参数值不准确；⑧测量方法不理想；⑨在相同测量条件下，对被测量重复观测时存在随机变化；⑩测量标准包括标准装置、标准器具、实物器具和标准物质给定值的不确定度。

5.7.3 测量不确定度的评定

测量不确定度分为三种：标准不确定度、合成标准不确定度和扩展不确定度。测量不确定度用标准偏差来表示，称为标准不确定度；当测量结果是由若干个其他量的值求得时，按其他各量的方差和协方差算得的标准不确定度，即在一个测量模型中由各输入量的标准测量不确定度获得的输出量的标准测量不确定度称为合成标准不确定度。合成标准不确定度与一个大于1的数字因子的乘积，通常用置信区间的半宽度来表示，称为扩展不确定度。

在标准不确定度中，由于不确定度一般由多个分量组成，通常把用统计分析的方法进行不确定度分量的评定称为A类评定，用不同于A类不确定度评定的方法进行的评定称为B类评定。

1. 标准不确定度的评定方法

（1）A类评定　先对被测量重复测量，再根据测量数据进行统计分析，得到数据列算术平均值的标准偏差，这个标准偏差就是A类标准不确定度，用 u_A 表示。其评定方法如下：

对被测量 x，在同一条件下进行 n 次独立重复测量，各个测量值分别为 x_1、x_2、…、x_n，则算术平均值 $\bar{x}$ 为

$$\bar{x} = \frac{\sum_{i=1}^{n} x_i}{n}$$

$\bar{x}$ 为被测量 x 的估计值，即测量结果。算术平均值 $\bar{x}$ 的标准偏差 $\sigma_{\bar{x}}$ 即为测量结果的标准不确定度 u_A：

$$u_A = \sigma_{\bar{x}} = \frac{\sigma}{\sqrt{n}} = \sqrt{\frac{\sum_{i=1}^{n}(x_i - \bar{x})^2}{n(n-1)}} \tag{5-23}$$

需要说明的是在被测量的重复测量中，应当保证测量值之间的相互独立。

根据几何公差的测量实践可知，在进行几何公差测量时，由于测量时间较长，通常只进行一次测量，再根据测量数据计算测量结果，用A类评定方法就难以估计测量结果的不确定度，此时可采用B类评定。

（2）B类评定　在多数实际测量工作中，不能或不需进行多次重复测量，所以其不确定度只能用非统计分析的方法进行评定。评定可以基于以下信息：权威机构发布的量值；有证标准物质的量值；校准证书（检定证书）或其他文件提供的数据、准确度的等级或级别；生产企业提供的技术说明文件；手册或某些资料给出的参考数据及其不确定度；规定试验方法的国家标准或类似技术文件中给出的重复性或复现性或根据人员经验推断的极限值等。

标准不确定度的B类评定方法：根据有关的信息或经验，判断被测量的可能值区间 $[-a, +a]$，假设被测量值的概率分布，由要求的置信水平估计包含因子 k，再获得不确定度，用 u_B 表示。

$$u_B = a/k \tag{5-24}$$

B类评定方法中，如何假设被测量值的概率分布呢？根据中心极限定理，只要测量次数足够多，其算术平均值的概率分布近似为正态分布，$k=2$ 或 3；在对影响因素缺乏任何相关信息的情况下，一般假设为均匀分布，此时包含因子 $k=\sqrt{3}$。

2. 合成标准不确定度的评定方法

如果测量结果的标准不确定度包含若干个不确定度分量时，可用各不确定度分量合成得到。当直接测量时，合成标准不确定度 u_C 为单个标准不确定度分量 u_i 的平方和根值。

$$u_C = \sqrt{\sum_{i=1}^{n} u_i^2} \tag{5-25}$$

当间接测量时，测量结果需经各间接测量值按事先设计好的函数关系计算后求得。由于

各间接测量值的标准不确定度对测量结果的影响程度不同，在估算测量结果的不确定度时，要先分别对函数中各测量值求偏导数，算出其不确定度的传播系数。各测量值的标准不确定度乘以相应的传播系数后，取平方和的正平方根得到测量结果的不确定度。

3. 扩展不确定度的评定方法

扩展不确定度用 U 表示。U 由合成不确定度 u_C 乘以包含因子 k 得到，即

$$U=ku_C \tag{5-26}$$

测量结果可表示为 $Y=y\pm U$，y 是被测量 Y 的最佳估计值。被测量 Y 的可能值以较高的置信概率落在区间［$y-U$，$y+U$］内。

k 的选择方法：根据 $y\pm U$ 的区间要求的置信水平选择，一般在 2~3 范围内。当取 $k=2$ 时，区间的置信水平约为 95.44%，当 $k=3$ 时，置信水平为 99.73%。

对测量不确定度进行评定时，一般流程为：分析不确定度来源和建立测量模型→评定标准不确定度→计算合成标准不确定度→确定扩展不确定度→报告测量结果。

例 5-3　在卧式测长仪上测量直径为 ϕ50mm 的工件孔的尺寸，这个工件公差范围是 ϕ50±0.0030mm。测量方法是用一个直径为 ϕ50mm 的标准环规与工件在卧式测长仪上进行比较测量，现对仪器测量内尺寸进行不确定度分析。

解：

（1）B 类不确定度（假定不确定度呈正态分布，包含因子取 3）

1）仪器的示值误差及不确定度分量。设 L 为被测工件的长度：

$$\delta_1=1+\frac{L}{100}=1.5\mu\text{m} \quad u_{B_1}=1.5/3\mu\text{m}=0.5\mu\text{m}$$

2）标准环规的检定极限误差及不确定度分量

$$\delta_2=0.5\mu\text{m} \quad u_{B_2}=0.5/3\mu\text{m}=0.17\mu\text{m}$$

3）仪器分辨率引起的误差及不确定度分量

$$\delta_3=0.30\mu\text{m} \quad u_{B_3}=0.30/3\mu\text{m}=0.10\mu\text{m}$$

4）内尺寸测量找转折点引起的误差及不确定度分量

$$\delta_4=0.5\sqrt{2}\mu\text{m}=0.71\mu\text{m} \quad u_{B_4}=0.71/3\mu\text{m}=0.24\mu\text{m}$$

5）温度偏离 20℃时对测量结果引起的误差及不确定度分量

$$\delta_5=\phi\alpha\Delta t=50\times10^3\times11.5\times10^{-6}\times0.5\mu\text{m}=0.29\mu\text{m} \quad u_{B_5}=0.29/3\mu\text{m}=0.10\mu\text{m}$$

式中，ϕ 为测量对象的公称尺寸；α 为环规线膨胀系数，假定被测件与标准材料相同，则 $\alpha=11.5\times10^{-6}$；Δt 为温度偏离 20℃时的温度差 $\Delta t=\pm0.5$℃。

（2）合成不确定度

$$u_c=\sqrt{u_{B_1}^2+u_{B_2}^2+u_{B_3}^2+u_{B_4}^2+u_{B_5}^2}=0.597\mu\text{m}$$

（3）扩展不确定度　由正态分布可得：$k=3$，置信水平为 99.73%。

$$U=ku_c=3\times0.597\mu\text{m}=1.79\mu\text{m}$$

ϕ50mm 工件检测结果表达式为：ϕ50±0.0018mm，在工件公差范围 ϕ50±0.0030mm 之内。

从以上的不确定度分析来看，只需考虑仪器本身的误差，而不需考虑仪器的重复性（A 类不确定度无需考虑），还涉及测量方法、人员误差、环境条件等（B 类不确定度）。最终

测量结果满足工件要求，可以开展测试工作。

例 5-4 在一台 T3 经纬仪（一种测角仪器）上对某工件进行 10 次测量，测得值如表 5-4 第二列所示，对该仪器测量进行不确定度分析。

解：

（1）A 类不确定度（计量标准装置重复性） 重复测量标准不确定度分量

$$u_{\mathrm{A}}=\sigma_{\bar{x}}=\frac{\sigma}{\sqrt{n}}=\sqrt{\frac{\sum_{i=1}^{n}(x_i-\bar{x})^2}{n(n-1)}}=0.011''$$

表 5-4 测量数据处理表

序号 i	测量值 $x_i/('')$	残差 $v_i/('')$	残差的平方 v_i^2
1	0.28	−0.162	2.6244×10^{-2}
2	0.43	−0.012	0.0144×10^{-2}
3	0.48	+0.038	0.1444×10^{-2}
4	0.47	+0.028	0.0784×10^{-2}
5	0.25	−0.192	3.6864×10^{-2}
6	0.44	−0.002	0.0004×10^{-2}
7	0.46	+0.018	0.0324×10^{-2}
8	0.51	+0.068	0.4624×10^{-2}
9	0.59	+0.148	2.1904×10^{-2}
10	0.51	+0.068	0.4624×10^{-2}
	$\bar{x}=\frac{\sum x_i}{n}=0.442$	$\sum v_i=0$	$\sum v_i^2=9.69\times10^{-2}$

（2）B 类不确定度（假定不确定度呈正态分布，包含因子取 3）

1）标准正多面棱体的不确定度分量：

$$u_{\mathrm{B}_1}=\delta_1/3=0.067''$$

2）多齿分度台分度误差不确定度分量（因用正多面棱体采用排列互比的方法检定）：

$$u_{\mathrm{B}_2}=\delta_2/3=0.058''$$

3）分度台测角重复性的不确定度分量：

$$u_{\mathrm{B}_3}=\delta_3/3=0.020''$$

4）由望远镜照准目标的不确定度分量（T3 型）：

$$u_{\mathrm{B}_4}=\delta_4/3=0.067''$$

5）由被检仪器读数的不确定度分量（T3 型），该不确定度呈均匀分布：

$$u_{\mathrm{B}_5}=\delta_5/\sqrt{3}=0.082''$$

（3）合成不确定度

$$u_{\mathrm{c}}=\sqrt{u_{\mathrm{B}_1}^2+u_{\mathrm{B}_2}^2+u_{\mathrm{B}_3}^2+u_{\mathrm{B}_4}^2+u_{\mathrm{B}_5}^2}=0.139''$$

第五章习题

（4）扩展不确定度

由正态分布可得：$k=3$，置信水平为 99.73%

$$U=ku_{\mathrm{c}}=3\times0.139''=0.42''$$

该检定装置的总不确定度为 0.42″，装置的重复性为 0.011″，符合 JJG 414—2011《光学经纬仪》；JJG 100—2003《全站型电子速测仪》（测角部分）检定规程要求。

第6章 尺寸链

在机器的设计、制造和装配过程中，零件的尺寸和精度往往会相互影响，如设计尺寸与工序尺寸之间、各零件的尺寸及精度与部件或整机装配精度要求之间，都会存在一种内在的联系。所以，在进行精度设计时，不能孤立地对待某个零件的某个尺寸，而应当进行综合的分析并确定合理的公差。

尺寸链原理是在保证工作性能和技术经济效益的原则下，分析并研究整机、部件与零件精度间的关系所应用的基本理论。运用尺寸链计算方法，可以合理地确定零件的尺寸公差和几何公差，以确保产品质量。这是零件几何精度设计的主要内容之一。我国也已发布这方面的国家标准，GB/T 5847—2004《尺寸链　计算方法》，供设计时参考使用。

6.1 尺寸链的基本概念

尺寸链的
基本概念
视频讲解

6.1.1 尺寸链的基本术语及其定义

1. 尺寸链的定义

在机械装配或零件加工过程中，由相互连接的尺寸形成封闭的尺寸组称为尺寸链。如图 6-1a 所示，将直径为 A_2 的轴装入直径为 A_1 的孔中，装配后得到的间隙 A_0，它的大小取决于孔径 A_1 和轴径 A_2 的大小。A_1 和 A_2 属于不同零件的设计尺寸。A_0、A_1 和 A_2 这三个相互连接的尺寸就形成了封闭的尺寸组，即形成了一个尺寸链。

如图 6-1b 所示的阶梯轴图样上标注两段圆柱的直径分别为 d_1、d_2 及相应的长度 B_1、B_2。加工阶梯轴时先加工直径为 d_1 的圆柱面，保证长度 B_1，然后加工直径为 d_2 的圆柱面，按总长 B_2 切断，加工后得到长度 B_0，它的大小取决于尺寸 B_1 和 B_2 的大小。B_1 和 B_2 属于同一零件的设计尺寸。B_0、B_1 和 B_2 这三个相互连接的尺寸就形成了一个尺寸链。

又如图 6-1c 所示，内孔需要镀铬使用，镀铬前按工序尺寸（直径）C_1 加工孔，孔壁镀铬厚度为 C_2、C_3（通常为了保证镀铬厚度的均匀性 $C_2=C_3$），镀铬后得到孔径 C_0，它的大

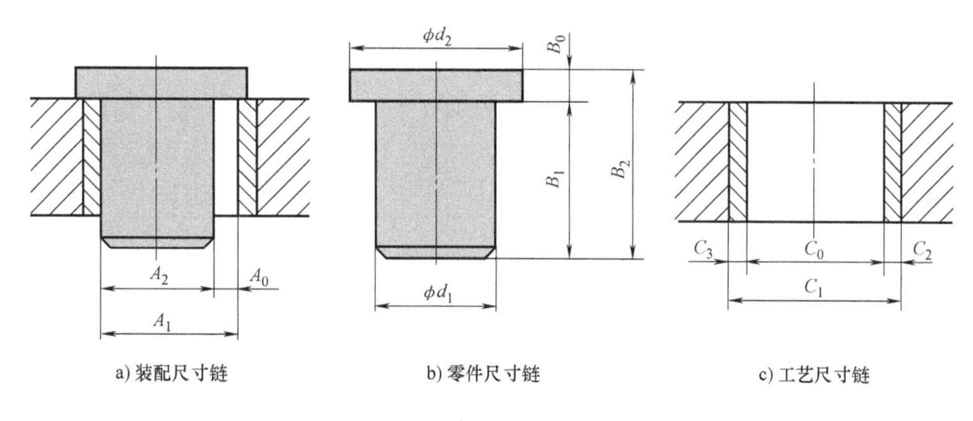

图 6-1 尺寸链

小取决于 C_1 和 C_2、C_3 的大小。C_1 和 C_2、C_3 分别为同一零件的工艺尺寸。C_0、C_1、C_2 和 C_3 这四个相互连接的尺寸就形成了一个尺寸链。

2. 有关尺寸链术语及定义

构成尺寸链的各个尺寸称为环。尺寸链的环可分为封闭环和组合环。

（1）封闭环 尺寸链中在加工或装配过程中最后自然形成的尺寸。如图 6-1a 所示的 A_0（在装配过程中最后形成的），图 6-1c 所示的 C_0（在加工过程中最后形成的）都是封闭环。封闭环一般用下角标为阿拉伯数字“0”的英文大写字母表示。

（2）组成环 尺寸链中除封闭环以外的其他环。组成环一般用下角标为阿拉伯数字的英文大写字母表示，如图 6-1a 所示的 A_1、A_2 和图 6-1b 所示的 B_1、B_2。组成环分为增环和减环。

1）增环是指它的变动会引起封闭环同向变动的组成环。同向变动是指该环增大时封闭环也增大，该环减小时封闭环也减小，如图 6-1a 所示的 A_1。

2）减环是指它的变动会引起封闭环反向变动的组成环。反向变动是指该环增大时封闭环减小，该环减小时封闭环增大。如图 6-1a 所示的 A_2。

（3）补偿环 补偿环是指尺寸链中预先选定的某一组成环，可以通过改变其大小或位置，使封闭环达到规定的要求。例如，图 1-1 所示用垫片的厚度作为补偿环，装配时使用不同厚度尺寸的垫片来调整端盖和滚动轴承之间的轴向间隙大小。

（4）传递系数 传递系数是指表示各组成环对封闭环影响大小和方向的系数，用符号 ξ_i 表示（下角标 i 为组成环的序号）。对于增环，ξ_i 为正值；对于减环，ξ_i 为负值。

6.1.2 尺寸链的分类

1. 按应用场合分类

（1）装配尺寸链 装配尺寸链是指全部组成环为不同零件的设计尺寸所形成的尺寸链，如图 6-1a 所示。

（2）零件尺寸链 零件尺寸链是指全部组成环为同一零件的设计尺寸所形成的尺寸链，如图 6-1b 所示。装配尺寸链和零件尺寸链统称为设计尺寸链。

（3）工艺尺寸链 工艺尺寸链是指全部组成环为零件加工时同一零件的工艺尺寸所形

成的尺寸链，如图 6-1c 所示。

2. 按各环的相互位置分类

(1) 直线尺寸链　直线尺寸链是指全部组成环平行于封闭环的尺寸链，如图 6-1 所示的尺寸链均为直线尺寸链。直线尺寸链中增环的传递系数 $\xi_i = +1$，减环的传递系数 $\xi_i = -1$。

(2) 平面尺寸链　平面尺寸链是指全部组成环位于一个平面或几个平行平面内，但某些组成环不平行于封闭环的尺寸链，如图 6-2 所示。

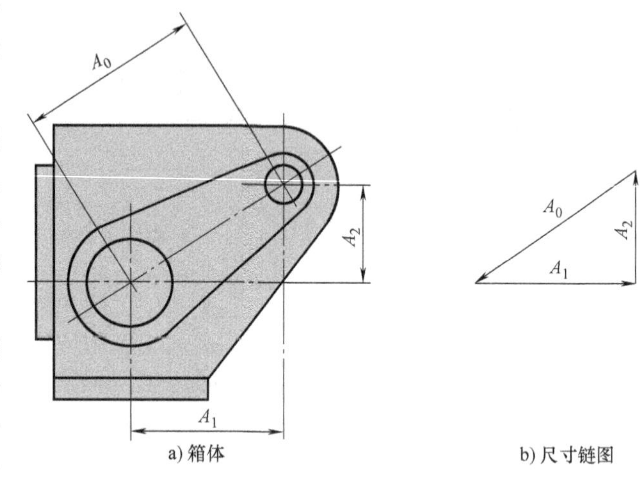

图 6-2　箱体的平面尺寸链

(3) 空间尺寸链　空间尺寸链是指全部组成环位于几个不平行的平面内的尺寸链。尺寸链中常见的是直线尺寸链。平面尺寸链和空间尺寸链可以用坐标投影法转换为直线尺寸链。

6.1.3　尺寸链的建立

正确地建立尺寸链是进行尺寸链计算的前提。下面举例说明建立装配尺寸链的步骤。

1. 确定封闭环

建立尺寸链，首先要正确地确定封闭环。

装配尺寸链的封闭环是在装配之后形成的，往往是机器上有装配精度要求的尺寸，如保证机器可靠工作的相对位置尺寸或保证零件相对运动的间隙等。在着手建立尺寸链之前，必须查明在机器装配和验收的技术要求中规定的所有几何精度要求项目，这些项目往往就是某些尺寸链的封闭环。例如图 6-1a 所示的 A_0 封闭环。

零件尺寸链的封闭环应为公差等级要求最低的环，一般在零件图上不进行标注，以免引起加工中的混乱。例如图 6-1b 所示尺寸 B_0 是不标注的。

工艺尺寸链的封闭环是在加工中最后自然形成的环，一般为被加工零件要求达到的设计尺寸或工艺过程中需要的余量尺寸。加工顺序不同，封闭环也不同。所以工艺尺寸链的封闭环必须在加工顺序确定之后才能判断。例如图 6-1c 所示的 C_0 封闭环。一个尺寸链中只有一个封闭环。

2. 查找组成环

组成环是对封闭环有直接影响的那些尺寸，与此无关的尺寸要排除在外。一个尺寸链的环数要尽量少。

查找装配尺寸链的组成环时，先从封闭环的任意一端开始，查找相邻零件的尺寸，然后再找与第一个零件相邻的第二个零件的尺寸，这样一环接一环，直到封闭环的另一端为止，从而形成封闭的尺寸组。

一个尺寸链中最少要有两个组成环。

3. 画出尺寸链图

确定了封闭环并找出了组成环后，用符号将它们标注在装配示意图上，或将封闭环和各个组成环相互连接的关系单独用简图表示出来，就得到了尺寸链图。画尺寸链图时，可用带箭头的线段来表示尺寸链的各环，线段一端的箭头只表示查找组成环的方向。与封闭环线段箭头方向一致的组成环为减环，与封闭环线段箭头方向相反的组成环为增环。

例图 6-3a 所示为一齿轮机构部件，由于齿轮 3 要在轴 1 上回转，因此齿轮左、右端面分别与轴套 4、挡圈 2 之间应该有间隙，并且该间隙应控制在一定范围内。由于该间隙是在零件装配过程中最后自然形成的，所以它就是封闭环。为计算方便，可将间隙集中在齿轮与挡圈之间，用 L_0 表示。从封闭环 L_0 的左端开始，影响间隙 L_0 大小的尺寸依次有齿轮轮毂的宽度 L_1、轴套厚度 L_2 和轴上两台肩之间的长度 L_3。由这三个组成环对封闭环的影响可知，尺寸 L_3 为增环，尺寸 L_1、L_2 为减环。将尺寸 L_0 与 L_1、L_2、L_3 依次用线段连接，就得到了如图图 6-3b 所示的尺寸链图。

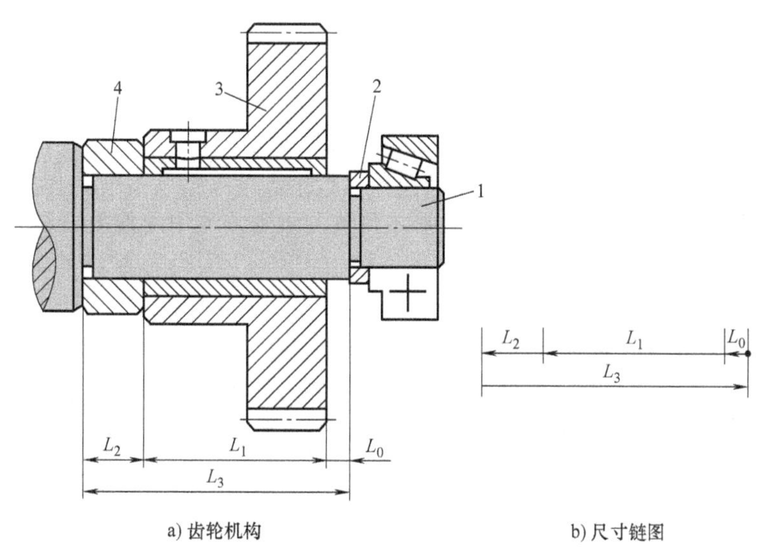

a) 齿轮机构　　b) 尺寸链图

图 6-3　齿轮机构的尺寸链

1—轴　2—挡圈　3—齿轮　4—轴套

不仅线性尺寸的变动对封闭环有影响，有时还需要考虑几何误差对封闭环的影响。这时几何误差可以按尺寸链中的尺寸来处理。

尺寸链的建立及计算视频讲解

6.1.4　尺寸链的计算

尺寸链的计算是指计算封闭环与组成环的公称尺寸和极限偏差。

1. 尺寸链计算基本公式

如图 6-4 所示的多环直线尺寸链，设组成环环数为 m，增环环数为 l，则减环环数为（$m-l$），得到封闭环的公称尺寸 L_0：

$$L_0 = \sum_{i=1}^{l} L_i - \sum_{i=l+1}^{m} L_i \tag{6-1}$$

即：封闭环的公称尺寸等于所有增环公称尺寸之和减去所有减环公称尺寸之和。

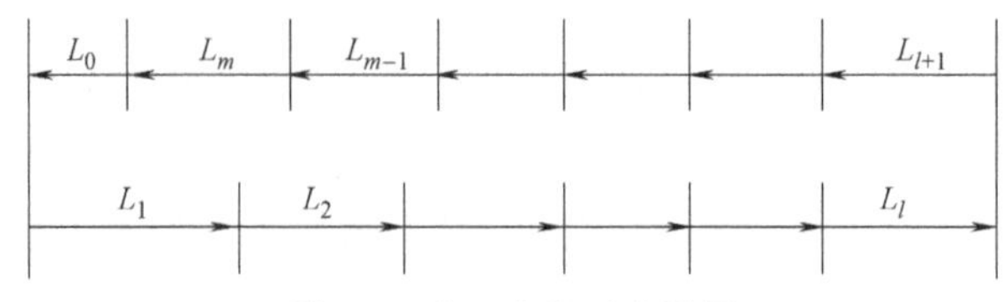

图 6-4　多环直线尺寸链图

尺寸链中任何一环的公称尺寸 L、最大极限尺寸 L_{max}、最小极限尺寸 L_{min}、上极限偏差 ES、下极限偏差 EI、公差 T 以及中间偏差 Δ 之间的关系为

$$L_{max}=L+ES \quad L_{min}=L+EI \quad T=L_{max}-L_{min}=ES-EI$$

中间偏差为上、下极限偏差的平均值，即

$$\Delta=(ES+EI)/2 \quad ES=\Delta+T/2 \quad EI=\Delta-T/2 \tag{6-2}$$

尺寸链中任何一环的中间尺寸为

$$(L_{max}+L_{min})/2=L+\Delta$$

由图 6-4 所示的多环直线尺寸链图可以得出封闭环中间偏差与各组成环中间偏差的关系如下：

$$\Delta_0=\sum_{i=1}^{l}\Delta_i-\sum_{i=l+1}^{m}\Delta_i \tag{6-3}$$

即：封闭环中间偏差等于所有增环中间偏差之和减去所有减环中间偏差之和。

2. 尺寸链计算的分类

（1）按尺寸链计算的任务分类

1）设计计算。设计计算是指已知封闭环的极限尺寸和各组成环的公称尺寸，求各组成环的极限偏差。这种设计通常用于产品设计过程中由机械或部件的装配精度确定各自组成环的尺寸公差和极限偏差，把封闭环公差合理地分配给各组成环。应当指出，设计计算的解不是唯一的，而可能有多种不同的解。

2）校核计算。校核计算是指已知各组成环的公称尺寸和极限偏差，求封闭环的公称尺寸。极限偏差在加工之后能否满足所设计产品的技术要求。

3）工艺尺寸计算。工艺尺寸计算是指已知封闭环和某些组成环的公称尺寸和极限偏差，求某一组成环的公称尺寸和极限偏差。这种计算通常用于零件加工过程中计算因为某工序需要确定，而在该零件的图样上没有标注的工序尺寸。

（2）按实现互换性的方法分类

1）完全互换法（极值法）。从尺寸链各环的最大与最小极限尺寸出发进行尺寸链计算，不考虑各环实际尺寸的分布情况。按此法计算出来的尺寸加工各组成环，装配时各组成环不需挑选或辅助加工，装配后既能满足封闭环的公差要求，又可实现完全互换。完全互换法是尺寸链计算中最基本的方法。

2）大数互换法（概率法）。大数互换法是以保证大数互换为出发点的。生产实践和大量统计资料表明，在大量生产且工艺过程稳定的情况下，各组成环的实际尺寸趋近公差带中间的概率大，出现在极限值的概率小，增环与减环以相反极限值形成封闭环的概率就更小。所以，用极值法解尺寸链，虽然能实现完全互换，但往往是不经济的。采用概率法，不是在全部产品中，而是在绝大多数产品中，装配时不需要挑选或修配，就能满足封闭环的公差要求，即保证大数互换。

按大数互换法，在相同封闭环公差条件下，可使组成环的公差扩大，从而获得良好的技术经济效益，也比较科学合理。大数互换法常用在大批量生产的情况下。

3）其他方法。在某些场合，为了获得更高的装配精度，而生产条件又不允许提高组成环的制造精度时，可采用分组互换法、调整法和修配法等来完成这一任务。

6.2 用完全互换法计算尺寸链

用完全互换法计算尺寸链视频讲解

6.2.1 极值法计算公式

如图 6-4 所示，为了达到完全互换，就必须保证尺寸链中各组成环的尺寸为最大或最小极限尺寸时，能够达到封闭环的公差要求。当所有增环（l 个）皆为其最大极限尺寸且所有减环（（$m-l$）个）皆为最小极限尺寸时，则封闭环为最大极限尺寸，它们的关系如下：

$$L_{0\max} = \sum_{i=1}^{l} L_{i\max} + \sum_{i=l+1}^{m} L_{i\min} \tag{6-4}$$

即：封闭环最大极限尺寸等于所有增环最大极限尺寸之和减去所有减环最小极限尺寸之和。当所有增环皆为其最小极限尺寸且所有减环皆为其最大极限尺寸时，则封闭环为最小极限尺寸，它们的关系如下：

$$L_{0\min} = \sum_{i=1}^{l} L_{i\min} + \sum_{i=l+1}^{m} L_{i\max} \tag{6-5}$$

即：封闭环最小极限尺寸等于所有增环最小极限尺寸之和减去所有减环最大极限尺寸之和。将式（6-4）减去式（6-5）得出封闭环公差 T_0 与各组成环公差 T_i 之间的关系如下：

$$T_0 = \sum_{i=1}^{l} T_i + \sum_{i=l+1}^{m} T_i = \sum_{i=1}^{m} T_i \tag{6-6}$$

即：封闭环公差等于所有组成环公差之和。该公式称为极值公差公式。由该公式可知，尺寸链各环中，封闭环的公差最大，它与组成环的数目及公差的大小有关。

6.2.2 设计计算

例 6-1 如图 6-3 所示齿轮机构的尺寸链，已知各组成环公称尺寸分别为 $L_1=35\text{mm}$，$L_2=14\text{mm}$，$L_3=49\text{mm}$，要求装配后齿轮右端的间隙在 0.10~0.35mm。试用极值法计算尺寸链，确定各组成环的极限偏差。

解：分析图 6-3 中的尺寸链可知，装配后的间隙 L_0 为封闭环，组成环数 $m=3$，L_3 为增环，L_1、L_2 为减环。封闭环公称尺寸 $L_0=L_3-(L_1+L_2)=49\text{mm}-(35+14)\text{mm}=0\text{mm}$，其公差 $T_0=(0.35-0.10)\text{mm}=0.25\text{mm}$，其上、下极限偏差分别为 $ES_0=+0.35\text{mm}$，$EI_0=+0.10\text{mm}$，其极限尺寸可表示为 $0^{+0.35}_{+0.10}\text{mm}$。

（1）确定各组成环的公差　设各组成环公差相等，即 $T_1=T_2=\cdots=T_m=T_{avL}$（平均极值公差），则由式（6-6）得 $T_0=mT_{avL}$，故各组成环的平均极值公差

$$T_{avL}=T_0/m=0.25/3\text{mm}=0.083\text{mm}$$

考虑到各组成环的公称尺寸的大小和加工工艺各不相同，故各组成环的公差应在平均极

值公差的基础上作适当调整。因为尺寸 L_1 和 L_3 在同一尺寸分段内，平均极值公差数值接近 IT10，所以取

$$T_1=T_3=0.10\text{mm}(\text{IT10})$$

由式（6-6）得

$$T_2=T_0-T_1-T_3=(0.25-0.1-0.1)\text{mm}=0.05\text{mm}(\text{大致相当于 IT9})$$

（2）确定各组成环的极限偏差　确定各组成环的极限偏差的方法是先留一个组成环为调整环，其余各组成环的极限偏差按“入体原则”确定，如果组成环是一个孔，即包容面尺寸，如图 6-1a 所示的 A_1，其基本偏差取 H；如果组成环是一个轴，即被包容面尺寸，如图 6-1a 所示的 A_2，其基本偏差取 h。对于组成环既不是孔（包容面尺寸），也不是轴（被包容面尺寸）的情况，如中心距等尺寸，其基本偏差按“偏差对称原则”即按 JS（或 js）配置。因此，取

$$L_1=35_{-0.10}^{\ 0}\text{mm}\quad L_3=49\pm0.05\text{mm}$$

相应，组成环 L_1 和 L_3 的中间偏差分别为

$$\Delta_1=-0.05\text{mm}\quad \Delta_3=0\text{mm}$$

封闭环的中间偏差为　$\Delta_0=+0.225\text{mm}$

因此，由式（6-3）得

$$\Delta_2=\Delta_3-\Delta_1-\Delta_0=0\text{mm}-(-0.05)\text{mm}-0.225\text{mm}=-0.175\text{mm}$$

按式（6-2）组成环 L_2 的上、下极限偏差为

$$ES_2=\Delta_2+\frac{T_2}{2}=\left(-0.175+\frac{0.05}{2}\right)\text{mm}=-0.15\text{mm}$$

$$EI_2=\Delta_2-\frac{T_2}{2}=\left(-0.175-\frac{0.05}{2}\right)\text{mm}=-0.20\text{mm}$$

所以　$L_2=14_{-0.20}^{-0.15}\text{mm}$

将 L_2 的公差带标准化后得

$$L_2=14_{-0.193}^{-0.150}\text{mm}\quad(14\text{b}9)$$

按式（6-4）和式（6-5）核算封闭环的极限尺寸：

$$L_{0\max}=49.05\text{mm}-(34.9+13.807)\text{mm}=0.343\text{mm}$$

$$L_{0\min}=48.95\text{mm}-(35+13.85)\text{mm}=0.1\text{mm}$$

能够满足设计要求。

6.2.3　校核计算

例 6-2　加工如图 6-5a 所示的套筒时，外圆柱面加工至 $A_1=\phi80\text{f}9\ (_{-0.104}^{-0.030})$，内孔加工至 $A_2=\phi60\text{H}8\ (_{\ 0}^{+0.046})$，外圆柱面轴线对内孔轴线的同轴度公差为 $\phi0.02$mm。试计算该套筒壁厚尺寸的变动范围。

解：

（1）建立尺寸链　由于套筒具有对称性，因此在建立尺寸链时，尺寸 A_1 和 A_2 均取半值。尺寸链图如图 6-5b 所示，封闭环为壁厚 A_0，组成环为：$A_2/2=30_{\ 0}^{+0.023}$mm（减环），$A_1/2=40_{-0.052}^{-0.015}$mm（增环），同轴度公差 $A_3=0\pm0.01$mm（增环）。

（2）计算封闭环的极限尺寸　按式（6-1）、式（6-4）和式（6-5）分别计算。

封闭环的公称尺寸

$$A_0=(A_1/2+A_3)-A_2/2=(40+0-30)\text{mm}=10\text{mm}$$

封闭环的上极限尺寸

$$A_{0\max}=(A_{1\max}/2+A_{3\max})-A_{2\min}/2=(39.985+0.01-30)\text{mm}=9.995\text{mm}$$

封闭环的下极限尺寸

$$A_{0\min}=(A_{1\min}/2+A_{3\min})-A_{2\max}/2=(39.948-0.01-30.023)\text{mm}=9.915\text{mm}$$

因此，封闭环 $A_0=10_{-0.085}^{-0.005}$mm，套筒壁厚尺寸的变动范围为 9.915～9.995mm。

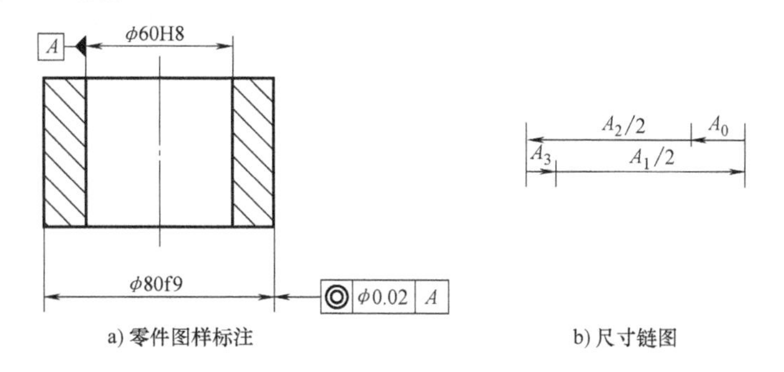

图 6-5　套筒的零件尺寸链

6.2.4　工艺尺寸计算

例 6-3　如图 6-6a 所示的轮毂孔和键槽尺寸标注。如图 6-6b 所示，该孔和键槽的加工顺序如下：首先按工序尺寸 $A_1=\phi57.8_{0}^{+0.074}$mm 镗孔，再按工序尺寸 A_2 插键槽，淬火，然后如图 6-6a 所示图样上标注的尺寸 $A_3=\phi58_{0}^{+0.03}$mm 磨孔。孔完工后要求键槽深度尺寸 A_0 符合图样上标注的尺寸 $62.3_{0}^{+0.2}$mm 的规定。试用完全互换法计算尺寸链，确定工序尺寸 A_2 的极限尺寸。

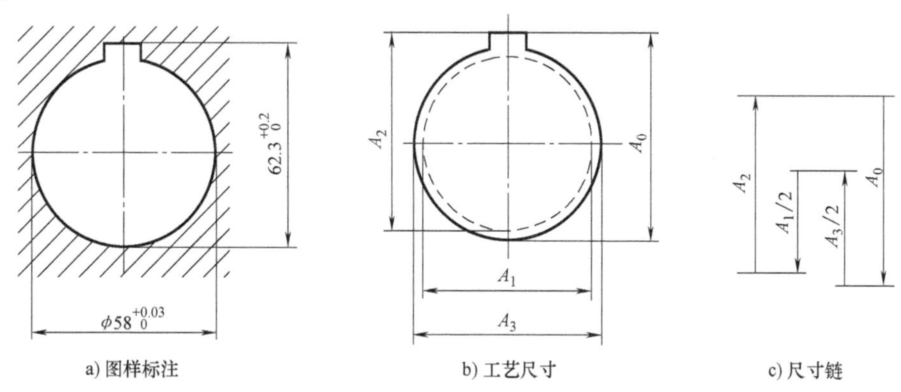

图 6-6　孔及其键槽加工的工艺尺寸链

解：

（1）建立尺寸链　从加工过程可知，键槽深度尺寸 A_0 是加工过程中最后自然形成的

尺寸，因此 A_0 是封闭环。建立尺寸链时，以孔的中心线作为查找组成环的连接线，因此镗孔尺寸 A_1 和磨孔尺寸 A_3 均取半值。尺寸链图如图 6-6c 所示，封闭环 $A_0=62.3^{+0.2}_{0}$mm，组成环为 $A_3/2$（增环）、$A_1/2$（减环）和 A_2（增环），$A_3/2=29^{+0.015}_{0}$mm，$A_1/2=28.9^{+0.037}_{0}$mm。

（2）计算组成环 A_2 的公称尺寸和极限偏差　按式（6-1）计算组成环 A_2 的公称尺寸为

$$A_2=A_0-A_3/2+A_1/2=(62.3-29+28.9)\text{mm}=62.2\text{mm}$$

按式（6-4）和式（6-5）分别计算组成环 A_2 的上极限尺寸 $A_{2\max}$ 和下极限尺寸 $A_{2\min}$ 为

$$A_{2\max}=A_{0\max}-A_{3\max}/2+A_{1\min}/2=(62.5-29.015+28.9)\text{mm}=62.385\text{mm}$$

$$A_{2\min}=A_{0\min}-A_{3\min}/2+A_{1\max}/2=(62.3-29+28.937)\text{mm}=62.237\text{mm}$$

因此，插键槽工序尺寸为

$$A_2=62.2^{+0.185}_{+0.037}\text{mm}$$

用大数互换法计算尺寸链视频讲解

6.3　用大数互换法计算尺寸链

6.3.1　统计法计算公式

统计法是以一定置信概率为依据，假定各组成环的实际尺寸的获得彼此无关，即它们都为独立随机变量，各按一定规律分布，因此它们所形成的封闭环也是随机变量，按某一规律分布。按照独立随机变量的合成规律，各组成环的标准偏差 σ_i 与封闭环（这些独立随机变量之和）的标准偏差 σ_0 之间的关系为

$$\sigma_0=\sqrt{\sum_{i=1}^{m}\sigma_i^2} \tag{6-7}$$

式中，m 为组成环的数目。

如果各组成环实际尺寸的分布都服从正态分布，则封闭环实际尺寸的分布也服从正态分布，如图 6-7 所示。设各组成环尺寸分布中心与公差带中心重合，取置信概率 $P=99.73\%$，则分布范围与公差范围相同，因此各组成环公差 T_i 和封闭环公差 T_0 各自与它们的标准偏差的关系为

$$T_i=6\sigma_i \quad T_0=6\sigma_0$$

将此关系代入式（6-7），得

$$T_0=\sqrt{\sum_{i=1}^{m}T_i^2} \tag{6-8}$$

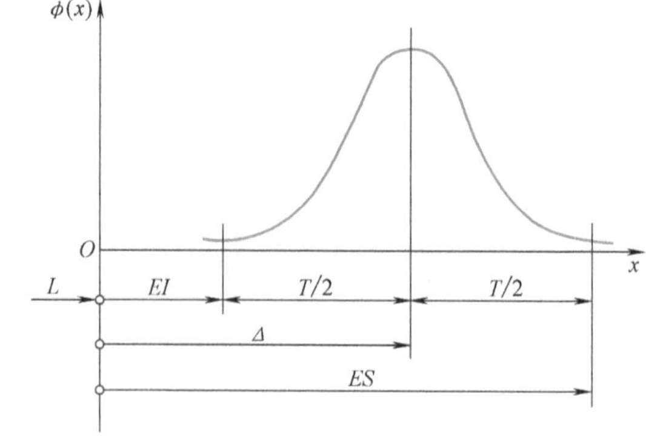

图 6-7　极限偏差与中间偏差、公差的关系

即：封闭环公差等于所有组成环公差的平方之和再开平方。该公式是一个统计公差公式。这是统计公差公式中的一个特例，是在各组成环实际尺寸的分布都按正态分布，分布中心与公差带中心重合，分布范围与公差带宽度一致的假设前提下得出的。而这个假设条件是符合大多数产品的实际情况的，因此上述统计公差公式的特例有其实用价值。

6.3.2 设计计算

例 6-4 用统计法求解例 6-1，假设各组成环的分布皆服从正态分布，且分布中心与公差带中心重合，分布范围与公差带宽度一致。

解：由例 6-1 可知，封闭环极限尺寸为 $0_{+0.10}^{+0.35}$mm。

（1）确定各组成环的公差

1）假设各组成环公差相等，即 $T_1=T_2=\cdots=T_m=T_{avQ}$（均方公差），则由式（6-8）得

$$T_0=\sqrt{mT_{avQ}^2}$$

所以

$$T_{avQ}=\frac{T_0}{\sqrt{m}}=\frac{0.25}{\sqrt{3}}\text{mm}=0.144\text{mm}$$

2）调整各组成环公差：尺寸 L_1 和 L_3 在同一尺寸分段内，均方公差数值接近 IT11，因此取 L_1、L_3 为 IT11 级，即

$$T_1=T_3=0.16\text{mm(IT11)}$$

由式（6-8）得

$$T_2=\sqrt{T_0^2-T_1^2-T_3^2}=\sqrt{0.25^2-0.16^2-0.16^2}\text{mm}=0.11\text{mm(IT11)}$$

（2）确定各组成环的极限偏差 除把 L_2 作为调整环外，L_1 和 L_3 的上、下极限偏差分别按"偏差入体原则"和"偏差对称原则"确定，即

$$L_1=35_{-0.16}^{0}\text{mm},\quad L_3=49\pm0.08\text{mm}$$

各环的中间偏差分别为

$$\Delta_0=+0.225\text{mm},\quad \Delta_1=-0.08\text{mm},\quad \Delta_3=0\text{mm}$$

由式（6-3）得

$$\Delta_2=\Delta_3-\Delta_1-\Delta_0=0\text{mm}-(-0.08)\text{mm}-0.225\text{mm}=-0.145\text{mm}$$

按式（6-2）计算出组成环 L_2 的上、下极限偏差如下：

$$ES_2=\Delta_2+T_2/2=(-0.145+0.11/2)\text{mm}=-0.09\text{mm}$$

$$EI_2=\Delta_2-T_2/2=(-0.145-0.11/2)\text{mm}=-0.20\text{mm}$$

所以，组成环 L_2 的极限尺寸为

$$L_2=14_{-0.20}^{-0.09}\text{mm}$$

与例 6-1 比较，当封闭环的公差一定时，用统计法计算尺寸链，各组成环的公差等级可降低 1～2 级，降低了加工成本，并且出现不合格件的可能性很小，因而可获得明显的经济效益。

6.3.3 校核计算

例 6-5 用统计法求解例 6-2，假设各组成环的分布皆服从正态分布，且分布中心与公差带中心重合，分布范围与公差范围相同。

解：按式（6-1），封闭环的公称尺寸 $A_0=10$mm；

按式（6-3），封闭环的中间偏差 $\Delta_0=-0.045$mm；

按式（6-8），计算封闭环的公差

$$T_0=\sqrt{\sum_{i=1}^{m}T_i^2}=\sqrt{\left(\frac{T_1}{2}\right)^2+\left(\frac{T_2}{2}\right)^2+T_3^2}=\sqrt{0.037^2+0.023^2+0.02^2}\,\text{mm}=0.048\text{mm}$$

按式（6-2）计算封闭环上、下极限偏差为

$$ES_0=\Delta_0+T_0/2=(-0.045+0.048/2)\,\text{mm}=-0.021\text{mm}$$

$$EI_0=\Delta_0-T_0/2=(-0.045-0.048/2)\,\text{mm}=-0.069\text{mm}$$

因此，封闭环 $A_0=10_{-0.069}^{-0.021}\text{mm}$，套筒壁厚尺寸的变动范围为 9.931～9.979mm。

通过例 6-5 和例 6-2 的计算结果（9.915～9.995mm）对比，在组成环公差一定的情况下，用统计法计算尺寸，封闭环的变动范围减小许多，更容易达到精度要求。

6.4 用其他方法解装配尺寸链

用其他方法解装配尺寸链视频讲解

6.4.1 分组法

当封闭环的精度要求高且生产批量较大时，为了降低零件的制造成本，可以采用分组法装配。分组法装配的特点是各个组成环按经济加工精度制造，将各组成环按实际尺寸的大小分为若干组，各组对应进行装配，同组内零件具有互换性。该方法采用极值公差公式计算。

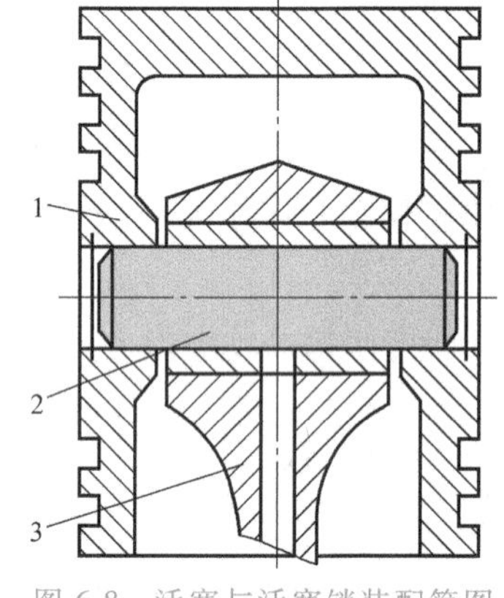

图 6-8 活塞与活塞销装配简图

1—活塞 2—活塞销 3—连杆

例 6-6 如图 6-8 所示，某内燃机的活塞销与活塞销孔的公称尺寸为 $\phi25$mm，它们在常温装配后需要有 $-(2.5\sim7.5)$ μm 的过盈。若按完全互换法确定它们的极限偏差，将封闭环公差 $T_0=-2.5\mu\text{m}-(-7.5\mu\text{m})=5\mu\text{m}$ 平均分配到活塞销和活塞销孔，则前者和后者的极限偏差分别为 $d=\phi25_{-0.0025}^{0}\text{mm}$ 和 $D=\phi25_{-0.0075}^{-0.0050}\text{mm}$，按这样严格的公差制造活塞销和活塞销孔极为困难，也极不经济。因此，有必要采用分组法来解决使用要求与经济加工精度的矛盾。

解：1）将活塞销和活塞销孔的制造公差放大到原来的 4 倍，它们的上极限偏差不变，下极限偏差皆同向下移，即活塞销 $d=\phi25_{-0.010}^{0}\text{mm}$，活塞销孔 $D=\phi25_{-0.015}^{-0.005}\text{mm}$。

2）一批活塞销和活塞销孔完工后经过测量，将活塞销和活塞销孔按实际尺寸的大小从小到大各分成Ⅰ、Ⅱ、Ⅲ、Ⅳ四组，并用不同的颜色（例如蓝、红、白、绿四种颜色）加以区分，然后将对应组的活塞销和活塞销孔进行装配，即可达到装配精度的要求，如图 6-9 所示。

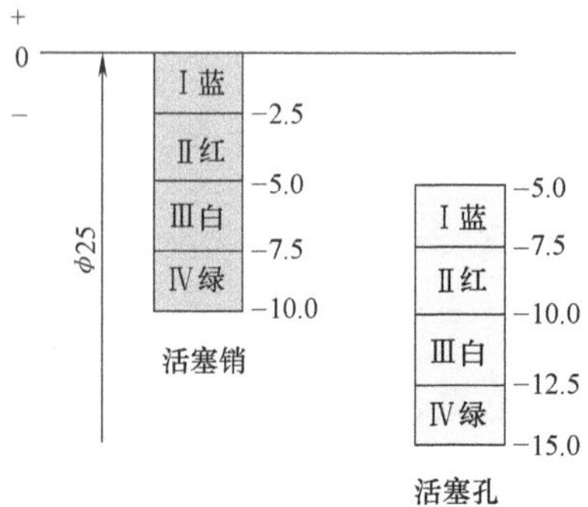

图 6-9 活塞上的活塞销与活塞销孔分组情况

分组互换法一般适宜用于大批量生产中的高精度、零件形状简单易测、环数少的尺寸链。另外，由于分组后零件的几何误差不会减小，分组数不宜过多，一般为 2～4 组。

6.4.2 调整法

调整法装配是指各组成环按经济加工精度制造，在组成环中选择一个调整环，装配时用选择或调整的方法改变其尺寸大小或位置，使封闭环达到其公差与极限偏差要求。该方法采用极值公差公式计算。

采用调整法装配时，可以使用一组具有不同尺寸的调整环或者一个位置可以在装配时调整的调整环。前者称为固定补偿件，后者称为活动补偿件。

如图 6-10a 所示，在装配尺寸链中加入一个专用垫片（备有一组不同尺寸的垫片，可根据需要选择），通过选择不同尺寸的垫片来达到装配精度的要求。又如图 6-10b 所示，滚动轴承部件组合结构利用一个位置可以调整的螺钉来改变滚动轴承外圈相对于内圈的轴向位置，以使轴承外圈端面与端盖端面之间获得合适的轴向间隙。

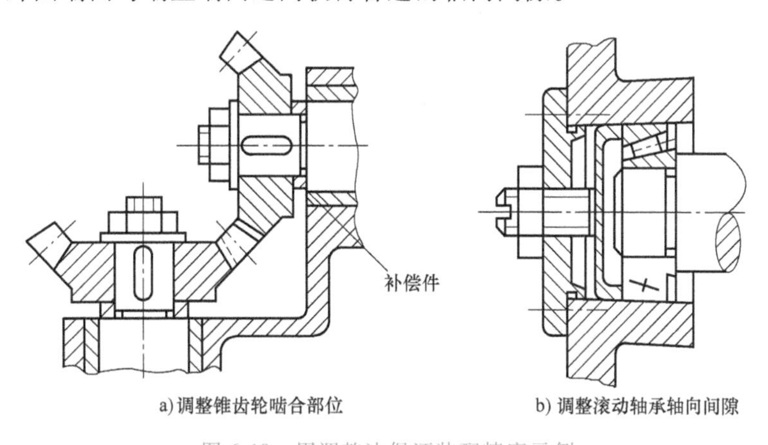

a) 调整锥齿轮啮合部位　　b) 调整滚动轴承轴向间隙

图 6-10　用调整法保证装配精度示例

采用调整法装配，不需辅助加工，故装配效率较高，主要应用于装配精度要求较高、组成环数目较多的尺寸链，尤其在使用过程中某些零件的尺寸会发生变化的尺寸链，调整法具有独到的优越性。

6.4.3 修配法

修配法装配是指各组成环都按经济加工精度制造，在组成环中选择一个修配环（补偿环的一种），预先留出修配量，装配时用去除修配环的部分材料的方法改变其实际尺寸，使封闭环达到其公差与极限偏差要求。该方法采用极值公差公式计算。例如图 6-3 所示的齿轮机构，若采用修配法装配，则选取轴套 4 厚度的尺寸 L_2 作为修配环，装配时改变其实际尺寸，来达到轴向间隙 L_0 所要求的范围。修配法与调整法相似，只是改变补偿环尺寸的方法有所不同。修配法是从作为补偿环的零件上去除一层材料来保证装配精度；而调整法是通过改变补偿环的尺寸或位置的方法来保证装配精度。

修配法的优点是既扩大了组成环的制造公差，又能得到较高的装配精度。主要缺点是增加了修配工作量和费用，修配后各组成环失去了互换性，不易组织流水线生产。修配法常用于批量不大、环数较多、精度要求高的尺寸链。应选择容易加工并且对其他装配尺寸链没有影响的组成环作为修配环。

第 7 章

滚动轴承的公差与配合

滚动轴承是机械设备中应用极为广泛的标准件之一，主要用于支承机械旋转部件，使其能够承受径向载荷或轴向载荷，同时又可降低旋转运动副的摩擦损耗，提高工作效率。同时还能起到固定旋转部件，限制其不必要的轴向、径向运动的作用。滚动轴承及其配件的质量会直接影响机械设备被支撑部件的运动精度、运动平稳性和运动灵活性，从而影响机械设备整体的性能、振动、噪声和寿命。

为了保证滚动轴承及其配件的互换性和标准化，正确进行滚动轴承的精度设计，本章涉及的现行国家标准主要有 GB/T 307.2—2005《滚动轴承　测量和检验的原则及方法》、GB/T 4604.1—2012《滚动轴承　游隙　第 1 部分：向心轴承的径向游隙》、GB/T 307.4—2017《滚动轴承　推力轴承　产品几何技术规范（GPS）和公差值》、GB/T 275—2015《滚动轴承　配合》、GB/T 307.3—2017《滚动轴承　通用技术规则》、GB/T 307.1—2017《滚动轴承　向心轴承　产品几何技术规范（GPS）和公差值》等。

滚动轴承的工作性能会直接影响到整个机械设备的工作性能，本章主要以向心轴承为例，就滚动轴承在使用上的有关内容，如滚动轴承的精度选取、滚动轴承与轴颈、轴承座孔的配合选择以及轴颈、轴承座孔的精度设计等进行简要介绍。

7.1　滚动轴承概述

滚动轴承的互换性和公差等级视频讲解

滚动轴承一般由外圈、内圈、滚动体和保持架四个主要部分组成，其结构如图 7-1 所示。

公称内径为 d 的轴承内圈与轴颈配合，公称外径为 D 的轴承外圈安装在轴承座孔内，滚动体承受载荷，并使轴承形成滚动摩擦，保持架将滚动体均匀隔开，使每个滚动体能在内、外圈之间的滚道上滚动并轮流承载。通常，内圈随轴颈旋转，外圈在轴承座孔内固定不动；但也有些机械设备要求外圈随轴承座孔旋转，而内圈与轴颈固定不动。

按承受载荷的方向分类，滚动轴承可分为主要承受径向载荷的向心轴承和主要承受轴向载荷的推力轴承；按滚动体的形状分类，滚动轴承可分为球轴承、圆柱滚子轴承、圆锥滚子轴承、滚针轴承等。

滚动轴承工作时，为保证其工作性能，必须满足以下两项要求：

（1）必要的旋转精度　轴承工作时轴承内、外圈的径向和端面的跳动应控制在允许的范围内，以保证传动零件的回转精度。

（2）合适的轴承游隙　轴承游隙是指轴承在未安装时，将其内圈（或外圈）固定，然后使未被固定的外圈（或内圈）做径向或轴向移动时的移动量。根据移动方向，可分为径向游隙 G_r 和轴向游隙 G_a，如图 7-2 所示。轴承工作时，轴承游隙（称作工作游隙）的大小对轴承的滚动疲劳寿命、温升、噪声、振动等性能均有影响，故应控制在合适的范围内。

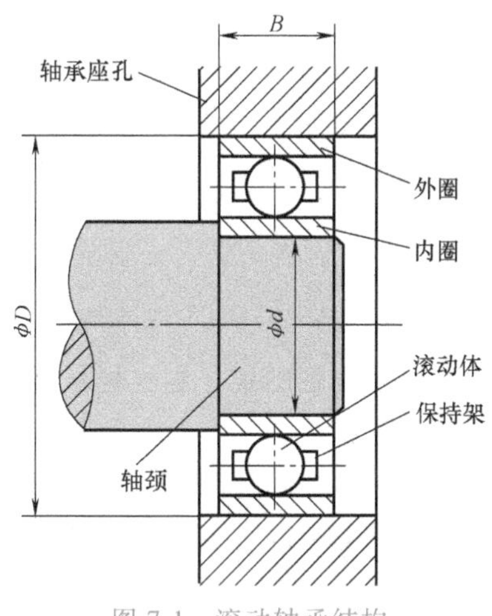

图 7-1　滚动轴承结构

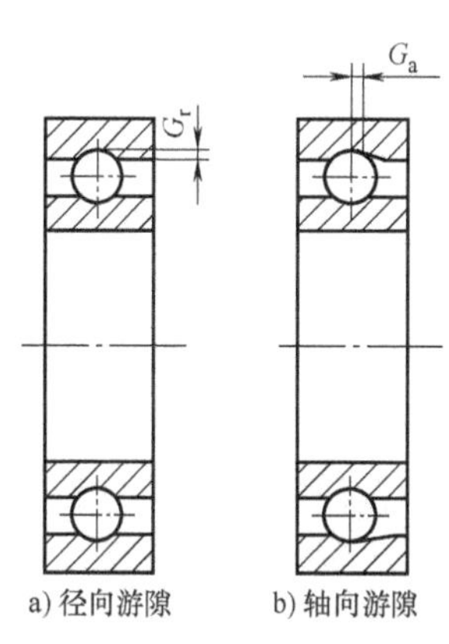

图 7-2　滚动轴承的游隙

7.2　滚动轴承的精度

滚动轴承是互换性和标准化程度较高的一种机械零件，已经成为一种很成熟的商品。一般情况下只需在市场上直接选购某个型号的产品即可，若需求方有特殊需求，则要向厂家提出定制。

为了满足滚动轴承的使用要求，滚动轴承与轴颈和轴承座孔的配合设计内容包括：①滚动轴承公差等级的选择；②滚动轴承与轴颈、轴承座孔的配合选择，即轴颈、轴承座孔尺寸公差带的选择；③轴颈、轴承座孔几何公差和表面粗糙度的选择。

7.2.1　滚动轴承的公差等级及其应用

滚动轴承的公差等级是按其外形尺寸公差和旋转精度分级的。外形尺寸公差是指成套轴承的内径 d、外径 D、宽度 B 的尺寸公差；旋转精度主要是指轴承内、外圈的径向圆跳动，轴承内、外圈端面对滚道的跳动，内圈基准端面对内孔的跳动等。

GB/T 307.3—2017 规定：向心轴承（圆锥滚子轴承除外）的公差等级分为 0、6、5、4、2 五级，精度依次升高，0 级（即普通级）精度最低，2 级精度最高；圆锥滚子轴承

的公差等级分为 0、6X、5、4、2 五级；推力轴承的公差等级分为 0、6、5、4 四级；6X 级和 6 级轴承的内、外径和径向跳动公差都相同，仅 6X 级轴承的装配宽度要求较为严格。

0 级轴承是普通级轴承，在机械制造中应用最广。通常用于中等负荷、中等转速，且对旋转精度和运动平稳性要求不高的一般旋转机构中。例如，汽车、拖拉机的变速机构；普通机床的进给机构、变速机构；普通减速器、电动机、水泵、压缩机、汽轮机及农业机械等通用机械的旋转机构。

6（6X）、5 级是中高级轴承，多用于旋转精度和运动平稳性要求较高或转速较高的旋转机构中。例如，比较精密的仪器、仪表、机械的旋转机构、普通机床主轴轴系。其中机床主轴前支承常采用 5 级轴承，后支承常采用 6 级轴承。精密机床的变速机构常采用 6 级轴承。

4、2 级是精密级轴承，多用于转速和旋转精度要求很高的精密机械的旋转机构中。例如，高精度磨床和车床，精密螺纹车床和齿轮磨床的主轴轴系常采用 4 级轴承；精密坐标镗床、高精度齿轮磨床和数控机床等机械的主轴轴系常采用 2 级轴承。

滚动轴承内外径尺寸公差带视频讲解

7.2.2 滚动轴承内、外径公差带

滚动轴承是标准化部件，所以滚动轴承内圈与轴颈的配合应采用基孔制，轴承外圈与轴承座孔的配合应采用基轴制。

滚动轴承在使用时，其内圈通常与轴一起旋转。为防止内圈和轴颈的配合面相对滑动而使配合面产生磨损，影响轴承的工作性能，故要求配合面要有一定的过盈；过盈量又不能过大，否则会使薄壁的内圈产生较大的变形，使轴承内部游隙减小，影响到轴承的工作性能。此时，若轴承内圈仍采用 GB/T 1800.2—2020《产品几何技术规范（GPS）线性尺寸公差 ISO 代号体系　第 2 部分：标准公差代号和孔、轴的极限偏差表》中基本偏差代号为 H 的公差带，而轴颈的外圆柱面从 GB/T 1800.2—2020 中的优先、常用和一般公差带进行选取，则两者配合时，会形成过盈量偏小的过渡配合或过盈量偏大的过盈配合，显然都不能满足轴承配合的需要；若让轴颈采用非标准的公差带，则又无法实现滚动轴承的标准化与互换性原则。

GB/T 307.1—2017 规定：向心轴承内圈基准孔公差带位于以公称内径 d 为零线的下方，且上极限偏差为零。这种特殊的基准孔公差带不同于 GB/T 1800.2—2020 中基准偏差代号为 H 的基准孔公差带。因此，当滚动轴承内圈与 GB/T 1800.2—2020 中基本偏差代号为 k、m、n 等的轴颈配合时，就形成了具有小过盈量的过盈配合，而不是过渡配合。

滚动轴承在使用时，其外圈安装在轴承座孔中，通常不旋转。考虑到工作时温度升高会使轴热膨胀，故长轴两端的轴承中至少应有一端是游动支承，即轴承外圈与轴承座孔的配合稍微松一点，允许轴连同轴承一起轴向移动，以便补偿因轴热膨胀而产生的微量伸长，以免造成轴弯曲，或是轴承内、外圈之间的滚动体由于轴的弯曲而卡死，影响机械设备正常运转。

GB/T 307.1—2017 规定的向心滚动轴承内、外径公差带如图 7-3 所示。向心滚动轴承外圈外圆柱面公差带位于以公称外径 D 为零线的下方，且上极限偏差为零。该基准轴的公差带的基本偏差与 GB/T 1800.2—2020 中基准偏差代号为 h 的基准轴的公差带的基本偏差相

同，只是两种公差带的公差数值不同。

滚动轴承的内、外圈均属于薄壁型零件，在制造或存放过程中都极易变形。若其与刚性零件轴、箱体的具有正确几何形状的轴颈、轴承座孔装配后，这种微量变形比较容易得到矫正，一般情况下也不影响滚动轴承的工作性能。因此，GB/T 307.1—2017 规定：在轴承内、外圈任一横截面内测得内孔、外圆柱面的最大与最小直径的平均值对公称直径的实际偏差分别在内、外径公差带内，就认为是合格的。

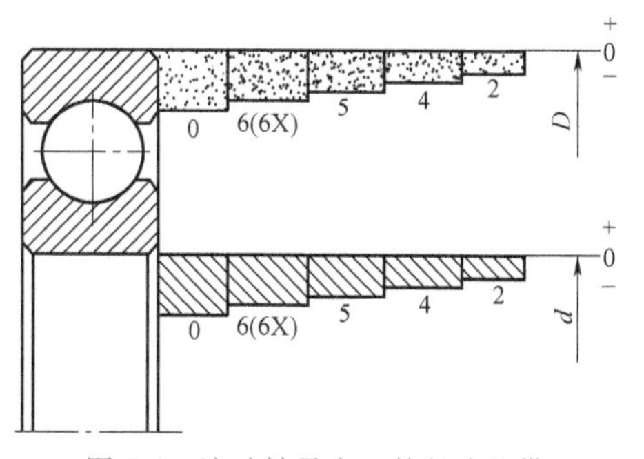

图 7-3 滚动轴承内、外径公差带

7.2.3 与滚动轴承配合的轴颈和轴承座孔的常用公差带

由于滚动轴承内圈孔径和外圈轴径公差带在制造时已确定，故在使用滚动轴承时，它与轴颈和轴承座孔的配合面间所要求的配合性质必须分别由轴径和轴承座孔的公差带确定。为了实现各种适当松紧程度的配合性质要求，GB/T 275—2015 规定了 0 级和 6 级滚动轴承与轴颈和轴承座孔配合时轴颈和轴承座孔的常用公差带。该国家标准对轴颈规定了 17 种公差带，对轴承座孔规定了 16 种公差带，如图 7-4 所示。这些公差带分别选自 GB/T 1800.2—2020 中的轴公差带和孔公差带。

由图 7-4 可以看出，轴承内圈与轴颈的配合与 GB/T 1800.1—2020 中基孔制同名配合相比较，前者的配合性质偏紧一些。h5、h6、h7、h8、g5、g6 轴颈与轴承内圈的配合已变成

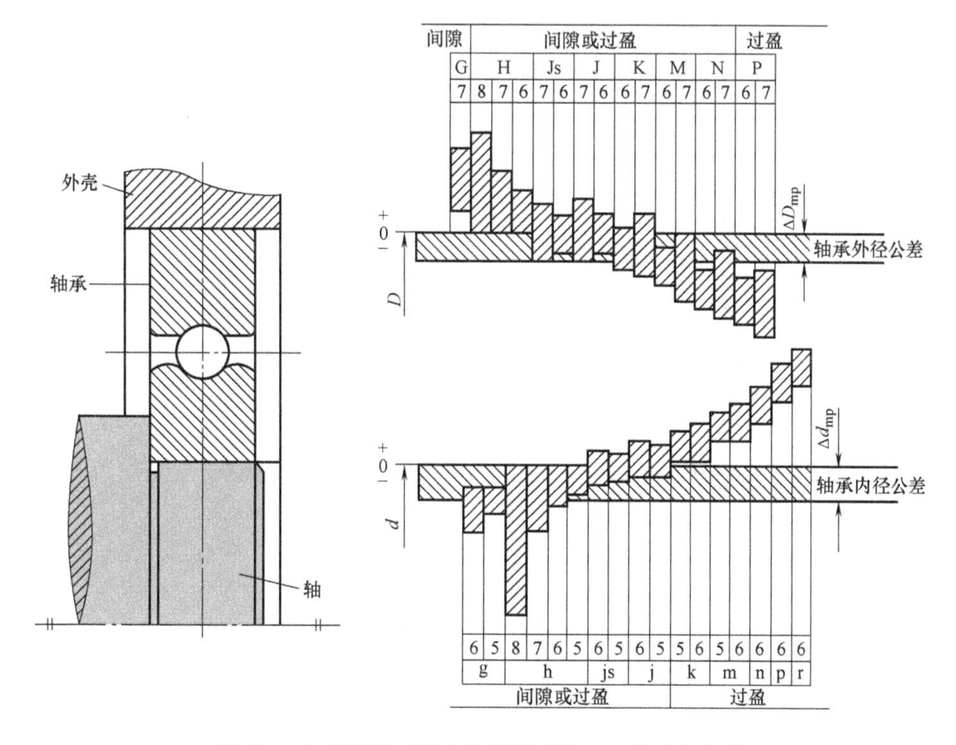

图 7-4 与滚动轴承配合的轴颈和轴承座孔的公差带

过渡配合，k5、k6、m5、m6、n6 轴颈与轴承内圈的配合已变成过盈配合，其余配合也都有所变紧；轴承外圈与轴承座孔的配合与 GB/T 1800.1—2020 中基轴制同名配合相比较，两者的配合性质基本相同，只是数值有所不同。

7.3 选择滚动轴承与轴颈、轴承座孔配合时应考虑的主要因素

如前所述，轴承与轴颈、轴承座孔的配合性质由轴颈及轴承座孔的公差带决定，由于正确选择滚动轴承与轴颈、轴承座孔的配合，对保证滚动轴承的正常运转，延长轴承的使用寿命，充分发挥轴承的承载能力极为重要，故选择滚动轴承与轴颈、轴承座孔的配合时，尽量全面、综合地考虑各个方面的因素，如滚动轴承及与其配合的轴颈和轴承座孔的材料、结构类型、尺寸、公差等级，滚动轴承承受负载的大小、方向和性质、轴承的工作温度、轴承与轴颈及轴承座孔的装配、调整等工作条件。选择时应考虑以下几个主要因素。

1. 轴承套圈相对于载荷方向的运转状态

作用在轴承上的径向载荷，可以是静止载荷、旋转载荷和摆动载荷。轴承套圈（内圈或外圈）与载荷的作用方向存在三种关系，如图 7-5 所示。

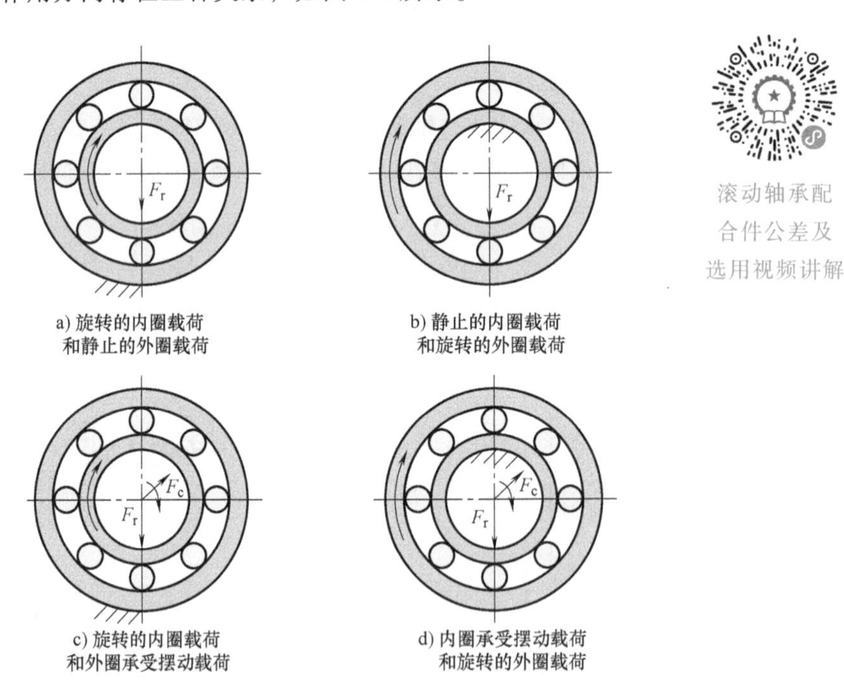

图 7-5 轴承套圈相对于载荷方向的运转状态

（1）轴承套圈相对于载荷方向静止　此种状况下，轴承套圈相对于径向载荷的作用线不旋转，或者径向载荷的作用线相对于轴承套圈不旋转（如车削时的径向切力、传动带拉力等）。图 7-5a 中的不旋转外圈和图 7-5b 中的不旋转内圈均承受方向和大小不变的径向载荷 F_r，故前者为静止的外圈载荷，后者为静止的内圈载荷。

轴承套圈相对于载荷方向固定的状况下，其受力特点是：载荷始终集中作用在轴承套圈滚道的某一局部区域上，套圈滚道局部很容易磨损，故这种载荷称为局部载荷。例如，减速器转轴两端的滚动轴承外圈；汽车、拖拉机前轮（从动轮）轮毂中滚动轴承的内圈，都是轴承套圈相对于载荷方向静止的典型实例。

（2）轴承套圈相对于载荷方向旋转　此种状况下，轴承套圈相对于径向载荷的作用线旋转，或者说径向载荷的作用线相对于轴承套圈旋转（如旋转工件上的惯性离心力、旋转镗杆上作用的径向切削力等）。如图 7-5a、b 所示，轴承承受方向和大小不变的径向载荷 F_r，图 7-5a 中的旋转内圈和图 7-5b 中的旋转外圈皆相对于径向载荷 F_r 的方向有旋转，故前者为旋转的内圈载荷，后者为旋转的外圈载荷。

轴承套圈相对于载荷方向旋转的状况下，其受力特点是：载荷始终呈周期性作用在轴承套圈的整个滚道上，套圈滚道磨损均匀，故这样作用的载荷称为循环载荷。例如，减速器转轴两端的滚动轴承内圈；汽车、拖拉机前轮（从动轮）轮毂中滚动轴承的外圈，都是轴承套圈相对于载荷方向旋转的典型实例。

（3）轴承套圈相对于载荷方向摆动　此种状况表示有大小和方向按一定规律变化的径向载荷 F_r 依次往复地作用在轴承套圈滚道的一段区域上，如图 7-5c、d 所示。这种情况下的轴承套圈受力特点是：套圈承受由一个大小和方向均固定的径向载荷 F_r 与一个旋转的径向载荷 F_c 所合成的变化的径向载荷，该合成载荷的大小，由小逐渐增大，再由大逐渐减小，周而复始地周期性变化，故这样作用的载荷称为摆动载荷。

轴承套圈相对于载荷方向摆动的状态下，究竟是哪个套圈承受摆动载荷，是由固定径向载荷 F_r 和旋转径向载荷 F_c 两者的大小关系决定的，如图 7-6 所示。按照向量合成的平行四边形法则，对轴承套圈所承受的 F_r 和 F_c 进行分析。当 $F_r>F_c$ 时，合成载荷 F 就在圆弧区域 AB 内摆动。因此，不旋转的套圈相对于载荷 F 的方向摆动，而旋转的套圈相对于载荷 F 的方向旋转。前者的运转状态称为摆动的套圈载荷。当 $F_r<F_c$ 时，合成载荷 F 则沿着整个滚道圆周变化，不旋转的套圈相对于载荷 F 的方向旋转，而旋转的套圈相对于载荷 F 的方向摆动。后者的运转状态称为摆动的套圈载荷。

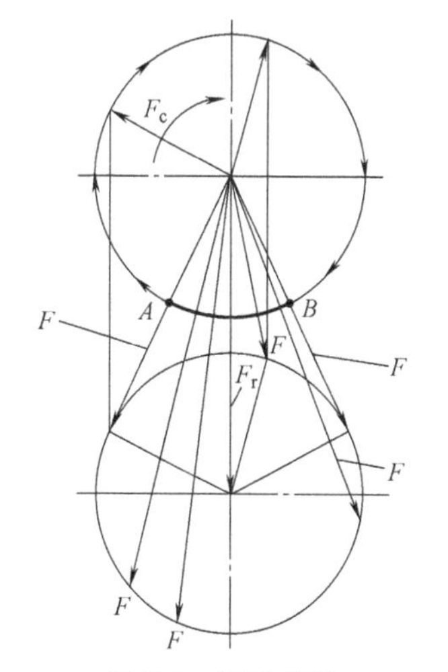

图 7-6　摆动载荷

由以上分析可知，轴承套圈相对于载荷方向的状态不同（静止、旋转、摆动），载荷作用的性质也不相同，故在选择与轴承相配的轴颈和轴承座孔的配合时也应有所区别。

当套圈相对于载荷方向静止时，该套圈与轴颈或轴承座孔的配合应选得稍松一些，让套圈在振动或冲击下被滚道间的摩擦力矩带动，产生缓慢转动，使磨损均匀，提高轴承的使用寿命。一般可选用具有平均间隙较小的过渡配合或具有极小间隙的间隙配合。

当套圈相对于载荷方向旋转时，该套圈与轴颈或轴承座孔的配合应选得较紧一些，防止套圈在轴颈或轴承座孔的配合面上打滑，引起配合面发热、磨损。一般可选用具有小过盈的过盈配合或过盈概率大的过渡配合。

当套圈相对于载荷方向摆动时，该套圈与轴颈或轴承座孔的配合的松紧程度，一般与套圈承受旋转载荷时选用的配合相同或比其稍松一些。

2. 载荷的大小

滚动轴承与轴颈、轴承座孔的配合的松紧程度与轴承套圈所受载荷的大小有关。一般，载荷大，配合应选得紧一些。这是因为轴承滚道在重载荷的作用下，轴承套圈容易发生变形而使配合面受力不均匀，引起套圈与轴颈或轴承座孔配合的实际过盈减小而松动，影响轴承的工作性能。故随着载荷的增大，过盈量也应随之增大。且承受冲击载荷或变化载荷的轴承与轴颈、轴承座孔的配合应比承受平稳载荷的配合选得更紧一些。

对于向心轴承承受载荷的大小，GB/T 275—2015 按其径向当量动载荷 P_r 与径向额定动载荷 C_r 的比值分为轻载荷、正常载荷和重载荷三种，见表 7-1。P_r 的数值可由计算公式求出，C_r 的数值在轴承产品样本及机械设计手册中均可查到。

表 7-1 向心轴承载荷类型

载荷类型	P_r/C_r	载荷类型	P_r/C_r
轻载荷	≤0.06	重载荷	>0.12
正常载荷	>0.06~0.12		

3. 径向游隙

径向游隙的大小会直接影响滚动轴承的正常工作。游隙过大，会使转轴出现较大的径向圆跳动和轴向跳动，以致轴承工作时产生较大的振动和噪声；游隙过小，若轴承与轴颈、轴承座孔之间有一定过盈量，会使轴承滚动体与套圈产生较大的接触应力，以致轴承工作时摩擦发热增加，降低轴承寿命。所以，在设计滚动轴承精度时，必须控制径向游隙。

GB/T 4604.1—2012 将向心滚动轴承的径向游隙分为五组：2 组、N 组、3 组、4 组、5 组，游隙值的大小依次增大。

径向游隙对于滚动轴承的工作性能至关重要，而轴承与轴颈、轴承座孔配合的松紧程度都会影响到轴承工作时的径向游隙的实际大小，所以在选择配合时，要考虑其对径向游隙的影响，及时进行配合过盈量的调整，以保证轴承的正常工作。

具有 N 组游隙的轴承，在常温状态的一般条件下工作时，它与轴颈、轴承座孔配合的过盈量应适中；对于游隙比 N 组游隙大的轴承，配合的过盈量应增大；对游隙比 N 组游隙小的轴承，配合的过盈量应减小。

采用过盈配合或过大的过盈量都会导致滚动轴承径向游隙减小，故选择配合时，一定要考虑到径向游隙的要求。

4. 其他因素

滚动轴承工作时，由于摩擦发热和其他热源的影响，轴承套圈的温度会高于相配件的温度。内圈热膨胀会使其与轴颈的配合变松，外圈热膨胀会使其与轴承座孔的配合变紧。所以在选择滚动轴承与轴颈、轴承座孔的配合时，必须考虑轴承工作温度的影响。当轴承工作温度高于 100℃时，必须对所选用的配合进行适当调整，增加内圈与轴的过盈量或减小外圈与轴承座孔的过盈量。

当滚动轴承转速较高，且承受冲击动载荷时，轴承与轴颈、轴承座孔的配合最好都选用具有小过盈的过盈配合或较紧的过渡配合。

剖分式轴承座和整体轴承座上的轴承孔与轴承外圈配合的松紧程度应有所不同，前者的配合应稍松些，以避免箱盖和箱座装配时夹扁轴承外圈。

7.4 与滚动轴承配合的轴颈和轴承座孔的精度设计

与滚动轴承配合的轴颈和轴承座孔的精度主要包括轴颈和轴承座孔的尺寸公差带、几何公差设计、表面粗糙度设计。

7.4.1 轴颈和轴承座孔的尺寸公差带的确定

滚动轴承的公差与配合实例视频讲解

选择轴承和轴承座孔的公差等级时，应与轴承的公差等级协调。GB/T 275—2015 规定，与 0 级、6（6X）级轴承配合的轴颈一般为 IT6，轴承座孔为 IT7；对旋转精度和运动平稳性有较高要求的场合，在提高轴承公差等级的同时，轴承配合件的精度也应相应有所提高。例如，电动机，其轴颈选为 IT5，轴承座孔选为 IT6。

对 0 级和 6 级的向心轴承，N 组游隙，轴为实心或厚壁空心钢制轴，轴承座为铸钢件或铸铁件，工作温度不超过 100℃时，确定轴颈和轴承座孔的尺寸公差带可分别根据表 7-2 和表 7-3 进行选择。对于推力轴承，确定轴颈和轴承座孔的尺寸公差带可根据表 7-4 和表 7-5 进行选择。

表 7-2 与向心轴承配合的轴颈的尺寸公差带

圆柱滚子轴承						
载荷情况		举例	深沟球轴承、调心球轴承、角接触球轴承	圆柱滚子轴承和圆锥滚子轴承	调心滚子轴承	公差带
			轴承公称内径/mm			
旋转的内圈载荷及摆动载荷	轻载荷	输送机、轻载齿轮箱	≤18	—	—	h5
			>18~100	≤40	≤40	j6①
			>100~200	>40~140	>40~100	k6①
			—	>140~200	>100~200	m6①
	正常载荷	一般通用机械、电动机、泵、内燃机、正齿轮传动装置	≤18	—	—	j5、js5
			>18~100	≤40	≤40	k5②
			>100~140	>40~100	>40~65	m5②
			>140~200	>100~140	>65~100	m6
			>200~280	>140~200	>100~140	n6
			—	>200~400	>140~200	p6
			—	—	>280~500	r6
	重载荷	铁路机车车辆轴箱、牵引电动机、破碎机等	—	>50~140	>50~100	n6③
			—	>140~200	>100~140	p6③
			—	>200	>140~200	r6③
			—	—	>200	r7③

（续）

载荷情况			举例	圆柱滚子轴承 深沟球轴承、调心球轴承、角接触球轴承	圆柱滚子轴承和圆锥滚子轴承	调心滚子轴承	公差带
				轴承公称内径/mm			
固定的内圈载荷	所有载荷	内圈需在轴向易移动	非旋转轴上的各种轮子	所有尺寸			f6[①]、g6
		内圈不需在轴向易移动	张紧轮、绳轮				h6、j6
仅有轴向载荷				所有尺寸			j6、js6

① 凡对精度有较高要求的场合，应用 j5、k5、m5、f5 分别代替 j6、k6、m6。

② 圆锥滚子轴承、角接触球轴承配合对游隙影响不大，可用 k6、m6 代替 k5、m5。

③ 重载荷下轴承游隙应选大于 N 组。

表 7-3　与向心轴承配合的轴承座孔的尺寸公差带

载荷情况		举例	其他状况	尺寸公差带[①]	
				球轴承	滚子轴承
外圈承受固定载荷	轻、正常、重	一般机械、铁路机车车辆轴箱	轴向容易移动，可采用剖分式轴承座	H7、G7[②]	
	冲击		轴向能移动，可采用整体或剖分式轴承座	J7、JS7	
方向不定载荷	轻、正常	电动机、泵、曲轴主轴承			
	正常、重		轴向不移动，采用整体式轴承座	K7	
	重、冲击	牵引电动机		M7	
外圈承受旋转载荷	轻	传动带张紧轮		J7	K7
	正常	轮毂轴承		M7	N7
	重			—	N7、P7

① 并列尺寸公差带随尺寸的增大从左至右选择；对旋转精度有较高要求时，可相应提高一个公差等级。

② 不适用于剖分式轴承。

表 7-4　与推力轴承配合的轴颈的尺寸公差带

载荷情况		轴承类型	轴承公称内径/mm	公差带
仅有轴向载荷		推力球轴承和推力圆柱滚子轴承	所有尺寸	j6、js6
径向和轴向联合载荷	轴圈承受固定载荷	推力调心滚子轴承、推力角接触球轴承、推力圆锥滚子轴承	≤250	j6
			>250	js6
	轴圈承受旋转载荷或方向不定载荷		≤200	k6[①]
			>200~400	m6
			>400	n6

① 要求较小过盈时，可分别用 j6、k6、m6 代替 m6、n6。

表 7-5 与推力轴承配合的轴承座孔的尺寸公差带

载荷情况		轴承类型	公差带
仅有轴向载荷		推力球轴承	H8
		推力圆柱、圆锥滚子轴承	H7
		推力调心滚子轴承	—①
径向和轴向联合载荷	座圈承受固定载荷	推力角接触球轴承、推力调心滚子轴承、推力圆锥滚子轴承	H7
	座圈承受旋转载荷或方向不定载荷		K7②
			M7③

① 轴承座孔与座圈间间隙为 0.001*D*（*D* 为轴承公称外径）。

② 一般工作条件。

③ 有较大径向载荷时。

对于滚针轴承，轴承座孔材料为钢或铸铁时，尺寸公差带可选用 N5（或 N6）；轴承座孔材料为轻合金时，可选用 N5（或 N6）或略松的公差带。轴颈尺寸公差带有内圈时选用 k5（或 j6），无内圈时选用 h5（或 h6）。

7.4.2 轴颈和轴承座孔的几何公差与表面粗糙度值的确定

轴颈和轴承座孔的尺寸公差带确定后，为了保证轴承的工作性能，还应分别确定其几何公差和表面粗糙度值，可参照表 7-6 和表 7-7 选取。

表 7-6 轴颈和轴承座孔的几何公差值（摘自 GB/T 275—2015）

公称尺寸/mm		圆柱度 t/μm				端面圆跳动 t_1/μm			
		轴颈		轴承座孔		轴肩		轴承座孔肩	
		轴承公差等级							
>	≤	0	6(6X)	0	6(6X)	0	6(6X)	0	6(6X)
—	6	2.5	1.5	4	2.5	5	3	8	5
6	10	2.5	1.5	4	2.5	6	4	10	6
10	18	3.0	2.0	5	3.0	8	5	12	8
18	30	4.0	2.5	6	4.0	10	6	15	10
30	50	4.0	2.5	7	4.0	12	8	20	12
50	80	5.0	3.0	8	5.0	15	10	25	15
80	120	6.0	4.0	10	6.0	15	10	25	15
120	180	8.0	5.0	12	8.0	20	12	30	20
180	250	10.0	7.0	14	10.0	20	12	30	20
250	315	12.0	8.0	16	12.0	25	15	40	25
315	400	13.0	9.0	18	13.0	25	15	40	25
400	500	15.0	10.0	20	15.0	25	15	40	25
500	630	—	—	22	16	—	—	80	30
630	800	—	—	25	18	—	—	50	30
800	1000	—	—	28	20	—	—	60	40
1000	1250	—	—	33	24	—	—	60	40

表 7-7 轴颈和轴承座孔的表面粗糙度轮廓幅度参数值（摘自 GB/T 275—2015）

轴颈或轴承座孔的直径 /mm		轴颈或轴承座孔配合表面直径公差等级					
		IT7		IT6		IT5	
		表面粗糙度值 Ra/μm					
>	≤	磨	车	磨	车	磨	车
—	80	1.6	3.2	0.8	1.6	0.4	0.8
80	500	1.6	3.2	1.6	3.2	0.8	1.6
500	1250	3.2	6.3	1.6	1.6	1.6	3.2
端面		3.2	6.3	3.2	6.3	1.6	3.2

为了保证轴承与轴颈、轴承座孔的配合性质，轴颈和轴承座孔应分别采用包容要求和采用最大实体要求的零几何公差。对于轴颈，在采用包容要求的同时，为了保证同一根轴上两个轴颈的同轴度精度，还可规定这两个轴颈的轴线分别对它们的公共轴线的同轴度公差。

对于外壳上支承同一根轴的两个轴承孔，可按关联要素采用最大实体要求的零几何公差，从而控制这两个孔的轴线分别对它们的公共轴线的同轴度公差，以便同时保证所需的配合性质和同轴度精度。

如果轴颈或轴承座孔存在较大的形状误差，则轴承安装后，套圈会产生变形而不圆，造成轴承游隙的减小，因此必须对轴颈和轴承座孔规定严格的圆柱度公差。

轴的轴颈肩部和轴承座上轴承孔的端面是安装滚动轴承时的轴向定位面，如果它们存在较大的垂直度误差，则滚动轴承与它们安装后，轴承套圈会发生歪斜，造成轴承游隙的减小，因此应规定轴颈肩部和轴承座孔端面对基准轴线的轴向圆跳动或垂直度公差。

7.4.3 轴颈和轴承座孔精度设计举例

例 7-1 圆柱齿轮减速器功率为 5kW，小齿轮轴要求较高的旋转精度，两端装有向心角接触球轴承，轴承尺寸为 55mm×120mm×29mm，径向额定动载荷 $C_r=36000$N，已知轴承承受的径向当量动载荷 $P_r=4000$N。试用类比法确定轴颈和轴承座孔的尺寸公差带，几何公差值和表面粗糙度，并标注在装配图和零件图（如图 7-7 所示）上。

解：

（1）本例的减速器齿轮轴旋转精度较高，故选用 6 级轴承。

（2）由 $P_r/C_r=4000\text{N}/36000\text{N}=0.111$，并查表 7-1 可知，该轴承承受的径向载荷属于正常载荷。

（3）根据减速器工作状况可知，轴承内圈应与轴一起旋转，故轴承内圈相对于载荷方向旋转，即承受旋转载荷；而轴承外圈则通常应固定安装在剖分式外壳的轴承座孔中，故轴承外圈相对于载荷方向固定，即承受静止载荷。因此，选择轴承内圈与轴的配合应较紧一些，外圈与轴承座孔的配合应较松一些。

（4）参考表 7-2，正常载荷、轴承公称内径 ϕ55mm、属球轴承、承受正常载荷，可为轴颈选择公差带 k5；考虑角接触球轴承配合对游隙影响不大，可用 k6 代替 k5，结合经济性原则，故最终为轴颈选择公差带 k6。

（5）参考表 7-3，正常载荷、轴向能移动，可为轴承座孔选择公差带 J7；因对旋转精度有较高要求，可相应提高一个公差等级，故最终为轴承座孔选择公差带 J6。

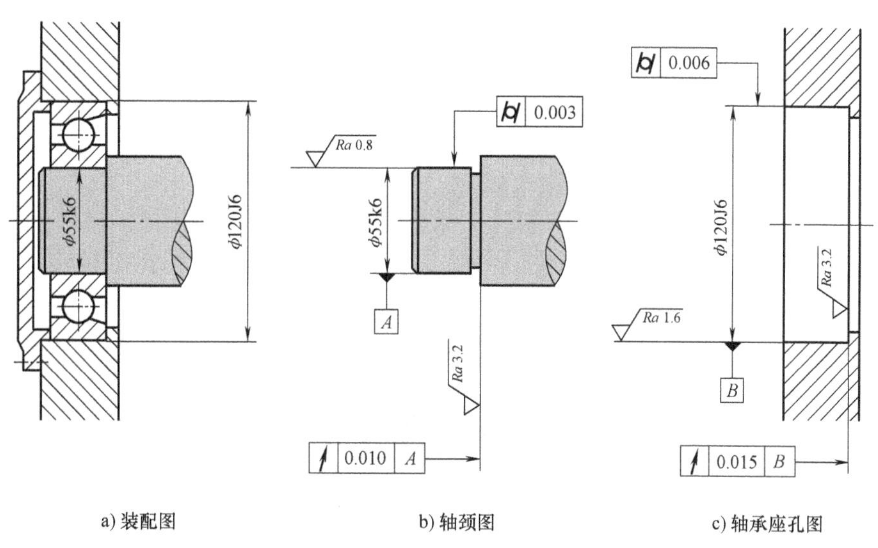

图 7-7 轴颈和轴承座孔公差在图样上标注的示例

（6）查表 7-6 选取轴颈和轴承座孔的几何公差值。圆柱度公差：轴颈为 0.003mm，轴承座孔为 0.006mm；轴向圆跳动公差：轴肩为 0.010mm，轴承座孔肩为 0.015mm。

（7）查表 7-7 选取轴颈和轴承座孔的表面粗糙度值。轴颈表面磨削加工后表面粗糙度 $Ra \leqslant 0.8\mu m$，轴承座孔表面磨削加工后表面粗糙度 $Ra \leqslant 1.6\mu m$；轴肩和轴承座孔端面车削加工后表面粗糙度 $Ra \leqslant 6.3\mu m$。

（8）将选取的各项公差标注在图上，如图 7-7 所示。

第 7 章习题

第 8 章

键联结的公差配合与检测

键联结和花键连接被广泛用于轴与轴上传动件（如齿轮、带轮、联轴器等）之间的可拆联结，用以传递转矩，也可用作导向，如变速箱中变速齿轮花键孔与花键轴的联结。

键又称单键，分为平键、半圆键、切向键和楔形键等几种，其中平键又分为普通平键和导向平键两种。平键联结制造简单，装拆方便，因此应用颇广。花键分为矩形花键和渐开线花键两种。与平键联结相比，花键联结的强度高，承载能力强。矩形花键联结在机床和一般机械中应用较广。渐开线花键联结与矩形花键联结相比较，前者的强度更高，承载能力更强，且具有精度高、齿面接触良好、能自动定心、加工方便等优点，在汽车、拖拉机制造业中被日益广泛采用。本章主要讨论平键和矩形花键的公差配合与检测。

为了满足普通平键联结、矩形花键联结和圆柱直齿渐开线花键联结的使用要求，并保证其互换性，我国颁布了 GB/T 1095—2003《平键　键槽的剖面尺寸》、GB/T 1144—2001《矩形花键　尺寸、公差和检测》和 GB/T 3478—2008《圆柱直齿渐开线花键》等国家标准。

平键联结的公差与检测视频讲解

8.1　平键联结的公差与配合

8.1.1　平键联结的使用要求与主要尺寸

平键联结由键、轴键槽和轮毂键槽（孔键槽）三部分组成，通过键的侧面与轴键槽及轮毂键槽的侧面相互接触来传递转矩。平键联结的主要尺寸如图 8-1 所示。

平键联结的使用要求有：①侧面传力，需要充分大的有效接触面积；②键嵌入牢靠；③对于导向平键，键与轴键槽间有间隙；④便于装拆。

在平键联结中，键和轴键槽、轮毂键槽的宽度 b 是配合尺寸，应规定较严格的公差；而键的高度 h 和长度 L、轴键槽的深度 t_1 和长度 L 以及轮毂键槽的深度 t_2 皆是非配合尺寸，应给予较松的公差。

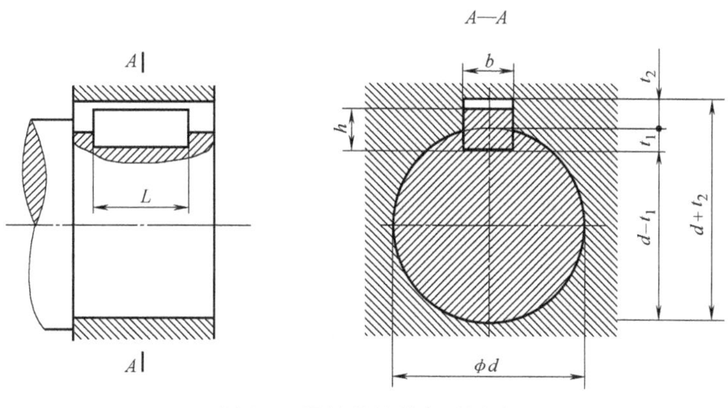

图 8-1 平键联结的主要尺寸

8.1.2 影响平键联结使用要求的因素分析及控制

影响平键联结使用要求的因素主要是尺寸，特别是配合尺寸；键与键槽配合的松紧程度不仅取决于它们的配合尺寸公差带，还与它们配合表面的几何误差有关，特别是配合表面对孔、轴的轴线的对称度误差，如图 8-2 所示。及键与键槽接触面的表面粗糙度，特别是配合表面的表面粗糙度有关。

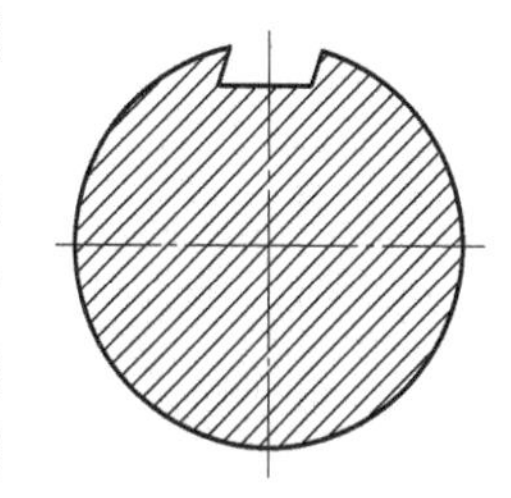

图 8-2 键槽对称度误差示意图

由于键是标准件，因此平键联结设计中对影响其使用要求的因素控制主要是对键槽而言。对配合尺寸给予较严的公差，对非配合尺寸给予较松的公差；给予轴键槽宽度的中心平面对轴的基准轴线以及轮毂键槽宽度的中心平面对孔的基准轴线的对称度公差；对键槽的配合表面给予较严的表面粗糙度允许值，对键槽的非配合表面给予较松的表面粗糙度允许值。

8.1.3 平键联结的公差与配合的确定

1. 平键和键槽配合尺寸的公差带和配合种类

平键联结中，键由型钢制成，是标准件。因此，键和键槽宽度的配合采用基轴制；键槽尺寸公差带从 GB/T 1801—2009《极限与配合　公差带和配合的选择》中选取。对键的宽度规定一种公差带 h8，对轴和轮毂键槽的宽度各规定三种公差带，以满足不同用途的需要，如图 8-3 所示。键和键槽宽度公差带形成了三类配合，即松联结、正常联结和紧密联结，具

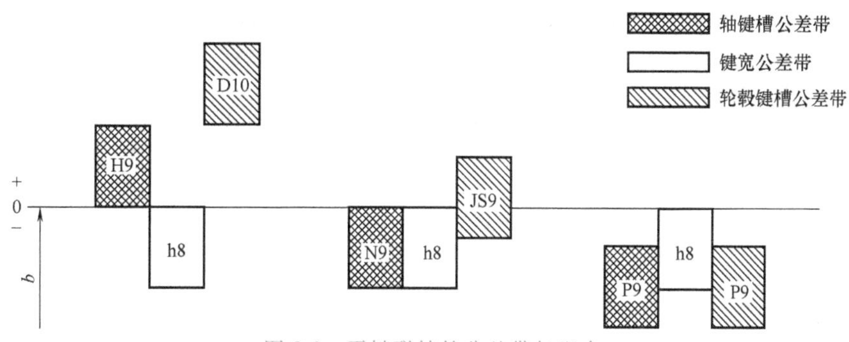

图 8-3 平键联结的公差带与配合

体应用可参考表 8-1。

表 8-1 平键联结的三类配合及其应用

配合种类	宽度 b 的公差带			应用
	键	轴键槽	轮毂键槽	
松联结	h8	H9	D10	用于导向平键,轮毂在轴上移动
一般联结		N9	JS9	键在轴键槽中和轮毂键槽中均固定,用于载荷不大的场合
紧密联结		P9	P9	键在轴键槽中和轮毂键槽中均牢固地固定,用于载荷大、有冲击和双向转矩的场合

2. 平键和键槽非配合尺寸的公差带

平键高度 h 的公差带一般采用 h11；平键长度 L 的公差带采用 h14；轴键槽长度 L 的公差带采用 H14。GB/T 1095—2003 对轴键槽深度 t_1 和轮毂键槽深度 t_2 的极限偏差做了专门规定，如表 8-2 所示。为了便于测量，在图样上对轴键槽深度和轮毂键槽深度分别标注“$d-t_1$”和“$d+t_2$”（此处 d 为孔、轴的公称尺寸），它们的极限偏差数值见表 8-2。

表 8-2 平键尺寸和键槽公差

轴	键	键槽									
公称直径 d/mm	公称尺寸 $b×h$/mm×mm	宽度 b						深度			
		公称尺寸 b/mm	极限偏差/mm					轴键槽 t_1/mm		轮毂孔键槽 t_2/mm	
			较松联结		一般联结		较紧联结	公称尺寸	极限偏差	公称尺寸	极限偏差
			轴 H9	毂 D10	轴 N9	毂 JS9	轴和毂 P9				
6~8	2×2	2	+0.025 0	+0.060 +0.020	-0.004 -0.029	±0.0125	-0.006 -0.031	1.2	+0.1 0	1	+0.1 0
>8~10	3×3	3						1.8		1.4	
>10~12	4×4	4	+0.030 0	+0.078 +0.040	0 -0.030	±0.015	-0.012 -0.042	2.5		1.8	
>12~17	5×5	5						3.0		2.3	
>17~22	6×6	6						3.5		2.8	
>22~30	8×7	8	+0.036 0	+0.098 +0.025	0 -0.036	±0.018	-0.015 -0.051	4.0	+0.2 0	3.3	+0.2 0
>30~38	10×8	10						5.0		3.3	
>38~44	12×8	12	+0.043 0	+0.120 +0.050	0 -0.043	±0.0215	-0.018 -0.061	5.0		3.3	
>44~50	14×9	14						5.5		3.8	
>50~58	16×10	16						6.0		4.3	
>58~65	18×11	18						7.0		4.4	
>65~75	20×12	20	+0.052 0	+0.149 +0.065	0 -0.053	±0.026	-0.022 -0.074	7.5		4.9	
>75~85	22×14	22						9.0		5.4	
>85~95	25×14	25						9.0		5.4	
>95~110	28×16	28						10.0		6.4	

3. 键槽的几何公差

分别规定轴键槽两侧面的中心平面对轴的基准轴线和轮毂键槽两侧面的中心平面对孔的基准轴线的对称度公差。该对称度公差与键槽宽度公差的关系以及与孔、轴尺寸公差的关系可以采用独立原则，如图 8-4 所示，或者采用最大实体要求，如图 8-5 所示。键槽对称度公差采用独立原则时，使用普通计量器具测量，键槽对称度公差采用最大实体要求时，应使用位置量规检验。对称度公差等级可按 GB/T 1184—1996《形状和位置公差　未注公差值》取为 7~9 级。

4. 键槽的表面粗糙度要求

键槽的宽度 b 两侧面的表面粗糙度轮廓幅度参数 Ra 的上限值一般取为 1.6~3.2μm，键槽底面的 Ra 的上限值取为 6.3~12.5μm。

轴键槽和轮毂键槽的剖面尺寸及其公差带、键槽的几何公差和所采用的公差原则在图样上的标注示例分别如图 8-4 和图 8-5 所示。

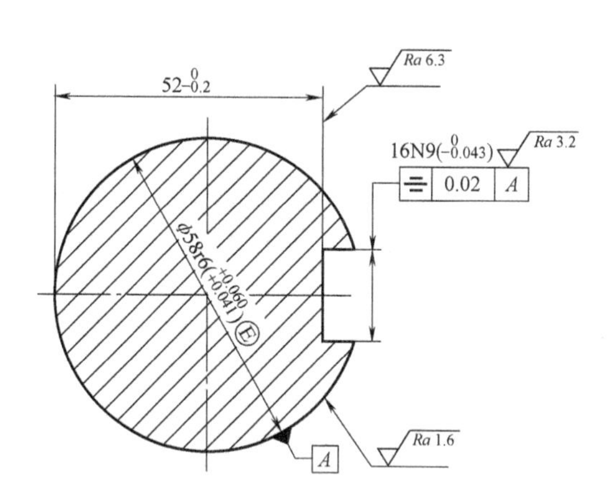

图 8-4　轴键槽尺寸和公差的标注示例（对称度公差采用独立原则）

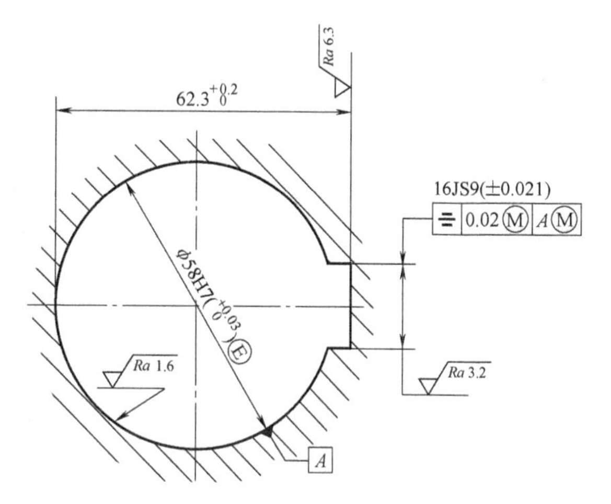

图 8-5　轮毂键槽尺寸和公差的标注示例（对称度公差采用最大实体要求）

8.2　矩形花键联结的公差与配合

矩形花键联结的公差与检测视频讲解

8.2.1　矩形花键的使用要求、几何参量与定心方式

1. 矩形花键的使用要求、几何参量

GB/T 1144—2001 规定：矩形花键的主要尺寸有小径 d、大径 D、键宽和键槽宽 B，如图 8-6 所示。键数 N 规定为偶数，有 6、8、10 三种，以便于加工和检测。按承载能力，对矩形花键分为轻系列和中系列两种规格，同一小径的轻系列和中系列的键数相同，键宽（键槽宽）也相同，仅大径不相同。

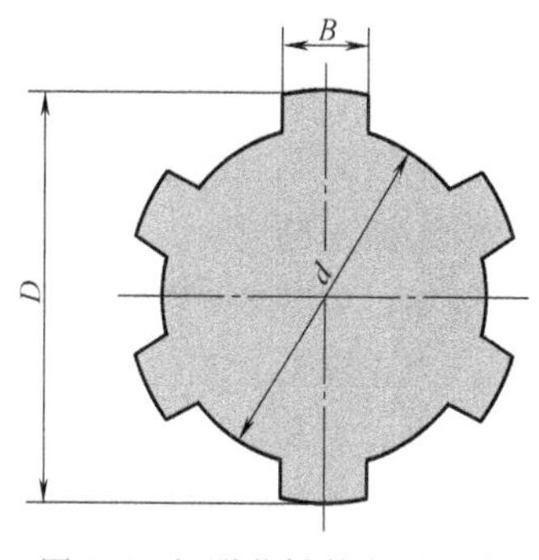

图 8-6　矩形花键的主要尺寸

2. 矩形花键联结的定心方式

花键联结的主要使用要求是保证内、外花键的同轴度，

以及键侧面和键槽侧面接触均匀。若要求花键的三个主要尺寸同时对配合起定心作用，要想保证花键联结的使用要求是困难的，而且也无必要。所以，矩形花键联结可以用三种定心方式：小径 d 定心、大径 D 定心和键侧（键槽侧）B 定心，如图 8-7 所示。

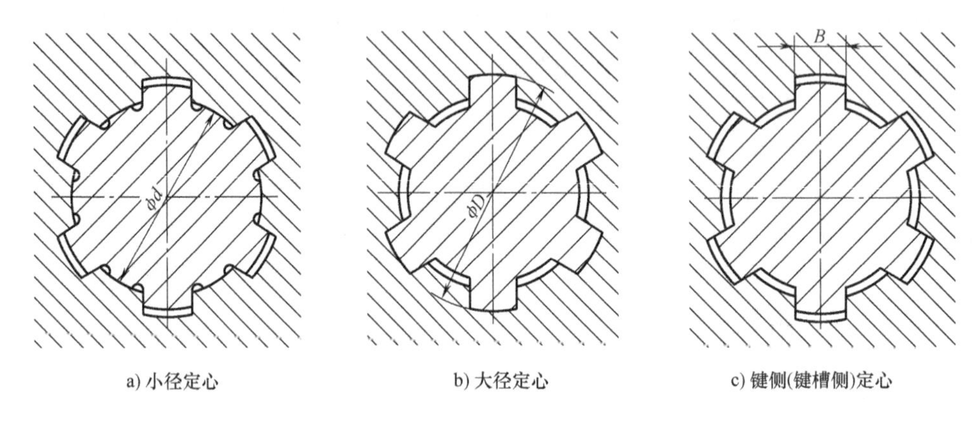

a) 小径定心　b) 大径定心　c) 键侧(键槽侧)定心

图 8-7　矩形花键联结的定心方式

GB/T 1144—2001 规定矩形花键联结采用小径定心。随着科学技术的发展，现代工业对机械零件的质量要求不断提高，对花键联结的强度、硬度、耐磨性和几何精度的要求都提高了。例如，工作时每小时相对滑动 15 次以上的内、外花键，要求硬度在 40HRC 以上；相对滑动频繁的内、外花键，则要求硬度为 56~60HRC。因此，在内、外花键制造过程中需要进行热处理（淬硬）来提高硬度和耐磨性。淬硬后应采用磨削来修正热处理变形，以保证定心表面的精度要求。如果采用大径定心，内花键的大径很难磨削。采用小径定心，磨削内花键小径表面就很容易，磨削外花键小径表面也比较方便。此外，内花键尺寸精度要求高时，如 5 级和 6 级精度齿轮的花键孔，定心表面尺寸的标准公差等级分别是 IT5 和 IT6，采用大径定心则拉削内花键不能达到高精度大径要求，而采用小径定心就可以通过磨削达到高精度小径要求。所以，矩形花键联结采用小径定心可以获得更高的精度，并能保证和提高花键的表面质量。

8.2.2　影响矩形花键使用要求的因素分析及控制

1. 影响矩形花键使用要求的因素分析

影响矩形花键使用要求的因素主要有：①尺寸，特别是定心表面的尺寸；②几何误差，特别是定心表面的几何误差，包括键（键槽）的等分度误差、键（键槽）两侧面的中心平面对小径定心表面轴线的对称度误差、大径表面轴线对小径定心表面轴线的平行度误差、大径表面轴线对小径定心表面轴线的同轴度误差，其中花键的分度误差和对称度误差的影响最大；③表面粗糙度。

例如，如图 8-8 所示，采用小径定心的花键联结中，假设内、外花键各部分的实际尺寸合格，内花键形状和位置都正确，而外花键各键不等分或不对称，这相当于外花键轮廓尺寸增大，造成它与内花键干涉。同样，内花键位置误差的存在相当于内花键轮廓尺寸减小，也会造成它与外花键的干涉。这些会造成内、外花键装配困难甚至不能装配，并且使键（键槽）侧面受力不均匀。

2. 影响矩形花键使用要求的因素控制

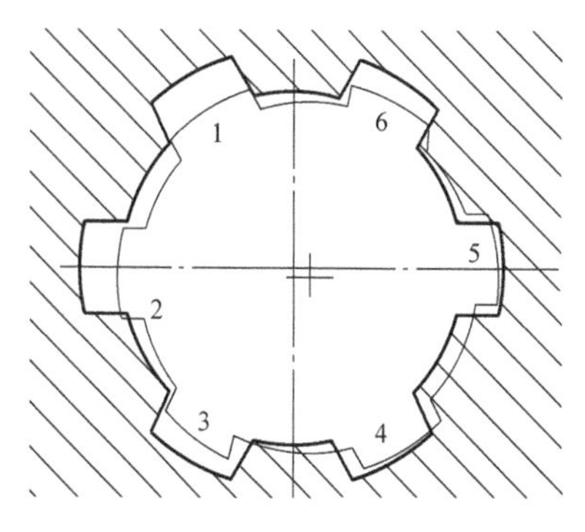

图 8-8 矩形花键几何误差对花键联结的影响

1—键位置正确

2~6—键位置不正确

(1) 尺寸控制 定心表面的尺寸精度要求较高，因此给予较严的公差；键和键槽的侧面无论是否作为定心表面，其宽度尺寸 B 都应具有足够的精度，因为它们要传递转矩和导向；对非定心的大径表面给予较松的公差；对非配合尺寸给予较松的公差；此外，非定心直径表面之间应该具有足够的间隙。

为了保证内、外花键小径定心表面的配合性质，GB/T 1144—2001 规定该表面的几何公差与尺寸公差的关系采用包容要求Ⓔ。

(2) 几何误差控制 对影响矩形花键使用要求的几何误差控制主要是限制内、外花键的分度误差及其他位置误差。

1) 综合控制。花键的分度误差和对称度误差，通常用位置度公差加以综合控制，该位置度公差与键（键槽）宽度的尺寸公差及定心小径表面的尺寸公差的关系皆采用最大实体要求，如图 8-9 所示，用花键量规检验。

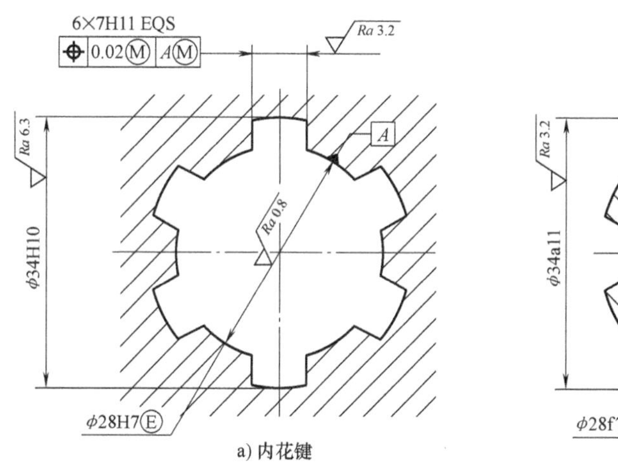

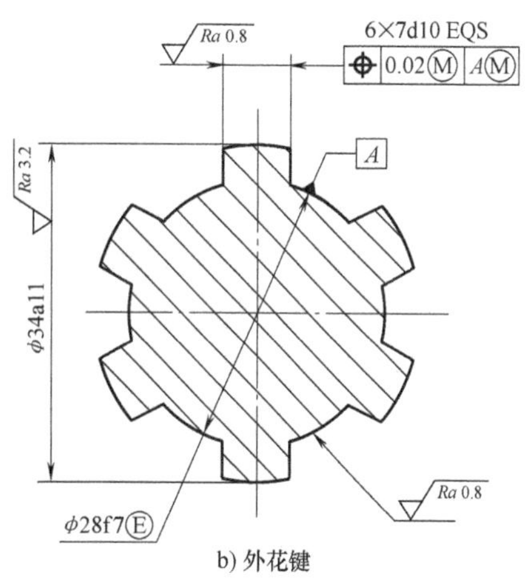

图 8-9 矩形花键位置度公差标注示例（位置度公差采用最大实体要求）

2) 单项控制。规定键（键槽）两侧面的中心平面对小径定心表面轴线的对称度公差和键（键槽）的等分度公差。该对称度公差与键（键槽）宽度的尺寸公差及小径定心表面的尺寸公差的关系皆采用独立原则，如图 8-10 所示。等分度公差如下规定：花键各键（键槽）沿 360°圆周均匀分布它们的理想位置，允许它们偏离理想位置的最大值的两倍为花键均匀分度公差值，其数值等于花键对称度公差值，因此等分度公差不需在图样上标明。

对于较长的花键，需规定内花键各键槽侧面和外花键各键齿侧面对小径定心表面轴线的平行度公差，该平行度公差值根据产品性能确定。

由于内、外花键大径表面配合间隙很大，因而大径表面轴线对小径定心表面轴线的同轴度公差可以用此间隙来补偿。

(3) 表面粗糙度控制 对定心表面给予较严的表面粗糙度要求；键和键槽的侧面要传递

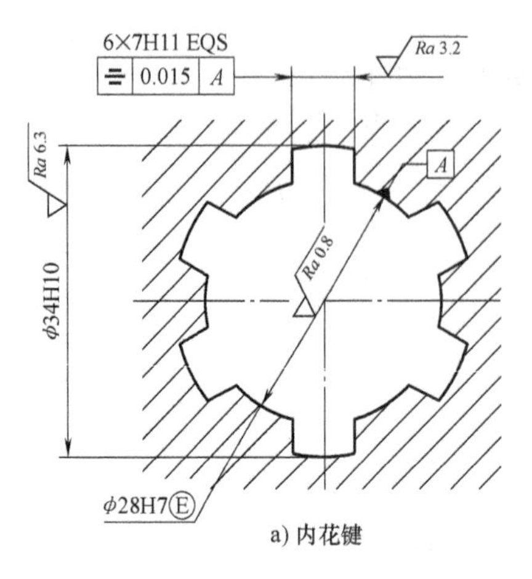

a) 内花键

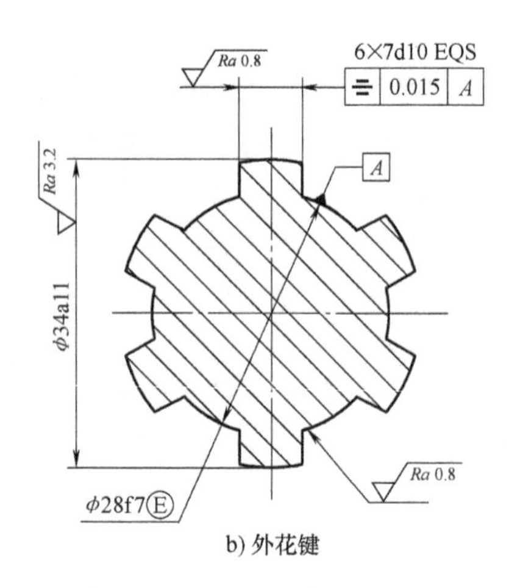

b) 外花键

图 8-10　矩形花键对称度公差标注示例（对称度公差采用独立原则）

转矩和导向，因此键和键槽的侧面也应给予较严的表面粗糙度要求；对非定心的大径表面给予较松的表面粗糙度要求。考虑到内花键大径和侧面的加工难度，对内花键大径和侧面的表面粗糙度要求应低于外花键。

8.2.3　矩形花键联结的公差与配合

1. 内、外花键尺寸公差带与配合

GB/T 1144—2001 规定的矩形花键装配型式分为滑动、紧滑动、固定三种。按精度高低，这三种装配型式各分为一般用途和精密传动使用两种。内、外花键的定心小径、非定心大径和键宽（键槽宽）的尺寸公差带与装配型式见表 8-3，这些尺寸公差带均取自 GB/T 1801—2009。

表 8-3　内、外花键的尺寸公差带

内花键				外花键			装配型式
d	*D*	*B*		*d*	*D*	*B*	
		拉削后不热处理	拉削后热处理				
一般用途							
H7Ⓔ	H10	H9	H11	f7Ⓔ	a11	d10	滑动
				g7Ⓔ		f9	紧滑动
				h7Ⓔ		h10	固定
精密传动使用							
H5Ⓔ	H10	H7、H9		f5Ⓔ	a11	d8	滑动
				g5Ⓔ		f7	紧滑动
				h5Ⓔ		h8	固定
H6Ⓔ				f6Ⓔ		d8	滑动
				g6Ⓔ		f7	紧滑动
				h6Ⓔ		h8	固定

注：1. 精密传动用的内花键，当需要控制键侧配合间隙时，槽宽可选 H7，一般情况下可选 H9。
2. *d* 为 H6Ⓔ或 H7Ⓔ的内花键，允许与提高一级的外花键配合。

为了减少加工内花键的拉刀和花键塞规的品种、规格，花键联结采用基孔制配合。但对于同一规格的内花键，拉削后不热处理的内花键与拉削后热处理的内花键所用拉刀的尺寸不一定相同。

2. 内、外花键几何公差的确定

花键分度误差和对称度误差的控制方法有综合控制法和单项控制法。一般批量生产多采用综合控制法，单件、小批量生产多采用单项控制法。GB/T 1144—2001 规定的矩形花键位置度公差值，见表 8-4；矩形花键对称度公差值，见表 8-5。对于需规定内花键各键槽侧面和外花键各键齿侧面对小径定心表面轴线平行度公差的较长花键，该平行度公差值根据产品性能，按第 3 章所述方法确定。

表 8-4 矩形花键的位置度公差值 （单位：mm）

键槽宽或键宽 B		3	3.5~6	7~10	12~18
键槽宽		0.010	0.015	0.020	0.025
键宽	滑动、固定	0.010	0.015	0.020	0.025
	紧滑动	0.006	0.010	0.013	0.016

表 8-5 矩形花键的对称度公差值 （单位：mm）

键槽宽或键宽 B	3	3.5~6	7~10	12~18
一般用	0.010	0.012	0.015	0.018
精密传动用	0.006	0.008	0.009	0.011

应当指出，由于矩形花键位置误差的影响，内、外花键小径定心表面的配合性质比表 8-3 中内、外花键尺寸公差带代号形成的配合性质稍紧。

3. 表面粗糙度要求

矩形花键的表面粗糙度轮廓幅度参数 Ra 的上限值推荐如下：

内花键：小径表面不大于 0.8μm，键槽侧面不大于 3.2μm，大径表面不大于 6.3μm。

外花键：小径表面不大于 0.8μm，键齿侧面不大于 0.8μm，大径表面不大于 3.2μm。

4. 矩形花键的图样标注

矩形花键的规格按下列顺序表示：键数 N×小径 d×大径 D×键宽（键槽宽）B。按照此顺序在装配图上标注花键的配合代号和在零件图上标注花键的尺寸公差带代号。例如，花键键数 N 为 6，小径 d 的配合为 23H7/f7，大径 D 的配合为 28H10/a11，键槽宽与键宽 B 的配合为 10H11/d10 的标注方法，如图 8-11 所示。

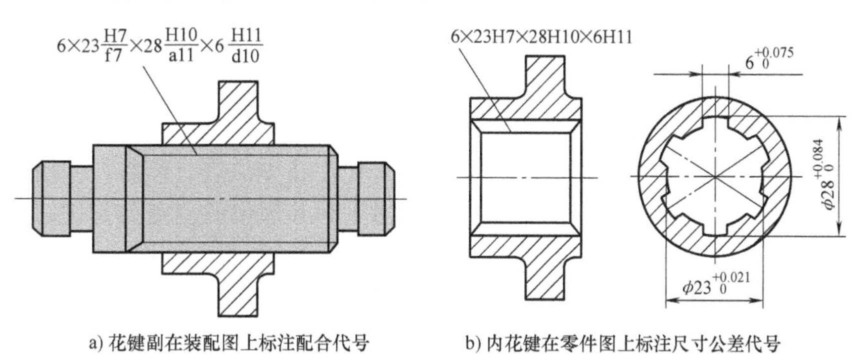

a) 花键副在装配图上标注配合代号 b) 内花键在零件图上标注尺寸公差代号

图 8-11 矩形花键规格和配合代号、尺寸公差代号标注示例

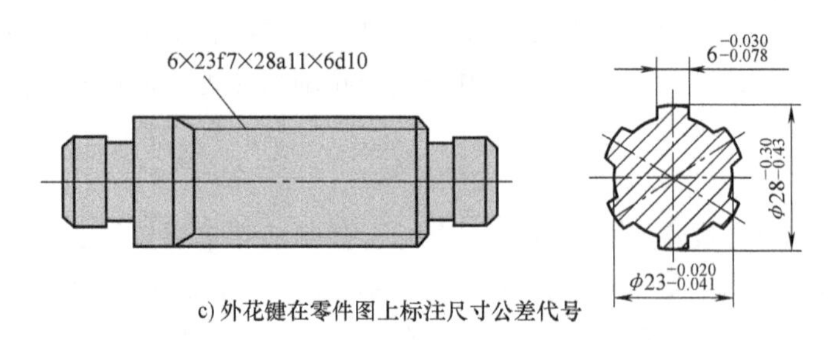

c) 外花键在零件图上标注尺寸公差代号

图 8-11 矩形花键规格和配合代号、尺寸公差代号标注示例（续）

花键副，在装配图上标注配合代号：6×23H7/f7×28H10/a11×6H11/d10；

内花键，在零件图上标注尺寸公差带代号：6×23H7×28H10×6H11；

外花键，在零件图上标注尺寸公差带代号：6×23f7×28a11×6d10。

此外，在零件图上，对内、外花键除了标注尺寸公差带代号（或极限偏差）以外，还应标注几何公差和公差原则的要求，标注示例如图 8-9 和图 8-10 所示。

8.3 单键槽与矩形花键的检测

8.3.1 单键槽的检测

1. 键槽尺寸的检测

键槽的尺寸可以用千分尺、游标卡尺等普通计量器具来测量。键槽宽度可以用量块或极限量规来检验。

2. 轴键槽对称度误差的测量

键槽对称公差采用独立原则时，使用普通计量器具测量；键槽对称度公差采用最大实体要求时，应使用位置量规检验。

如图 8-12a 所示，轴键槽对基准轴线的对称度公差采用独立原则。这时键槽对称度公差可按图 8-12b 所示的方法来测量。被测零件（轴）以其基准部位 2 放置在 V 形支承座 1 上，以平板 4 作为测量基准，用 V 形支承座体现轴的基准轴线，它平行于平板。用定位块 3（或量块）模拟体现键槽中心平面。将置于平板上的指示器的测头与定位块的顶面接触，沿定位块的一个横截面移动，并稍微移动被测零件来调整定位块的位置，使指示器沿定位块这个横截面移动的过程中示值始终稳定为止，从而确定定位块的这个横截面内的素线平行于平板。然后，用指示器对定位块长度两端的 Ⅰ 和 Ⅱ 部位的测点分别进行测量，测得的示值分别为 M_{I} 和 M_{II}。

将被测零件在 V 形支承座上翻转 180°，然后按照上述方法进行调整，并用指示器对定位块另一顶面（前一轮测量时的底面）长度两端的 Ⅰ 和 Ⅱ 部位的测点分别进行测量，测得的示值分别为 M'_{I} 和 M'_{II}。

图 8-12b 所示的直角坐标系中，x 坐标轴为被测零件（轴）的基准轴线，y 坐标轴平行于平板，z 坐标轴为指示器的测量方向。因此，键槽实际被测中心平面的两端相对于基准轴线和平板的平行平面 xOy 的偏离量 Δ_1 和 Δ_2 分别按式（8-1）计算：

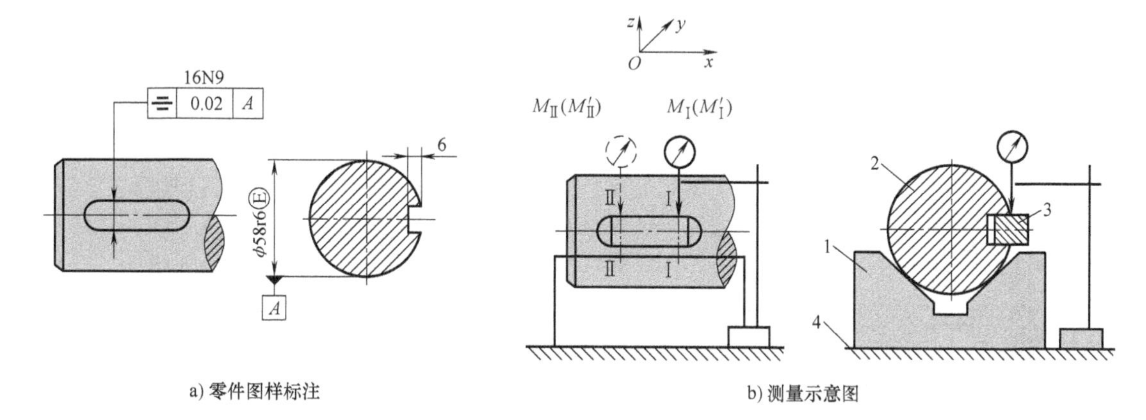

图 8-12 轴键槽对称度误差的测量

1—V 形支撑座 2—被测轴 3—定位块 4—平板

$$\Delta_1=(M_{\text{I}}-M'_{\text{I}})/2 \quad \Delta_2=(M_{\text{II}}-M'_{\text{II}})/2 \tag{8-1}$$

轴键槽对称度公差值 f 由 Δ_1 和 Δ_2 值以及轴的直径 d 和键槽深度 t_1 按式（8-2）计算：

$$f=\left|\frac{t(\Delta_1+\Delta_2)}{d-t}+(\Delta_1-\Delta_2)\right| \tag{8-2}$$

3. 用功能量规检验键槽对称度误差

（1）轴键槽对称度误差的检测　参看图 8-13a，轴键槽对称度公差与键槽宽度的尺寸公差的关系采用最大实体要求，而该对称度公差与轴径的尺寸公差的关系采用独立原则，这时键槽对称度可用图 8-13b 所示的量规检验。它是按依次检验方式设计的功能量规，其检验键的宽度定形尺寸等于被测键槽的最大实体实效边界尺寸，16N9 $\left(\begin{smallmatrix}0\\-0.043\end{smallmatrix}\right)$，即（16−0.043−0.015）mm＝15.942mm，用来检验实际被测键槽的轮廓是否超出其最大实体实效边界。该量规以其 V 形表面作为定心表面来体现基准轴线（不受轴实际尺寸变化的影响），来检验键槽对称度误差。若 V 形表面与轴表面接触且量杆能够进入被测键槽，则表示对称度误差合格。键槽实际尺寸用两点法测量。

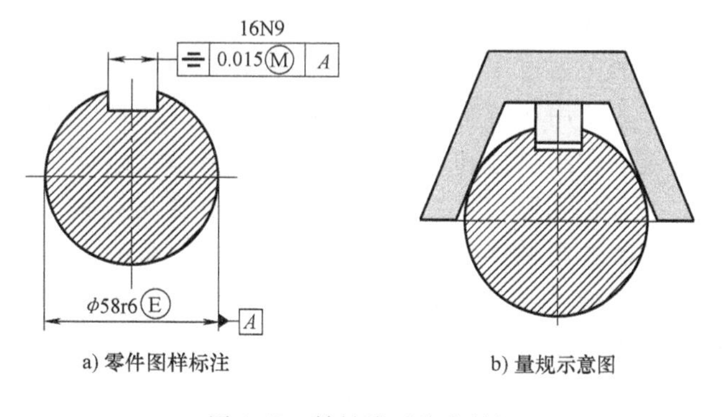

图 8-13 轴键槽对称度量规

（2）轮毂键槽对称度误差的检测　如图 8-14a 所示，轮毂键槽对称度公差与键槽宽度的尺寸公差及基准孔孔径的尺寸公差的关系皆采用最大实体要求。这时，键槽对称度误差可用图 8-14b 所示的键槽对称度量规检验。它是按共同检验方式设计的功能量规，它的定位圆柱面既模拟体现基准孔，又能够检验实际基准孔的轮廓是否超出其最大实体实效

边界；它的检验键模拟体现被测键槽两侧面的最大实体实效边界尺寸，检验键的宽度定形尺寸等于该边界的尺寸，16JS9 ($^{+0.021}_{-0.021}$)，即 (16-0.021-0.015) mm = 15.964mm，用来检验实际被测键槽的轮廓是否超出其最大实体实效边界。若它的定位圆柱面和检验键能够同时自由通过轮毂的基准孔和被测键槽，则表示对称度误差合格。基准孔和键槽宽度的实际尺寸用两点法测量。

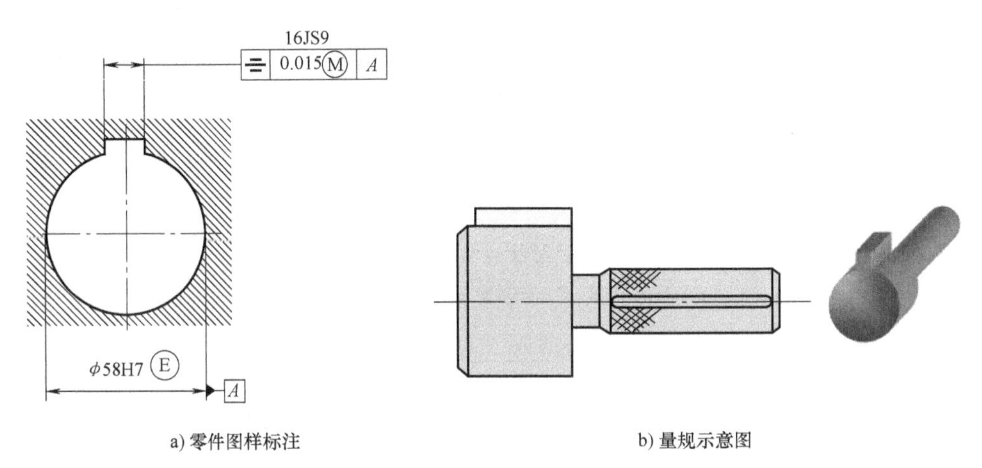

图 8-14 轮毂键槽对称度量规

8.3.2 矩形花键的检测

如图 8-9 所示，当花键小径定心表面采用包容要求Ⓔ，各键（键槽）位置度公差与键宽（键槽宽）的尺寸公差的关系采用最大实体要求，且该位置度公差与小径定心表面尺寸公差的关系也采用最大实体要求时，为了保证花键装配型式的要求，验收内、外花键应该首先使用花键塞规（图 8-15）和花键环规（图 8-16）（均系全形通规）分别检验内、外花键的实际尺寸和几何误差的综合结果，既同时检验花键的小径、大径、键宽（键槽宽）表面的实际尺寸和形状误差以及各键（键槽）的位置度误差，大径表面轴线对小径表面轴线的同轴度误差等的综合结果。花键量规应能自由通过被测花键，这样才表示小径表面和键（键槽）两侧的实际轮廓皆在各自应遵守的边界的范围内，位置度误差和大径同轴度误差合格。

被测花键用花键量规检验合格后，还要分别检验其小径、大径和键宽（键槽宽）的实际尺寸是否超出各自的最小实体尺寸，即按内花键小径、大径及键槽宽的最大极限尺寸和外花键小径、大径及键宽的最小极限尺寸分别用单项止端塞规和单项止端卡规检验它们的实际尺寸，或者使用普通计量器具测量它们的实际尺寸。单项止端量规不能通过，则表示合格。

如果被测花键不能被花键量规通过，或者能够被单项止端量规通过，则表示该被测花键不合格。

内花键可用图 8-15 所示的花键塞规来检验。前端的圆柱面用来引导塞规进入内花键，后端的花键则用来检验内花键各部位。图 8-16 所示为花键环规，它用于检验外花键，其前端的圆柱形孔用来引导环规进入外花键，其后端的花键则用来检验外花键各部位。

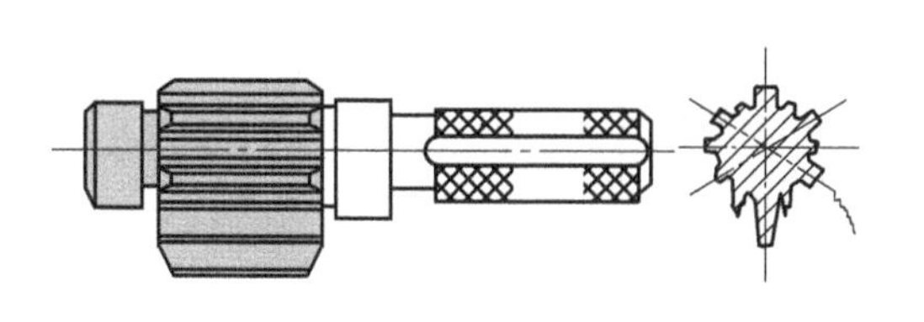

图 8-15 花键塞规

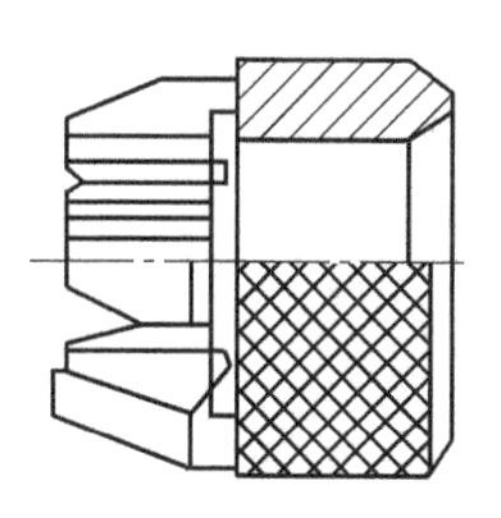

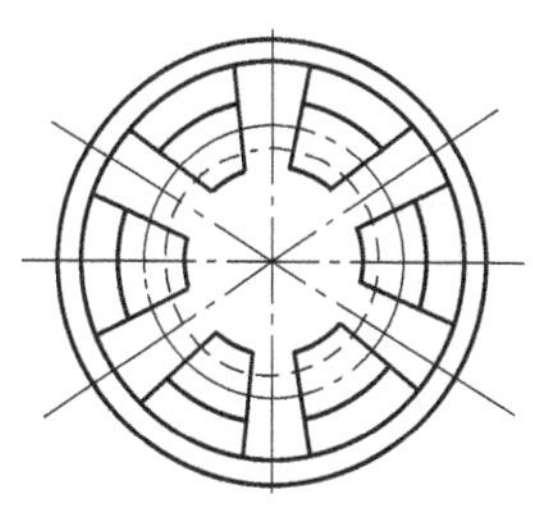

图 8-16 花键环规

当花键小径定心表面采用包容要求，各键（键槽）的对称度公差以及花键各部位的公差皆遵守独立原则时，花键小径、大径和各键（键槽）应分别测量或检验。小径定心表面应该用光滑极限量规检验，大径和键宽（键槽宽）用两点法测量，各键（键槽）的对称度误差和大径表面轴线对小径表面轴线的同轴度误差都使用普通计量器具来测量。

第 8 章习题

第9章 渐开线圆柱齿轮的公差与检测

齿轮传动是一种重要的传动形式，用以传递运动和动力，在机器和仪器仪表中应用极为广泛。齿轮传动有圆柱齿轮传动、锥齿轮传动、齿轮齿条传动和蜗轮蜗杆传动等。这些传动装置分别由齿轮副、齿条副或蜗杆副以及轴、轴承、机座等零件组成。齿轮传动的质量不仅与齿轮副、齿条副或蜗杆副的制造精度有关，还与轴、轴承、机座等有关零件的制造精度以及整个传动装置的安装精度有关。

本章仅介绍渐开线圆柱齿轮传动精度及其应用，涉及国标有：GB/T 10095.1—2008《圆柱齿轮　精度制　第1部分：轮齿同侧齿面偏差的定义和允许值》、GB/T 10095.2—2008《圆柱齿轮　精度制　第2部分：径向综合偏差与径向跳动的定义和允许值》、GB/Z 18620.1—2008《圆柱齿轮　检验实施规范　第1部分：轮齿同侧齿面的检验》、GB/Z 18620.2—2008《圆柱齿轮　检验实施规范　第2部分：径向综合偏差、径向跳动、齿厚和侧隙的检验》、GB/Z 18620.3—2008《圆柱齿轮　检验实施规范　第3部分：齿轮坯、轴中心距和轴线平行度的检验》、GB/Z 18620.4—2008《圆柱齿轮　检验实施规范　第4部分：表面结构和轮齿接触斑点的检验》。

由于齿轮不仅是一种产品，更是一种商品，所以齿轮精度标准的应用主要遵循供需双方协商一致的原则。上述各项国家标准都不具有强制性。

9.1 齿轮传动的使用要求和加工误差

齿轮传动的使用要求视频讲解

9.1.1 齿轮传动的使用要求

由于齿轮传动的类型很多，应用又极为广泛，因此对齿轮传动的使用要求也是多方面的，归纳起来有以下四项。

1. 齿轮传递运动的准确性

齿轮传递运动的准确性是指齿轮在一转范围内，传动比变化尽量小，以保证主动轮与从动轮的运动准确协调。也就是说，在齿轮转动一圈的过程中，它的转角误差的最大值（绝对值）不得超过一定的限度。

如图 9-1 所示，主动齿轮为没有误差的理想齿轮，其各个轮齿相对于它的回转中心 O_1 的分布是均匀的，而从动轮的各个轮齿相对于它的回转中心 O_2 的分布不均匀。若不考虑其他误差的影响，当两齿轮单面啮合而主动轮匀速回转时，主动轮每转过一个齿，在同一时间内，从动轮必然也随之转过一个齿。因此，从动轮就不等速地、渐快渐慢地回转。如图 9-1 所示，假设从动轮从第 3 齿转到第 7 齿应该转 180°而实际转 179°59′18″，从动轮从第 7 齿转到第 3 齿应该转 180°而实际转 180°0′42″，实际转角对理论转角的转角误差的最大值为 (+24″)-(-18″)=42″，将其化为弧度并乘以半径则得到线性值，它表示从动轮传递运动准确性的精度，即以实际转角对理论转角的转角误差的最大值来描述从动轮转动一圈范围内最严重的误差情况。

齿轮转角误差一般呈正弦规律变化，即齿轮转一圈的过程中最大的转角误差只出现一次，而且出现转角误差正、负极值的两个轮齿相隔约 180°。

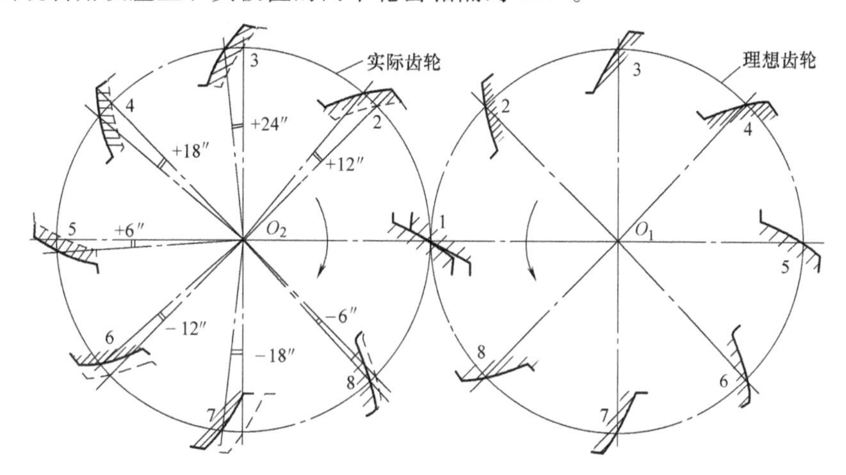

图 9-1 齿轮啮合的转角误差

1~8—轮齿序号

注：实线齿廓表示轮齿的实际位置，虚线齿廓表示从动轮轮齿的理想位置

某些机器中的齿轮对传递运动准确性要求很高。例如汽车发动机曲轴和凸轮轴上的一对齿轮，如果它们的传递运动准确性的精度低，则运动不协调，会影响进气阀和排气阀的启闭时间，从而影响发动机的正常工作。

2. 齿轮传动的平稳性

传递运动的平稳性是指齿轮在回转过程中瞬时传动比的变化尽量小，也就是要求齿轮在一个较小角度范围内（如一个齿距角范围内）转角误差的变化不得超过一定的限度，以保证低噪声、低冲击和较小振动。

在图 9-1 中，从动轮每转过一个轮齿的实际转角对理论转角的转角误差中，最大值为第 5 齿转到第 6 齿的转角误差，|(-12″)-(+6″)|=18″。将其化为弧度并乘以半径则得到线性值，它在很大程度上表示从动轮传动平稳性的精度。

在齿轮回转过程中，特别是高速传动的齿轮，瞬时传动比频繁变化，会产生冲击、振动和噪声，因而影响其传动平稳性。

应当指出，齿轮传递运动不准确和传动不平稳，都是齿轮传动比的变化引起的。实际上在齿轮回转过程中，两者是同时存在的。但影响传递运动准确性较大的是传动比在一转内的变化幅度，而影响传动平稳性的是传动比在每个齿距角范围内的瞬时传动比的变化。

3. 轮齿载荷分布的均匀性

轮齿载荷分布的均匀性是要求齿轮啮合时，啮合轮齿沿全齿宽接触良好，使齿面上的载荷分布均匀，避免因局部接触应力过大，导致齿面过早磨损，甚至轮齿断裂，影响齿轮的使用寿命。

4. 侧隙的合理性

为了储存润滑油，补偿由于温度、弹塑性变形、制造误差及安装误差所引起的变形，防止齿轮卡死，要求齿轮副啮合时非工作齿面间应留有一定的间隙，这就是齿侧间隙（简称侧隙）。对于工作时需要反转的读数或分度齿轮，对其侧隙要有严格的要求。

上述四项使用要求中，前三项是对齿轮的精度要求。不同用途的齿轮及齿轮副，对三项精度要求的侧重点不同。例如，分度齿轮、读数齿轮传动的侧重点是传递运动的准确性，以保证主、从动轮的运动协调一致；机床和汽车变速箱中的变速齿轮，侧重点是传动平稳性和载荷分布均匀性，以降低振动和噪声，并保证承载能力；重型机械（如轧钢机、矿山机械、起重机械）中传递动力的低速重载齿轮传动的侧重点是载荷分布的均匀性，以保证承载能力。因此，对不同用途的齿轮和不同侧重的精度要求应规定不同的精度等级，以适应不同的使用要求，获得最佳的技术经济效益。

侧隙与前三项使用要求不同，是独立于精度要求的另一类要求。齿轮副所要求的侧隙大小，主要取决于齿轮副的工作条件。对重载、高速齿轮传动，由于受力、受热变形较大，侧隙应大些，以补偿较大的变形和润滑油的流动畅通；而经常正转、反转的齿轮，为了减小回程误差，应适当减小侧隙。

9.1.2 影响齿轮使用要求的主要误差

影响其使用要求的主要误差-BK视频讲解

机器和仪器中齿轮、轴、轴承和箱体等零部件的制造误差和安装误差都会影响齿轮传动的四项使用要求，其中，齿轮加工误差和齿轮副安装误差的影响极大。

齿轮的加工方法很多，按齿廓形成的原理可分为仿形法和展成法。高精度齿轮还需进行磨齿、剃齿等精加工工序。展成法是目前齿轮加工中最常用的一种方法。下面以滚切直齿圆柱齿轮为例来分析齿轮的主要加工误差。

1. 影响传递运动准确性的主要误差

影响传递运动准确性的主要误差是以齿轮一转为周期的误差，即所谓低频误差。主要来源于齿轮几何偏心和运动偏心。

（1）几何偏心　几何偏心是指齿坯在机床上的安装偏心。这种偏心是由于加工时齿坯定位孔与心轴之间有间隙，使齿坯定位孔的轴线 O_1O_1 与机床工作台的回转轴线 OO 不重合而产生的偏心（e_j），如图 9-2 所示。

在图 9-3 中，由于几何偏心 e_j 的存在，齿坯基准中心 O_1O_1 距滚刀时近时远，使齿坯相对于滚刀产生了径向位移，因而滚刀切出的各个齿槽的深度就不相同。若不考虑其他因素的影响（设滚齿机分度蜗轮中心 O_2O_2 与工作台回转中心 OO 重合），所切各轮齿在以 O 为圆

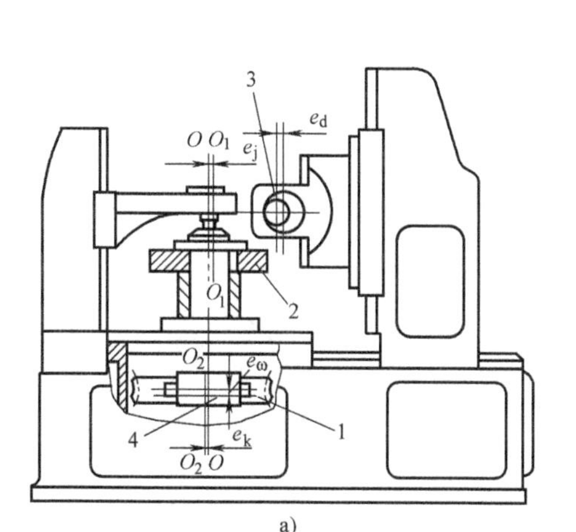

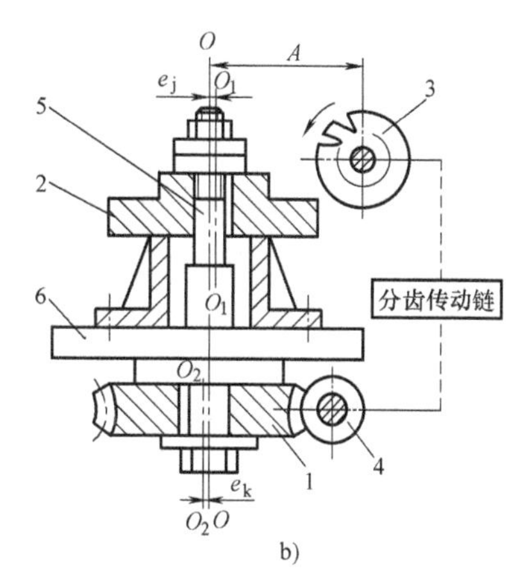

图 9-2 滚齿加工

1—分度蜗轮 2—齿坯 3—滚刀 4—蜗杆 5—心轴 6—工作台

心的圆周（包括分度圆）上是均匀分布的，任意两个相邻轮齿之间的齿距皆相等。但这些轮齿在以 O_1 为圆心的圆周上却是不均匀分布的，各个齿距不相等。这些齿距由小逐渐变大，而后由大逐渐变小，类似图 9-1 所示从动轮的实际齿距，因此影响齿轮传递运动的准确性。

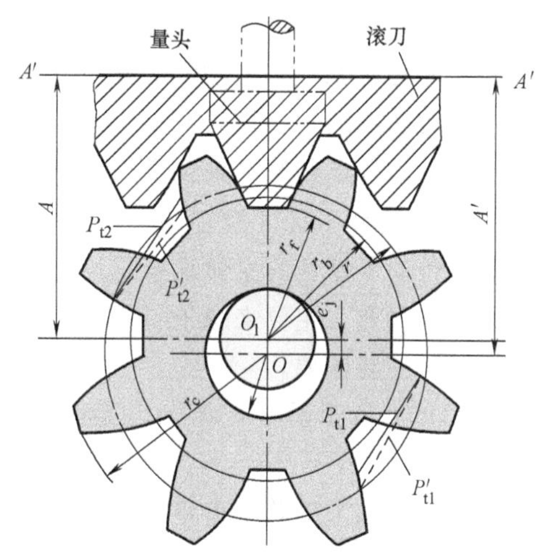

图 9-3 几何偏心对齿轮齿距的影响

e_j—齿轮几何偏心 O—滚齿机工作台回转中心 O_1—齿坯基准孔中心

（2）运动偏心 运动偏心是由于机床分度蜗轮的加工误差和安装偏心的综合影响，使分度蜗轮的几何中心 O_2O_2 与旋转中心 OO（也就是切齿时的旋转中心）不重合而产生的分度蜗轮几何偏心（e_k），如图 9-4 所示。

在滚齿过程中，假设齿坯不存在几何偏心，滚刀匀速回转，经过分齿传动链，带动分度蜗轮转动，则分度蜗轮的节圆半径在 $(r-e_k)\sim(r+$

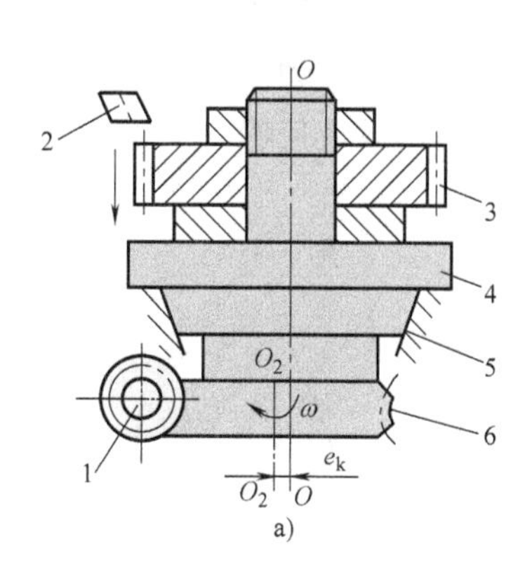

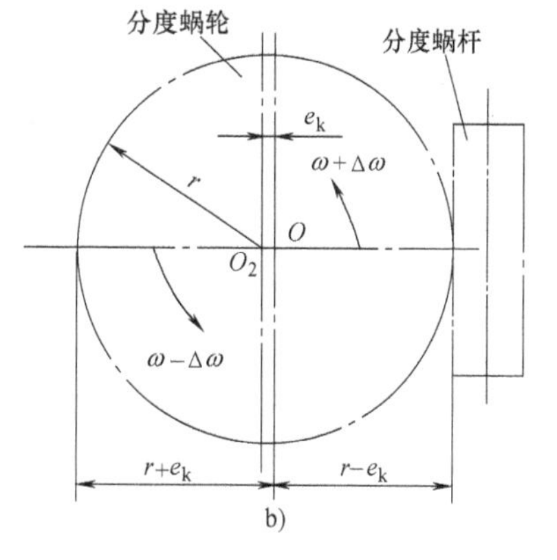

图 9-4 运动偏心的影响示意图

1—蜗杆 2—刀具 3—齿坯 4—工作台 5—回转导轨 6—分度蜗轮

e_k）范围内变化，若不考虑其他因素的影响，分度蜗轮的角速度在（$\omega+\Delta\omega$）~（$\omega-\Delta\omega$）范围内变化，ω 为对应于分度蜗轮节圆半径为 r 的角速度。齿坯与分度蜗轮同步回转，因此，齿坯的角速度随分度蜗轮角速度的变化而变化。

运动偏心没有使齿坯相对于滚刀产生径向位移，但因为分度蜗轮的几何偏心，使齿坯转速产生了周期性变化，被切齿轮沿其分度圆切线方向产生额外的切向位移，因而使所切各轮齿的齿距在分度圆上分布不均匀，如图 9-5 所示。

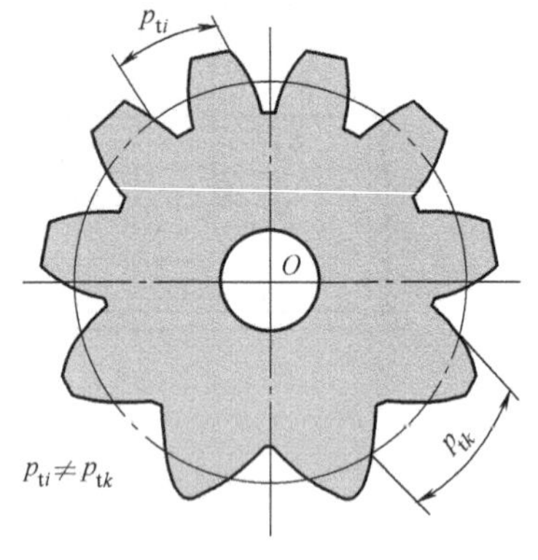

图 9-5　具有运动偏心的齿轮

必须指出，几何偏心和运动偏心产生的齿轮误差的性质有一定的差异：有几何偏心时，齿轮各个轮齿的形状和位置相对于切齿加工中心 O 来说，是没有误差的；但相对于齿坯基准孔中心 O_1 来说，却是有误差的；各轮齿的齿高是变化的，齿距分布不均匀。有运动偏心时，齿轮各个轮齿的形状和位置相对于 O 来说是有误差的，各个齿距分布不均匀，但各个轮齿的齿高却是不变的。

齿轮的几何偏心和运动偏心是同时存在的。两者皆造成齿距分布的不均匀，且以齿轮一转为周期。它们可能叠加，也可能抵消。齿轮传递运动的准确性由它们的综合结果来评定，也可以同时用几何偏心和运动偏心的大小来评定。

2. 影响传动平稳性的主要误差

影响传动平稳性的主要误差是齿轮的单个齿距偏差和齿廓偏差。它们是以齿轮一个齿距角为周期的误差，主要来源于引起齿距分布不均匀的加工误差、齿轮刀具与机床分度蜗杆的制造误差和安装误差。

（1）单个齿距误差　单个齿距偏差是指同侧相邻齿廓间的实际齿距与理论齿距的代数差。

下面以基圆上的单个齿距为例加以说明。

相啮合齿轮的基圆齿距相等是渐开线齿轮正确啮合的必要条件之一。如果两齿轮的基圆齿距不相等，轮齿在进入或退出啮合时则会引起瞬时传动比的变化。

设齿轮 1 为主齿轮，其实际基圆齿距等于公称基圆齿距，齿轮 2 为从动轮。当主动轮基圆齿距 P_{b1} 大于从动轮基圆齿距 P_{b2}，即从动轮具有负基圆齿距误差（$-\Delta f_{pb}$），如图 9-6a 所示；当 P_{b1} 小于 P_{b2}，即从动轮具有正基圆齿距误差（$+\Delta f_{pb}$），如图 9-6b 所示。两齿轮基圆齿距不等，使齿轮啮合时的实际啮合点不在啮合线上，造成齿轮啮合时的瞬时速度发生变

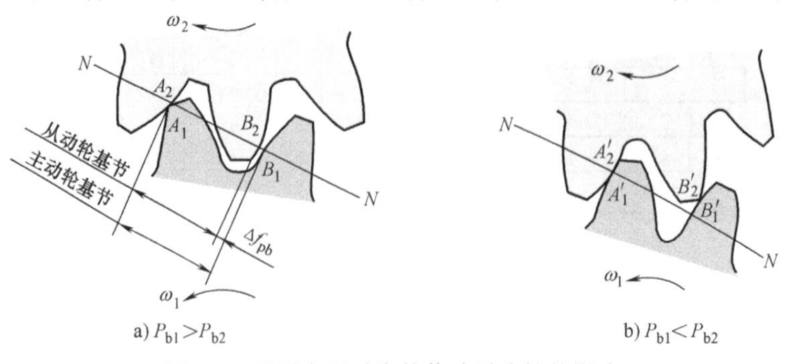

图 9-6　基圆齿距对齿轮传动平稳性的影响

化，使齿轮在一转中多次重复出现撞击、加速、降速，引起振动和噪声，从而影响了传动平稳性。

（2）齿廓偏差　齿轮齿廓的形状误差称为齿廓偏差，它是指在齿轮端平面内实际齿廓形状相对于渐开线的形状误差。由齿轮啮合的基本定律可知，渐开线齿轮啮合时，传动比是恒定的。因为啮合点在啮合线上，即两基圆的公切线上，如图 9-7a 所示。但由于渐开线齿轮在加工过程中各种因素的影响，难以保证齿廓的形状为理论渐开线，总会存在或大或小的齿廓偏差，导致齿轮工作时，啮合点不在啮合线上，瞬时传动比不断变化，影响齿轮传动的平稳性，如图 9-7 所示。

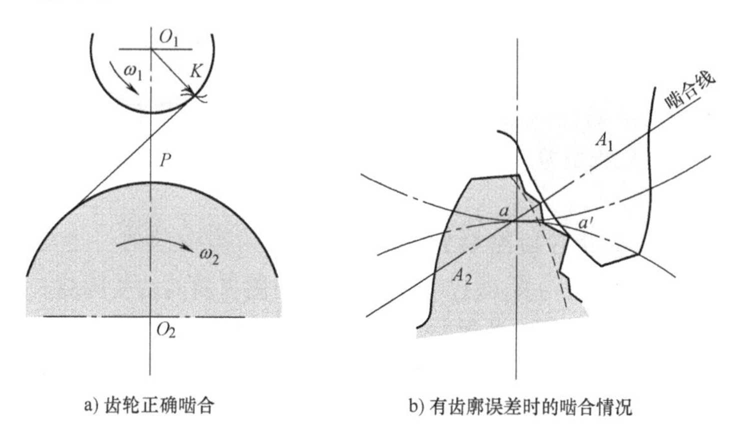

a) 齿轮正确啮合　　b) 有齿廓误差时的啮合情况

图 9-7　齿廓偏差对啮合的影响

齿轮每转过一齿时，单个齿距偏差和齿廓偏差是同时存在的，因此，齿轮传动的平稳性精度应采用两者来联合评定。

3. 影响载荷分布均匀性的主要误差

齿轮工作时，一对轮齿的啮合过程是：从齿根到齿顶或从齿顶到齿根，在齿高方向上依次接触。每一瞬间相互啮合的两个轮齿在齿高方向上的接触线为齿廓曲线；若是直齿轮，齿宽方向的接触线为平行于轴线的直线；若为斜齿轮，齿宽方向的接触线为相对于轴线倾斜一个螺旋角度的直线。

齿轮啮合时，齿面接触不良会影响载荷在齿面上分布的均匀性。影响齿高方向载荷分布均匀性的主要误差是齿廓偏差；影响齿宽方向载荷分布均匀性的误差是实际螺旋线对理想螺旋线的偏离量，它称为螺旋线偏差。

滚切直齿轮时，机床刀架导轨相对于工作台回转轴线的平行度、心轴轴线相对于工作台回转轴线的倾斜度、齿坯的切齿定位端面对其基准孔轴线的垂直度等，都会使齿轮在齿宽方向产生螺旋线偏差（即轮齿方向不平行于齿轮基准轴线）。滚切斜齿轮时，除了上述因素外，还有机床差动传动链的误差也会产生螺旋线偏差。

每个轮齿的螺旋线偏差和齿廓偏差是同时存在的，因此齿轮载荷分布均匀性的精度应采用两者来联合评定。而在确定齿轮公差时，后者由齿轮传动平稳性的公差项目加以控制。

4. 影响侧隙的主要误差

影响侧隙大小和均匀性的主要误差是齿厚偏差及齿厚变动量。齿厚偏差是指实际齿厚与公称齿厚之差。为了保证必要的最小侧隙，必须规定齿厚的最小减薄量，即齿厚的上极限偏

差；为了限制侧隙不致过大，必须规定齿厚公差。实际齿厚的大小与切齿时刀具的背吃刀量有关，同一齿轮各齿齿厚的变动量与几何偏心有关。

9.2 单个齿轮精度指标（强制性检测精度指标）

为了评定齿轮的三项精度，GB/T 10095.1—2008 规定的强制性检测精度指标是齿距偏差（单个齿距偏差、齿距累积偏差、齿距累积总偏差）、齿廓总偏差和螺旋线总偏差。为了评定齿轮的齿厚减薄量，用齿厚偏差或公法线长度偏差来评定。

9.2.1 齿轮传递运动准确性的强制性检测精度指标

齿轮检测评定的精度指标视频讲解

评定齿轮传递运动准确性的强制性检测精度指标是齿距累积总偏差 F_p，有时还要增加齿距累积偏差 F_{pk}。

1. 齿距累积总偏差 F_p

齿距累积总偏差 F_p 是指在齿轮端平面上，在接近齿高中部的一个与齿轮轴线同心的圆上（一般在分度圆上），任意两个同侧齿面间的实际弧长（$k=1\sim z$）与理论弧长之差的最大绝对值，如图 9-8 所示。图 9-8a 中虚线表示理论齿廓，实线表示实际齿廓。取第 1 齿面作为计算齿距累积偏差的原点，由图 9-8a 可见，第 2~4 齿的实际齿距比理论齿距大，为“正”的齿距偏差；第 5~8 齿的实际齿距比理论齿距小，为“负”的齿距偏差。逐齿累积齿距偏差并按齿序将其画到坐标图上，如图 9-8b 所示，其中的齿距累积偏差变动的最大幅度就是齿距累积总偏差 F_p。

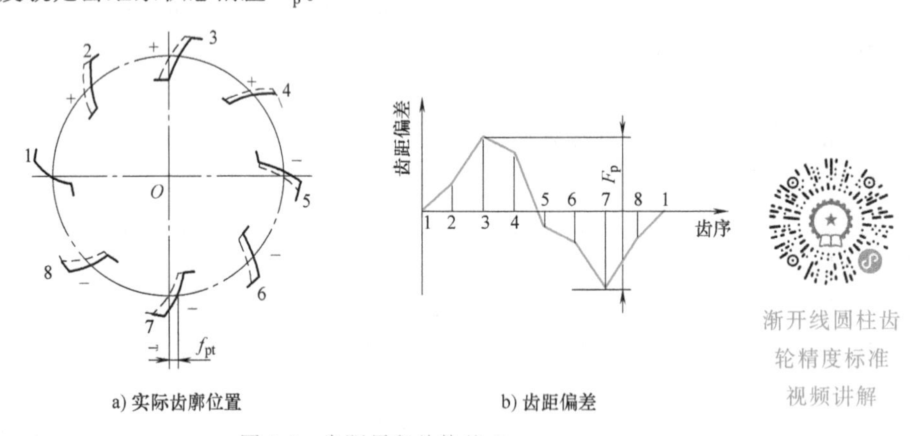

a) 实际齿廓位置　　b) 齿距偏差

图 9-8　齿距累积总偏差 F_p

2. 齿距累积偏差 F_{pk}

齿距累积偏差 F_{pk} 是指在齿轮的端平面上，在接近齿高中部的一个与齿轮轴线同心的圆上（一般在分度圆上），任意 k 个齿距的实际弧长与理论弧长的代数差，如图 9-9 所示。理论上它等于这 k 个齿距的各单个齿距偏差的代数和。

除另有规定外，F_{pk} 被限定在不大于 1/8 的圆周上评定。因此，F_{pk} 的允许值适用于齿距数 k 为 $2\sim z/8$ 的弧段内。通常取 $k\approx z/8$ 就足够了。

对于特殊的应用（如高速齿轮），在较少的几个齿距范围内的 F_{pk} 太大，则该齿轮工作时将产生很大的加速度，因而产生很大的动载荷，对齿轮传动产生不利的影响。对于一般齿轮，不需要评定 F_{pk}。

9.2.2 齿轮传动平稳性的强制性检测精度指标

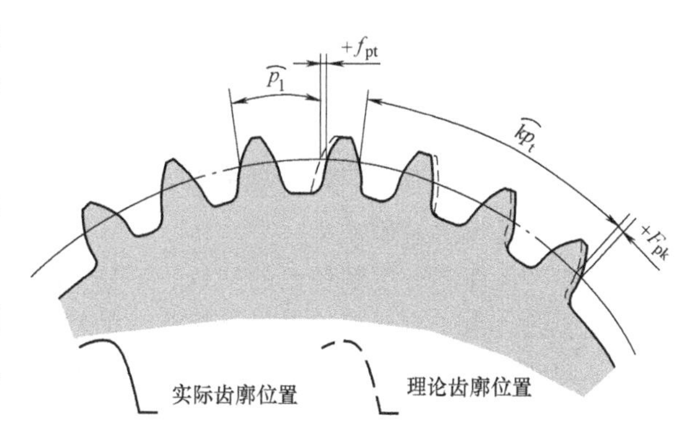

图 9-9 单个齿距偏差 f_{pt} 和齿距累积偏差 F_{pk}

评定齿轮传动平稳性的强制性检测精度指标是单个齿距偏差 f_{pt} 和齿廓总偏差 F_{α}。

1. 单个齿距偏差 f_{pt}

单个齿距偏差 f_{pt} 是指齿轮端平面内，在接近齿高中部的一个与齿轮轴线同心的圆上（一般在分度圆上），实际齿距与理论齿距的代数差，如图 9-9 所示，取其中绝对值最大的数值作为评定值。

当齿轮存在齿距误差时，不管正值还是负值，都会在一对轮齿啮合完毕而另一对轮齿进入啮合的瞬间，使两轮齿发生碰撞，影响齿轮传动的平稳性。

2. 齿廓总偏差 F_{α}

实际齿廓对设计齿廓的偏离量称为齿廓偏差。设计齿廓一般指端面齿廓，通常为渐开线。考虑到制造误差和轮齿受载后的弹性变形，为了降低噪声和减小动载荷的影响，也可以采用以渐开线为基础的修形齿廓，如凸齿廓、修缘齿廓等。设计齿廓也包括修形齿廓。

齿廓总偏差 F_{α} 是指在齿廓的计值范围 L_{α} 内，包容实际齿廓迹线且距离为最小的两条设计齿廓迹线间的距离，如图 9-10a 所示，该量在端平面内且在垂直于渐开线齿廓的方向计值。计值范围的长度 L_{α} 约占齿廓有效长度 L_{AE} 的 92%，齿廓有效长度是指齿廓从齿顶倒棱或倒圆的起始点 A 到齿根与配对齿轮或齿条啮合的终点 E 之间的长度，如图 9-10b 所示。

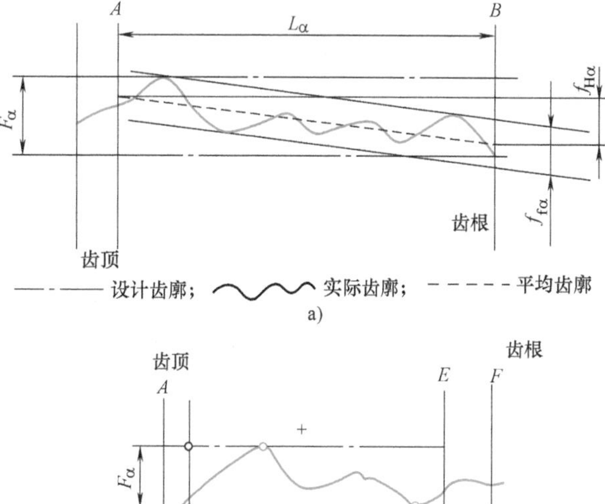

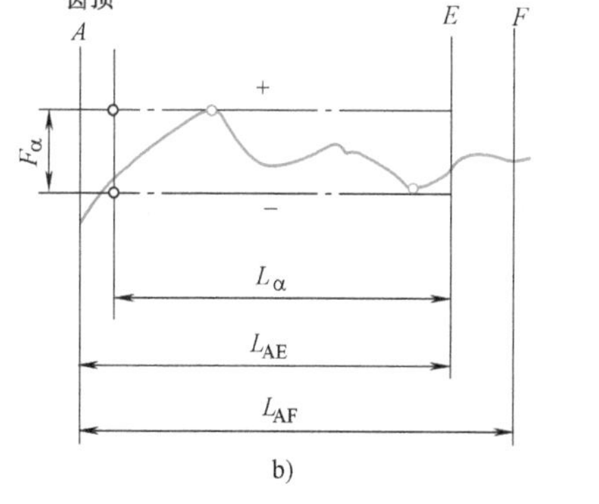

图 9-10 齿廓总偏差、齿廓形状偏差和齿廓倾斜偏差

在图 9-10 所示的实际齿廓记录图形中，横坐标为实际齿廓上各点的展开角，纵坐标为实际齿廓对理想渐开线的变动。因此，当实际齿廓为理想渐开线时，其记录图形为一条平行于横坐标的直线。

有时，为了进行工艺或功能分析，可以用齿廓形状偏差 $f_{f\alpha}$ 和齿廓倾斜偏差 $f_{H\alpha}$ 来代替齿廓总偏差 F_{α}。

齿廓偏差的存在，将破坏齿轮副的正常啮合，使啮合点偏离啮合线，

从而引起瞬时传动比的变化，致使传动不平稳。

9.2.3 轮齿载荷分布均匀性的强制性检测精度指标

评定轮齿载荷分布均匀性的强制性检测精度指标，在齿宽方向上是螺旋线总偏差 F_{β}，在齿高方向上是齿廓总偏差 F_{α}。

螺旋线是齿面与分度圆柱面的交线。不修形的直齿轮的齿线为直线，不修形的斜齿轮的齿线为螺旋线。由于直线可以看作是螺旋线的特例（螺旋角为0°），故只需给出斜齿轮的各项指标，即螺旋线总偏差 F_{β}。

螺旋线总偏差 F_{β} 是指在螺旋线计值范围 L_{β} 内，包容实际螺旋线迹线且距离为最小的两条设计螺旋线迹线间的距离，如图 9-11 所示。

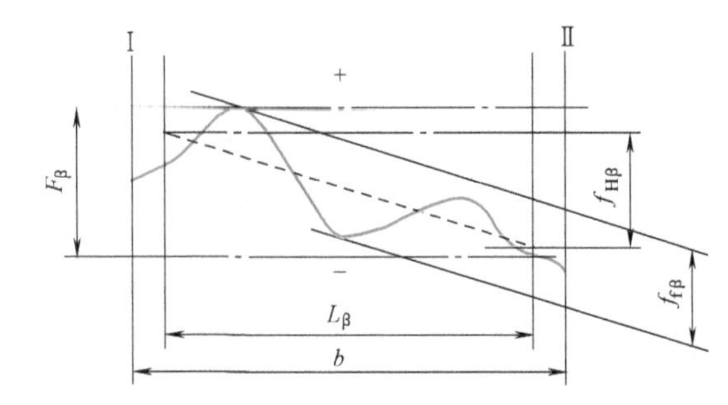

图 9-11 螺旋线总偏差 ΔF_{β}、螺旋线形状偏差 $f_{f\beta}$ 和螺旋线倾斜偏差 $f_{H\beta}$

螺旋线的计值范围 L_{β} 等于齿轮的两端各减去齿宽的 5% 或一个模数的长度（取两者中的较小值）后的齿线长度。在图 9-11 所示的实际螺旋线记录图中，横坐标为齿轮轴线方向，纵坐标为实际螺旋线迹线对理想螺旋线迹线的变动量。因此，当实际螺旋线为理想螺旋线时，其记录图形为一条平行于横坐标的直线。

图 9-11 所示是用螺旋线迹线表示的螺旋线总偏差。由于轮齿的螺旋线是三维曲线，所以要借助螺旋线图将轮齿的螺旋线用平面图的形式表现出来。螺旋线图中的螺旋线迹线是由螺旋线检验设备（如渐开线螺旋线检测仪、导程仪等）在纸上或其他适当介质上画出来的曲线，而设计的理论螺旋线则是一条直线。实际螺旋线如果有偏差，其螺旋线迹线就是一条曲线，它与设计的理论螺旋线迹线的偏离量即表示实际的螺旋线与设计螺旋线的偏差。

图 9-11 中，Ⅰ为基准面、Ⅱ为非基准面，b 表示齿宽，L_{β} 为螺旋线计值范围。

螺旋线偏差主要是由齿坯端面跳动和刀架导轨倾斜造成的。它的存在导致齿轮的实际接触线变短，尤其是螺旋线的方向偏差，会使齿轮的接触部位落在齿端。故螺旋线偏差可以用来评定齿轮载荷分布的不均匀性。

9.2.4 侧隙指标

齿轮副侧隙的大小与齿轮齿厚减薄量有着密切的关系。齿轮齿厚减薄量可以用齿厚偏差或公法线长度偏差来评定。

1. 齿厚偏差 ΔE_{sn}

对于直齿轮，齿厚偏差是指在分度圆柱面上，实际齿厚与公称齿厚之差。对于斜齿轮，指法向实际齿厚与公称齿厚之差。如图 9-12 所示。

按照定义，齿厚以分度圆弧长计值（弧齿厚），但弧长不便于测量，通常按分度圆上的弦齿高定位来测量弦齿厚，如图 9-13 所示。直齿轮分度圆上的公称弦齿厚 s_n 与公称弦齿高

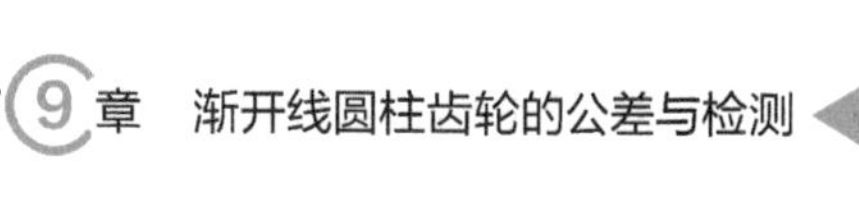

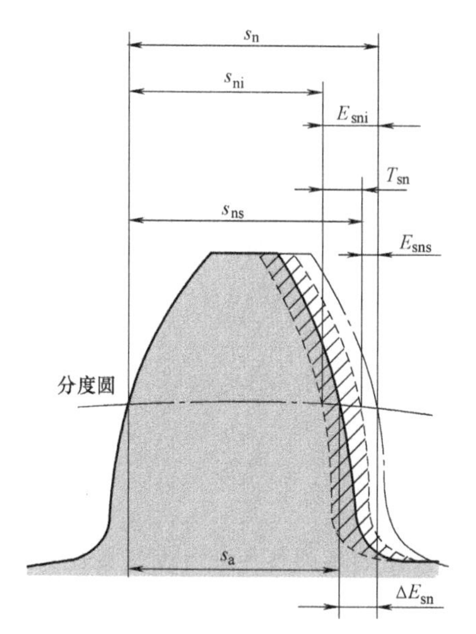

图 9-12 齿厚偏差与齿厚极限偏差

s_n—法向齿厚 s_{ni}—齿厚的下极限 s_{ns}—齿厚的上极限 s_a—实际齿厚 ΔE_{sn}—齿厚偏差 E_{sns}—齿厚上极限偏差 E_{sni}—齿厚下极限偏差 T_{sn}—齿厚公差

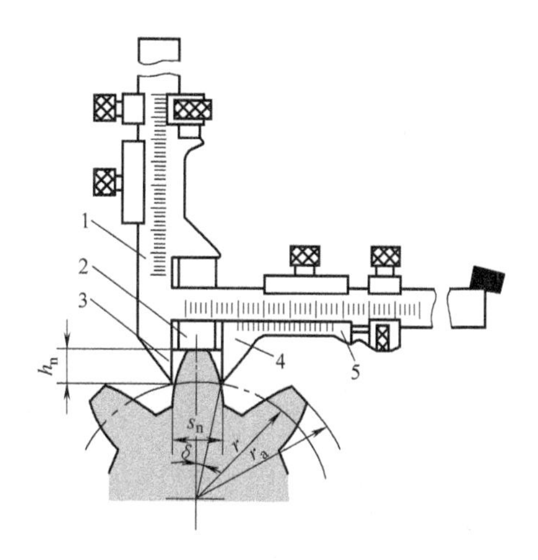

图 9-13 分度圆弦齿厚的测量

1—直立游标尺 2—定位高度尺 3—固定量爪 4—活动量爪 5—水平游标卡尺

h_n 的计算公式如下：

$$\begin{cases} s_n = mz\sin\delta \\ h_n = r_a - \dfrac{mz}{2}\cos\delta \end{cases} \tag{9-1}$$

式中，δ 为分度圆弦齿厚一半所对应的中心角，$\delta=\dfrac{\pi}{2z}+\dfrac{2x}{z}\tan\alpha$；$r_a$ 为齿轮齿顶圆半径的公称值；m、z、α、x 为齿轮的模数、齿数、标准压力角、变位系数。

在图样上标注时，需要标出公称弦齿高 h_n 和公称弦齿厚 s_n 及其上、下极限偏差（上极限偏差 E_{sns}、下极限偏差 E_{sni}）。齿厚偏差 ΔE_{sn} 的合格条件是它在齿厚极限偏差范围内，即：$E_{sni} \leqslant \Delta E_{sn} \leqslant E_{sns}$。

使用游标测齿卡尺测量弦齿厚（如图 9-13）的优点是携带方便和使用简便，但是测量卡尺与轮齿齿面为点接触，使得测量结果不甚可靠，如果有可能，应采用更可靠的公法线长度、齿跨距、圆柱销或球测量法来代替此法。

2. 公法线长度偏差 ΔE_w

如图 9-14 所示，公法线长度是指渐开线齿轮任意两个异侧啮合齿面间的基圆圆弧，即任意两个啮合异侧齿面间的基圆切线线段的长度。公法线长度偏差 ΔE_w 是公法线的实际长度与公法线的公称长度之差。

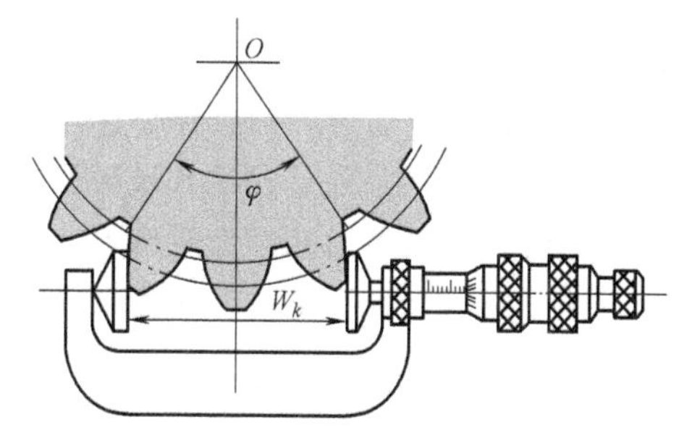

图 9-14 用公法线千分尺测量公法线长度（跨齿数 $k=3$）

由渐开线性质可知，跨 k 个齿的齿廓间所有

法线的长度 W_k 都是常数，如果齿厚有减薄，则相应公法线就会变短。因此可用公法线长度偏差来评定齿厚的减薄量。

（1）直齿轮的公称公法线长度 W 和测量时跨齿数 k 的计算　直齿轮的公称公法线长度 W 的计算公式如下：

$$W=m\cos\alpha[\pi(k-0.5)+z\text{inv}\alpha]+2xm\sin\alpha \tag{9-2}$$

式中，$\text{inv}\alpha$ 为 α 角的渐开线函数，$\text{inv}\alpha=\tan\alpha-\alpha$，$\text{inv}\ 20°=0.014904$；$k$ 为测量时的跨齿数（整数）；m、z、α、x 为齿轮的模数、齿数、标准压力角、变位系数。

对于标准齿轮（$x=0$）

$$k=z\alpha/180°+0.5$$

当 $\alpha=20°$时，$k = z/9 + 0.5$。

对于变位齿轮

$$k=z\alpha_m/180°+0.5$$

式中，$\alpha_m=\arccos[d_b/(d+2xm)]$，$d_b$ 和 d 分别为被测齿轮的基圆直径和分度圆直径。

计算出的 k 值通常不是整数，应将它圆整。

（2）斜齿轮的公称法向公法线长度和测量时跨齿数 k 的计算　斜齿轮的公法线长度不在圆周方向测量，而在法向测量。其公称法向公法线长度的计算公式如下：

$$W_n=m_n\cos\alpha_n[\pi(k-0.5)+z\text{inv}\alpha_t]+2x_nm_n\sin\alpha_n \tag{9-3}$$

式中，m_n、α_n、k、z、α_t、x_n 分别为斜齿轮的法向模数、标准压力角、测量法向公法线长度时的跨齿数、齿数、端面压力角、法向变位系数。

计算 k 时，首先根据标准压力角 α_n 和分度圆螺旋角 β 计算出端面压力角 α_t，即

$$\alpha_t=\arctan[\tan(\alpha_n/\cos\beta)]$$

再由 z、α_n 和 α_t 计算出假想齿数 z'，即

$$z'=z\text{inv}\alpha_t/\text{inv}\alpha_n$$

然后由 α_n、z'和 x_n 计算跨齿数 k，即

$$k=\frac{\alpha_n}{180°}z'+0.5+\frac{2x_n\cot\alpha_n}{\pi}$$

对于标准斜齿轮（$x_n=0$）

$$k=z'\alpha_n/180°+0.5$$

当 $\alpha_n=20°$时，$k=z'/9+0.5$。

应当指出，当斜齿轮的齿宽 $b>1.015W_n\sin\beta_b$（β_b 为基圆螺旋角）时，才能采用公法线长度偏差作为侧隙指标。

图样上标注跨齿数 k 和公称公法线长度 W 及其上极限偏差 E_{ws}、下极限偏差 E_{wi}。公法线长度偏差的合格条件是它在其极限偏差范围内，即 $E_{wi}\leqslant\Delta E_w\leqslant E_{ws}$。

公法线长度误差由基圆齿距偏差造成，可以用公法线千分尺进行测量。与测量齿厚相比较，其测量不以齿顶圆定位，测量精度较高，是比较理想的侧隙评定方法。

9.3　评定齿轮精度时可采用的非强制性检测精度指标

用某种切齿方法生产第一批齿轮时，为了检测加工后的齿轮的精度是否满足要求，需要

用强制性检测精度指标对齿轮进行检测。检测合格后，在工艺条件不变（尤其是切齿机床精度得到保证）的情况下继续生产，可以用非强制性检测精度指标来评定齿轮传递运动的准确性和传动平稳性精度。

9.3.1 切向综合总偏差和一齿切向综合偏差

1. 切向综合总偏差 F_i'

切向综合总偏差 F_i'是指被测齿轮与理想精确的测量齿轮在理论中心距下实现单面啮合传动时，被测齿轮一转内，其分度圆上，实际圆周位移与理论圆周位移的最大差值，如图 9-15 所示。过偏差曲线的最高、最低点画与横坐标平行的两条直线，此平行线间的距离是 F_i'。

F_i'是反映齿轮传递运动准确性精度的检测项目，但不是必检项目。

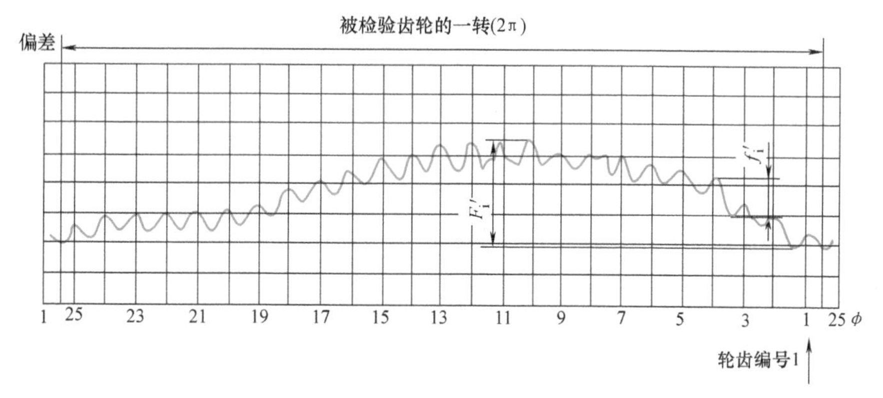

图 9-15 切向综合偏差曲线

2. 一齿切向综合偏差 f_i'

一齿切向综合偏差 f_i'是在一个齿距角内的综合偏差值，即在一个齿距角内过偏差曲线的最高、最低点做与横坐标平行的两条直线，此平行线间的距离就是 f_i'。

f_i'是反映齿轮运动平稳性精度的检验项目，但不是必检项目。

切向综合偏差是由刀具的制造和安装误差、机床传动链的短周期误差（主要是分度蜗杆齿侧面的跳动及蜗杆本身的制造误差）等造成的。切向综合总偏差 F_i'反映齿距累积总偏差和单齿误差的综合结果；一齿切向综合偏差 f_i'反映单个齿距偏差和齿廓偏差等单齿误差的综合结果。

齿轮的切向综合偏差需专用的齿轮单面啮合综合检查仪（有机械式、光栅式及磁分度式等多种）进行测量。对于规格较大的齿轮只能在齿轮安装好以后，测量齿轮副的综合误差，再用数据处理的方法分离出各单个齿轮的切向综合误差。

由于切向综合偏差的测量费用较高，但能较好地反映齿轮的实际传动情况，所以对于较重要的齿轮，为了保证传动精度，应使用切向综合偏差指标。

对于一般的齿轮，可以使用径向综合总偏差 F_i''一齿径向综合偏差 f_i''行检测。

9.3.2 径向综合总偏差和一齿径向综合偏差

1. 径向综合总偏差 F_i''

径向综合总偏差 F_i''在径向（双面啮合传动）综合检验时，被测齿轮的左、右齿面同时

与理想精确的测量齿轮接触，并转过一整圈时，出现的中心距的最大值与最小值之差，如图9-16所示。

径向综合总偏差F''_i在齿轮双面啮合综合测量仪（简称双啮仪）上测量的。

F''_i反映齿轮传递运动准确性精度的检测项目，但不是必检项目。

2. 一齿径向综合偏差 f''_i

一齿径向综合偏差f''_i是指被测齿轮与理想精确测量齿轮啮合一整圈（径向综合检验）时，对应一个齿距角（360°/z）的双啮中心距变动量，取其最大值f''_{imax}作为评定值。如图9-16所示。

f''_i反映了齿轮工作的平稳性，但不是必检项目。

图9-16a所示是测量径向综合偏差的双面啮合齿轮测量仪（双啮仪）的原理图。被测齿轮1空套在固定轴3上，理想精确测量齿轮2空套在径向滑座4的心轴5上，并借助弹簧6推动滑座向左，使两齿轮紧密啮合，即形成无侧隙的双面啮合。一对互啮齿轮在双面啮合条件下的中心距称为双啮中心距a''。当被测齿轮转动时，由于其各种几何特征参数误差的相互影响，将使双啮中心距a''发生相应的变化。双啮中心距变动的记录图形如图9-16b所示。

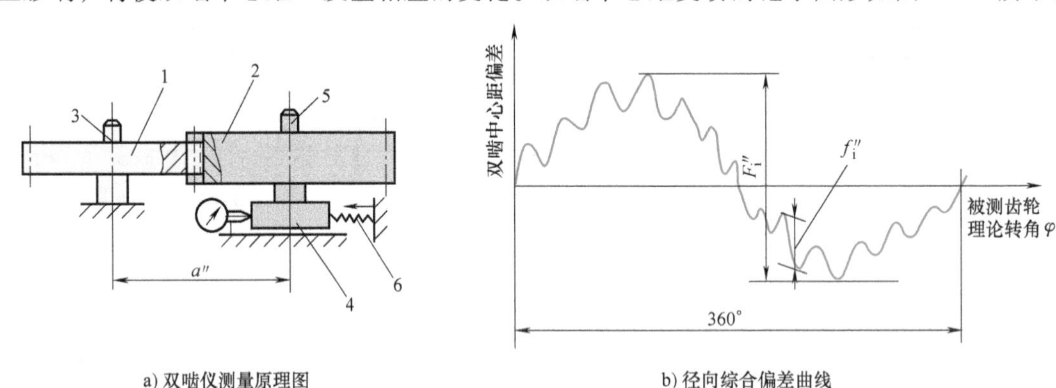

图9-16 径向综合偏差测量

1—被测齿轮 2—理想精确测量齿轮 3—固定轴 4—滑座 5—心轴 6—弹簧

采用双啮仪综合检查时，啮合状态跟切齿时的状态相似，能够反映出齿坯和刀具的安装误差，且仪器结构简单、环境适应性好、操作方便、测量效率高，故使用广泛。

一齿径向综合偏差f''_i更接近齿轮切齿时的状态，它只反映由刀具制造和安装误差引起的径向误差，评定不够完善，需要和相应的反映切向误差的评定指标联合评定。当被测齿轮的规格较大时，由于受测量仪器的限制，可以用径向跳动代替径向综合总偏差。

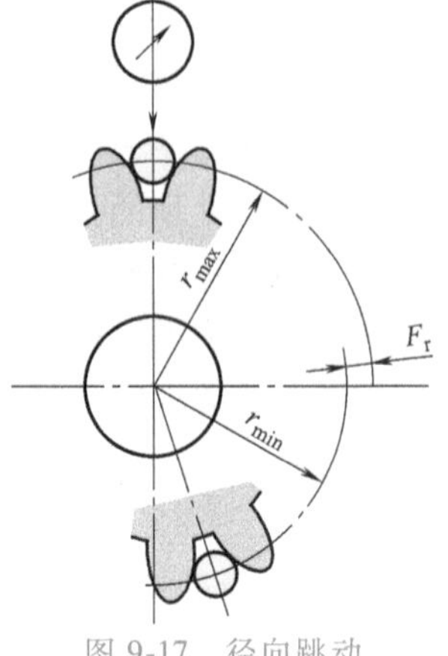

图9-17 径向跳动

9.3.3 径向跳动

径向跳动F_r是指在齿轮一转范围内，测头（球形、圆柱形、砧形）相继置于每个齿槽内，并在近似齿高中部与左右齿面接触时，测头到齿轮轴线的最大和最小径向距离之差，如图9-17所示。

F_r 主要反映的是齿轮的几何偏心，是检测齿轮传递运动准确性的精度指标，但不是必检项目。

9.4 齿轮精度等级

GB/T 10095.1—2008 规定了单个渐开线圆柱齿轮的精度制，适用于齿轮基本齿廓符合 GB/T 1356—2001《通用机械和重型机械用圆柱齿轮　标准基本齿条齿廓》规定的外齿轮、内齿轮、直齿轮、斜齿轮（人字齿齿轮）。

1. 齿轮精度等级

GB/T 10095.1—2008 规定了齿轮的 13 个公差等级，即 0、1、2、…、12 级。其中 0 级精度最高，12 级精度最低。GB/T 10095.2—2008 中的径向综合总偏差 F_i''和一齿径向综合偏差 f_i''只规定了 4~12 共 9 个精度等级。

2. 各级精度的公差计算公式

齿轮的精度等级是通过实测的偏差值与标准规定的数值进行比较后确定的。GB/T 10095.1—2008 和 GB/T 10095.2—2008 规定：公差表格中的数值是用对 5 级精度规定的公式乘以级间公比计算出来的。两相邻精度等级的级间公比等于$\sqrt{2}$，本级数值除以（或乘以）$\sqrt{2}$即可得到相邻较高（或较低）等级的数值。5 级精度未圆整的计算值乘以$\sqrt{2}^{(Q-5)}$，即可得任一精度等级的待求值，式中 Q 是待求值的精度等级。表 9-1 所示是单个齿轮评定公差的计算公式。

表 9-1　评定参数公差的计算公式

项目代号	公差计算公式
f_{pt}	$[0.3(m_n+0.4d^{0.5})+4]\times 2^{0.5(Q-5)}$
F_{pk}	$\{f_{pt}+1.6[(k-1)m_n]^{0.5}\}\times 2^{0.5(Q-5)}$
F_p	$(0.3m_n+1.25d^{0.5}+7)\times 2^{0.5(Q-5)}$
F_α	$(3.2m_n^{0.5}+0.22d^{0.5}+0.7)\times 2^{0.5(Q-5)}$
$f_{f\alpha}$	$(2.5m_n^{0.5}+0.17d^{0.5}+0.5)\times 2^{0.5(Q-5)}$
$f_{H\alpha}$	$(2m_n^{0.5}+0.14d^{0.5}+0.5)\times 2^{0.5(Q-5)}$
F_β	$(0.1d^{0.5}+0.63b^{0.5}+4.2)\times 2^{0.5(Q-5)}$
$f_{f\beta}$, $f_{H\beta}$	$(0.07d^{0.5}+0.45b^{0.5}+3)\times 2^{0.5(Q-5)}$
F_i'	$(F_p+f_i')\times 2^{0.5(Q-5)}$
f_i'	$K(4.3+F_\alpha+f_{pt})\times 2^{0.5(Q-5)}=K(9+0.3m_n+3.2m_n^{0.5}+0.34d^{0.5})\times 2^{0.5(Q-5)}$ $\varepsilon_r<4$ 时，$K=0.2\left(\dfrac{\varepsilon_r+4}{\varepsilon_r}\right)$，$\varepsilon_r\geqslant 4$ 时，$K=0.4$
f_i''	$(2.96m_n+0.01d^{0.5}+0.8)\times 2^{0.5(Q-5)}$
F_i''	$(F_r+f_i'')\times 2^{0.5(Q-5)}=(3.2m_n+1.01d^{0.5}+6.4)\times 2^{0.5(Q-5)}$
F_r	$0.8F_p\times 2^{0.5(Q-5)}=(0.24m_n+1.0d^{0.5}+5.6)\times 2^{0.5(Q-5)}$

标准中各公差或极限偏差数值都是用表 9-1 中的公式计算并圆整后得到的数值。

圆整时，如果计算值大于 10μm，圆整到最接近的整数；如果小于 10μm，圆整到最接

近的尾数为 0.5μm 的小数或整数；如果小于 5μm，圆整到最接近的尾数为 0.1μm 的小数或整数。径向综合公差和径向跳动公差的圆整规则：如果计算值大于 10μm，圆整到最接近的整数；如果小于 10μm，圆整到最接近的尾数为 0.5μm 的小数或整数。

公式中的参数 m_n、d 和 b 按规定取各分段界限值的几何平均值代入。例如，如果实际模数为 7mm，处于 6~10mm 区间，用 $m_n=\sqrt{6\times10}\,\text{mm}=7.746\text{mm}$ 代入公式计算。

国家标准还给出了评定参数的公差值或极限偏差值，见表 9-2~表 9-9。

表 9-2　单个齿距偏差 $\pm f_{pt}$（摘自 GB/T 10095.1—2008）　　（单位：μm）

分度圆直径 d/mm	法向模数 m_n/mm	精度等级												
		0	1	2	3	4	5	6	7	8	9	10	11	12
$5\leqslant d\leqslant20$	$0.5\leqslant m_n\leqslant2$	0.8	1.2	1.7	2.3	3.3	4.7	6.5	9.5	13.0	19.0	26.0	37.0	53.0
	$2<m_n\leqslant3.5$	0.9	1.3	1.8	2.6	3.7	5.0	7.5	10.0	15.0	21.0	29.0	41.0	59.0
$20<d\leqslant50$	$0.5\leqslant m_n\leqslant2$	0.9	1.2	1.8	2.5	3.5	5.0	7.0	10.0	14.0	20.0	28.0	40.0	56.0
	$2<m_n\leqslant3.5$	1.0	1.4	1.9	2.7	3.9	5.5	7.5	11.0	15.0	22.0	31.0	44.0	62.0
	$3.5<m_n\leqslant6$	1.1	1.5	2.1	3.0	4.3	6.0	8.5	12.0	17.0	24.0	34.0	48.0	68.0
	$6<m_n\leqslant10$	1.2	1.7	2.5	3.5	4.9	7.0	10.0	14.0	20.0	28.0	40.0	56.0	79.0
$50<d\leqslant125$	$0.5\leqslant m_n\leqslant2$	0.9	1.3	1.9	2.7	3.8	5.5	7.5	11.0	15.0	21.0	30.0	43.0	61.0
	$2<m_n\leqslant3.5$	1.0	1.5	2.1	2.9	4.1	6.0	8.5	12.0	17.0	23.0	33.0	47.0	66.0
	$3.5<m_n\leqslant6$	1.1	1.6	2.3	3.2	4.6	6.5	9.0	13.0	18.0	26.0	36.0	52.0	73.0
	$6<m_n\leqslant10$	1.3	1.8	2.6	3.7	5.0	7.5	10.0	15.0	21.0	30.0	42.0	59.0	84.0
	$10<m_n\leqslant16$	1.6	2.2	3.1	4.4	6.5	9.0	13.0	18.0	25.0	35.0	50.0	71.0	100.0
	$16<m_n\leqslant25$	2.0	2.8	3.9	5.5	8.0	11.0	16.0	22.0	31.0	44.0	63.0	89.0	125.0
$125<d\leqslant280$	$0.5\leqslant m_n\leqslant2$	1.1	1.5	2.1	3.0	4.2	6.0	8.5	12.0	17.0	24.0	34.0	48.0	67.0
	$2<m_n\leqslant3.5$	1.1	1.6	2.3	3.2	4.6	6.5	9.0	13.0	18.0	26.0	36.0	51.0	73.0
	$3.5<m_n\leqslant6$	1.2	1.8	2.5	3.5	5.0	7.0	10.0	14.0	20.0	28.0	40.0	56.0	79.0
	$6<m_n\leqslant10$	1.4	2.0	2.8	4.0	5.5	8.0	11.0	16.0	23.0	32.0	45.0	64.0	90.0
	$10<m_n\leqslant16$	1.7	2.4	3.3	4.7	6.5	9.5	13.0	19.0	27.0	38.0	53.0	75.0	107.0
	$16<m_n\leqslant25$	2.1	2.9	4.1	6.0	8.0	12.0	16.0	23.0	33.0	47.0	66.0	93.0	132.0
	$25<m_n\leqslant40$	2.7	3.8	5.5	7.5	11.0	15.0	21.0	30.0	43.0	61.0	86.0	121.0	171.0

表 9-3　齿距累积总偏差 F_p（摘自 GB/T 10095.1—2008）　　（单位：μm）

分度圆直径 d/mm	法向模数 m_n/mm	精度等级												
		0	1	2	3	4	5	6	7	8	9	10	11	12
$5\leqslant d\leqslant20$	$0.5\leqslant m_n\leqslant2$	2.0	2.8	4.0	5.5	8.0	11.0	16.0	23.0	32.0	45.0	64.0	90.0	127.0
	$2<m_n\leqslant3.5$	2.1	2.9	4.2	6.0	8.5	12.0	17.0	23.0	33.0	47.0	66.0	94.0	133.0
$20<d\leqslant50$	$0.5\leqslant m_n\leqslant2$	2.5	3.6	5.0	7.0	10.0	14,0	20.0	29.0	41.0	57.0	81.0	115.0	162.0
	$2<m_n\leqslant3.5$	2.6	3.7	5.0	7.5	10.0	15.0	21.0	30.0	42.0	59.0	84.0	119.0	168.0
	$3.5<m_n\leqslant6$	2.7	3.9	5.5	7.5	11.0	15.0	22.0	31.0	44.0	62.0	87.0	123.0	174.0
	$6<m_n\leqslant10$	2.9	4.1	6.0	8.0	12.0	16.0	23.0	33.0	46.0	65.0	93.0	131.0	185.0

（续）

分度圆直径 d/mm	法向模数 m_n/mm	精度等级												
		0	1	2	3	4	5	6	7	8	9	10	11	12
$50<d\le 125$	$0.5\le m_n\le 2$	3.3	4.6	6.5	9.0	13.0	18.0	26.0	37.0	52.0	74.0	104.0	147.0	208.0
	$2<m_n\le 3.5$	3.3	4.7	6.5	9.5	13.0	19.0	27.0	38.0	53.0	76.0	107.0	151.0	214.0
	$3.5<m_n\le 6$	3.4	4.9	7.0	9.5	14.0	19.0	28.0	39.0	55.0	78.0	110.0	156.0	220.0
	$6<m_n\le 10$	3.6	5.0	7.5	10.0	14.0	20.0	29.0	41.0	58.0	82.0	116.0	164.0	231.0
	$10<m_n\le 16$	3.9	5.5	7.5	11.0	15.0	22.0	31.0	44.0	62.0	88.0	124.0	175.0	248.0
	$16<m_n\le 25$	4.3	6.0	8.5	12.0	17.0	24.0	34.0	48.0	68.0	96.0	136.0	193.0	273.0
$125<d\le 280$	$0.5\le m\le 2$	4.3	6.0	8.5	12.0	17.0	24.0	35.0	49.0	69.0	98.0	138.0	195.0	276.0
	$2<m\le 3.5$	4.4	6.0	9.0	12.0	18.0	25.0	35.0	50.0	70.0	100.0	141.0	199.0	282.0
	$3.5<m\le 6$	4.5	6.5	9.0	13.0	18.0	25.0	36.0	51.0	72.0	102.0	144.0	204.0	288.0
	$6<m\le 10$	4.7	6.5	9.5	13.0	19.0	26.0	37.0	53.0	75.0	106.0	149.0	211.0	299.0
	$10<m\le 16$	4.9	7.0	10.0	14.0	20.0	28.0	39.0	56.0	79.0	112.0	158.0	223.0	316.0
	$16<m\le 25$	5.5	7.5	11.0	15.0	21.0	30.0	43.0	60.0	85.0	120.0	170.0	241.0	341.0
	$25<m\le 40$	6.0	8.5	12.0	17.0	24.0	34.0	47.0	67.0	95.0	134.0	190.0	269.0	380.0

表 9-4　齿廓总偏差 F_α（摘自 GB/T 10095.1—2008）　（单位：μm）

分度圆直径 d/mm	模数 m_n/mm	精度等级												
		0	1	2	3	4	5	6	7	8	9	10	11	12
$5\le d\le 20$	$0.5\le m_n\le 2$	0.8	1.1	1.6	2.3	3.2	4.6	6.5	9.0	13.0	18.0	26.0	37.0	52.0
	$2<m_n\le 3.5$	1.2	1.7	2.3	3.3	4.7	6.5	9.5	13.0	19.0	26.0	37.0	53.0	75.0
$20<d\le 50$	$0.5\le m_n\le 2$	0.9	1.3	1.8	2.6	3.6	5.0	7.5	10.0	15.0	21.0	29.0	41.0	58.0
	$2<m_n\le 3.5$	1.3	1.8	2.5	3.6	5.0	7.0	10.0	14.0	20.0	29.0	40.0	57.0	81.0
	$3.5<m_n\le 6$	1.6	2.2	3.1	4.4	6.0	9.0	12.0	18.0	25.0	35.0	50.0	70.0	99.0
	$6<m_n\le 10$	1.9	2.7	3.8	5.5	7.5	11.0	15.0	22.0	31.0	43.0	61.0	87.0	123.0
$50<d\le 125$	$0.5\le m_n\le 2$	1.0	1.5	2.1	2.9	4.1	6.0	8.5	12.0	17.0	23.0	33.0	47.0	66.0
	$2<m_n\le 3.5$	1.4	2.0	2.8	3.9	5.5	8.0	11.0	16.0	22.0	31.0	44.0	63.0	89.0
	$3.5<m_n\le 6$	1.7	2.4	3.4	4.8	6.5	9.5	13.0	19.0	27.0	38.0	54.0	76.0	108.0
	$6<m_n\le 10$	2.0	2.9	4.1	6.0	8.0	12.0	16.0	23.0	33.0	46.0	65.0	92.0	131.0
	$10<m_n\le 16$	2.5	3.5	5.0	7.0	10.0	14.0	20.0	28.0	40.0	56.0	79.0	112.0	159.0
	$16<m_n\le 25$	3.0	4.2	6.0	8.5	12.0	17.0	24.0	34.0	48.0	68.0	96.0	136.0	192.0
$125<d\le 280$	$0.5\le m_n\le 2$	1.2	1.7	2.4	3.5	4.9	7.0	10.0	14.0	20.0	28.0	39.0	55.0	78.0
	$2<m_n\le 3.5$	1.6	2.2	3.2	4.5	6.5	9.0	13.0	18.0	25.0	36.0	50.0	71.0	101.0
	$3.5<m_n\le 6$	1.9	2.6	3.7	5.5	7.5	11.0	15.0	21.0	30.0	42.0	60.0	84.0	119.0
	$6<m_n\le 10$	2.2	3.2	4.5	6.5	9.0	13,0	18.0	25.0	36.0	50.0	71.0	101.0	143.0
	$10<m_n\le 16$	2.7	3.8	5.5	7.5	11.0	15.0	21.0	30.0	43.0	60.0	85.0	121.0	171.0
	$16<m_n\le 25$	3.2	4.5	6.5	9.0	13.0	18.0	25.0	36.0	51.0	72.0	102.0	144.0	204.0
	$25<m_n\le 40$	3.8	5.5	7.5	11.0	15.0	22.0	31.0	43.0	61.0	87.0	123.0	174.0	246.0

表 9-5 螺旋线总偏差 F_β（摘自 GB/T 10095.1—2008） （单位：μm）

分度圆直径 d/mm	齿宽 b/mm	精度等级												
		0	1	2	3	4	5	6	7	8	9	10	11	12
$5 \leqslant d \leqslant 20$	$4 \leqslant b \leqslant 10$	1.1	1.5	2.2	3.1	4.3	6.0	8.5	12.0	17.0	24.0	35.0	49.0	69.0
	$10 < b \leqslant 20$	1.2	1.7	2.4	3.4	4.9	7.0	9.5	14.0	19.0	28.0	39.0	55.0	78.0
	$20 < b \leqslant 40$	1.4	2.0	2.8	3.9	5.5	8.0	11.0	16.0	22.0	31.0	45.0	63.0	89.0
	$40 < b \leqslant 80$	1.6	2.3	3.3	4.6	6.5	9.5	9.0	19.0	26.0	37.0	52.0	74.0	105.0
$20 < d \leqslant 50$	$4 \leqslant b \leqslant 10$	1.1	1.6	2.2	3.2	4.5	6.5	10.0	13.0	18.0	25.0	36.0	51.0	72.0
	$10 < b \leqslant 20$	1.3	1.8	2.5	3.6	5.0	7.0	11.0	14.0	20.0	29.0	40.0	57.0	81.0
	$20 < b \leqslant 40$	1.4	2.0	2.9	4.1	5.5	8.0	13.0	16.0	23.0	32.0	46.0	65.0	92.0
	$40 < b \leqslant 80$	1.7	2.4	3.4	4.8	6.5	9.5	16.0	19.0	27.0	38.0	54.0	76.0	107.0
	$80 < b \leqslant 160$	2.0	2.9	4.1	5.5	8.0	11.0	9.5	23.0	32.0	46.0	65.0	92.0	130.0
$50 < d \leqslant 125$	$4 \leqslant b \leqslant 10$	1.2	1.7	2.4	3.3	4.7	6.5	11.0	13.0	19.0	27.0	38.0	53.0	76.0
	$10 < b \leqslant 20$	1.3	1.9	2.6	3.7	5.5	7.5	12.0	15.0	21.0	30.0	42.0	60.0	84.0
	$20 < b \leqslant 40$	1.5	2.1	3.0	4.2	6.0	8.5	14.0	17.0	24.0	34.0	48.0	68.0	95.0
	$40 < b \leqslant 80$	1.7	2.5	3.5	4.9	7.0	10.0	17.0	20.0	28.0	39.0	56.0	79.0	111.0
	$80 < b \leqslant 160$	2.1	2.9	4.2	6.0	8.5	12.0	20.0	24.0	33.0	47.0	67.0	94.0	133.0
	$160 < b \leqslant 250$	2.5	3.5	4.9	7.0	10.5	14.0	23.0	28.0	40.0	56.0	79.0	112.0	158.0
	$250 < b \leqslant 400$	2.9	4.1	6.0	8.0	12.0	16.0	23.0	33.0	46.0	65.0	92.0	130.0	184.0
$125 < d \leqslant 280$	$4 \leqslant b \leqslant 10$	1.3	1.8	2.5	3.6	5.0	7.0	10.0	14.0	20.0	29.0	40.0	57.0	81.0
	$10 < b \leqslant 20$	1.4	2.0	2.8	4.0	5.5	8.0	11.0	16.0	22.0	32.0	45.0	63.0	90.0
	$20 < b \leqslant 40$	1.6	2.2	3.2	4.5	6.5	9.0	13.0	18.0	25.0	36.0	50.0	71.0	101.0
	$40 < b \leqslant 80$	1.8	2.6	3.6	5.0	7.5	10.0	15.0	21.0	29.0	41.0	58.0	82.0	117.0
	$80 < b \leqslant 160$	2.2	3.1	4.3	6.0	8.5	12.0	17.0	25.0	35.0	49.0	69.0	98.0	139.0
	$160 < b \leqslant 250$	2.6	3.6	5.0	7.0	10.0	14.0	20.0	29.0	41.0	58.0	82.0	116.0	164.0
	$250 < b \leqslant 400$	3.0	4.2	6.0	8.5	12.0	17.0	24.0	34.0	47.0	67.0	95.0	134.0	190.0
	$400 < b \leqslant 650$	3.5	4.9	7.0	10.0	14.0	20.0	28.0	40.0	56.0	79.0	112.0	158.0	224.0

表 9-6 f_i'/K 的比值（摘自 GB/T 10095.1—2008） （单位：μm）

分度圆直径 d/mm	法向模数 m_n/mm	精度等级												
		0	1	2	3	4	5	6	7	8	9	10	11	12
$5 \leqslant d \leqslant 20$	$0.5 \leqslant m_n \leqslant 2$	2.4	3.4	4.8	7.0	9.5	14.0	19.0	27.0	38.0	54.0	77.0	109.0	154.0
	$2 < m_n \leqslant 3.5$	2.8	4.0	5.5	8.0	11.0	16.0	23.0	32.0	45.0	64.0	91.0	129.0	182.0
$20 < d \leqslant 50$	$0.5 \leqslant m_n \leqslant 2$	2.5	3.6	5.0	7.0	10.0	14.0	20.0	29.0	41.0	58.0	82.0	115.0	163.0
	$2 < m_n \leqslant 3.5$	3.0	4.2	6.0	8.5	12.0	17.0	24.0	34.0	48.0	68.0	96.0	135.0	191.0
	$3.5 < m_n \leqslant 6$	3.4	4.8	7.0	9.5	14.0	19.0	27.0	38.0	54.0	77.0	108.0	153.0	217.0
	$6 < m_n \leqslant 10$	3.9	5.5	8.0	11.0	16.0	22.0	31.0	44.0	63.0	89.0	125.0	177.0	251.0

（续）

分度圆直径 d/mm	法向模数 m_n/mm	精度等级												
		0	1	2	3	4	5	6	7	8	9	10	11	12
$50<d\leqslant125$	$0.5\leqslant m_n\leqslant2$	2.7	3.9	5.5	8.0	11.0	16.0	22.0	31.0	44.0	62.0	88.0	124.0	176.0
	$2<m_n\leqslant3.5$	3.2	4.5	6.5	9.0	13.0	18.0	25.0	36.0	51.0	72.0	102.0	144.0	204.0
	$3.5<m_n\leqslant6$	3.6	5.0	7.0	11.0	14.0	20.0	29.0	40.0	57.0	81.0	115.0	162.0	229.0
	$6<m_n\leqslant10$	4.1	6.0	8.0	12.0	16.0	23.0	33.0	47.0	66.0	93.0	132.0	186.0	263.0
	$10<m_n\leqslant16$	4.8	7.0	9.5	14.0	19.0	27.0	38.0	54.0	77.0	109.0	154.0	218.0	308.0
	$16<m_n\leqslant25$	5.5	8.0	11.0	16.0	23.0	32.0	46.0	65.0	91.0	129.0	183.0	259.0	366.0
$125<d\leqslant280$	$0.5\leqslant m\leqslant2$	3.0	4.3	6.0	8.5	12.0	17.0	24.0	34.0	49.0	69.0	97.0	137.0	194.0
	$2<m\leqslant3.5$	3.5	4.9	7.0	10.0	14.0	20.0	28.0	39.0	56.0	79.0	111.0	157.0	222.0
	$3.5<m\leqslant6$	3.9	5.5	7.5	11.0	15.0	22.0	31.0	44.0	62.0	88.0	124.0	175.0	247.0
	$6<m\leqslant10$	4.4	6.0	9.0	12.0	18.0	25.0	35.0	50.0	70.0	100.0	141.0	199.0	281.0
	$10<m\leqslant16$	5.0	7.0	10.0	14.0	20.0	29.0	41.0	58.0	82.0	115.0	163.0	231.0	326.0
	$16<m\leqslant25$	6.0	8.5	12.0	17.0	24.0	34.0	48.0	68.0	96.0	136.0	192.0	272.0	384.0
	$25<m\leqslant40$	7.5	10.0	15.0	21.0	29.0	41.0	58.0	82.0	116.0	165.0	233.0	329.0	465.0

表 9-7 径向综合总偏差 F''_i（摘自 GB/T 10095.2—2008） （单位：μm）

分度圆直径 d/mm	法向模数 m_n/mm	精度等级								
		4	5	6	7	8	9	10	11	12
$5\leqslant d\leqslant20$	$0.2\leqslant m_n\leqslant0.5$	7.5	11	15	21	30	42	60	85	120
	$0.5<m_n\leqslant0.8$	8.0	12	16	23	33	46	66	93	131
	$0.8<m_n\leqslant1.0$	9.0	12	18	23	35	50	70	100	141
	$1.0<m_n\leqslant1.5$	10	14	16	27	38	54	76	108	153
	$1.5<m_n\leqslant2.5$	11	16	22	32	45	63	89	126	179
	$2.5<m_n\leqslant4.0$	14	20	28	39	56	79	112	158	223
$20<d\leqslant50$	$0.2\leqslant m_n\leqslant0.5$	9.0	13	19	26	37	52	74	105	148
	$0.5<m_n\leqslant0.8$	10	14	20	28	40	56	80	113	160
	$0.8<m_n\leqslant1.0$	11	15	21	30	42	60	85	120	169
	$1.0<m_n\leqslant1.5$	11	16	23	32	45	64	91	128	181
	$1.5<m_n\leqslant2.5$	13	18	26	37	52	73	103	146	207
	$2.5<m_n\leqslant4.0$	16	22	31	44	63	89	126	178	251
	$4.0<m_n\leqslant6.0$	20	28	39	56	79	111	157	222	314
	$6.0<m_n\leqslant10$	26	37	52	74	104	147	209	295	417
$50<d\leqslant125$	$0.2\leqslant m_n\leqslant0.5$	12	16	23	33	46	66	93	131	185
	$0.5<m_n\leqslant0.8$	12	17	25	35	49	70	98	139	197
	$0.8<m_n\leqslant1.0$	13	18	26	36	52	73	103	146	206
	$1.0<m_n\leqslant1.5$	14	19	27	39	55	77	109	154	218

（续）

分度圆直径 d/mm	法向模数 m_n/mm	精度等级								
		4	5	6	7	8	9	10	11	12
$50<d\leqslant125$	$1.5<m_n\leqslant2.5$	15	22	31	43	61	86	122	173	244
	$2.5<m_n\leqslant4.0$	18	25	36	51	72	102	144	204	288
	$4.0<m_n\leqslant6.0$	22	31	44	62	88	124	176	248	351
	$6.0<m_n\leqslant10$	28	40	57	80	114	161	227	321	454
$125<d\leqslant280$	$0.2\leqslant m_n\leqslant0.5$	15	21	30	42	60	85	120	170	240
	$0.5<m_n\leqslant0.8$	16	22	31	44	63	89	126	178	252
	$0.8<m_n\leqslant1.0$	16	23	33	46	65	92	131	185	261
	$1.0<m_n\leqslant1.5$	17	24	34	48	68	97	137	193	273
	$1.5<m_n\leqslant2.5$	19	26	37	53	75	106	149	211	299
	$2.5<m_n\leqslant4.0$	21	30	43	61	86	121	172	243	343
	$4.0<m_n\leqslant6.0$	25	36	51	72	102	144	203	287	406
	$6.0<m_n\leqslant10$	32	45	64	90	127	180	255	360	509

表 9-8　一齿径向综合偏差 f_i''（摘自 GB/T 10095.2—2008）　（单位：μm）

分度圆直径 d/mm	法向模数 m_n/mm	精度等级								
		4	5	6	7	8	9	10	11	12
$5\leqslant d\leqslant20$	$0.2\leqslant m_n\leqslant0.5$	1.0	2.0	2.5	3.5	5.0	7.0	10	14	20
	$0.5<m_n\leqslant0.8$	2.0	2.5	4.0	5.5	7.5	11	15	22	31
	$0.8<m_n\leqslant1.0$	2.5	3.5	5.0	7.0	10	14	20	28	39
	$1.0<m_n\leqslant1.5$	3.0	4.5	6.5	9.0	13	18	25	36	50
	$1.5<m_n\leqslant2.5$	4.5	6.5	9.5	13	19	26	37	53	74
	$2.5<m_n\leqslant4.0$	7.0	10	14	20	29	41	58	82	115
$20<d\leqslant50$	$0.2\leqslant m_n\leqslant0.5$	1.5	2.0	2.5	3.5	5.0	7.0	10	14	20
	$0.5<m_n\leqslant0.8$	2.0	2.5	4.0	5.5	7.5	11	15	22	31
	$0.8<m_n\leqslant1.0$	2.5	3.5	5.0	7.0	10	14	20	28	40
	$1.0<m_n\leqslant1.5$	3.0	4.5	6.5	9.0	13	18	25	36	51
	$1.5<m_n\leqslant2.5$	4.5	6.5	9.5	13	19	26	37	53	75
	$2.5<m_n\leqslant4.0$	7.0	10	14	20	29	41	58	82	116
	$4.0<m_n\leqslant6.0$	11	15	22	31	43	61	87	123	174
$50<d\leqslant125$	$0.2\leqslant m_n\leqslant0.5$	1.5	2.0	2.5	3.5	5.0	7.5	10	15	21
	$0.5<m_n\leqslant0.8$	2.0	3.0	4.0	5.5	8.0	11	16	22	31
	$0.8<m_n\leqslant1.0$	2.5	3.5	5.0	7.0	10	14	20	28	40
	$1.0<m_n\leqslant1.5$	3.0	4.5	6.5	9.0	13	18	26	36	51
	$1.5<m_n\leqslant2.5$	4.5	6.5	9.5	13	19	26	37	53	75
	$2.5<m_n\leqslant4.0$	7.0	10	14	20	29	41	58	82	116
	$4.0<m_n\leqslant6.0$	11	15	22	31	44	62	87	123	174

（续）

分度圆直径 d/mm	法向模数 m_n/mm	精度等级								
		4	5	6	7	8	9	10	11	12
125<d≤280	0.2≤m_n≤0.5	1.5	2.0	2.5	3.5	5.5	7.5	11	15	21
	0.5<m_n≤0.8	2.0	3.0	4.0	5.5	8.0	11	16	22	32
	0.8<m_n≤1.0	2.5	3.5	5.0	7.0	10	14	20	29	41
	1.0<m_n≤1.5	3.0	4.5	6.5	9.0	13	18	26	36	52
	1.5<m_n≤2.5	4.5	6.5	9.5	13	19	27	38	53	75
	2.5<m_n≤4.0	7.5	10	15	21	29	41	58	82	116
	4.0<m_n≤6.0	11	15	22	31	44	62	87	124	175
	6.0<m_n≤10	17	24	34	48	67	95	135	191	270

表 9-9 径向跳动公差 F_r（摘自 GB/T 10095.2—2008） （单位：μm）

分度圆直径 d/mm	法向模数 m_n/mm	精度等级												
		0	1	2	3	4	5	6	7	8	9	10	11	12
5≤d≤20	0.5≤m_n≤2.0	1.5	2.5	3.0	4.5	6.5	9.0	13	18	25	36	51	72	102
	2.0<m_n≤3.5	1.5	2.5	3.5	4.5	6.5	9.5	13	19	27	38	53	75	106
20<d≤50	0.5≤m_n≤2.0	2.0	3.0	4.0	5.5	8.0	11	16	23	32	46	65	92	130
	2.0<m_n≤3.5	2.0	3.0	4.0	6.0	8.5	12	17	24	34	47	67	95	134
	3.5<m_n≤6.0	2.0	3.0	4.5	6.0	8.5	12	17	25	35	49	80	99	139
	6.0<m_n≤10	2.5	3.5	4.5	6.5	9.5	13	19	26	37	52	74	105	148
50<d≤125	0.5≤m_n≤2.0	2.5	3.5	5.0	7.5	10	15	21	29	42	59	83	118	167
	2.0<m_n≤3.5	2.5	4.0	5.5	7.5	11	15	21	30	43	61	86	121	171
	3.5<m_n≤6.0	3.0	4.0	5.5	8.0	11	16	22	31	44	62	88	125	176
	6.0<m_n≤10	3.0	4.0	6.0	8.0	12	16	23	33	46	65	92	131	185
	10<m_n≤16	3.0	4.5	6.0	9.0	12	18	25	35	50	70	99	140	198
	16<m_n≤25	3.5	5.0	7.0	9.5	14	19	27	39	55	77	109	154	218
125<d≤280	0.5≤m_n≤2.0	3.5	5.0	7.0	10	14	20	28	39	55	78	110	156	221
	2.0<m_n≤3.5	3.5	5.0	7.0	10	14	20	28	40	56	80	113	159	225
	3.5<m_n≤6.0	3.5	5.0	7.0	10	14	20	29	41	58	82	115	163	231
	6.0<m_n≤10	3.5	5.5	7.5	11	15	21	30	42	60	85	120	169	239
	10<m_n≤16	4.0	5.5	8.0	11	16	22	32	45	63	89	126	179	252
	16<m_n≤25	4.5	6.0	8.5	12	17	24	34	48	68	96	136	193	272
	25<m_n≤40	4.5	6.5	9.5	13	19	27	36	54	76	107	152	215	304

9.5 齿轮精度设计

齿轮精度设计包括单个齿轮的精度设计和齿轮副的精度设计。齿轮副精度设计涉及箱体、轴系等方面。本节齿轮精度设计内容包括：①齿轮精度等级选择；②确定齿轮偏差检测

项目及公差值；③齿厚极限偏差的确定；④齿坯公差和齿面表面粗糙度选择；⑤齿轮装配误差与公差；⑥标注。

9.5.1 齿轮精度等级的确定

齿轮精度等级的确定必须以其用途、工作条件及技术要求为依据，如运动精度、圆周速度、传递的功率、振动和噪声、工作持续时间和使用寿命等；同时还要考虑工艺的可行性和经济性。选择精度等级的方法一般有计算法和类比法。

1. 计算法

按整个传动链传动精度的要求计算出允许的转角误差，推算出切向综合总误差 F_i'，确定传递运动准确性的等级；根据机械动力学和机械振动学计算并考虑振动、噪声以及圆周速度，确定传动平稳性的精度等级；在强度计算或寿命计算的基础上确定承载能力的精度等级。

由于齿轮传动中，动态受力情况复杂，所以用计算法来确定精度比较复杂。大多数情况下，精度等级是用类比法来确定的。

2. 类比法

设计齿轮传动时，按已有的经验资料，可以采用与对应工况相近的精度等级。

各类机械产品中的齿轮常用的精度等级范围见表 9-10。表 9-11 还列出了 4~9 级齿轮的切齿方法、应用范围及与传动平稳性精度等级相适应的齿轮圆周速度范围，可供设计时参考。

设计时，径向综合偏差和径向跳动不一定与 GB/T 10095.1—2008 中的要素偏差（如齿距、齿廓、螺旋线等）选用相同的等级。当文件需叙述齿轮精度要求时，应注明 GB/T 10095.1—2008 或 GB/T 10095.2—2008。

径向综合偏差的允许值仅适用于产品齿轮与测量齿轮的啮合检验，而不适用于两个产品齿轮的检验。

表 9-10 各类机械中齿轮的精度等级

应用范围	公差等级	应用范围	公差等级
测量齿轮	2~5	航空发动机	4~8
透平齿轮	3~6	通用减速器	6~9
精密切削机床	3~7	拖拉机	6~10
内燃机床	7~8	轧钢机	6~10
汽车底盘	5~8	起重机械	7~10
轻型汽车	5~8	矿用绞车	9~10
载重汽车	6~9	农业机械	8~11

表 9-11 各级精度齿轮的切齿方法和应用范围

精度等级	4 级	5 级	6 级	7 级	8 级	9 级
切齿方法	精密滚齿机床滚切，精密磨齿，对大齿轮可滚齿后研齿或剃齿	精密滚齿机床滚切，精密磨齿，对大齿轮可滚齿后研齿或剃齿	精密滚齿机床滚切，精密磨齿，对大齿轮可滚齿后研齿或剃齿，磨齿或精密剃齿	在较精密机床上滚齿、插齿、剃齿、磨齿、珩齿或研齿	滚齿、插齿、铣齿，必要时剃齿、珩齿或研齿	滚齿或成型刀具分度切齿，不要求精加工

（续）

精度等级		4级	5级	6级	7级	8级	9级
应用范围		极精密分度机械的齿轮，非常高速、要求平稳与无噪声的齿轮，高速透平齿轮，检查7级齿轮的测量齿轮	精密分度机械的齿轮，高速并要求平稳、无噪声的齿轮，高速透平齿轮，检查8、9级齿轮的测量齿轮	高速、平稳、无噪声高效率齿轮，航空、汽车、机床中的重要齿轮，分度机构齿轮，读数机构齿轮	高速、小动力或反转的齿轮，金属切削机床中的进给齿轮，航空齿轮，读数机构齿轮，具有一定速度的减速器齿轮	一般机械中的普通齿轮，汽车、拖拉机减速器中的一般齿轮，航空中的不重要齿轮，农机中的重要齿轮	无精度要求的比较粗糙的齿轮
圆周速度/$(m \cdot s^{-1})$	直齿	<35	<20	<15	<10	<6	<2
	斜齿	<70	<40	<30	<15	<10	<4

9.5.2　确定齿轮偏差检测项目及公差值

1. 确定齿轮偏差检测项目

在生产中，不必对所有齿轮偏差检测项目同时进行检验。

对于精度等级较高的齿轮，应该选择同侧齿面的检测项目，如齿廓偏差、齿距偏差、螺旋线偏差及切向综合偏差等项目。因为同侧齿面的检测项目比较接近齿轮的实际工作状态。

对于精度等级较低的齿轮，可以选择径向综合偏差或齿圈径向跳动等双侧齿面的检测项目。

2. 单件加工齿轮偏差检测项目及公差值选择

单件加工齿轮必须检测的项目有：

1）齿距累积总偏差 F_p。F_p 根据所选择的精度等级从表9-3中选定。

2）齿廓总偏差 F_α。F_α 根据所选择的精度等级从表9-4中选定。

3）单个齿距偏差 f_{pt}。f_{pt} 根据所选择的精度等级从表9-2中选定。

4）螺旋线总偏差 F_β。F_β 根据所选择的精度等级从表9-5中选定。

5）齿厚偏差 E_{sn}。齿厚偏差由计算确定。

6）公法线平均长度偏差 ΔE_W。公法线平均长度偏差由计算确定。

9.5.3　齿厚极限偏差的确定

1. 最小法向侧隙的确定

法向侧隙 j_{bn} 是指一对装配好的齿轮副中，相啮合轮齿间的间隙，它是在节圆上齿槽宽度法向上超过相啮合的轮齿齿厚的量，如图9-18所示。

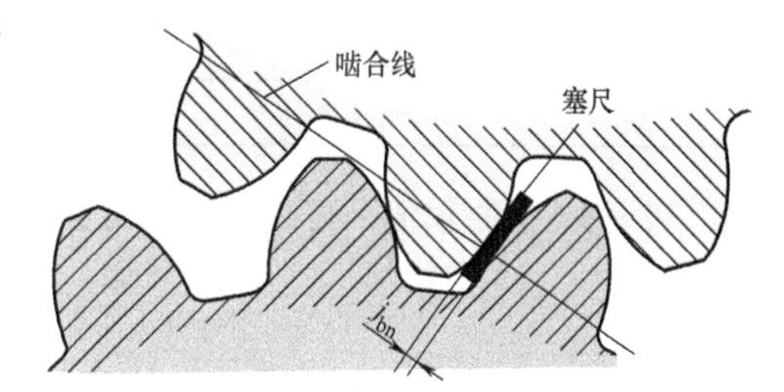

图9-18　法向平面的侧隙

决定配合侧隙大小的齿轮副尺寸要素有：小齿轮的齿厚 s_1、大齿轮的齿厚 s_2 和箱体孔的中心距 a。

当齿轮传动的侧隙需要靠削薄齿厚实现时，齿厚极限偏差的计算依据是保证最小法向侧隙，即通过齿厚上偏差保证最小法向侧隙。因此，计算齿厚极限偏差的前提是确定最小法向侧隙。最小法向侧隙的确定方法主要有计算法和查表法。

（1）计算法　计算法确定最小法向侧隙时应考虑以下因素：

1）齿轮副的工作温度。由于齿轮工作的温度会偏离标准温度20℃，引起齿轮和箱体材料的膨胀，进而影响侧隙，所以补偿箱体和齿轮副温升的侧隙值为

$$j_{bnmin1}=a(\alpha_1\Delta t_1-\alpha_2\Delta t_2)\times 2\sin\alpha_n \tag{9-4}$$

式中，a为中心距（mm）；Δt_1、Δt_2为齿轮和箱体在正常工作下对标准温度（20℃）的温差；α_1、α_2为齿轮和箱体材料的膨胀系数（$℃^{-1}$）；α_n为法向压力角。

2）保证正常润滑条件所需的法向侧隙。对于无强迫润滑的低速传动（油池润滑），所需的最小侧隙可取：

$$j_{bnmin2}=(0.005\sim0.01)m_n \tag{9-5}$$

式中，m_n为法向模数（mm）。

对于喷油润滑，最小侧隙可按圆周速度确定：

当$v\leqslant10$m/s时，$j_{bnmin2}\approx0.01m_n$（mm）；

当$10<v\leqslant25$m/s时，$j_{bnmin2}\approx0.02m_n$（mm）；

当$25<v\leqslant60$m/s时，$j_{bnmin2}\approx0.03m_n$（mm）；

当$v>60$m/s时，$j_{bnmin2}\approx(0.03\sim0.05)m_n$（mm）。

当考虑上面两项因素，最小法向侧隙应为

$$j_{bnmin}\geqslant j_{bnmin1}+j_{bnmin2} \tag{9-6}$$

（2）查表法　表9-12列出了对工业传动装置推荐的最小法向侧隙j_{bnmin}的数值，其使用条件是：齿轮和箱体材料是黑色金属，齿轮的节圆线速度小于15m/s，其箱体、轴和轴承都采用常用的商用制造公差。

表9-12　对于中、大模数齿轮最小法向侧隙j_{bnmin}的推荐值（摘自GB/Z 18620.2—2008）

（单位：mm）

法向模数 m_n	中心距					
	50	100	200	400	800	1600
1.5	0.09	0.11	—	—	—	—
2	0.10	0.12	0.15	—	—	—
3	0.12	0.14	0.17	0.24	—	—
5	—	0.18	0.21	0.28	—	—
8	—	0.24	0.27	0.34	0.47	—
12	—	—	0.35	0.42	0.55	—
18	—	—	—	0.54	0.67	0.94

表9-12中的数值，可用下式计算：

$$j_{bnmin}=\frac{2}{3}(0.06+0.0005a+0.03m_n) \tag{9-7}$$

2. 齿厚极限偏差的确定

齿厚上偏差E_{sns}取决于最小侧隙、齿轮和齿轮副的加工和安装误差。一对齿轮在法向

侧隙方向上总的减薄量 δ_{SN}

$$\delta_{SN}=j_{bnmin1}+j_{bnmin2}+j_{bn} \tag{9-8}$$

j_{bn} 为齿轮加工和齿轮副安装的误差对侧隙减小的补偿量，即

$$j_{bn}=\sqrt{(f_{pt1}^2+f_{pt2}^2)\cos^2\alpha_n+F_{\beta1}^2+F_{\beta2}^2+(f_{\Sigma\delta}\sin\alpha_n)^2+(f_{\Sigma\beta}\cos\alpha_n)^2} \tag{9-9}$$

式中，f_{pt1}、f_{pt2} 为小齿轮、大齿轮的单个齿距偏差；$F_{\beta1}$、$F_{\beta2}$ 为小齿轮、大齿轮的螺旋线总偏差；$f_{\Sigma\delta}$、$f_{\Sigma\beta}$ 为齿轮副轴线平行度公差，其计算公式见式（9-18）；α_n 为法向压力角。其中，f_{pt1} 和 f_{pt2}、$F_{\beta1}$ 和 $F_{\beta2}$ 分别用其相对较大的允许值 f_{pt} 和 F_β 取代。

若 $\alpha_n=20°$，且 $f_{\Sigma\delta}=(L/b)F_\beta$，$f_{\Sigma\beta}=0.5(L/b)F_\beta$，$L$ 为齿轮所在轴轴承跨距，b 为齿宽。

则式（9-9）可简化为

$$j_{bn}=\sqrt{1.76f_{pt}^2+[1.77+0.34(L/b)^2]F_\beta^2} \tag{9-10}$$

齿厚上极限偏差为

$$E_{sns}=-\left(\frac{\delta_{SN}}{2\cos\alpha_n}+|f_a|\tan\alpha_n\right) \tag{9-11}$$

再根据工艺条件（切齿方法）确定可以达到的齿厚公差 T_{sn}，则齿厚下偏差 E_{sni} 可按下式计算，即

$$E_{sni}=E_{sns}-T_{sn} \tag{9-12}$$

齿厚公差 T_{sn} 的大小主要取决于切齿时的径向进刀公差 b_r 和齿轮径向跳动允许值 F_r（考虑切齿时几何偏心的影响，它使被切齿轮的各个轮齿的齿厚不相同）。齿厚公差可以按下式估算，即

$$T_{sn}=2\tan\alpha_n\sqrt{b_r^2+F_r^2} \tag{9-13}$$

式中，b_r 的数值按表 9-13 选取，F_r 的数值按齿轮传递运动准确性的精度等级、分度圆直径和法向模数确定（可以从表 9-9 查取）。

表 9-13　渐开线圆柱齿轮 b_r 的推荐值

切齿方法	公差等级	b_r	切齿方法	公差等级	b_r
磨	4	1.26IT7	滚、插	7	IT9
	5	IT8		8	1.26IT9
	6	1.26IT8	铣	9	IT10

注：IT 值根据齿轮分度圆直径由标准公差数值查得。

3. 公法线长度极限偏差的确定

公法线长度极限偏差由齿厚极限偏差换算确定，其换算公式为

对外啮合齿轮

$$\begin{aligned}E_{ws}&=E_{sns}\cos\alpha_n-0.72F_r\sin\alpha_n\\E_{wi}&=E_{sni}\cos\alpha_n+0.72F_r\sin\alpha_n\end{aligned} \tag{9-14}$$

对内啮合齿轮

$$\begin{aligned}E_{ws}&=-E_{sns}\cos\alpha_n-0.72F_r\sin\alpha_n\\E_{wi}&=-E_{sni}\cos\alpha_n+0.72F_r\sin\alpha_n\end{aligned} \tag{9-15}$$

9.5.4 齿坯公差与表面粗糙度

齿坯是指在切齿工序前的工件（或毛坯）。齿坯的精度对切齿工序精度有很大的影响。适当提高齿坯精度，可以获得较高的齿轮精度，而且比提高切齿工序的精度更为经济。

由于齿轮的齿廓、齿距和齿向等要素的精度都是相对于其轴线定义的，因此，对齿坯的精度要求主要是指明基准轴线并给出相关要素的几何公差要求（表 9-14）。

表 9-14 渐开线圆柱齿轮的齿坯几何公差推荐值（摘自 GB/Z 18620.3—2008）

公差项目		公差值
圆度		$0.04(L/b)F_\beta$ 或 $(0.06\sim0.1)F_p$；取小值
圆柱度		$0.04(L/b)F_\beta$ 或 $0.1F_p$；取小值
平面度		$0.06(d/b)F_\beta$
圆跳动	径向	$0.15(L/b)F_\beta$ 或 $0.3F_p$；取小值
	轴向	$0.2(d/b)F_\beta$

注：L—较大的轴承跨距；b—齿宽；d—基准面直径。

齿坯的工作基准主要有三种确定方法：一个长圆柱（锥）面的轴线；两个短圆柱（锥）面（一般为轴承安装轴颈的轴线）的公共轴线；垂直于一个端平面且通过一个短圆柱面的轴线。图 9-19、图 9-20 和图 9-21 所示分别表示出了这三种基准轴线的图样标注及相关表面的形状和位置公差要求。图中除了基准要素以外，其他标注几何公差要求的要素则是切齿加工时的定位面或找正面。图 9-20 中带键槽的圆柱面用于安装另一个齿轮。

当制造时的定位基准与工作基准不统一时，还需考虑基准转换所引起的误差，适当提高有关表面的精度。

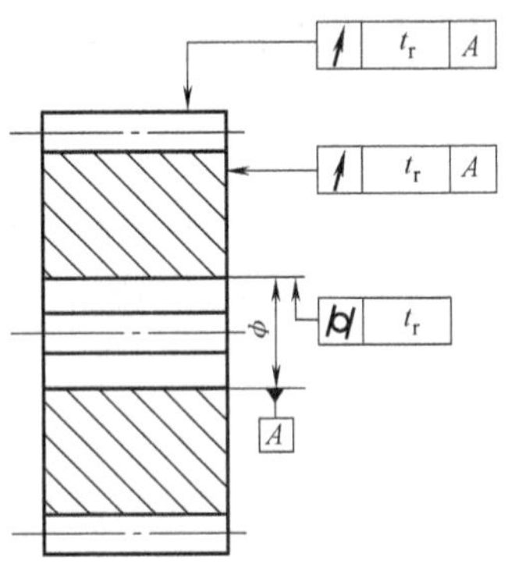

图 9-19 内孔圆柱面轴线作基准

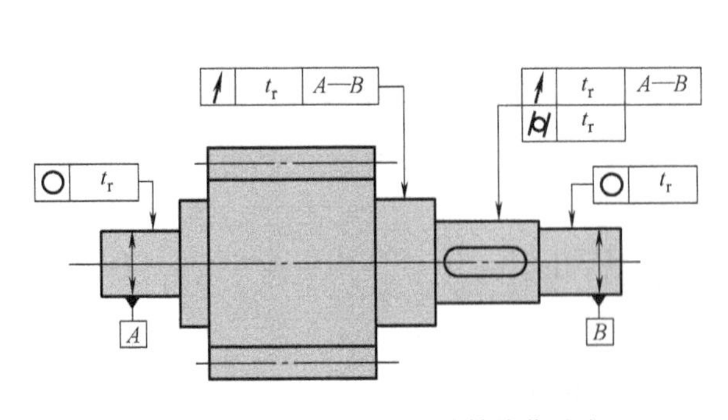

图 9-20 两个短圆柱面公共轴线作基准

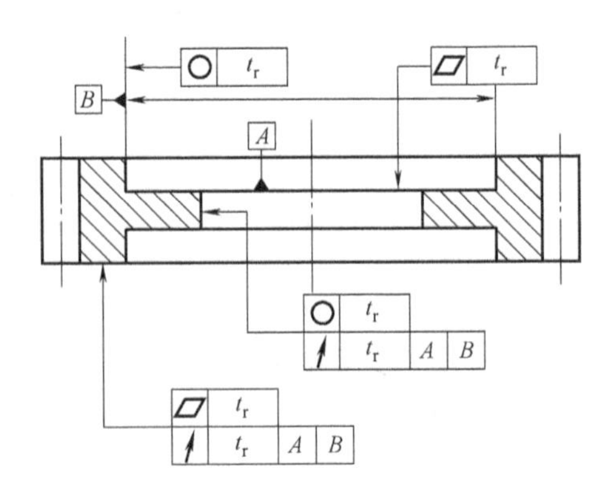

图 9-21 垂直于端面的短圆柱面轴线作基准

齿面粗糙度影响齿轮的传动精度（噪声和振动）、表面承载能力（如点蚀、胶合和磨损）和弯曲强度（齿根过渡曲面状况）。表面粗糙度可按表 9-15 选取，几何公差值可参照本书前几章相关内容选取。

表 9-15 齿面算术平均偏差 Ra、微观不平度十点高度 Rz 的推荐极限值 （单位：μm）

等级	$m\leqslant 6$		$6< m\leqslant 25$		$m>25$	
	Ra	Rz	Ra	Rz	Ra	Rz
1	—	—	0.04	0.25	—	—
2	—	—	0.08	0.50	—	—
3	—	—	0.16	1.0	—	—
4	—	—	0.32	2.0	—	—
5	0.5	3.2	0.63	4.0	0.08	5.0
6	0.8	5.0	1.0	6.3	1.25	8.0
7	1.25	8.0	1.6	10.0	2.0	12.5
8	2.0	12.5	2.5	16	3.2	20
9	3.2	20	4.0	25	5.0	32
10	5.0	32	6.3	40	8.0	50
11	10.0	63	12.5	80	16	100
12	20	125	25	160	32	200

9.5.5 齿轮装配误差与工程

齿轮加工好后，装配在壳体或机座上就形成了齿轮副。由于壳体或机座的加工存在加工误差，因此装配后的齿轮副必然存在装配误差。齿轮副的装配误差主要有：齿轮副的中心距偏差、轴线的平行度偏差及齿轮副的接触斑点三个项目。

1. 齿轮副的中心距误差 Δf_a 及其极限偏差 $\pm f_a$

为保证齿轮工作基准的精度，应该分别规定齿轮传动的中心距偏差 $\pm f_a$ 和两个相互垂直方向上的轴线平行度偏差 $f_{\Sigma\delta}$、$f_{\Sigma\beta}$。这三个精度指标不是单个齿轮的评定指标，而是一对齿轮在确定安装条件下的评定指标，均由 GB/Z 18620.3—2008 规定。

中心距偏差 Δf_a 是指实际中心距与理论中心距的差值，其会影响齿轮工作时侧隙的大小。当实际中心距小于设计中心距时，会使侧隙减小；反之，会使侧隙增大。为了保证侧隙要求，可以用中心距极限偏差来控制中心距偏差。在齿轮只是单向承载运转而不经常反转的情况下，最大侧隙不是主要的控制因素，此时中心距极限偏差主要取决于对重合度的考虑；对于控制运动用齿轮，确定中心距极限偏差必须考虑对侧隙的控制；当齿轮上的负载常常反向时，确定中心距极限偏差所考虑的因素有轴、箱体和轴承的偏斜，齿轮轴线不共线，齿轮轴线偏斜，安装误差，轴承跳动，温度影响，旋转件的离心伸胀等。

中心距极限偏差 $\pm f_a$ 是中心距偏差 Δf_a 允许变动的界限，要求满足式（9-16）

$$-f_a\leqslant \Delta f_a\leqslant +f_a \tag{9-16}$$

f_a 的数值按齿轮精度等级可从表 9-16 选用。

2. 轴线的平行度偏差及其极限偏差

轴线平面内的平行度偏差 $\Delta f_{\Sigma\delta}$ 是指在啮合齿轮两轴线公共平面上测得的两轴线平行度误差，该公共平面是由较长轴承跨距 L 的轴线和另一轴上的一个轴承来确定的；如果两个轴

表 9-16 渐开线圆柱齿轮传动的中心距极限偏差 $\pm f_a$ （单位：μm）

齿轮副中心距 a/mm	公差等级		
	5~6	7~8	9~10
$6<a\leqslant10$	±7.5	±11	±18
$10<a\leqslant18$	±9	±13.5	±21.5
$18<a\leqslant30$	±10.5	±16.5	±26
$30<a\leqslant50$	±12.5	±19.5	±31
$50<a\leqslant80$	±15	±23	±37
$80<a\leqslant120$	±17.5	±27	±43.5
$120<a\leqslant180$	±20	±31.5	±50
$180<a\leqslant250$	±23	±36	±57.5
$250<a\leqslant315$	±26	±40.5	±65
$315<a\leqslant400$	±28.5	±44.5	±70
$400<a\leqslant500$	±31.5	±48.5	±77.5
$500<a\leqslant630$	±35	±55	±87
$630<a\leqslant800$	±40	±62	±100
$800<a\leqslant1000$	±45	±70	±115

承的跨距相同，则用小齿轮和大齿轮轴上的一个轴承构成公共平面，如图 9-22 所示。

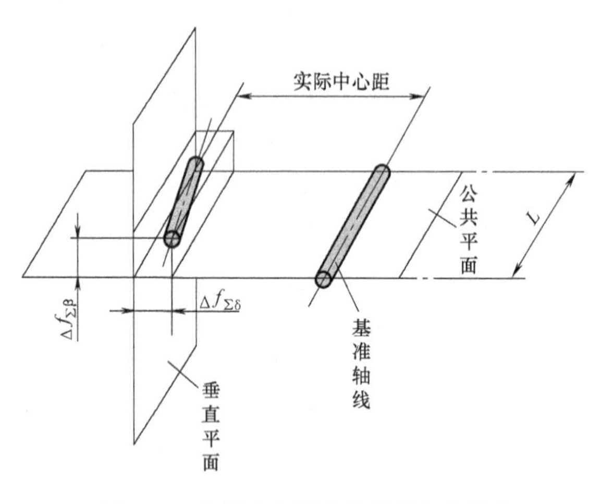

图 9-22 实际中心距和轴线平行度偏差

垂直平面内的轴线平行度偏差 $\Delta f_{\Sigma\beta}$ 是指在与轴线公共平面相垂直的“交错轴”平面测得到的两轴线的平行度偏差。

由于齿轮轴要通过轴承安装在箱体或其他构件上，所以轴线的平行度偏差与轴承的跨距有关。一对齿轮副的轴线若产生平行度偏差，必然会影响齿面的正常接触，使载荷分布不均匀，同时还会使侧隙在全齿宽上分布不均匀。为此，必须对齿轮副的平行度偏差进行控制，要求满足下式，即

$$\begin{aligned}&\text{轴线平面内平行度偏差 }\Delta f_{\Sigma\delta}\leqslant\text{极限 }f_{\Sigma\delta}\\&\text{垂直平面内轴线平行度偏差 }\Delta f_{\Sigma\beta}\leqslant\text{极限 }f_{\Sigma\beta}\end{aligned}\tag{9-17}$$

其计算公式为

$$\begin{aligned}f_{\Sigma\beta}&=0.5(L/b)F_\beta\\f_{\Sigma\delta}&=2f_{\Sigma\beta}\end{aligned}\tag{9-18}$$

3. 齿轮副的接触斑点

除了按国家标准规定选用适当的精度等级及精度项目，以满足齿轮的功能要求外，实际

上还可以用齿轮的接触斑点检验来控制齿轮轮齿在齿宽方向上的精度，以保证满足承载能力的要求。接触斑点是由 GB/Z 18620.4—2008 规定的，它也属于齿轮安装精度指标。

接触斑点主要是将产品齿轮与测量齿轮安装在具有中心距要求的机架上，在轻载的作用下对滚，使一个齿轮轮齿上的印痕涂料转移到相配齿轮的轮齿上。再根据涂料转移后的斑点状况评定轮齿的载荷分布。它主要用作齿向精度的评估，也受齿廓精度的影响。

接触斑点的检验具有简易、快捷、测试结果的可再现性等特点，特别适用于大型齿轮、锥齿轮和航天齿轮。必要时，也可直接检验相配齿轮副的接触斑点。

常用蓝色印痕涂料或红丹粉，涂层厚度应为 0.006~0.012mm。

接触斑点的大小由齿高方向和齿长方向的百分数表示，如图 9-23 所示。齿高方向的评定用高度 h_c 占有效齿面高度 h 的百分比表示；齿长方向则用斑点长度 b_c 占齿宽 b 的百分比来表示。其中，h_{c1}、h_{c2} 分别表示齿高方向上较大接触斑点和较小接触斑点的高度；b_{c1}、b_{c2} 分别表示齿长方向上较大接触斑点和较小接触斑点的长度。

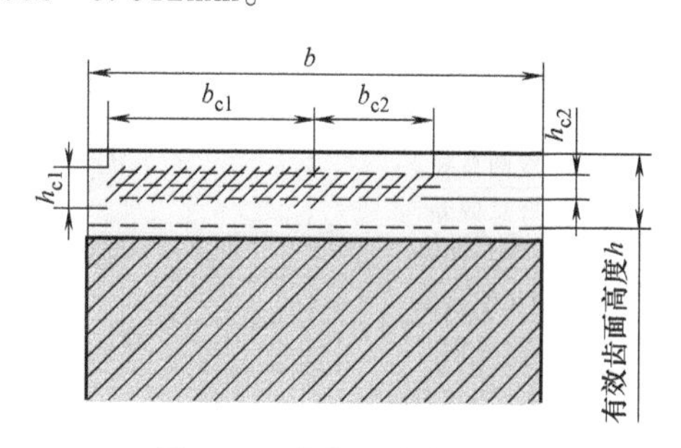

图 9-23　接触斑点的评定

例如，某直齿齿轮的接触斑点中，高度 $h_{c1}>50\%h$ 的斑点长度 $b_{c1}=40\%b$，高度 $h_{c2}>30\%h$ 的斑点长度 $b_{c2}=35\%b$，则由表 9-17 可知，该齿轮属于 7 级或 8 级精度。

表 9-17　直齿齿轮的接触斑点（摘自 GB/Z 18620.4—2008）

公差等级	h_{c1}	b_{c1}	h_{c2}	b_{c2}
≤4	70%h	50%b	50%h	40%b
5、6	50%h	45%b	30%h	35%b
7、8	50%h	35%b	30%h	35%b
9、10、11、12	50%h	25%b	30%h	25%b

由于实际接触斑点的形状不一定与图 9-23 所示的相同，其评估结果更多地取决于实际经验。因此，接触斑点的评定不能替代国家标准规定的精度项目的评定。

9.5.6　齿轮精度等级在图样上的标注

关于齿轮精度等级标注建议如下。

1）若齿轮的检验项目同为某一精度等级时，可标注精度等级和标准号，如齿轮检验项目同为 7 级，则标注为

7 GB/T 10095.1—2008 或 7 GB/T 10095.2—2008

2）若齿轮检验项目的精度等级不同时，如齿廓总偏差 F_α 为 6 级，而齿距累积总偏差 F_p 和螺旋线总偏差 F_β 均为 7 级时，则标注为

6（F_α）、7（F_p、F_β）GB/T 10095.1—2008

或标注为

7—6—7 GB/T 10095.1—2008

9.6 应用示例

例 9-1 已知某渐开线直齿圆柱齿轮的模数 $m=5\text{mm}$，齿宽 $b=50\text{mm}$，小齿轮的齿数 $z_1=20$，大齿轮的齿数 $z_2=100$，精度等级为 7 级（GB/T 10095.1—2008 和 GB/T 10095.2—2008 均为 7 级）。试确定其主要精度项目的公差或偏差值。

解：经查表可确定其主要精度项目的公差或偏差值，见表 9-18。

表 9-18 齿轮应用示例

项目名称	项目符号	小齿轮	大齿轮
齿数	z	20	100
分度圆直径	d	100mm	500mm
齿廓总偏差	F_a	19μm	24μm
单个差距偏差	$\pm f_{pt}$	±13μm	±16μm
齿距累积偏差	F_p	39μm	66μm
螺旋线总偏差	F_β	20μm	22μm
一齿切向综合偏差	f_i'	40×0.67μm	48×0.67μm
切向综合总偏差	F_i'	39μm+27μm=66μm	66μm+32μm=98μm
径向综合总偏差	F_i''	62μm	84μm
一齿径向综合公差	f_i''	31μm	31μm
径向跳动公差	F_r	31μm	53μm

注：按已知条件可得 $\varepsilon_r\approx 1.7$，则 $K=0.2(\varepsilon_r+4)/\varepsilon_r=0.2\times(1.7+4)/1.7=0.67$。

例 9-2 若已知某普通机床内一对渐开线直齿圆柱齿轮副的模数 $m=3\text{mm}$，齿宽 $b=24\text{mm}$，小齿轮的齿数 $z_1=26$，大齿轮的齿数 $z_2=56$，主动齿轮（小齿轮）的转速 $n_1=1000\text{r/min}$。箱体上两对轴承孔的跨距 $L=90\text{mm}$。试确定主动齿轮的精度等级和精度项目，列出其公差或偏差值，以及齿厚偏差和齿坯精度要求。

解：

（1）确定齿轮的基本参数

小齿轮的分度圆直径 $d_1=mz_1=3\times26\text{mm}=78\text{mm}$，

大齿轮的分度圆直径 $d_2=mz_2=3\times56\text{mm}=168\text{mm}$，

中心距 $a=m(z_1+z_2)/2=3\times(26+56)/2\text{mm}=3\times82/2\text{mm}=123\text{mm}$。

（2）确定精度等级

已知所检测齿轮为普通机床用齿轮，可以按其圆周速度确定精度等级。

齿轮的圆周速度

$$v=\frac{\pi m z_1 n_1}{60\times1000}=\frac{\pi\times3\times26\times1000}{60\times1000}\text{m/s}=4.08\text{m/s}$$

查表 9-14 选定该齿轮为 8 级精度，并选定 GB/T 10095.1—2008 和 GB/T 10095.2—2008 的各精度项目具有相同的精度等级。

（3）选定精度项目及其公差值

传递运动准确性可以用径向跳动 F_r 或径向综合偏差 F_i''评定，传动平稳性可用一齿综合径向偏差 f_i''或单个齿距偏差 f_{pt} 评定，考虑到检测的经济性和一致性，选定径向综合偏差 F_i''、一齿综合径向偏差 f_i''和螺旋线总偏差 F_β 三个精度项目分别评定传递运动准确性、传动平稳性和载荷分布均匀性。分别由表 9-7、表 9-8 和表 9-5 查得其公差值或偏差值：

$F_i''=72\mu m$，$f_i''=29\mu m$，$F_p=53\mu m$，$F_\beta=24\mu m$。

径向圆跳动：$t_r=0.3F_p=0.016\mu m$

轴向圆跳动：$t_r=0.2(d/b)F_\beta=0.016\mu m$

（4）确定最小法向侧隙及齿厚偏差 f_{sn}

由表 9-12 可选定最小法向侧隙 $j_{bnmin}=0.14mm$。

为确定侧隙减小量 j_{bn}，可由表 9-2 查得：$f_{pt1}=17\mu m$，$f_{pt2}=18\mu m$。则根据式 9-10，得

$$j_{bn}=57\mu m$$

又由表 9-16 查得 $f_a=31.5\mu m$，则

$$E_{sns}=-\left(\frac{\delta_{SN}}{2\cos\alpha_n}+f_a\tan\alpha_n\right)=E_{sns}=-\left(\frac{0.14+0.057}{2\cos20°}+0.0315\tan20°\right)mm=-0.108mm$$

由表 9-13 可得

$$b_r=1.26\times IT9=1.26\times74\mu m=93\mu m$$

由表 9-9 可得

$$F_r=43\mu m$$

则齿厚公差

$$T_{sn}=2\tan\alpha_n\sqrt{b_r^2+F_r^2}=2\tan20°\sqrt{93^2+43^2}\mu m\approx75\mu m$$

所以

$$E_{sni}=E_{sns}-T_{sn}=(-0.108-0.075)mm=-0.183mm$$

再由表 9-15 选择齿轮有关表面的表面粗糙度和几何公差要求后，一并标注在零件图上，如图 9-24 所示。

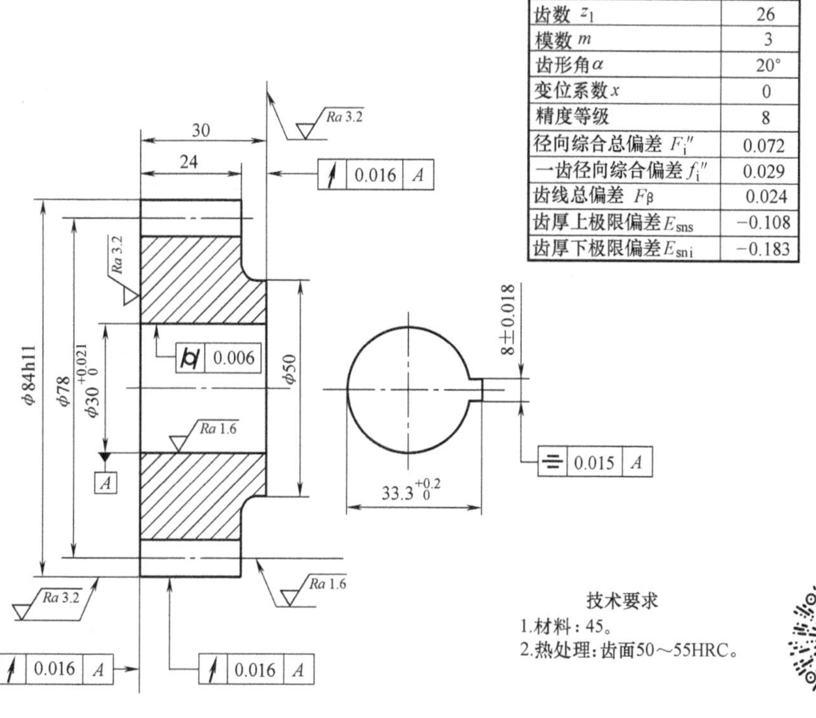

齿数 z_1	26
模数 m	3
齿形角 α	20°
变位系数 x	0
精度等级	8
径向综合总偏差 F_i''	0.072
一齿径向综合偏差 f_i''	0.029
齿线总偏差 F_β	0.024
齿厚上极限偏差 E_{sns}	−0.108
齿厚下极限偏差 E_{sni}	−0.183

图 9-24 零件图

第 9 章习题

第10章 圆柱螺纹公差与检测

10.1 普通螺纹精度设计概述

10.1.1 螺纹种类及使用要求

螺纹按其用途一般可以分为三类：

1）普通螺纹。又称紧固螺纹，牙型一般为三角形，按照螺距的不同有粗牙和细牙之分，通常用于将各种机械零件连接紧固成一体，粗牙螺纹的直径和螺距比例适中，强度好，细牙螺纹用于薄壁零件和轴向尺寸受限制的场合或微调机构。对此类螺纹的主要要求是具有良好的旋合性和连接的可靠性。

2）传动螺纹。牙型有三角形、梯形、矩形和锯齿形等，通常用于实现旋转运动与直线运动的转换以及传递动力或精确的位移，如车床传动丝杠、螺纹千分尺上的测微螺杆。对此类螺纹的主要要求是传递动力的可靠性和传递位移的准确性。

3）管螺纹。管螺纹又分为直管螺纹和锥管螺纹，两种螺纹又分为英制 55°螺纹和美制 60°螺纹。牙型一般为三角形，通常用于实现两个零件紧密连接而无泄漏的结合。对此类螺纹的主要要求是连接应具有一定的过盈，以防止漏水、漏气或漏油。

10.1.2 普通螺纹的基本牙型和几何参数

1. 基本术语（GB/T 14790—2013）

1）螺纹。螺纹是指在圆柱或圆锥表面上，沿螺旋线形成的具有规定牙型的连续凸起（是指螺纹两侧面间的实体部分，又称牙），如图 10-1 所示。圆柱表面上所形成的螺纹称为圆柱螺纹，在圆锥表面上形成的螺纹称为圆锥螺纹。在圆柱外表面上所形成的螺纹称为外螺纹，在圆柱内表面上所形成的螺纹称为内螺纹。沿一条螺旋线所形成的螺纹称为单线螺纹，沿两条或两条以上的螺旋线（该螺旋线在轴向等距分布）所形成的螺纹称为多线螺纹。顺时针旋转时旋入的螺纹称为右旋螺纹，逆时针旋转时旋入的螺纹称为左旋螺纹，如图 10-2 所示。

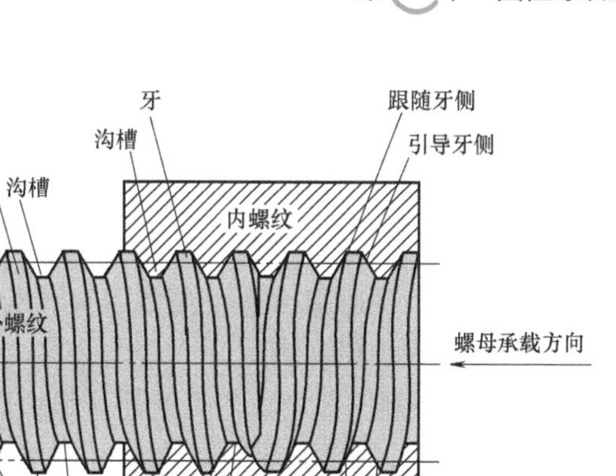

图 10-1　普通螺纹连接及其牙型结构

2）牙顶、牙底、牙侧。在螺纹凸起的顶部，连接相邻两个牙侧的螺纹表面称为牙顶；在螺纹沟槽的底部，连接相邻两个牙侧的螺纹表面称为牙底；在通过螺纹轴线的剖面上，牙顶和牙底之间的那部分螺纹表面称为牙侧，如图 10-1 所示。

3）螺纹副。螺纹副是指内外螺纹相互旋合形成的连接。

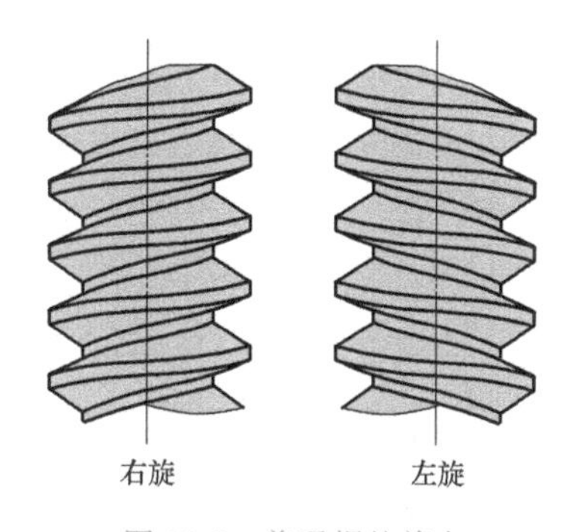

图 10-2　普通螺纹旋向

2. 基本牙型

螺纹牙型是指在通过螺纹轴线的剖面上，螺纹的轮廓形状。

按 GB/T 192—2003 和 GB/T 14791—2013 的规定，普通螺纹的基本牙型是在原始三角形的基础上，截去其顶部 $H/8$ 牙顶削平高度和底部 $H/4$ 牙底削平高度而形成的，牙型角 α 为 60°，顶部和底部削平后，牙顶的宽度为 $P/8$、牙底的宽度为 $P/4$，如图 10-3b 所示。图 10-3a

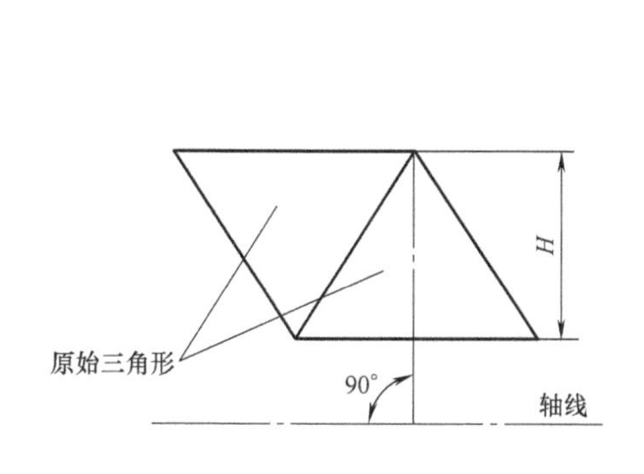

a) 原始三角形

b) 基本牙型轮廓

图 10-3　普通螺纹的基本牙型的形成

所示是普通螺纹的原始三角形，它是两个贴合着、且底边平行于螺纹轴线的等边三角形，边长为 P，高为 H；图 10-3b 中粗实线就是普通螺纹的基本牙型轮廓。

3. 主要几何参数（GB/T 14791—2013 和 GB/T 196—2003）

1）大径 D、d 既公称直径：与外螺纹牙顶或内螺纹牙底相切的假想圆柱的直径，如图 10-4 所示。国家标准规定，普通螺纹大径的基本尺寸为螺纹的公称直径，内螺纹基本大径用 D 表示，外螺纹的基本大径用 d 表示。

2）小径 D_1、d_1：与外螺纹牙底或内螺纹牙顶相切的假想圆柱的直径，如图 10-4 所示。内螺纹基本小径用 D_1 表示，外螺纹基本小径用 d_1 表示。

3）中径 D_2、d_2：一个假想圆柱的直径，该圆柱的母线通过牙型上沟槽和凸起宽度相等的地方（均为 $P/2$），如图 10-4 所示。该假想圆柱称为中径圆柱。内螺纹基本中径用 D_2 表示，外螺纹基本中径用 d_2 表示。

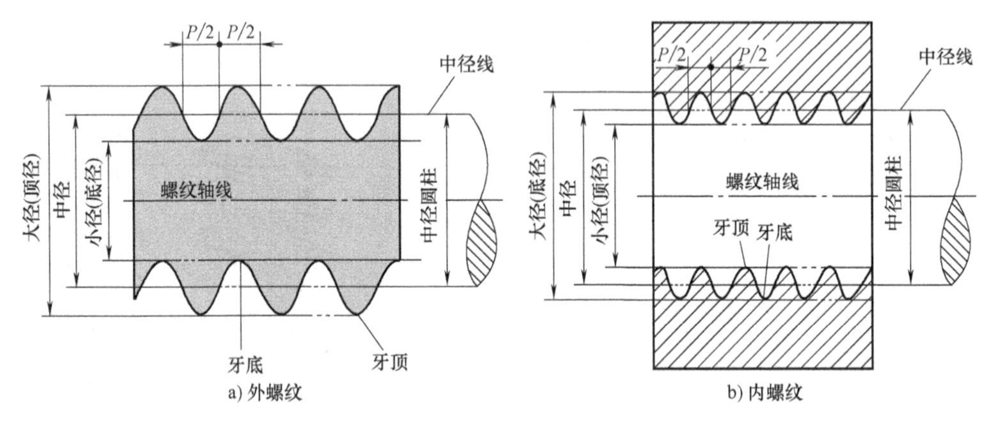

图 10-4　普通螺纹的大径、小径、中径

4）单一中径 D_{2s}、d_{2s}：一个假想圆柱的直径，该圆柱的母线通过牙型上沟槽宽度等于 1/2 基本螺距（$P/2$）的地方，如图 10-5 所示。当螺距无误差时，中径与单一中径相等；当螺距有误差时，二者不相等。内螺纹单一中径用 D_{2s} 表示，外螺纹单一中径用 d_{2s} 表示。

5）作用中径 D_{2m}、d_{2m}：在规定的旋合长度内，恰好包容实际螺纹的一个假想螺纹的中径，这个假想螺纹具有理想的螺距、半角以及牙型高度，并在牙顶处和牙底处留有间隙，以保证包容时不与实际螺纹的大、小径发生干涉，即在螺纹连接旋合时，起作用的中径，如图 10-6 所示。内螺纹作用中径用 D_{2m} 表示，外螺纹作用中径用 d_{2m} 表示。

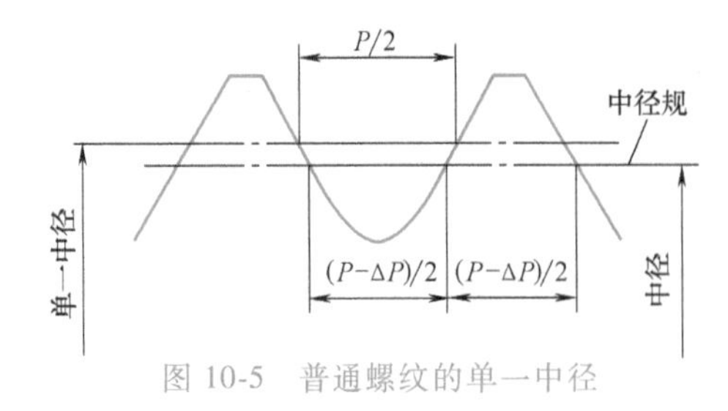

图 10-5　普通螺纹的单一中径

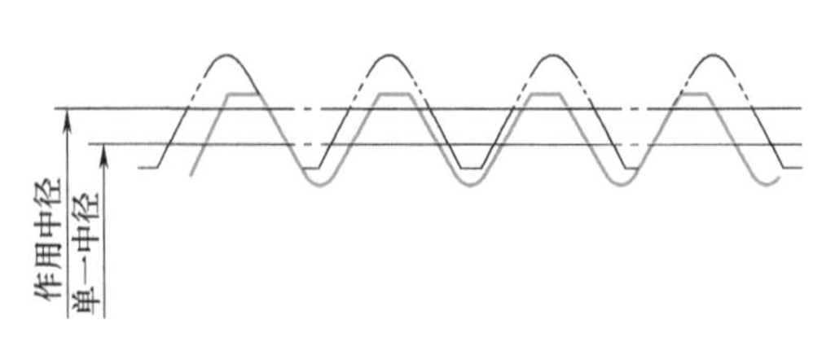

图 10-6　普通螺纹的作用中径

6）螺距 P：相邻两牙在中径线上对应两点间的轴向距离，如图 10-7 所示。普通螺纹的螺距分粗牙和细牙两种。

7）导程 P_h：同一条螺旋线上的相邻两牙在中径线上，对应两点间的轴向距离，如图 10-7 所示。对单线螺纹，导程等于螺距；对多线螺纹，导程等于螺距与螺纹线数 n 的乘积，$P_h = nP$；P_{h2} 为牙槽导程。

8）螺旋线导程角 φ：在中径圆柱上，螺旋线的切线与垂直于螺纹轴线的平面的夹角，如图 10-8 所示。

9）牙型角 α、牙侧角 β：牙型角是指在螺纹牙型上两相邻牙侧间的夹角，普通螺纹的理论牙型角 $\alpha = 60°$；牙侧角 β 是指牙型角的一半，普通螺纹的理论牙侧角 $\beta = \alpha/2 = 30°$，如图 10-9 所示。牙侧角 β 的大小和倾斜方向会影响螺纹的旋合性和接触面积，故牙侧角 β 也是螺纹连接精度设计的主参数之一。

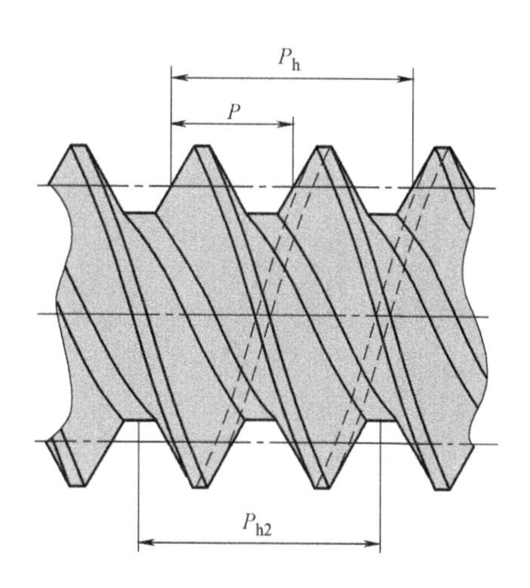

图 10-7 普通螺纹的螺距、导程（GB/T 14791—2013）

10）螺纹旋合长度：两个相互配合的螺纹沿螺纹轴线方向相互旋合部分的长度，如图 10-10 所示。螺纹旋合长度的具体数值可查 GB/T 197—2018 中的表 6。在一个螺纹副中，相互旋合的内、外螺纹的基本参数应相同。

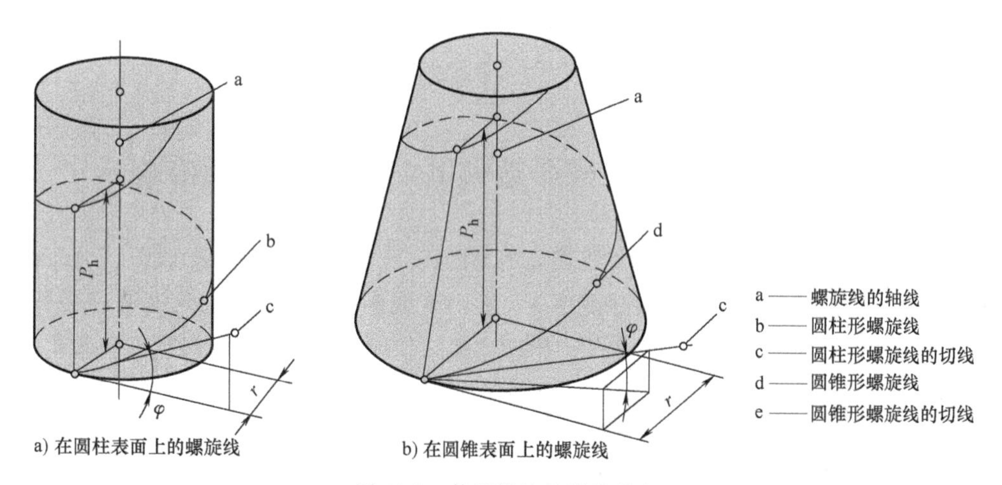

图 10-8 普通螺纹的螺纹升角

11）对称螺纹与非对称螺纹：相邻牙侧角相等的螺纹称为对称螺纹，相邻牙侧角不相等的螺纹称为非对称螺纹，如图 10-9 所示。

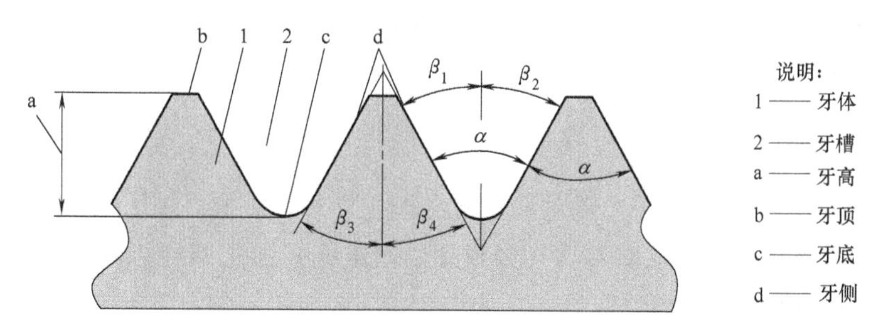

图 10-9 普通螺纹的牙型角、牙侧角

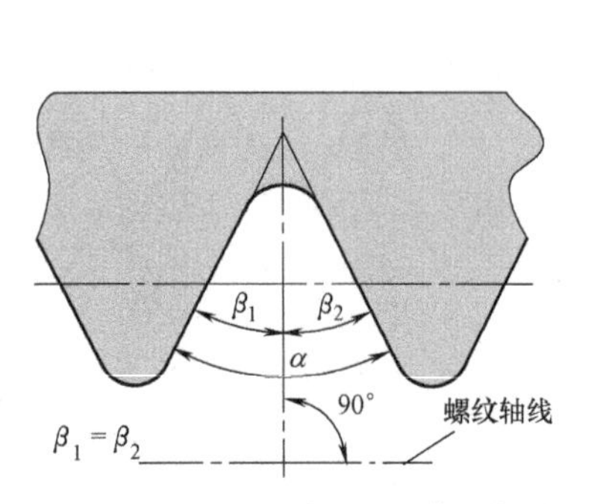

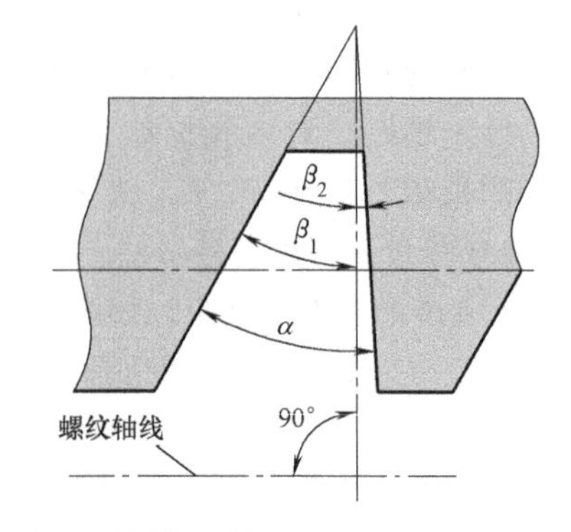

图 10-9 普通螺纹的牙型角、牙侧角（续）

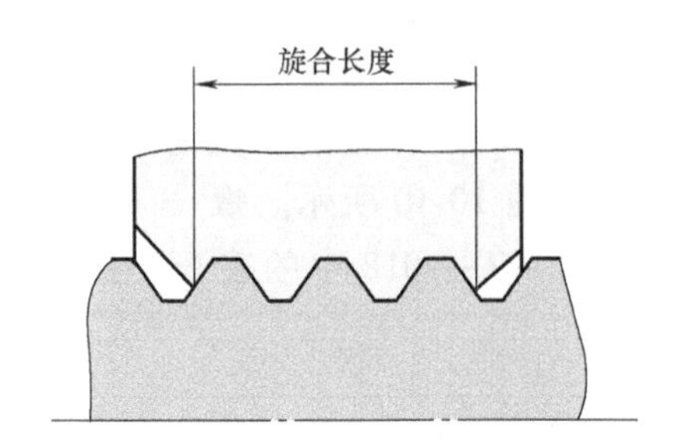

图 10-10 普通螺纹的旋合长度

10.2 普通螺纹几何参数误差对其互换性的影响

螺纹加工中，由于刀具、机床等加工误差的原因，会造成螺纹几何参数误差，继而影响螺纹的使用性能，如螺纹的旋合性、连接强度等。影响普通螺纹互换性的几何参数主要有五个：大径、中径、小径、螺距和牙侧角。其中，螺距误差、牙侧角误差和中径误差尤为重要。

10.2.1 大、小径误差对普通螺纹互换性的影响

螺纹在加工过程中，其大径、小径、中径都不可避免地存在加工误差，可能导致内、外螺纹在旋合时，牙侧产生干涉而无法旋合。为防止这种情况发生，在螺纹精度设计时，常通过螺纹公差设计，使内螺纹大、小径的实际尺寸分别大于外螺纹大、小径的实际尺寸，即保证在大、小径的结合处具有适当的间隙。但若内螺纹的小径过大或外螺纹的大径过小，又会减小螺纹牙侧的接触面积，从而影响螺纹连接的可靠性。因此，GB/T 197—2018 中对普通螺纹的大径、小径规定了公差或偏差。

10.2.2 螺距累积偏差对普通螺纹互换性的影响

螺距误差分为螺距偏差 ΔP、螺距累积偏差 ΔP_{Σ} 两种，主要由加工机床运动链的传动误差引起。除此之外，如果用成型刀具（如板牙、丝锥等）加工螺纹，则刀具本身的螺距误差也会直接传递到螺纹上。

螺距偏差 ΔP 是指螺距的实际值与其基本值的差值，它与螺纹的旋合长度无关。

螺距累积偏差 ΔP_{Σ} 是指在规定的螺纹长度内，任意两牙体间的实际累积螺距值与其基本累积螺距值之差中绝对值最大的那个偏差。由于一般选择的“规定的螺纹长度”都是旋合长度，因此，螺距累积偏差与旋合长度有关，是影响螺纹使用的主要因素，也就是影响螺纹连接互换性的主要因素。

对于螺纹连接，螺距偏差会使内外螺纹牙侧发生干涉而影响旋合性，并使载荷集中在少数几个牙体侧面上，影响连接的可靠性与承载能力。对于传动螺纹，螺距偏差会影响运动精度及空行程的大小。

假设一普通螺纹连接，其内螺纹具有理想牙型，螺距和牙型半角均无误差；外螺纹中径和牙型半角均无误差，仅存在螺距误差（在旋合长度内，有螺距累积偏差 ΔP_{Σ}）。如图 10-11 所示，可知在这种情况下，内、外螺纹旋合时牙侧会产生干涉（如图 10-11 中阴影部分）而无法旋合，且随着旋进牙数的增加，牙侧的干涉量会有所增大。

由此可知，螺距累积偏差 ΔP_{Σ} 虽然是螺纹牙侧在轴线方向上的位置误差，但是从影响旋合性来看，它和螺纹牙侧在径向的位置误差（外螺纹中径增大、内螺纹中径减小）的结果是相同的。因此，为了使一个实际有螺距误差的外螺纹可旋入具有理想牙型的内螺纹，应把外螺纹的中径 d_2 减小一个数值 f_p（螺距偏差中径当量）；同理，当内螺纹有螺距偏差时，为了保证可旋合性，应把内螺纹的中径加大一个数值 f_p。这个中径增大或减小的 f_p 值是为了补偿螺距偏差的影响，由此而换算出的中径数值被称为 ΔP_{Σ} 的中径当量值。

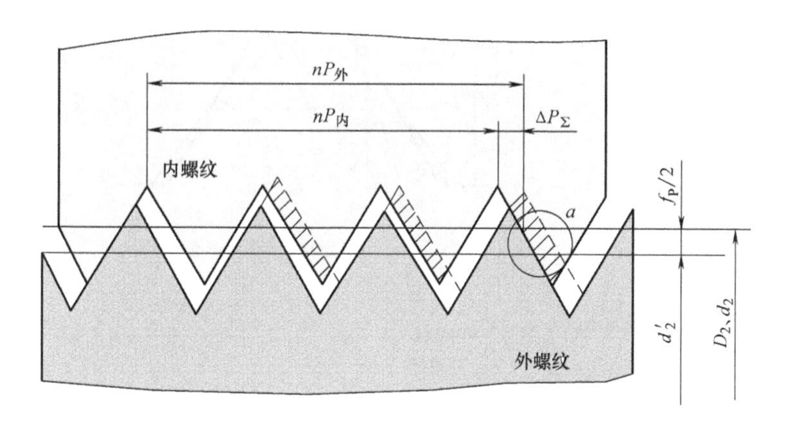

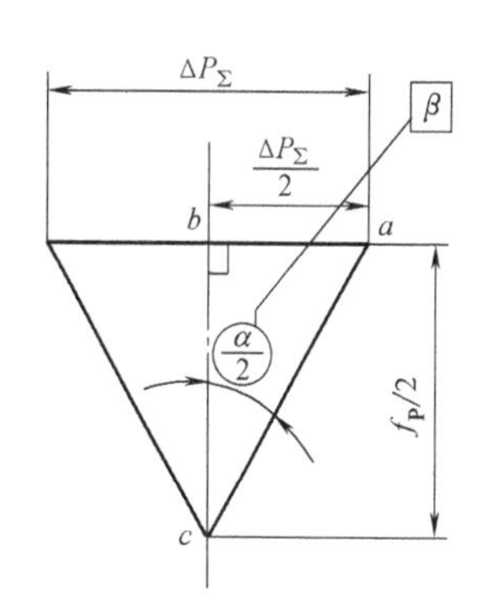

图 10-11 螺距误差对螺纹互换性的影响

10.2.3 牙侧角偏差对普通螺纹互换性的影响

牙侧角偏差 $\Delta\beta$ 是指螺纹牙侧角的实际值与其基本值之差。牙侧角偏差 $\Delta\beta$ 对螺纹的旋合性和连接强度均有影响。螺纹牙侧角偏差分为两种，一种是螺纹的左、右牙侧角不相等，车削螺纹时，若车刀未装正，会造成这种结果；另一种是螺纹的左、右牙侧角相等，但不等于 30°，这是螺纹加工刀具的角度不等于 60°所致。

牙侧角偏差对互换性的影响可以用其中径当量值来衡量，如图 10-12 所示。假定内螺纹具有基本牙型，外螺纹的中径、螺距与内螺纹一样没有误差，但其左右牙侧角存在误差 $\Delta\beta_{左}$ 和 $\Delta\beta_{右}$。此时，无论 $\Delta\beta_{左}$ 和 $\Delta\beta_{右}$ 是正值还是负值，内、外螺纹旋合时，左右牙侧可能都将产生干涉而无法旋合（见 10-12 中的阴影部分）。为了保证旋合性，必须将外螺纹中径

减小一个数值 f_β（牙侧角偏差中径当量）或内螺纹中径增大一个数值 f_β。这个中径增大或减小的数值 f_β 是为了补偿牙型半角偏差的影响，由此而换算出的中径数值被称为牙型半角误差的中径当量值。

图 10-12a 所示为牙顶牙侧处出现干涉现象而无法旋合；图 10-12b 所示为牙底牙侧处出现干涉现象而无法旋合；图 10-12c 所示为牙顶和牙底的牙侧都出现干涉现象，且两侧干涉区的干涉量也不相同。

由图 10-12 所示的几何关系，可以推导出一定的半角误差情况下，牙侧角偏差的中径当量 f_β（μm）为

$$f_\beta = 0.36P[\Delta\beta \pm 0.1(\beta_{左} + \beta_{右})] \tag{10-1}$$

式中，P 为螺距（mm）；$\Delta\beta_{左}$ 为左牙型半角误差（′）；$\Delta\beta_{右}$ 为右牙型半角误差（′）；$\Delta\beta = \frac{|\Delta\beta_{左}| + |\Delta\beta_{右}|}{2}$；其中，对于内螺纹取（+）号；外螺纹取（-）号。

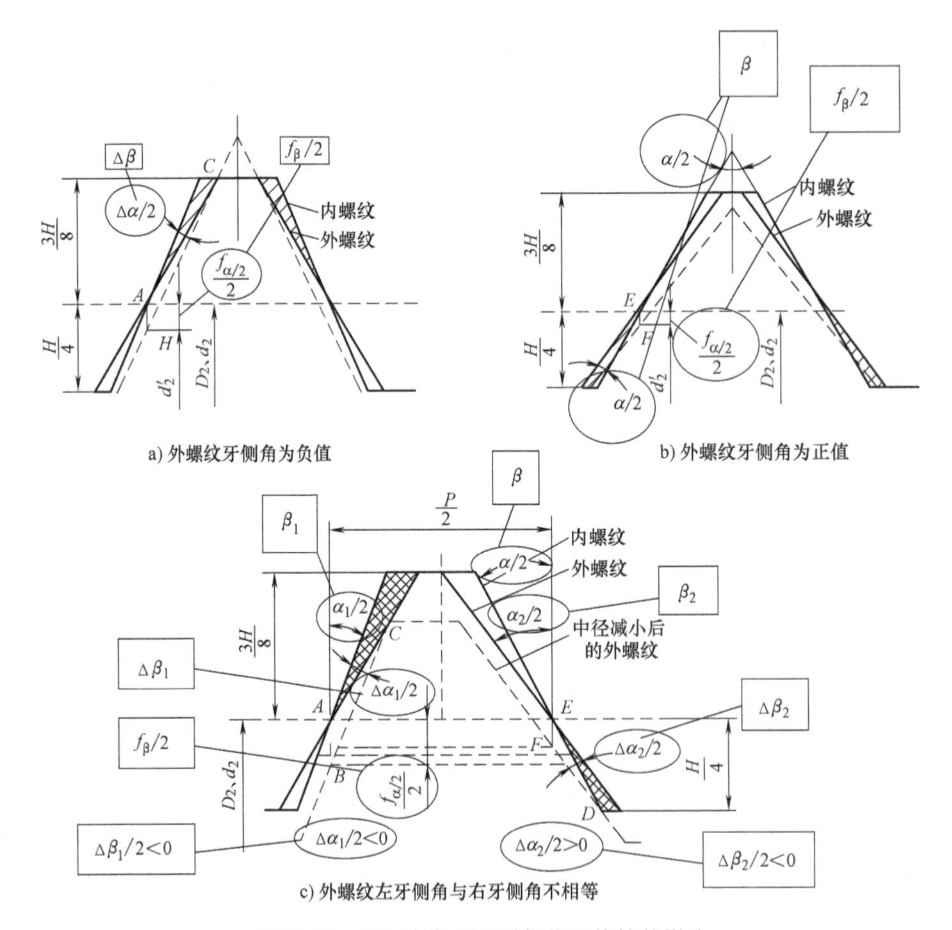

图 10-12　牙型半角误差对螺纹互换性的影响

考虑到最不利的情况和便于计算起见，对于牙型半角误差中径当量的估算（不分内、外螺纹），应以式（10-1）计算的最大值来选取。于是实际计算时以下式更为常用：

$$f_\beta = 0.36P(1.2\Delta\beta) = 0.432P \cdot \Delta\beta \tag{10-2}$$

10.2.4 中径误差对普通螺纹互换性的影响

从前面介绍的内容可以看出，螺纹中径跟大、小径一样，若外螺纹的中径比内螺纹的中径大，内、外螺纹将因产生干涉而无法旋合，从而影响螺纹的可旋合性；但若外螺纹的中径与内螺纹的中径相比太小，又会使螺纹连接过松，同时影响接触面积，降低螺纹连接的可靠性。除此之外，螺距误差与牙型半角误差的存在，对内螺纹而言相当于减小中径，对外螺纹而言相当于增大中径，并且可以分别通过 f_{p} 和 f_{β} 折算到中径上。

由此可见，中径误差直接或间接会影响普通螺纹的互换性，必须加以控制。

10.2.5 保证普通螺纹互换性的条件

普通螺纹的作用中径是由单一中径、螺距偏差、牙侧角偏差三者综合作用而形成的。欲保证内、外螺纹顺利旋合，必须满足：内螺纹的作用中径不小于外螺纹的作用中径。外螺纹的作用中径过大或内螺纹的作用中径过小，都会影响螺纹连接的旋合性；外螺纹的实际单一中径过小或内螺纹的实际单一中径过大，又会影响到螺纹连接的强度。

因此，中径合格与否是衡量螺纹互换性的主要指标，要保证螺纹的互换性，就要保证内、外螺纹的作用中径和实际单一中径不超过各自一定的界限值；而判断螺纹中径的合格性则应遵循极限尺寸判断原则——泰勒原则。

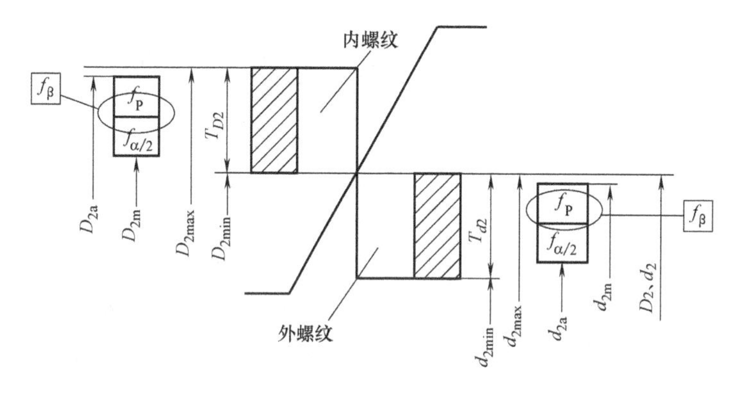

图 10-13 普通螺纹中径合格性判断原则

按照该原则，螺纹中径的合格性条件为：螺纹的作用中径不能超过螺纹的最大实体牙型中径（最大实体状态下的牙型），任何位置上的单一中径不能超过螺纹的最小实体牙型中径（最小实体状态下的牙型），如图 10-13 所示。螺纹中径的合格性条件可表示为

内螺纹：$D_{2m} \geqslant D_{2min}$，$D_{2a} \leqslant D_{2max}$

外螺纹：$d_{2m} \leqslant d_{2max}$，$d_{2a} \geqslant d_{2min}$

10.3 普通螺纹的标记

完整的螺纹标记由螺纹特征代号、尺寸代号、公差带代号及其他有必要做进一步说明的个别信息（螺纹旋合长度和旋向）四部分组成。普通螺纹特征代号用“M”表示（GB/T 197—2018）。

1. 单线螺纹的标记

单线螺纹的尺寸代号用“公称直径 × 螺距”表示，公称直径和螺距数值的单位为 mm。对粗牙螺纹，可以省略标注其螺距项。

例如，公称直径为 8mm、螺距为 1mm 的单线细牙螺纹标记为 M8×1；公称直径为 8mm、螺距为 1.25mm 的单线粗牙螺纹标记为 M8。

2. 多线螺纹的标记

多线螺纹的尺寸代号用“公称直径 × Ph 导程 P 螺距”表示，公称直径、导程和螺距数值的单位均为 mm。如果要进一步表明螺纹的线数，可在后面增加括号说明（使用英文进行说明，如双线为 two starts，三线为 three starts，依此类推）。

例如，公称直径为 16mm，螺距为 1.5mm，导程为 3mm 的双线螺纹标记为 M16×Ph3P1.5 或 M16×Ph3P1.5（two starts）。

3. 公差带代号的标记

公差带代号在尺寸代号之后，包含中径公差带代号和顶径公差带代号。中径公差带代号在前，顶径公差带代号在后。各直径的公差带代号由表示公差等级的数值和表示公差带位置的字母组成（内螺纹用大写字母，外螺纹用小写字母）。如果中径和顶径的公差带代号相同，则只标注其中之一。螺纹尺寸代号与公差带代号间用“-”隔开。

例如，中径公差带为 5g、顶径公差带为 6g 的外螺纹标记为 M10×1-5g6g；中径公差带和顶径公差带为 6g 的粗牙外螺纹标记为 M10-6g；中径公差带为 5H、顶径公差带为 6H 的内螺纹标记为 M10×1-5H6H；中径公差带和顶径公差带为 6H 的粗牙内螺纹标记为 M10-6H。

另外，下列情况中，中等公差精度螺纹不标注其公差带代号：

① 内螺纹公差带代号为 5H，公称直径小于或等于 1.4mm 时；

② 内螺纹公差带代号为 6H，公称直径大于或等于 1.6mm 时；

③ 外螺纹公差带代号为 6h，公称直径小于或等于 1.4mm 时；

④ 外螺纹公差带代号为 6g，公称直径大于或等于 1.6mm 时。

例如，中径公差带和顶径公差带为 6g、中等公差精度的粗牙外螺纹标记为 M10；中径公差带和顶径公差带为 6H，中等公差精度的粗牙内螺纹标记为 M10。

4. 螺纹配合的标记

表示内、外螺纹旋合时，内螺纹公差带代号在前，外螺纹公差带代号在后，中间用斜线隔开。

例如，公差带为 6H 的内螺纹与公差带为 5g6g 的外螺纹组成配合，标记为 M20×2-6H/5g6g；公差带为 6H 的内螺纹与公差带为 6g 的外螺纹组成配合（中等公差精度、粗牙），标记为 M20。

5. 旋合长度的标记

对短旋合长度组和长旋合长度组的螺纹，需要在公差带代号后分别标注旋合长度组别代号“S”“L”，旋合长度组别代号与公差带代号之间用“-”隔开。中等旋合长度组不标注旋合长度组别代号“N”。

例如，短旋合长度的内螺纹标记为 M20×2-5H-S；长旋合长度的内、外螺纹配合标记为 M6-7H/7g6g-L；中等旋合长度的外螺纹（粗牙、中等公差精度的 6g 公差带）标记为 M10。

6. 左旋螺纹标记

对左旋螺纹，应在旋合长度代号之后标注“LH”。旋合长度代号与旋向代号间用“-”隔开。右旋螺纹不标注旋向代号。

例如，左旋螺纹标记为 M8×1-LH（公差带代号和旋合长度代号根据实际情况被省略）；右

旋螺纹标记为 M10（螺距、公差带代号、旋合长度代号和旋向代号根据实际情况被省略）。

7. 过渡配合螺纹和过盈配合螺纹的标记

过渡配合的螺纹标记中，公差带代号只包括中径公差带。

例如，内螺纹标记为 M16-4H；外螺纹标记为 M16 LH-4kj；螺纹副标记为 M16×2-4H/4kj。

过盈配合的螺纹标记中，公差带代号除了中径公差带，公差带代号后还要标注其分组数，并且用圆括号括起来。

例如，内螺纹标记为 M8×1-2H（3）；外螺纹标记为 M8-3m（4）；螺纹副标记为 M8-2H/3n（4）。

10.4 普通螺纹精度

GB/T 197—2018 规定了普通螺纹（一般用途普通螺纹）的公差，普通螺纹的基本牙型和直径与螺距系列分别符合 GB/T 192—2003 和 GB/T 193—2003 中的规定。GB/T 197—2018 适用于一般用途的机械紧固螺纹连接，其螺纹本身不具有密封功能。

10.4.1 普通螺纹公差带的基本结构

普通螺纹公差带与前述尺寸公差带类似，由两个基本要素构成，即普通螺纹公差带的位置（基本偏差）和普通螺纹公差带的大小（标准公差）。普通螺纹的公差带是以基本牙型为零线，沿着基本牙型的牙顶、牙侧和牙底连续分布的，在垂直于螺纹轴线方向计量大、中、小径的偏差和公差，如图 10-14 和图 10-15 所示。

10.4.2 普通螺纹的公差等级

普通螺纹公差带的大小由公差值决定，公差值代号为 T，并按大小分为若干级，用阿拉伯数字表示。根据 GB/T 197—2018，内、外螺纹大、中、小径的公差等级见表 10-1，设计时按照此规定进行选取。

表 10-1 普通螺纹的公差等级

螺纹直径		公差等级	螺纹直径		公差等级
内螺纹	中径 D_2	4、5、6、7、8	外螺纹	中径 d_2	3、4、5、6、7、8、9
	小径 D_1	4、5、6、7、8		大径 d	4、6、8

因为内螺纹加工较外螺纹加工困难，所以同级的内螺纹中径公差值比外螺纹中径公差值大 30%左右，以满足“工艺等价性”原则。

10.4.3 普通螺纹的基本偏差

如图 10-14 和图 10-15 所示，内、外螺纹的基本牙型是计算螺纹偏差的基准，内、外螺纹的公差带相对于基本牙型的位置与前述的尺寸公差带位置一样，由基本偏差确定。内螺纹的基本偏差为其下极限偏差 EI，外螺纹的基本偏差为其上极限偏差 es；内螺纹有 G 和 H 两种公差带位置，G 的基本偏差为正值，H 的基本偏差为零；外螺纹有 a、b、c、d、e、f、g

和 h 八种公差带位置，a、b、c、d、e、f、g 的基本偏差为负值，h 的基本偏差为零。基本偏差数值见表 10-2。

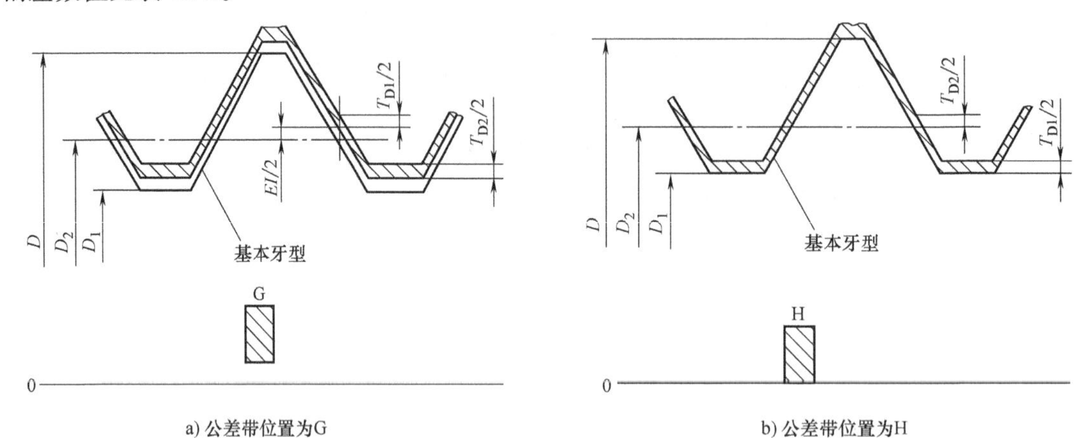

图 10-14 普通螺纹内螺纹的公差带位置

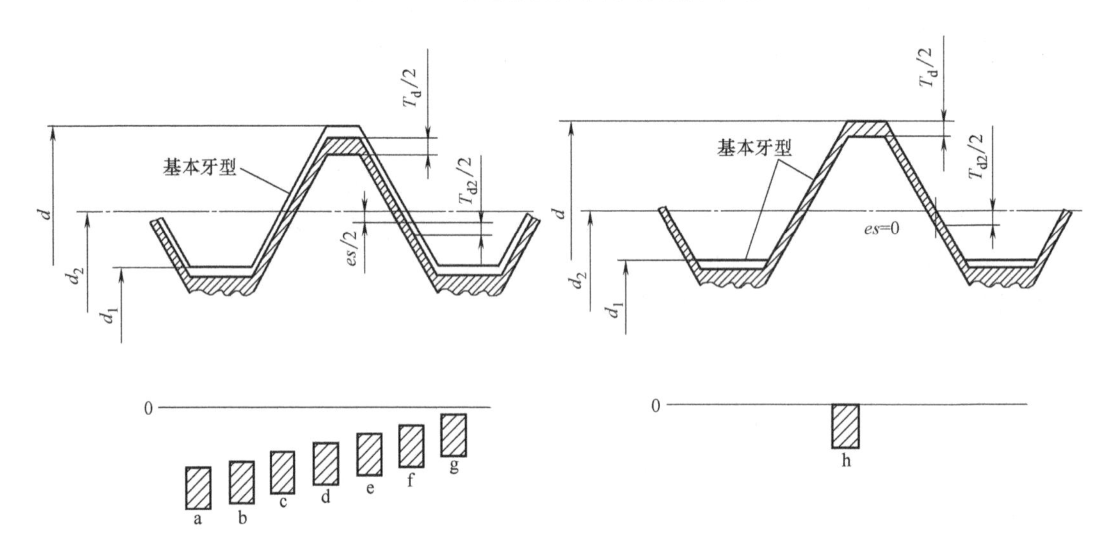

图 10-15 普通螺纹外螺纹的公差带位置

表 10-2 普通内、外螺纹的基本偏差（摘自 GB/T 197—2018） （单位：μm）

螺距 P/mm	基本偏差					
	内螺纹		外螺纹			
	G EI	H EI	e es	f es	g es	h es
0.2	+17	0	—	—	-17	0
0.25	+18	0	—	—	-18	0
0.3	+18	0	—	—	-18	0
0.35	+19	0	—	-34	-19	0
0.4	+19	0	—	-34	-19	0
0.45	+19	0	—	-35	-20	0

（续）

螺距 P/mm	基本偏差					
	内螺纹		外螺纹			
	G EI	H EI	e es	f es	g es	h es
0.5	+20	0	-50	-36	-20	0
0.6	+21	0	-53	-36	-21	0
0.7	+22	0	-56	-38	-22	0
0.75	+22	0	-56	-38	-22	0
0.8	+24	0	-60	-38	-24	0
1	+26	0	-60	-40	-26	0
1.25	+28	0	-63	-42	-28	0
1.5	+32	0	-67	-45	-32	0
1.75	+34	0	-71	-48	-34	0

依据上述基本偏差和公差，GB/T 2516—2003 规定了普通螺纹（一般用途普通螺纹）中径和顶径的极限偏差值见表 10-2。

10.4.4 普通螺纹的旋合长度

普通螺纹的精度不仅取决于螺纹各直径的公差等级，而且与旋合长度有关。当螺纹各直径公差等级一定时，旋合长度越长，加工时产生的螺距累积误差和牙侧角偏差就可能越大，对螺纹互换性的影响也越大。因此，即使螺纹各直径的公差等级相同，如果旋合长度不同，则螺纹的精度也会不同。GB/T 197—2018 规定，螺纹的旋合长度分三组，分别为短旋合长度组（S）、中等旋合长度组（N）和长旋合长度组（L）。

10.4.5 普通螺纹精度设计

1. 普通螺纹的公差带选用

1）螺纹公差精度的确定。根据使用场合的不同，螺纹的公差精度分为精密、中等和粗糙三级。精密级用于精密螺纹连接，配合性质稳定，且定位精度高，如航空用的螺纹；中等级用于一般用途的螺纹连接，如机床或汽车上用的螺纹；粗糙级用于不重要或者制造有困难的螺纹，如在热轧棒料上或深不通孔内加工的螺纹。公差等级中 6 级是中等级，3、4、5 级是精密级，7、8、9 级是粗糙级，见表 10-13。

2）旋合长度的确定。从前面的介绍可知，旋合长度组选择不同，相同螺纹公差精度时的螺纹公差等级选择就会不同。故设计时应注意选择恰当的旋合长度，S 组的公差等级最高，N 组的次之，L 组的最低。若选用长旋合长度组，螺距累积误差和牙侧角偏差增大，应允许较大的中径公差；若选用短旋合长度组，则可以允许较小的中径公差。

设计时，一般优先采用中等旋合长度（N 组）。当受力不大或空间位置受限制时，一般选用短旋合长度（S 组），如锁紧用的特薄螺母。对于以下情况应选用长旋合长度（L 组）：为满足调整量大小的需要，调整用的螺纹应选用长旋合长度组；为保证强度，铝、锌合金上的螺纹应选用长旋合长度组；不通孔紧固螺纹应选用长旋合长度组。

表 10-3 普通螺纹的极限偏差（摘自 GB/T 2516—2003） （单位：μm）

基本大径/mm		螺距/mm	内螺纹					外螺纹					
			公差带	中径		小径		公差带	中径		大径		小径
>	≤			ES	EI	ES	EI		es	ei	es	ei	用于计算应力的偏差
22.4	45	1	4H	+106	0	+150	0	4h	0	-80	0	-112	-144
			5G	+158	+26	+218	+26	5g6g	-26	-126	-26	-206	-170
			5H	+132	0	+190	0	5h4h	0	-100	0	-112	-144
			6G	+196	+26	+262	+26	6g	-26	-151	-26	-206	-170
			6H	+170	0	+236	0	6h	0	-125	0	-180	-144
			7G	+238	+26	+326	+26	7g6g	-26	-186	-26	-206	-170
			7H	+212	0	+300	0	7h6h	0	-160	0	-180	-144
			8G	—	—	—	—	8g	-26	-226	-26	-306	-170
			8H	—	—	—	—	9g8g	-26	-276	-26	-306	-170
		1.5	4H	+125	0	+190	0	4h	0	-95	0	-150	-217
			5G	+192	+32	+268	+32	5g6g	-32	-150	-32	-268	-249
			5H	+160	0	+236	0	5h4h	0	-118	0	-150	-217
			6G	+232	+32	+332	+32	6g	-32	-182	-32	-268	-249
			6H	+200	0	+300	0	6h	0	-150	0	-236	-217
			7G	+282	+32	+407	+32	7g6g	-32	-222	-32	-268	-249
			7H	+250	0	+375	0	7h6h	0	-190	0	-236	-217
			8G	+347	+32	+507	+32	8g	-32	-268	-32	-407	-249
			8H	+315	0	+475	0	9g8g	-32	-332	-32	-407	-249

3）公差带的选用。根据螺纹的旋合长度和使用要求确定了螺纹公差精度后，就要对螺纹的公差等级和公差带的位置进行选择和组合，得到各种不同的配合公差带。GB/T 197—2018 推荐，螺纹公差带宜优先按表 10-4 和表 10-5 的规定选取。

表 10-4 内螺纹的推荐公差带（GB/T 197—2018）

公差精度	公差带位置 G			公差带位置 H		
	S	N	L	S	N	L
精密	—	—	—	4H	5H	6H
中等	(5G)	6G	(7G)	5H	6H	7H
粗糙	—	(7G)	(8G)	—	7H	8H

表 10-5 外螺纹的推荐公差带（GB/T 197—2018）

公差精度	公差带位置 e			公差带位置 f			公差带位置 g			公差带位置 h		
	S	N	L	S	N	L	S	N	L	S	N	L
精密	—	—	—	—	—	—	—	(4g)	(5g4g)	(3h4h)	4h	(5h4h)
中等	—	6e	(7e6e)		6f	—	(5g6g)	6g	(7g6g)	(5h6h)	6h	(7h6h)
粗糙	—	(8e)	(9e8e)	—	—	—	—	8g	(9g8g)	—	—	—

表 10-4 和表 10-5 列出了精密、中等、粗糙三种螺纹公差精度级别在不同的旋合长度（S 组、N 组、L 组）下所对应的公差带代号。它将中等旋合长度（N 组）对应的 6 级公差等级定为中等精度，并以此为中心，向上、向下推出精密级和粗糙级螺纹的公差带，向左、

向右推出短旋合长度（S 组）和长旋合长度（L 组）螺纹的公差带，即螺纹公差精度高时，提高公差等级，螺纹公差精度低时，则降低公差等级；螺纹旋合长度减少时，提高公差等级，螺纹旋合长度增大时，降低公差等级。

表 10-4 的内螺纹公差带能与表 10-5 的外螺纹公差带形成任意组合。但是，为了保证内、外螺纹间有足够的螺纹接触高度，推荐完工后的螺纹零件宜优先组成 H/g、H/h、G/h 配合。对公称直径小于和等于 1.4mm 的螺纹，应选用 5H/6h、4H/6h 或更精密的配合。表中凡是有两个公差带代号的，前者表示中径公差带，后者表示顶径公差带；只有一个公差带代号的，表示中径公差带和顶径公差带相同。

使用表 10-4 和表 10-5 选取螺纹公差带时，应注意以下几点。

1）表中的公差带优先选用顺序为粗字体公差带、一般字体公差带、括号内公差带。带方框的粗字体公差带用于大量生产的紧固件螺纹。

2）如果不知道螺纹旋合长度的实际值（如标准螺栓），推荐按中等旋合长度（N）选取螺纹公差带。

3）如无其他特殊说明，推荐公差带适用于涂镀前螺纹或薄涂镀层螺纹（如电镀螺纹）。涂镀后，螺纹实际轮廓上的任何点不应超越按公差位置 H 和 h 所确定的最大实体牙型。

2. 普通螺纹的几何公差

普通螺纹在设计时，一般不规定几何公差。但对公差精度高的螺纹规定了在旋合长度内的同轴度、圆柱度和垂直度等几何公差。其公差值一般不大于中径公差的 50%，并遵守包容要求。

3. 普通螺纹的表面粗糙度

螺纹牙侧表面粗糙度主要根据螺纹的中径公差等级确定，其表面粗糙度 *Ra* 数值可参考表 10-6 的推荐进行选用。对于强度要求较高的螺纹牙侧表面，*Ra* 不应大于 0.4μm。

表 10-6　螺纹表面粗糙度 *Ra*　（单位：μm）

工件	螺纹中径公差等级		
	4,5	6,7	7~9
	Ra ≤		
螺栓、螺钉、螺母	1.6	3.2	3.2~6.3
轴及套上的螺纹	0.8~1.6	1.6	3.2

10.4.6　过渡配合螺纹精度设计

GB/T 1167—1996 规定了中径具有过渡配合的普通螺纹连接精度标准。该标准适用于具有过渡配合的钢制双头螺柱或其他螺纹连接，与其配合的内螺纹材料可为铸铁、钢和铝合金等。

1. 过渡配合螺纹概述

过渡配合螺纹基本牙型符合 GB/T 197—2018 的规定，在外螺纹的设计牙型上，推荐采用 GB/T 197—2018 中规定的圆弧状牙底。

过渡配合螺纹的公称直径、螺距、大径、小径的具体数值，可查阅 GB/T 1167—1996 中表 1 “直径与螺距系列” 和表 2 “基本尺寸”，在此不再赘述。

2. 公差精度的确定

根据使用场合的不同，过渡配合螺纹的公差精度分为一般、精密两级。精密级通常用于螺纹配合较紧，并且配合性质变化较小的重要部件；一般级通常用于一般用途的螺纹件。

3. 公差带及其选用

内螺纹中径公差带有3H、4H、5H三种，小径公差带只有5H一种；外螺纹中径公差带有3k、2km、4kj三种，大径公差带只有6h一种。相应公差数值可查阅GB/T 1167—1996中表3“内螺纹公差”和表4“外螺纹公差”，在此不再赘述。

精度设计时，应按表10-7的规定进行选取，表内推荐优先选用不带括号的配合公差带。

表10-7 过渡配合螺纹的内、外螺纹优选公差带

使用场合	内螺纹公差带/外螺纹公差带	使用场合	内螺纹公差带/外螺纹公差带
精密	4H/2km;(3H/3k)	一般	4H/4kj;(4H/3k);(5H/3k)

采用以上标准规定设计螺纹时，设计者应同时在有效螺纹以外使用其他的辅助锁紧机构，如螺纹收尾、平凸台、端面顶尖、厌氧型螺纹锁固密封剂等。

10.4.7 过盈配合螺纹精度设计

GB/T 1181—1998规定了中径具有过盈配合的普通螺纹连接精度标准。该标准适用于具有过盈配合的钢制双头螺柱，与其配合的内螺纹材料可以是铝合金、镁合金、钛合金和钢。

1. 过盈配合螺纹概述

过盈配合基本牙型符合GB/T 192—2003的规定，外螺纹设计牙型的牙底为圆滑连接的曲线，牙底圆弧按照GB/T 197—2018中对性能等级高于8.8级紧固件螺纹牙底的规定，牙底圆弧的最小半径不得小于0.125P。

2. 内螺纹的公差带

内螺纹中径公差带只有2H一种，小径公差带有4D、5D（螺距P=1.5mm时，小径公差带为4C、5C）两种，如图10-16a所示。螺纹材料为铝合金或镁合金时，小径公差带等级取5级；螺纹材料为钢或钛合金时，小径公差带等级取4级。内螺纹中，小径的基本偏差和公差值可查阅GB/T 1181—1998中表2“螺纹基本偏差”和表3“螺纹公差”。

3. 外螺纹的公差带

外螺纹中径公差带有3p、3n、3m三种，大径公差带只有6e（螺距P=1.5mm时，大径公差带为6c）一种，如图10-16b所示。外螺纹中、大径的基本偏差和公差值可查阅GB/T 1181—1998中表2和表3。

4. 公差带的选用及其分组

精度设计时，应按表10-8的规定根据实际机体材料进行选取。

按表10-8中规定的组数，对内、外螺纹中径公差带进行分组。对外螺纹，在螺纹轴向长度的中部，按单一中径进行分组；对内螺纹，按作用中径进行分组。内、外螺纹中径公差带分组位置如图10-17所示，分组极限偏差值可查阅GB/T 1181—1998，在此不再赘述。

对于有色金属螺柱或钢制螺套旋入铝、镁合金材料所采用的过盈配合螺纹，其内、外螺纹中径公差带分别为2H和3m，其中径成组装配的分组数为3组。中径分组的极限偏差值可查阅GB/T 1181—1998，在此不再赘述。

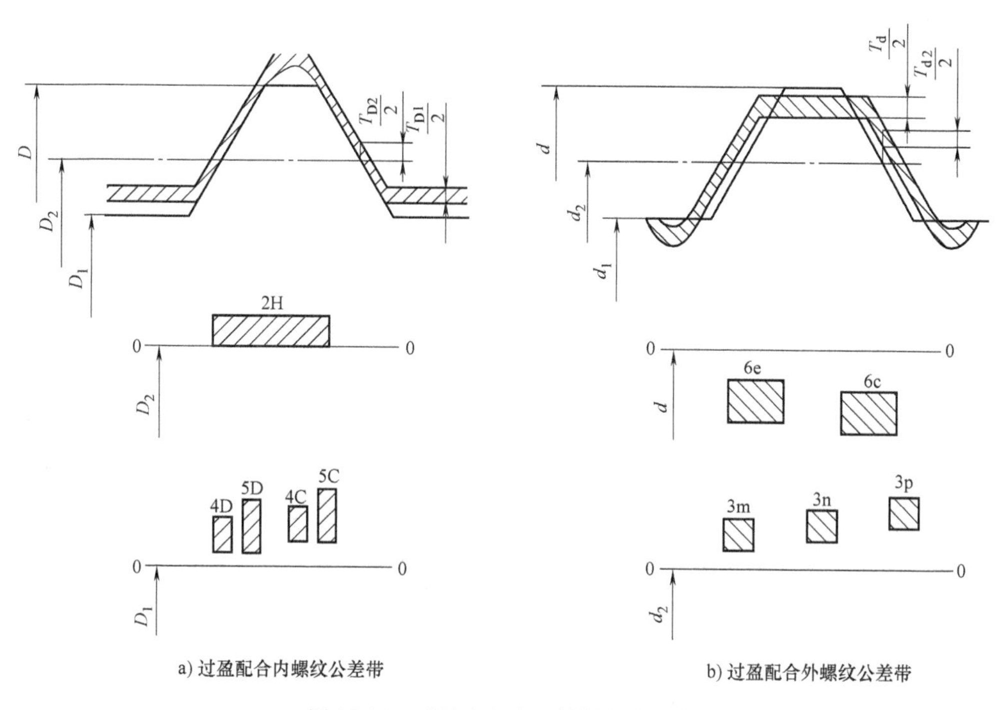

图 10-16 过盈配合内、外螺纹公差带

表 10-8 过盈配合螺纹中径公差带及其分组数

内螺纹材料/外螺纹材料	内螺纹公差带/外螺纹公差带	中径公差带分组数
铝合金或镁合金/钢	2H/3p	3
钢/钢	2H/3n	4
钛合金/钢	2H/3m	4

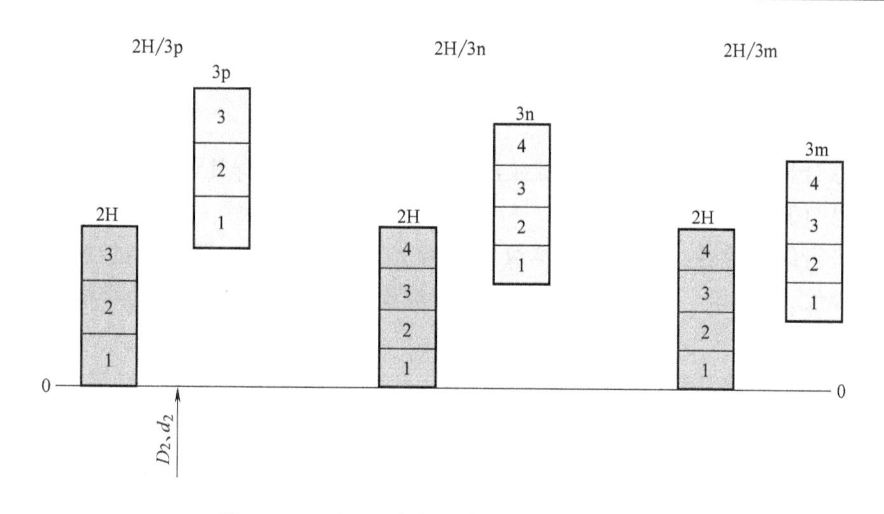

图 10-17 过盈配合螺纹中径公差带分组位置

5. 过盈配合螺纹几何要素的偏差和公差

GB/T 1181—1998 规定，过盈配合螺纹的作用中径与单一中径之差（综合几何误差）不

得大于其中径公差的25%；从过盈配合螺纹旋入端向螺尾方向，其中径尺寸应逐渐增大或保持不变，不允许出现中径尺寸逐渐减小的现象；螺距累积偏差和牙侧角偏差的极限偏差范围见表10-9。

表10-9 过盈配合螺纹螺距累积偏差和牙侧角偏差

螺距 P/mm	极限偏差	
	螺距/μm	牙侧角
0.8 1 1.25	±12	±40′
1.5	±16	±30′

6. 过盈配合螺纹旋合长度

上述精度标准仅适用于符合表10-10所规定的旋合长度范围内的过盈配合螺纹。对旋合长度过长或过短的过盈配合螺纹，为满足装配扭矩要求，需适当地调整螺纹公差。

表10-10 过盈配合螺纹的旋合长度

内螺纹材料	旋合长度	内螺纹材料	旋合长度
钢、钛合金	$1d$~$1.25d$	铝合金、镁合金	$1.5d$~$2d$

7. 过盈配合螺纹零件的其他精度要求

过盈配合螺纹应具有光滑的表面，不得有影响使用的夹层、裂纹和毛刺。镀前，外螺纹牙型表面粗糙度 Ra 值不得大于1.6μm，内螺纹牙型表面粗糙度 Ra 值不得大于3.2μm。

当外螺纹表面需要涂镀时，镀前尺寸应符合极限偏差表的要求。

10.5 螺纹的检测

10.5.1 螺纹的综合检验

螺纹的综合检验，是指同时检测螺纹的几个几何参数，综合其误差，以甄别螺纹零件是否为合格产品（JB/T 10865—2008）。

对螺纹进行综合检验，使用的是螺纹量规和光滑极限量规，即量规的“通端”能通过或旋合被检螺纹，“止端”不能通过或不能旋合被检螺纹，则被检螺纹是合格的，否则为不合格。

螺纹量规分为螺纹环规（用于检测外螺纹）和螺纹塞规（用于检测内螺纹），是按极限尺寸判断原则设计的。

螺纹量规的“通端”体现的是最大实体牙型边界，必须具有完整的牙型，且其长度应接近被测螺纹的旋合长度（不小于旋合长度的80%）。用于控制被测螺纹的作用中径不得超出最大实体牙型的极限尺寸（$d_{2\max}$ 和 $D_{2\min}$），同时控制外螺纹小径的最大极限尺寸（$d_{1\max}$）或内螺纹大径的最小极限尺寸（$D_{\min}$），检验内、外螺纹的作用中径及底径的合格性。即被检螺纹的作用中径未超过螺纹的最大实体牙型中径，且被检螺纹的底径也合格，那么螺纹通规就会在旋合长度内顺利通过或旋合被检螺纹。

螺纹量规的“止端”原则上要求其牙侧仅在被检螺纹中径处接触，以消除螺距偏差和牙型半角误差的影响，故“止端”设计时将牙高截短只保留中径附近一段的不完整牙型，长度只有2~3.5mm，且使用时只允许有少部分牙能旋合。只用于控制被检螺纹的单一中径（实际中径）不得超过最小实体牙型的极限尺寸（d_{2min} 或 D_{2max}），检验被检螺纹的单一中径的合格性。

光滑极限量规分为光滑卡规（用于检测外螺纹）和光滑塞规（用于检测内螺纹），用于检测内、外螺纹顶径尺寸的合格性，即分别控制被测螺纹顶径不超出极限尺寸（d_{max}、d_{min}、或 D_{1max}、D_{1min}）。

外螺纹检测示例如图10-18所示。先用光滑卡规检测外螺纹顶径的合格性，再用螺纹环规检测，若通端能在旋合长度内与被检螺纹旋合，则说明外螺纹的作用中径合格，且底径不大于其上极限尺寸；若止端不能通过被检螺纹（最多允许旋进2~3牙），则说明被检螺纹的单一中径合格。

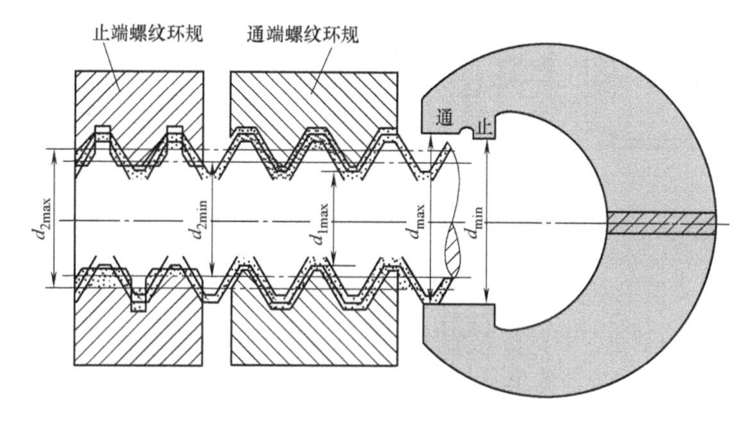

图10-18 外螺纹的综合检测

内螺纹检测示例如图10-19所示。先用光滑塞规检测内螺纹顶径的合格性，再用螺纹塞规止端检测，若通端能在旋合长度内与被检螺纹旋合，则说明内螺纹的作用中径合格，且底

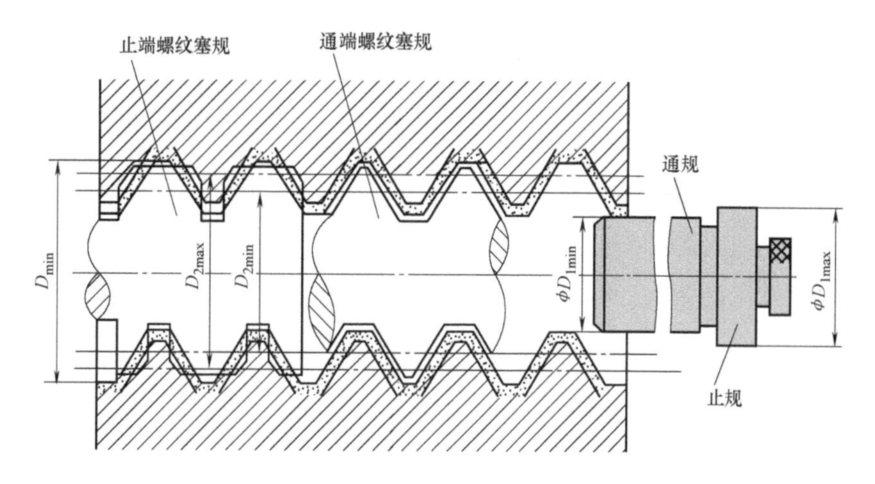

图10-19 内螺纹的综合检测

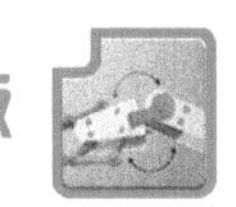

径不小于其下极限尺寸；若止端不能通过被检螺纹（最多允许旋进2~3牙），则说明被检螺纹的单一中径合格。

综合检验法不能反映螺纹单项参数误差的具体数值，但能判断螺纹的合格性，检验效率高，适于检测精度要求不太高且大批量生产的螺纹。

10.5.2 螺纹的单项测量

单项测量是指分别测量螺纹的各项几何参数，用测得的几何参数的实际误差值判断螺纹的合格性。单项测量需测量的几何参数主要有三个：中径、螺距和牙型半角（GB/T 10932—2004）。

在生产车间测量较低精度螺纹的常用量具有螺纹千分尺、钢直尺和牙型角样板等。

图10-20所示用螺纹千分尺测量外螺纹中径。螺纹千分尺的构造与一般千分尺相似，只是在测微螺杆端部和测量砧上分别安装了可更换的锥形测头和V形槽测头。螺纹千分尺带有一套不同牙型、不同螺距的测头，以适应不同规格的外螺纹。

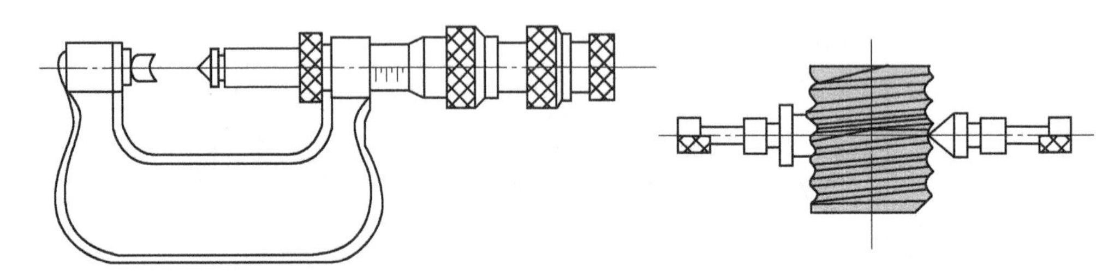

图10-20 螺纹千分尺测量外螺纹中径

图10-21所示是用钢直尺测量螺纹的螺距。直接用钢直尺沿着螺纹的轴线方向测量出5个或10个牙的螺距长度，再计算出平均螺距P。

图10-22所示是用牙型角样板测量螺纹的牙型角。把牙型角样板沿着通过螺纹轴线的方向嵌入螺纹沟槽中，用光隙法检测外螺纹的牙型角。若外螺纹的两侧面与样板的两侧面完全吻合、不透光，则说明被检螺纹的牙型正确，否则，应根据光线透过缝隙时呈现出的颜色不同判断牙型角误差的大小。标准光隙颜色与间隙的关系见表10-11。

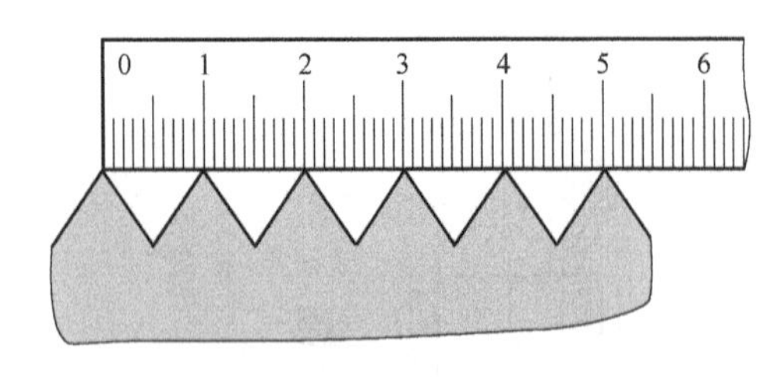

图10-21 钢直尺测量螺纹的螺距

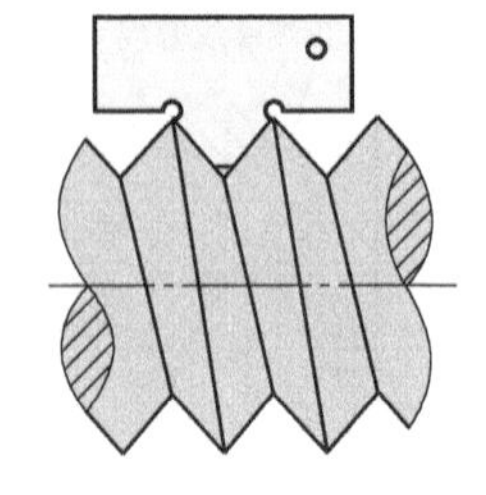

图10-22 牙型角样板测量螺纹的牙型角

表10-11 标准光隙颜色与间隙的关系 （单位：μm）

颜色	间隙	颜色	间隙
不透光	<0.5	红色	1.25~1.75
蓝色	≈0.8	白色(日光色)	>0.25

在计量室里，常用的螺纹测量方法有：在大型或万能显微镜上采用影像法测量；用测量刀进行轴切法测量；采用干涉法测量。

除此之外，对于高精度外螺纹的单一中径（实际中径），广泛采用三针法进行单项测量，如图 10-23 所示。

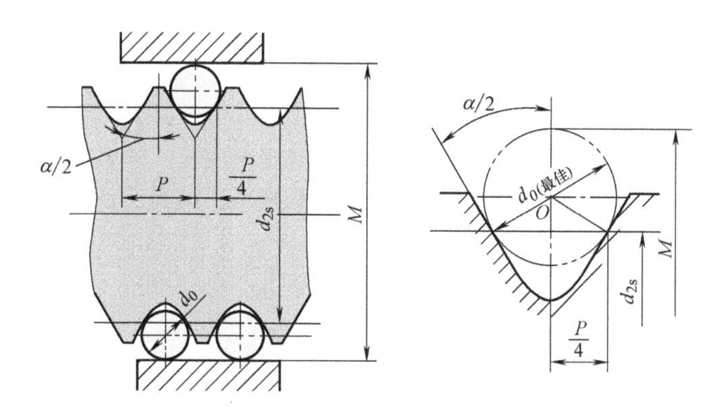

图 10-23 三针法测量外螺纹中径

参考文献

[1] 甘永立. 几何量公差与检测 [M]. 10版. 上海：上海科学技术出版社，2013.
[2] 周兆元，李翔英. 互换性与测量技术基础 [M]. 3版. 北京：机械工业出版社，2013.
[3] 孟兆新，马惠萍. 机械精度设计基础 [M]. 2版. 北京：科学出版社，2004.
[4] 付风岚. 公差与检测技术 [M]. 北京：科学出版社，2006.
[5] 姚海滨. 机械精度设计与检测基础 [M]. 北京：高等教育出版社，2013.
[6] 毛平准. 互换性与测量技术基础 [M]. 3版. 北京：机械工业出版社，2016.